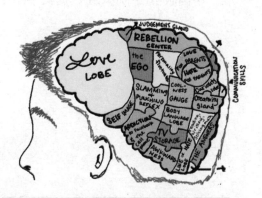

启动大脑：

快速记忆·逻辑思维· 思维导图

朱建国　桑楚　主编

中国华侨出版社

北京

图书在版编目（CIP）数据

启动大脑：快速记忆，逻辑思维，思维导图 / 朱建国, 桑楚主编. — 北京：中国华侨出版社, 2017.12

ISBN 978-7-5113-7218-5

Ⅰ. ①启… Ⅱ. ①朱… ②桑… Ⅲ. ①记忆术 Ⅳ. ①B842.3

中国版本图书馆CIP数据核字(2017)第277981号

启动大脑：快速记忆，逻辑思维，思维导图

主　　编：朱建国　桑　楚

出 版 人：刘凤珍

责任编辑：李胜佳

封面设计：彼　岸

文字编辑：贾　娟

美术编辑：李丹丹

经　　销：新华书店

开　　本：720mm×1020mm　1/16　印张：27.5　字数：475 千字

印　　刷：河北松源印刷有限公司

版　　次：2018 年 1 月第 1 版　2021 年 10 月第 7 次印刷

书　　号：ISBN 978-7-5113-7218-5

定　　价：75.00 元

中国华侨出版社　北京市朝阳区西坝河东里 77 号楼底商 5 号　邮编：100028

发 行 部：（010）88893001　　　传　真：（010）62707370

网　　址：www.oveaschin.com　　E－m a i l：oveaschin@sina.com

如果发现印装质量问题，影响阅读，请与印刷厂联系调换。

前言 PREFACE

研究表明，人脑的潜在能力是惊人的和超乎想象的，聪明的大脑是可以通过后天的努力，也就是通过锻炼培养出来的。

众所周知，随着年龄的增长，我们的记忆力会减退，然而这并不是无法改变的，在明白了我们的记忆是如何工作的之后，我们就可以使它的效能得以提升。只要掌握了科学的记忆规律和方法，每个人的记忆力都可以提高。记忆力得到提高，我们的学习能力、工作能力、生活能力也将随之提高，甚至可以改变我们的个人命运。

很多人认为大脑的优劣是由先天条件决定的，其实这是一种误解。最新的研究成果表明，只要你充分掌握了锻炼大脑的方法，不论年纪大小、有无惊人天赋，都能轻松提升脑力，打造自己的"最强大脑"！

为了帮助读者开发大脑潜能、提升逻辑思维能力、改善记忆力状况、快速获得提高记忆力的方法，我们编撰了本书。《启动大脑：快速记忆·逻辑思维·思维导图》是一本实用性非常强的脑力提高训练书。全书从快速记忆、逻辑思维、思维导图三个方面介绍提高脑力的方法和技巧。

超级记忆术不仅能帮你造就某一方面的出色记忆力，让你快速掌握一门外语，记住容易疏忽的细节，克服心不在焉的毛病；更能让你的记忆力在整体上、在各方面都达到杰出水平，轻松记住想记住的事物，让记忆更快更持久。本书介绍了多种一看就懂、一学即会、立竿见影的超级记忆技巧，教你快速、有效、准确地记住一切，让你的大脑达到超强的学习和工作的状态。

逻辑思维是一切思考的基础。一般来说，每个人的逻辑思维能力都不是一成不变的，它是一座永远也挖不完的宝藏，只要懂得基本的规则与技巧，再加上适当的科学训练，每个人的逻辑思维能力都能获得极大的提升。本书介绍了逻辑的基本概念和逻辑思维的基本规律，并附上精选的逻辑思维训练题，在游戏中培养和锻炼人的逻辑思维能力，全面开发大脑。

思维导图是打开大脑潜能的金钥匙。书中用简明易懂的讲解和实用易学的图示介绍思维导图在职场、人际、工作和学习等方面的应用，激发更多的联想创意，从而唤醒大脑潜能。

知识就像大海，不懂方法的人跳下去，不是很快放弃，就是花了很大力气却徒劳无功；而懂得方法的人则对这一切应对自如。世界上根本不存在笨人，通过本书，你将学会更简单、更快速、更有效的学习方法，成为脑力更好的人。

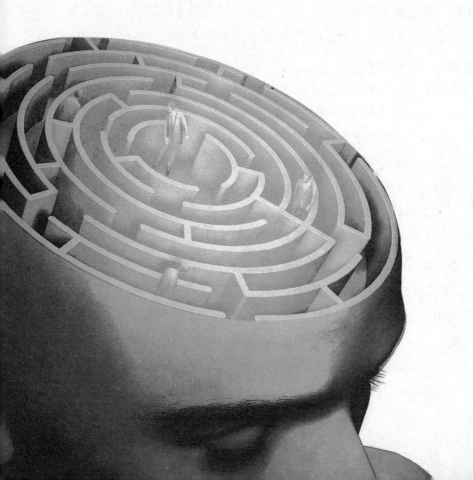

目录 CONTENTS

第二篇　逻辑思维：一切思考的基础

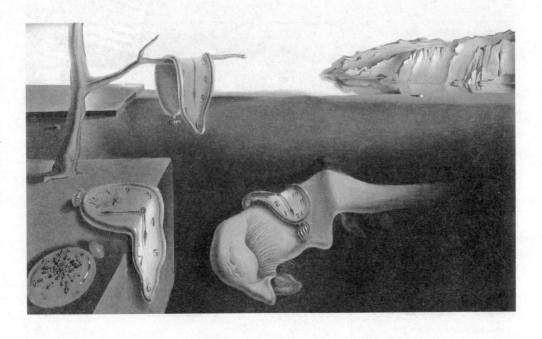

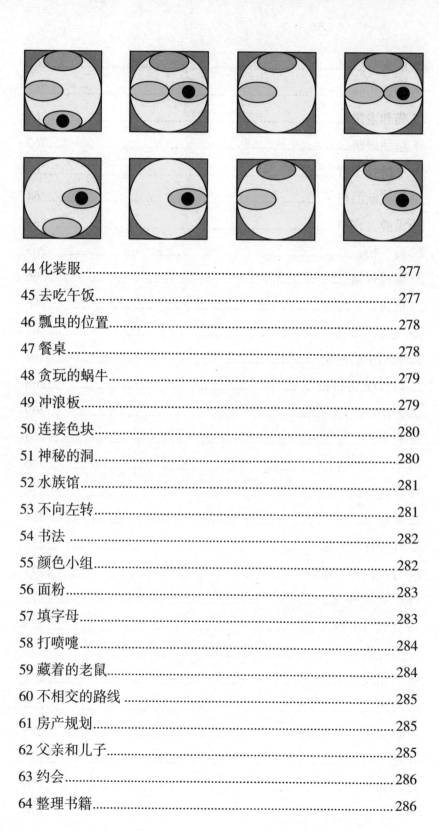

第三篇　思维导图：打开大脑潜能的金钥匙

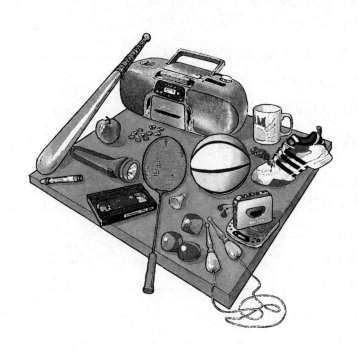

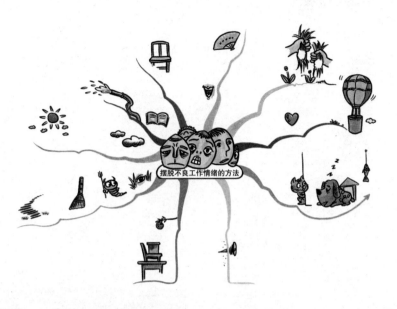

摆脱不良工作情绪的方法

第一篇

快速记忆
就是科学用脑

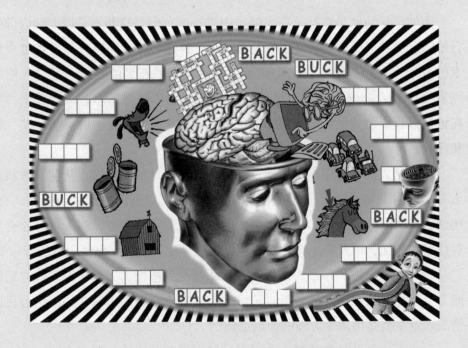

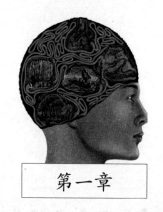

第一章

记忆与大脑

大脑的不同部位，负责不同的记忆

人的记忆活动虽然都是在大脑当中进行的，但是这并不是说大脑内部的所有结构，都和记忆活动有紧密的关系。由于神经心理学的研究和现代脑成像技术的发展，人们对记忆的结构和通路的研究有了长足的发展。经过人们的研究发现，在大脑内部，与记忆活动关系密切的部位并不多，只有几个，其中在记忆过程中起到最关键作用的部位主要有四个，分别是颞叶、杏仁核、额叶和丘脑。

颞叶是人的听觉中枢所在地，位置在大脑半球的外侧方，从前下方斜向后上方的侧沟下侧，靠近颞骨的地方，颞叶与记忆以及人的某些精神活动有关。例如一个清醒的病人，如果用无害的微弱电流刺激其颞叶，病人就可能会出现对往事的回忆，以及产生特异的幻觉等情况，比如听到了以往听过的音乐等。

颞叶和记忆的关系最为密切，一旦颞叶受到损伤，人就会失去长时记忆的能力，不论是视觉记忆还是听觉记忆，病人必然会表现出显著的记忆力衰退的情况。这主要是由两个方面的原因造成的。

一方面，颞叶外侧的新皮质层对记忆有重要的影响。研究表明，两侧颞叶新皮质层受损所产生的影响是不同的：如果左侧颞叶被切除，人的言语记忆会受到影响；而如果右侧颞叶被切除，人们对复杂几何图形的记忆、无意义的图

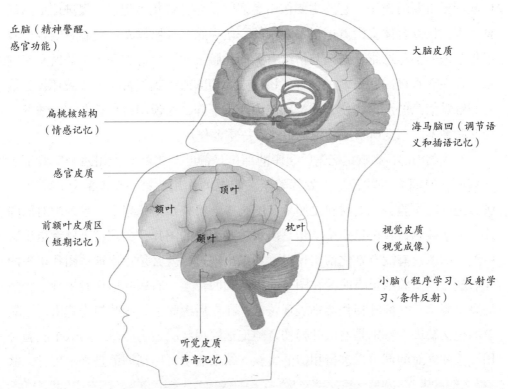

丘脑（精神警醒、感官功能）

大脑皮质

扁桃核结构（情感记忆）

海马脑回（调节语义和插语记忆）

感官皮质

顶叶

额叶

前额叶皮质区（短期记忆）

颞叶

枕叶

视觉皮质（视觉成像）

小脑（程序学习、反射学习、条件反射）

听觉皮质（声音记忆）

一段经历的点点滴滴储存在大脑的不同功能区域中。比如，一件事如何发生储存在视觉皮质，事件的声音储存在听觉皮质。同时，记忆的这两个方面还互相联系着。

形的学习和回忆、面貌以及声音的回忆都会严重受损。

　　另一方面，因为颞叶的内侧是海马结构，海马在长时记忆中扮演着重要的角色，主要就是用来固化长时记忆。一旦海马受到损伤，人就会产生记忆障碍，并且损伤越严重，记忆障碍就越严重。研究表明，左右两侧的海马单方面损伤造成的记忆障碍是不同的，在性质上有明显的差异。左侧海马的损伤会直接损害言语材料、数字以及无意义的音节的记忆；右侧海马的损伤则严重影响非言语材料的记忆、面貌的记忆、空间位置的记忆。

　　杏仁核在记忆过程中，同

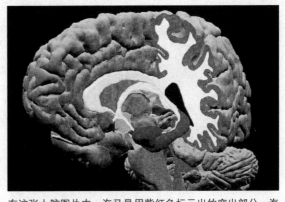

在这张大脑图片中，海马是用紫红色标示出的突出部分。海马是大脑对记忆归类的区域，它决定哪些信息足够重要并需要存入长期记忆中。

样起着很重要的作用，它的主要作用是把感觉体验转化为记忆，促进记忆的汇合。杏仁核复合体会沿着记忆系统中的一段通路和丘脑联系，把感觉输入信号汇集起来的神经纤维，送入与情绪有关的丘脑下部，因此它和皮层的所有感觉系统存在着直接的联系。一旦杏仁核被人为切除或受到损害，就会破坏视觉信息和触觉信息的汇聚，使人的辨别能力严重下降，这说明杏仁核在正常情况下会在联系不同感觉所形成的记忆中，发挥重要作用。

在大脑内部，影响记忆先后顺序的部位是额叶。曾经有人用两个实验证明了额叶在时间先后的记忆上发挥着至关重要的作用。第一个实验是用非语言刺激进行的实验，主要材料是照片、图画等。第一步是呈现出一系列配对的图片，要求被测试者记忆；第二步是出示一些配对的图片，要求被测试者指出这些配对的图片有没有在之前出现过，如果出现过，就必须指出这些图片出现的先后顺序。实验结果表明，在图片的再认和回忆上，右颞叶损伤者出现了轻微的衰退现象，右额叶损伤者则表现正常；在先后次序上，额叶损伤者出现了显著的记忆缺失，特别是右额叶损伤者的记忆缺损状况最为严重。第二个实验是用一系列配对的词语，进行相似的实验。结果表明，回忆词语是否出现过，颞

我们以何种方式遗忘

当要求一组人记忆一列单词，然后尽可能快地重述出来时，你会发现最前面和最后面的几个单词被记得最好（黑色的曲线）。

但如果30秒后要求被测者倒着复述时，只有优先效应起作用（红色的曲线）。这是因为，刚开始时被测者不断在脑海里重复词汇，并成功地把它们储存在长期记忆中。随着词汇的增多，这一程序就会逐渐中断。不过，在倒着复述时，被测者仍能记住最"前面"的那几个词。

由此可见，优先效应与长期记忆相连，而新近效应与短期记忆相连。

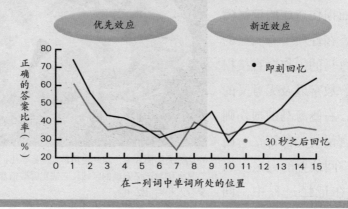

叶受到损伤的人会出现一些障碍，而额叶损伤者的表现则完全正常；但是在先后次序的记忆上，额叶受到损伤的人，特别是左额叶损伤者，出现了十分明显的记忆障碍现象。

研究表明，遗忘症患者会出现脑萎缩的现象，同时，乳头体坏死和丘脑背内侧的某些损伤同样会出现在遗忘症患者身上，因此可以证明，遗忘症的出现和丘脑的损伤有明确的关系，也就是说，丘脑在记忆活动的过程中，也扮演着重要的角色。另外，在回忆过程中，丘脑也起到了重要的作用。在人们认识环境的过程中，特异性丘脑部位能够激活特异性皮层区域，在这种情况下，一个人就会把他的注意力，引向储存记忆库。

与记忆有关的生理单元

随着脑神经生理学的发展，对有关记忆的研究越来越深入。研究表明，记忆不单单是和大脑皮质中的某些部位有密切的关系，同时和人的大脑中的某些生理单元也有着很紧密的关系。其中包括刺激痕迹、突触结构、核糖核酸、反响回路以及脑内代谢物。

刺激痕迹是指大脑在受到外界各种信息的刺激之后，会产生一种具有电流性质的痕迹，这种痕迹在经过多次强化之后，产生化学性质和组织上的变化，最终形成记忆的烙印。这种记忆痕迹和烙印，并不是固定在特定的部位，它是活动的。也就是说，刺激痕迹是形成记忆的基础。虽然这种说法并没有说明记忆的本质，但是观点本身是有一定的道理的。

突触结构的变化是长时记忆的生理基础。刺激的持续作用会使神经元的突触发生变化，比如神经元末梢的增大，树突的增多和变长，突触的间隙变窄，相邻的神经元因为突触内部的变化更容易相互影响等。曾经有人做过一个实验：将一窝刚生下的小白鼠分成两组，一组在有各种设备和玩具、内部非常丰富的环境中饲养，另一组则放在没有任何设备和玩具、贫瘠的环境中饲养。一个月之后发现，在内部丰富的环境中饲养的小白鼠大脑皮质的重量和弧度增加多一些，突触数目也增加很多，大脑中和记忆有关的化学物质浓度很高，学习行为很好。正是因为这个实验的结果，人们才认为突触结构的变化是长时记忆的生理基础。

反响回路是指神经系统中，皮层和平层下组织之间，存在的某种闭合的神

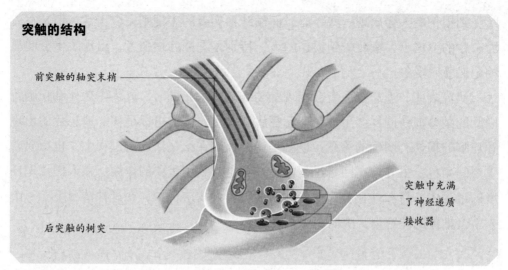

突触的结构

前突触的轴突末梢

突触中充满了神经递质

接收器

后突触的树突

借助特殊的化学分子——神经递质，突触得以保证神经信息从一个神经元传递到另一个神经元。

经环路。当外界信息输入到大脑中之后，会对大脑产生一定的刺激，这种刺激会作用于环路的某一部分，使回路产生神经冲动。但是，在信息不再向大脑输入之后，也就是刺激停止之后，神经冲动却并没有停止，而是继续在回路中往返传递一段时间，而这段时间恰好就相当于短时记忆在大脑中储存的时间。因此，这种反响才被称为短时记忆的生理基础。有研究者通过实验的方式来支持这种说法。研究者把白鼠分成两组，分别是实验组和控制组。首先让控制组建立起躲避反应，即把控制组放在一个窄小的台子上，让它总想着跳下来，同时台子下面通电，只要白鼠跳下来，就会被电流刺激，逼迫它跳回高台。经过一段时间的训练之后会发现，白鼠在台子上待的时间越来越长。这说明在反复的刺激后，白鼠形成了"台子下面有电"的记忆。这时候再次破坏白鼠的记忆，可以采用电击等方式，待到白鼠恢复正常后，重新进行之前的实验，发现它在台子上的时间依然较长，这就说明白鼠的长时记忆没有被破坏。随后让实验组的白鼠也形成躲避反应，并立即让它进入电休克状态，在恢复正常之后重新进行实验，发现它会立即从台子上向下跳，这说明白鼠失去了记忆。这种事实就说明电休克可能会破坏躲避反应的回路，产生遗忘。所以说，反响回路是短时记忆的生理基础。

　　核糖核酸是记忆的物质基础。随着分子生物学兴起，人们对大脑活动过程中，生物大分子所起的作用的研究，取得了较大的进展，这就为在分子水平上揭示记忆之谜打下了基础。研究人员发现，因为学习和记忆引起的神经活动，会改变与之相关的那些神经元内部核糖核酸的细微化学结构，这就说明个体记忆经验是由神经元内的核糖核酸的分子结构来承担的。为了证明这个观点，研究人员做了两个实验：一个是瑞典神经生物化学家海登训练小白鼠走钢丝，成功之后对小白鼠进行解剖，发现小白鼠大脑内和平衡活动有关的神经元的核糖核酸含量明显增加；另一个实验是将抑制核糖核酸的化学物质，注射到动物脑内，发现动物的学习能力显著减退或完全消失。

乙酰胆碱对突触部位的化学变化有很大影响，它是由外界刺激之后的神经细胞的轴突末梢分泌的。它和游离钙发生反应，从而保证了神经冲动传递的通畅。这就说明，突触部位钙的堆积，会导致记忆力的衰退。还有研究表明，大脑中的五羟色胺拥有量的多少对记忆力有一定的影响，五羟色胺的水平下降，记忆力水平就会失调。

记忆的神经机制

人们的记忆能力和大脑的区域面积、大脑当中的细胞数量、神经元细胞都没有关系，它主要取决于神经元之间接合处的数量和性质。

神经元是一种能够更新、传递和接受电脉冲的特殊细胞。电脉冲现象产生于活的生命体当中，因此也叫生物电，它会先在一个神经元内部传播，然后在构成整个神经系统的网络中传播。一个神经元与其他神经元接合的区域叫作突触。根据一些功能上的不同，每个神经元与其他神经元会通过一千到十万个突触连接在一起。电脉冲就是通过突触从一个神经元传递到其他的神经元上，最后遍布整个神经网络的。

大脑和整个神经系统的参

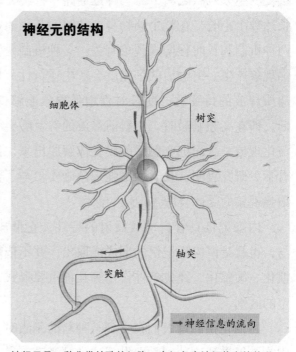

神经元的结构

细胞体

树突

轴突

突触

→ 神经信息的流向

神经元是一种非常特殊的细胞，专门负责神经信息的传递。

与，是整个记忆功能正常运转的保证，其中神经系统负责传递和处理感情信息。但是长久以来，神经系统一直都属于不被人们认知的领域，直到科学技术发展到一定程度，神经系统才渐渐向人们敞开怀抱。整个神经系统是由无数个功能不同的神经元组成的，它包括中枢神经系统和周边神经系统两个部分，神经系统组成的网络也遍布全身的各个部分，包括所有的器官、关节、血管、肌肉等。

记忆在神经系统内运行的机制，叫作记忆的神经机制。根据记忆方式的不同，记忆的神经机制也是不同的，主要分为外显记忆的神经机制、内隐记忆的神经机制和工作记忆的神经机制。

外显记忆的形成必须有整个认知过程的参与，它能够对自身体验的事件和真实的信息进行编码。外显记忆的获取过程很简单，经常是一次尝试就能获得，并且能够随意取出，能准确地加以叙述。外显记忆的获得有包括海马、海马足和海马周围皮层等组成的系统参与，其中海马在哺乳动物的记忆形成过程中，起着重要的作用。

在 20 世纪 70 年代初，有人发现了一种长时程增强现象，这种现象的机制，在某种程度上揭示了外显记忆的神经机制。长时程增强现象是指在短暂而重复的高频刺激之后，海马神经通路中神经元的突触后电位将增大，持续时间长达数个小时，在整个动物身上的时间甚至能达到几天或几周。研究表明，有两种机制和长时程增强现象有关：一种机制是发生在突触前，即一旦长时程增强现象产生，突触后的细胞就会产生逆行性，作用于突触的整个过程中，增加递质释放的持续性，使长时程增强现象能够持续下去；另一种是发生在突触后，即在高频刺激时，突触前释放的谷氨酸会将突触后的受体激活，产生膜去极化现象，从而把突触后的膜受体解脱出来，诱导长时程增强现象。现在已经有不少研究表明，长时程增强现象确实参与了记忆的存储，很多参与了长时程增强现象的受体会增强记忆的保留。

内隐记忆具有自动或反射的特性，它形成的过程一般没有意识过程的参与，也就是说内隐记忆的形成或取出，并不依赖于认知过程。内隐记忆包括习惯化、敏感化、经典条件作用等几种重要形式，各种形式的神经机制存在着一定的区别。

习惯化指的是人们在受到某种新的刺激时，会下意识地做出发射，当人们因为重复受到这种刺激而发现这种刺激没有危害的时候，就会学会抑制自己的反应，它是一种最简单的内隐记忆形式。这是因为人们在受到重复刺激的时候，突触的传递效率在感觉神经元与中间神经元和运动神经元之间降低，这种降低是持续性的，长时间之后可能会导致突触传递的停止，这就形成了习惯化。

敏感化是指人们在受到一次伤害性的刺激之后，就会无意识地增强自身对各种刺激的反应，它是一种复杂的内隐记忆形式。敏感化包括短期敏感化和长期敏感化，研究表明，短期敏感化有突触前易化的参与，长期敏感化则包含感觉和运动神经元之间的易化。短期敏感化主要是感觉神经元上形成突触的中间神经元释放出的某种物质，能够直接调整感觉神经元递质的释放，也可能和受体结合，增加递质的释放。

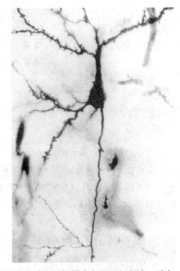

从这张图片中我们可以看到，重复刺激引起神经元树突的增生。

经典条件作用指的是把一种刺激和另外一种刺激关联起来，是一种更为复杂的内隐记忆。它的机制主要是活动依赖性的突触前易化。

工作记忆是把当时的意识和大脑中存储的信息瞬间检索相结合所形成的记忆，它能对这些信息进行操作，也能短时存储和激活符号信息，对人类的信息存储和加工、推理、决策、思维、语言和行为组织都有重要的意义。工作记忆功能的发挥，需要依赖脑部各分散区域的协调和合作，其中起着最重要作用的是皮质的额叶部分。工作记忆就是在皮层的前额叶部分实现的。前额叶的神经元控制着运动中枢的神经元，对各种运动行为进行调节和控制，最终能兴奋或抑制其他脑区的活动。

潜意识仓库

潜意识仓库是指我们大脑中"意识之外"的用来存储我们感知过的所有事物的区域，这是大脑活动的潜意识区域，记忆就存储在这片区域中。

这是一片非常重要的区域，它存储着我们感知过的一切事物，即凡是我们所经历过、思考过和已经知道的事物，都会储存在这个仓库中。研究表明，只有当潜意识中储存的内容出现在我们的意识领域，并且产生回忆的结果，我们的记忆才算是从潜意识中走出来，成为真正意义上的记忆。

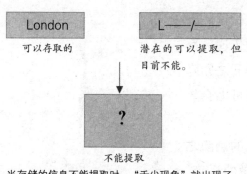

当存储的信息不能提取时，"舌尖现象"就出现了。如："英国的首都是哪儿？"答案可能知道，潜意识中知道，或者根本不知道。

我们可以这样理解，外界信息在输入到大脑中之后，第一个停留的地点是潜意识仓库。当我们进行记忆活动的时候，潜意识仓库中的所有信息都将转化成各种各样的线索，而我们自身的主观意识会通过这些线索找到需要记忆的信息，并对其进行记忆，这样我们需要的信息就会形成记忆，而其他的信息依然会作为线索储存在潜意识仓库中。也就是说，潜意识仓库就是我们在进行记忆活动时的"原材料"集中地。

无论是什么样的信息，只要是我们感知过的，都会在大脑的潜意识仓库中留下痕迹，即使是我们对事物的感知非常细微，这种痕迹依然会存在。对事物的感知程度越高，印象越深刻，在潜意识中留下的痕迹就越深。当然，各种信息在潜意识仓库中储存的位置是不同的，感知程度高、印象深刻的信息，作为线索时也越清晰，在潜意识仓库中的位置就十分醒目，当我们需要记忆它们的时候，自身的主观意识会很容易就把它们搜寻到；而那些感知程度低、印象也不够深刻的信息，作为线索的时候也不会很清晰，在潜意识仓库中的位置自然也比较隐秘，当我们的主观意识去搜索时，会很难发现。这就相当于一个人，如果他站在你的面前，非常醒目的地方，那你一眼就能看到他；如果他藏在一个隐蔽的位置，你想找到他就会很困难，虽然说你下定决心去找的话，也能找到他，但是很可能会花费非常多的时间和精力。

我们经常会有这样的感觉，一件事物可能以前在某个地方看到过，但是无论如何也想不起来，这实际上就是因为这件事物在当初在我们的潜意识仓库中留下的痕迹不够深刻，作为线索的时候，很难被大脑主观意识搜索到。但是一旦我们长时间观察这个事物，就会突然间想起曾经看到过这个事物的地方，这就是因为我们感知的新内容也进入到了潜意识仓库中，并且和原有的线索相结合，使其痕迹变得深刻，作为线索也变得明显了许多，所以我们的主观意识重新搜索到了这些信息。这就说明，潜意识仓库中的各种线索并不是一成不变的，内容相同的线索会结合起来，变成更清晰的线索；只要线索足够清晰，我们的主观意识能够搜索到，那么任何信息都可能变成我们的记忆。

被保存的记忆形式：克拉帕莱德的手腕

1911 年，瑞士医生埃杜阿荷·克拉帕莱德（1873～1940）每天早上都向一位患有科萨科夫综合征的女病人问好，但女病人每次都认为这是他们的第一次见面。一天，克拉帕莱德在手中藏了一根刺，女病人被刺痛手心后马上就忘记了。

一会儿，克拉帕莱德再次走了过来。他伸出手，这次女病人却拒绝跟他握手，并谨慎地把手藏在背后。但她却不能解释自己的这种行为，因为她认为自己是第一次遇见克拉帕莱德医生。女病人显然在潜意识中保存了被刺扎疼的记忆。由此可见，潜意识记忆能够影响遗忘症患者的感情和行为。

总之，只有在潜意识仓库中留下了线索和痕迹的信息，才有可能转化为我们的记忆。对于其中没有存储柜的信息，我们的主观意识永远也不可能在其中搜索到，自然也就没办法形成记忆。

动物也有记忆

1904 年获得诺贝尔奖的苏联生理学家伊万·巴甫洛夫曾经做过一个著名的实验，他每次给狗喂食的时候都会摇铃，经过几次之后，只要一摇铃，狗就会流口水，这证明狗能对刺激做出反应，也就是说狗有记忆。

在当时，这个实验结果可以用惊世骇俗来形容，甚至巴甫洛夫获得诺贝尔奖也是凭借这个实验的结果。但是 100 多年来，科学家对动物记忆的探索取得了巨大的进步。放到现在，这个实验根本就不值一提。如今，各种动物表现出强大记忆能力的例子比比皆是，一些生物学家甚至在最初级的生物体上都发现了记忆。不同种类的动物在记忆能力上有很大的差别，有一些很弱，有一些则很强，像一些高等脊椎动物，比如说狗的记忆能力，有时候甚至可以和人相比。

海狮能在记忆中长时间保存较

狗的记忆力不需要主人花费太多精力和力气，日常生活中的一些小游戏就可以让狗拥有良好的记忆力。

少见到的猎物的图像，这是加利福尼亚大学的两个生物学家用 10 年时间训练和测试一头海狮所得到的结果。他们先让海狮学习一些符号、字母和数字等东西，然后让它在众多的卡片中辨认出这些东西，每辨认出来一个就会给它一份奖励。随着时间的推移，海狮学习的东西越来越多。在 10 年之后，生物学家向海狮展示了一些它从来没有学习过的符号、字母和数字，但是它依然能在众多的卡片中把这些符号、字母和数字找出来，这就证明了海狮有着强大的记忆力。生物学家们认为，海狮能够记住种类繁多的猎物，靠的就是这种强大的记忆能力。

鹦鹉能"学舌"，这是鹦鹉的记忆能力的展现。加蓬有一只叫作亚历克斯的灰鹦鹉，它能够复述学到的所有词汇，被称为现今最会说话的鹦鹉。它不仅能记住 50 多种物体的名字，还能辨别物体的类别，比如物体的形状和颜色等。如果给它展示一个蓝色、一个绿色两个相同形状和相同材料的物体，当问它有什么相似之处的时候，它会先说出形状，然后说出材料，这说明它对材料、颜色、形状等记忆得都非常清楚。

一群大象的共同记忆是通过老年雌性大象带来并传递的，它记忆了群体迁徙时途经的路线信息，包括安全的地方和危险的区域。

通过训练的狗通常能够做很多事情，比如训练有素的警犬，它们能够通过气味搜索敌人、能够在地震之后的地区搜索活人、能够寻找毒品或炸弹。再比如导盲犬能够帮助残疾人认路，还有一些狗能表演杂技等，这些都是因为狗能把它们接受训练时所学习的东西记住。

黑猩猩能够记住某些物品的作用和功能。人们经过长期的观察发现，一些黑猩猩专门使用某种形状的树枝捕捉白蚁，一些黑猩猩能够借助石头或者木块来砸核桃，还有的知道利用海水清洗食物里的沙土来改善食物的味道。对于一些药用植物的使用效果，黑猩猩也能记住。比如一只黑猩猩在腹泻的时候吃了一种含有抗生素的合欢树的树皮，不久之后，和这只黑猩猩属于同一个族群的其他黑猩猩也知道在腹泻的时候应该吃这种含有抗生素的树皮。

大象和鲸能记住自己母亲教给自己的东西。大象和鲸掌握的知识，都是以从母亲到子女这样的方式传承下来的。年幼的大象知道迁徙过程中的安全区域和危险区域，是因为它们能记住老年大象教导的地理知识；小鲸鱼能够毫无恐惧地接近那些安全的船只，是因为它们记住了年长的雌鲸教导的哪些船只是有危险的这样的知识。

想象力——记忆的来源

记忆是一种生物过程，在这个过程中，信息被编码、重新读取。它使人类个性化，在动物王国里与众不同。

知道记忆究竟是什么以及它是怎样运作的，对开发人类的记忆力很重要。记忆力的形成需要特定的"路径"。记忆的形成取决于多个因素，而想象力参与了记忆的每个过程，因为正是它为记忆提供了所有的心理意象。它的创造力更体现在对储存在记忆中的信息能够有效地加以利用，以及在深刻理解现实的基础上进行的各种活动。但是它也会受你的期望或是挫折的影响，所以要有节制地放任想象力自由驰骋——它可能会带着你脱离轨道，最终导致错误的判断，甚至是失败！

18世纪，法国作家伏尔泰是这样定义想象的："它是每个有感知能力的人都能意识到他所具有的、在脑海中再现真实物体的能力。这种能力取决于记忆。我们能够看到人类、动物和花园，是因为我们通过感官接收到对它们的感知。记忆将这些感知信息保存起来；而想象把这些信息组合在一起。"

快速记忆就是科学用脑

仔细看这幅图，你能找到一张女人的脸和一个萨克斯演奏家吗？

现代心理学证实了这个观点。想象力为记忆的主要组成部分——大脑形象的构成做出了很大的贡献。还有观点认为想象力具有利用以前记忆的信息进行复制再现的功能。另外，想象力还有再创造的能力，它可以重新排列大脑中已经存储的信息，建立新的组合；也可以改造以前经历中记录的形象，创造全新的联系。简而言之，想象力主要以先前已经存储在记忆中的材料为基础，进而创造出全新的形象。例如，当你在头脑中想象一种完全未知的动物时，实际上你是在将你所熟悉的各种动物的一些特征拼凑在一起。

所以，真正的创造性想象，首先要求有一些声音感知的信息，接下来需要一个存储状况良好的记忆，能够迅速而又轻松地提取出任何已存储的信息，最后就是创造全新组合的能力。这种创造能力仍然是建立在对已存储在记忆中的信息进行高效组合的基础之上的。在科学中，一个假想只有建立在对已观察到的现象做认真分析，以及对已有知识的精确掌握的基础之上，才有可能最终引向科学规律的发现。在物理中，要想对未来做出正确的预测，或是要保证计划方案的实施，最关键的条件就是对现实情况的准确把握和理解。能够根据现实情况来设计未来发展计划的能力，是对未来进行重大的干涉的前提条件。

创造出记忆力的杰作的，除了将分散的信息集中到一起，还有将它们组合在一起创造新的"事实"。

想象力总是建立在一些感官活动的基础上。经过良好训练的感官能力会使记忆变得更加高效，并且能够增强信息再现的能力。

想象力不只是伟大的创造者、艺术家或发明家的独有能力。爱幻想的儿童、遐想未来的成年人，还有在头脑中显现小说中的英雄人物和故事背景的人，他们都在运用自己的想象力。阅读（这会促使你的思想自由驰骋，将无数人物、景色和气氛的心理形象召唤出来）、写作，以及你对身边世界的兴趣和好奇心，所有这些都能激发想象力的创造能力。你的想象世界的产物也来源于你的欲望、你的幻想，还有你受到过的挫折。想象通常暗示出认为现实世界不够完整，并且相信有可能设计出新的、更加令人满意的版本，因为这些想象的版本比现实更加接近你的愿望。这就解释了为什么现实总是会让人的期望落空，例如被搬上银幕的小说、与原先互相联系但未曾谋面的人的会面，或是任何其他先做想象后化为现实的情况。

想象力的这种补偿性的作用，能够促使人行动。当然想象力也有它的缺点：会使人倾向于逃避现

给孩子讲述或阅读小故事不仅能帮助他们学习语言，还能帮助他们提高记忆能力。

实，沉溺于幻想的世界中。你的想象力会跟你开玩笑，伪造对事物的感知，从而误导你将自己的幻想当成现实。因此，失去束缚的想象力是幻觉和失望的主要源泉。最终，它可能会伪造甚至扭曲事实，这些可以在白日梦、疯狂和说谎狂（情不自禁地伪造）症状中看到。

希腊哲学家亚里士多德相信人类的灵魂必须先通过在脑海里创建图片才能思考。他坚信，所有进入灵魂（或者说人脑）的信息和知识，都必须通过五感：触觉、味觉、嗅觉、视觉和听觉。首先发挥作用的是想象力，它修饰这些感觉所传来的信息，并把它们转化为图像。只有这样，智慧才能开始处理这些信息。

换句话说，为了理解身边的每一件事物，我们必须不停地在脑中创造世界的模型。

大部分人从小就学着在心中构造模型，并很快精于其中。我们可以单凭脚步声认出一个人，可以从一个人最细微的动作直觉地判断出他的情绪。而你现在正在做的事情就是更为典型的例子——你的眼睛轻而易举地扫过一行行杂乱的字符，与此同时，你的大脑识别出一组组词语并在大脑中同步，从而形成图像。

想象力能做很多事，其中最突出的大概就是梦境了，不过前提是我们能记住它。有很多种仪器可以帮助我们记住梦境，其中一种能检测快速眼部运动（REM）的护目镜已经经过志愿者的测试。REM 睡眠是梦境最活跃的阶段，它一般仅在特定时间突发，持续时间也很短。一旦 REM 发生，检测器会在护目镜内部发出一道小闪光。这样做的目的是让志愿者能在睡眠状态下逐渐意识到

他在做梦。这种亚清醒状态可以让人以奇妙的旁观视角，来体验想象力的虚拟世界。试验报告指出，"所有的物体看起来都像是全息真彩照片，每一个细节都非常完美"。多年不见的亲友，面孔会被精确地再现在眼前，而且这一切体验都真实得不可思议。

记忆的运行

记忆的运行过程会牵涉到整个身体的参与，它的每一个步骤都需要感觉、认知和情感的参与。因此，感觉和知觉对记忆来说，就像推理和思索一样重要。

飞机上的黑匣子会记录并保留机长和地面控制台在整个航行过程中的对话，以便需要时重新提取有用的信息，记忆的形成与之类似。它包括接收信息、保持信息的完整性、在需要时再现该信息三步。但是，这三个步骤的顺利进行要依赖于一些在现实中实际上很少能遇到的条件。

接收信息以及从记忆中再次提取信息是大脑的一个十分复杂的运转过程。对信息的接收、编码、整理和巩固是这个过程的必要步骤。了解记忆这个奇妙的运行过程，对充分发挥记忆的潜能非常有用。

第一步，接收信息。

接受信息首先要求感官——视觉、听觉、嗅觉、触觉和味觉有效地发挥功效。在一般情况下，记忆信息所出现的问题都可以在检查信息进入"黑匣子"的方式之后找到原因。如果看不清楚或者听不清楚，就无法清楚地记忆。事实上，如果你的感觉不够灵敏，你是无法记住任何信息的；所以不要归罪于记忆力，而应该训练你的感觉器官。

另外，良好的感觉系统也不能代表一切。另一个重要的因素是集中注意力，这是由诸如兴趣、好奇心和比较平静的心理状态决定的。有效地接收信息取决于拥有正确的思维模式，以及保持信息过程不受干扰。

在19世纪90年代，一些发明家（包括托马斯·爱迪生）在记录音像方面取得了成功。但是真正成功地完善了用胶片捕捉动作系统的人，是法国人路易斯·卢米埃尔，如今我们的照相机依然保留着他所发明的图像捕捉方式，只是在每秒钟所捕捉的图像数量上有了变化：从过去的16个变成了现在的18个。

第二步，信息的编码和整理。

运作记忆如何运行

中央管理者

筛选感觉信息，控制和分配注意力，并决定完成脑力任务的策略。

语音圈

负责处理词汇、字母、数字等信息。

视觉—空间记事区

负责处理图像信息。

为了表述短期记忆的运行机制，1974 年心理学家阿兰·柏德雷提出了上面这个至今仍在不断优化的模型。

　　你所接收的所有信息会先被转化成"大脑语言"。这是一个被称为编码的生理过程，在这一过程中信息被输入记忆系统。在编码过程中，新的信息和记忆中已存储的相关的部分放置在一起。它会被分给一个特定的代号，可能是一种气味、一个形象、一小段音乐，或者是一个字——任何标记符号都可以，只要能够使这个信息被重新提取。如果一个词"柠檬"被用"水果"、"有酸味儿"、"圆形"或是"黄色"来编码，那么当你不能自发地回忆起这个信息时，这几个特征中的任何一个都可以帮助你回忆起它。如果你接受的信息属于一个新的类别，大脑会给它一个新的代号，并与记忆已经存储的信息类别建立联系。信息再现的效率取决于大脑对这条信息的编码程度，还有数据的组织情况和数据之间的联系。这个过程需要利用人脑对过去的丰富记忆做基础，对每个个体来说，这个过程都是独特的，而且它的进行方式也是不同的。尽管如此，信息编码的潜能还是要受到大脑接收信息能力大小的限制——一次最多可以对 5 ~ 7 条信息进行编码。

　　此时，信息的性质就由一种从外界接收的感官信息，转变成了一个心理影

重复、重组、建立联系以便更好地记忆

为了突破短期记忆的局限，我们发展了一些有效的策略。

以大声说出或者默念的方式重复信息。

打电话时，对方在做自我介绍，你可以不断默念他的姓名直到能够在通信录上写下来。

当所要记忆的元素超过 5 个时，可以采用重组的方式。

例如，将电话号码分为 2 个一组或 4 个一组，将更容易记住。

58 81 58 42   5881 5857

在想要记住的信息与已经知道的信息之间建立联系。

比如，在记忆数字 417893 时可以先找出 1789，法国大革命开始的时间。

像，也就是大脑受到某种行为刺激而导致的转换过程的产物。然后，这条信息就会被保存在记忆里，只是保存的种类、强度和持续期限各不相同。

短期记忆主要是一些日常生活中的事情，这样的记忆只需要保留到任务完成——比如说购物、打电话等。

普通记忆，或者叫中期记忆，对需要一定程度的注意力的信息发挥作用。我们对这些信息感兴趣，并希望把它传递到大脑中。个人能力、时间段、感官所受的训练，还有信息所包含的情感因素，都会影响到普通记忆的多样性。普通记忆是生活中利用频率最高的。尽管如此，它的潜在容量却无法预测，没有人知道它的极限是多大。

长时记忆会在我们不自知的状态下，不需做任何额外的努力就能把一些信息铭刻于心。通常，能唤起强烈情感的事件是形成无法磨灭的记忆的基础。它们内在的情感性使我们倾向于向别人讲述，而这个叙述的过程会将记忆巩固并存储到大脑的更深处。我们并不受这些深层的记忆所控制，这些被埋葬的记忆表面上似乎被长久地遗忘了，事实上却会在任何时刻重现脑海：出现在梦中或是被某种气味唤醒。

第三步，信息的巩固。

有些信息由于自身所附带的强烈情感因素，会在记忆中自动留下难以磨灭的印象；而有些信息，如果你想把它们保留得久一些，就必须用一些方法去巩固它们，而这种巩固的过程需要存储信息时有良好的组织工作。一条新的信息首先必须被划分到合适的类别中，就像你把一个新的文件放进一个文件柜时需要做的一样。至于把它们划分为哪一类，就要看你个人的信息分类标准——

按照意义、形状等，或者被包含在某个计划、故事中，又或者是所能唤起的联想。举个例子，"文明"这个词，作为"文化"的义项可以被划分为"名词"的类别，但是作为"社会发展到较高阶段"的义项又可以和形容词建立联系。不过你也可能会用别的分类方式，因为没有任何两个人会对同一条信息采用同一种分类方式。

当你把新的文件归档时，很可能会把它放在其他已存的文件的前面；同样，处在不停变动中的记忆库会把新的信息储存在旧的信息之前，这样的过程不断重复，越来越多的新信息被存储，最终，"文明"的文件将会被彻底地覆盖。只有在你再次使用这个词时，它才能回到文件夹的最前面；否则，它将被转移到文件夹的最后面，束之高阁，就像其他被遗忘的信息那样。所以为了确保信息得到有效的巩固，仅仅组编数据还不够，在最初的24小时之内必须重复信息4～5遍，之后还要有规律地重复记忆，这样才能避免信息被遗忘。如果信息的重复工作得到很好的实践，我们就可以随时根据需要从记忆中提取完整的信息。

记忆形成的步骤

记忆的形成主要包括三个步骤，分别是编码、储存和提取。

信息的编码就是信息的获取，就是以各种方式加工需要学习的信息，把来自感官的信息变成记忆系统能够接受和使用的形式，它是记忆形成的第一个基本步骤。一般来说，我们通过感官获得的外界信息想要转化成记忆，就必须要先转化成各种不同的记忆代码。

对信息进行编码的过程叫作识记，这是人们获得和巩固个体经验的过程。

根据需要识记的材料是否有意义和学习者是否明白材料的意义，识记分为机械识记和意义识记。机械识记是指对没有意义的

一个孩子正把花指给母亲看。婴儿在三四个月大的时候就能够发展出概念并且对物体做出分类。在12个月大的时候，孩子会简单地说几个词，但是在几年之后他就能完全掌握说话的全部本领。

材料或在还没有理解事物的意义的情况下，根据事物的外部联系，采用机械重复的方法进行识记，比如说记忆地名、电话号码和人名等。意义识记是指在理解材料内在联系的基础上进行的识记。

机械识记和意义识记都有各自的优点和缺点。机械识记的优点是识记材料的准确性能够得到保证，缺点是花费的时间长、消耗的能力和精力多。虽然机械识记的缺点如此严重，但是由于现实生活中总有一些毫无意义的材料需要我们记忆，所以机械识记是不可缺少的。意义识记的优点是记忆方便、简单，可保持的时间长，提取也容易，在记忆的全面性和牢固性上有很大优势，缺点是识记材料的准确性可能得不到保证。

机械识记和意义识记全都不可缺少，二者的关系是相互依赖、相互补充

记忆的剖析

■ 当大脑在突触之间建立连接的时候，记忆就形成了。

■ 传递信息的过程，从细胞体开始，从电到化学物质到电。

■ 记忆可能是在DNA的姊妹分子——信使RNA中被编码的。

■ 当信息通过突触时，mRNA传递信息需要改变连接。

■ 结果，突触的强度发生改变，提高了未来神经细胞活动的可能性。

■ 记忆是在神经网络中，一定的突触活动模式的逐渐增加的可能性。

■ 记忆的形成需要很多神经细胞的参与。

■ 一起活动的神经细胞被绑在一起。

■ 复杂的记忆是建立在神经网络中许多基本要素的相互联系基础之上的。

■ 记忆不局限在大脑中某一特定区域。

■ 外在的记忆更可塑，内在的记忆更稳定。

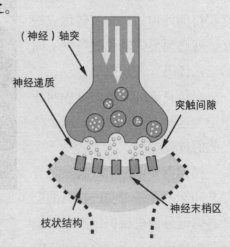

1. 当刺激从细胞体到达轴突。

2. 向突触间隙释放大脑的化学物质。

3. 另一个细胞表面的接收体被刺激和改变，编码完成。

的：机械识记需要意义识记的指导和帮助，比如说想要更有效地记忆一些没有内在联系的材料，可以人为赋予这些材料一定的意义，方便人们识记；意义识记想要达到对材料识记精确和熟练的程度，也离不开机械识记的帮助。

根据实际的意图和目的是否明确，以及主体是否付出了意志努力，识记还可以分为无意识记和有意识记。无意识记是指没有任何目的和方法的随意识记；有意识记是指有明确目的、策略和方法，并且付出一定的努力而进行的识记。

人们能通过无意识记记住很多东西，往往是在偶然之间，我们就把一些重要的东西记住了。但是这并不是说我们只要坚持无意识记就可以了，无意识记具有强烈的偶然性和选择性，内容也具有随机性，虽然能帮助我们记忆很多重要的东西，但是更多、更重要的东西却不能被记住，因此有意识记也是必须要存在的。

事实证明，在同等条件下或者在大多数时候，有意识记的效果要比无意识记的效果更显著，因为它的目的更明确、任务更具体、方法更灵活多样，并且有强烈的思维活动和意志努力，因此，在日常的工作和学习中，有意识记占主要地位。

信息的储存是记忆形成的第二个步骤。信息的储存也叫保持，它是一个过程，把做过的动作、体验过的情感、思考过的问题、感知过的事物等信息，以一定的形式储存在头脑中，是识记的延续。想要顺利提取头脑当中的信息，必须把已经编码的信息在大脑中储存起来。保持是一种主动的行为，需要我们自己努力想办法储存信息，不能指望信息自动储存。

信息在经过长时间储存之后，在量和质两方面都会发生变化。

在量的方面，保持的信息可能会增加，也可能会减少。增加是指在学习某种材料一段时间之后的保持量可能比学习后立即测量时的保持量要高，这是因为对材料的反复识记和消化理解材料的意义所造成的；减少是指储存后的某些信息可能在一段时间之后就回忆不起来或者回忆发生错误，也就是遗忘现象。

在质的方面，保持的信息可能会变得简略和概括，也可能会变得更加完整、具体和详细，并且更有意义，或者是更有特色。变得简略和概括是因为我们保持的信息当中的一些不必要的部分和多余的部分被逐渐遗忘；变得更具体或者更有特色是因为随着时间的推移，越来越多的信息被储存并且和我们保持的信息联系了起来。

把储存在记忆系统中的信息提取出来的过程，就是再现，它是使储存在记

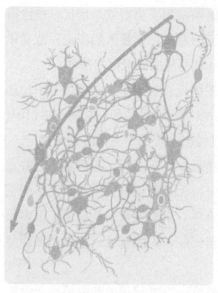

细胞的记忆路径：这个图展示了一个复杂的神经网。记忆一些事情需要神经细胞的特定网络的活动。深色的神经细胞是活动的，其他的是静止的，除非被刺激。记忆的发生需要随机刺激的发生，或者需要利用记忆术或记忆策略。

忆系统中的信息变得有意义的一个过程，也是记忆过程的最后一个步骤。

再现有两种基本形式，分别是再认和回忆。再认是指过去识记过的材料、经历过的事物等信息，再次呈现时，有熟悉的感觉并且能够回想起来的过程；回忆是指过去识记过的材料、经历过的事物等信息不在眼前，但是仍然可以回想起来的过程。再认和回忆都是对过去记忆过的信息的提取，但是因为有明确的线索和提示的帮助，再认比回忆更容易提取信息。能够回忆的内容，一般都能再认；能再认的信息却并不一定能够回忆。

再现基本上都是主动再现，因为再现是有明确目的和对象的提取信息，这需要人们努力开动脑筋才能做到。很少会有一些无关紧要的信息莫名其妙地出现在人的脑海中，除非是一些对人们的情绪影响非常大的信息。

信息的再现有时候可能会失败，但是不用担心，经过一些正确的引导和提示，人们依然能顺利再现出自己所需要的信息。

记忆形成的这三个步骤之间有着紧密的关系，它们相互联系、相互制约：识记是保持的前提条件，保持是识记的巩固手段，再现是记忆的表现形式；只有储存的信息才能被提取，信息的存储方式决定着信息的提取方式；识记和保持是积累知识经验，再现是应用知识经验。所以说，整个记忆过程是不可分割的，想要提高记忆，必须要把握住这三者之间的联系。

语言与记忆

语言是人们获得记忆的重要方式之一。语言是人类所拥有的最有力的交流工具，是区别人类和其他动物的基本能力之一。世界上的所有民族都有语言能力，人类交流思想感情需要语言，交流文化、世界观和生活方式等问题也需要语言。

每个人都有语言功能，并且基本上都是在还是小孩子的时候就拥有了。很多人认为学习语言的能力是人们天生就拥有的，但是事实并不是这样。除了天生的因素之外，后天环境对于人的语言功能和能力有重要的影响。

语言和大脑有十分密切的关系。每个人的知觉、心理和运动技能都要由大脑来处理，语言的加工同样需要大脑来处理。一般来说，一个人的大脑的左半球负责分析语言的表面意思，而大脑的右半球则要参与分析语言的隐喻意思。简单来说，人的左脑半球负责管理语言，而右脑半球负责进行补充。

任何语言都要在人们理解了之后才变得有意义。语言的理解是一个重要的行为，它迅速而又自动。虽然人们能够快速理解语言，但是它却并不是一个简单、省力的过程，相反其中包含着声音、词汇、语法规则、听力、语言加工的技巧等丰富的知识。理解语言最重要的是对语言的加工，语言加工主要有感知阶段、词汇阶段、句子阶段和语篇阶段四个阶段，四个阶段相互加工、相互反馈，最终才能帮助人们理解语言。

要想理解语言，首先要知道语言的结构。语言可以分解为句子、词汇、音节、音素和重音、语调等分析特征。其中句子能使我们表达完整的想法和观点，在语言中起到关键作用；词汇是句子的组成部分，词汇按照一定的句法规则组织起来就成了句子；语素是传达意义的最小单位，词汇都是由一个或几个语素组成的；音素是词汇组成中的语音；音节是比音素大的语言要素，包括元音和辅音，对语言的加工，特别是言语的生成和理解有重要作用。

理解语言是以声音信号的输入开始的，到完全整合信息之后结束。

在感知阶段，我们的感知系统会把输入到大脑中的声音信号转化成一连串的音素。因为我们的感知系统对语言的感知和对音乐等其他声音的感知在方式上有明显的差别，所以我们

一个多世纪的研究使我们极大地改变了在学校学习的观点。在学习的过程中要运用到多种感官记忆。

才能准确地把声音信号转换成一连串的音素。

当把声音信号转换成音素之后，就进入词汇阶段，词汇阶段就是把各种可能与音素有关的一系列词汇相互联系的过程。一般情况下，我们在词汇阶段只需要单独理解词汇的含义就可以。但是在很多时候，需要联系句子的前后才能准确理解词汇的含义。比如说"狂妄的路人甲和路人乙打了起来"，要想知道这个"狂妄的"到底是说路人甲还是说路人甲和路人乙，就需要知道重音或者语调等因素，注意句子在哪里停顿。

句子阶段就是把词汇阶段理解出来的词汇意思按照句子的组合方式结合起来，整体来理解句子的意思。而语篇阶段就是把句子的意思按照语篇组成的方式结合起来进行理解。

事实上，我们的记忆不可能记住语篇里面的所有词汇和句子，这就导致在语篇阶段我们所要做的重点就是把整个语篇提取出重点，精简成几个简单的陈述，去掉没用的细枝末节，这样才有助于我们对语篇的理解和记忆。

由于语言和大脑有着紧密的关系，因此，大脑的损伤很可能会导致语言障碍。最常见的由大脑损伤所引起的语言障碍就是失语症。失语症是指因为大脑损伤而导致大脑内部和与语言功能有关的脑组织发生病变，造成了患者对人类交际符号系统的理解和表达能力的损害，以及对作为语言基础的语言认知过程的减退和功能的损害，突出表现为对语言的成分、结构、内容和意义的理解和表达障碍。

语言功能对应着大脑的特定区域，语言区域的损伤并不都会导致语言障碍，非语言区域的损伤也可能会导致语言障碍。常见的失语症主要分为几大类。

第一，运动性失语。运动性失语是因为大脑的特定区域受到损伤所产生的失语症。导致运动性失语的大脑区域是大脑左侧前上额叶到前顶额叶的皮层，主要原因可能是脑血管意外损伤、肿瘤、脑出血以及撞击或刺入伤等，主要受损的功能是语言的流利性和命名、复述、书写等功能，主要表现为语速慢、不流畅以及语言中连词、代词等词语的减少或缺失。

第二，感觉性失语。导致感觉性失语的原因是大脑左侧颞前叶和颞中叶联合区域的损伤，主要受损的功能是语言的命名、复述、口语和书写理解等功能，主要表现是语言很流畅，但是对语言的理解发生困难，说话很荒谬，回答文不对题，说话和书写的内容以及意义错误。

第三，传导性失语。导致传导性失语的原因是大脑左侧前后语言区域的传导性纤维受到损伤，主要受损的功能是语言的复述功能和对语言的理解功能，主要表现是不能复述词语、命名和读词错误。

第四，命名性失语。导致命名性失语的原因是大脑内部颞中回和角回受到了损伤，比如说阿尔茨海默病，主要受损的功能是语言的命名功能，主要表现是在自发言语中和视物命名时，找词困难。

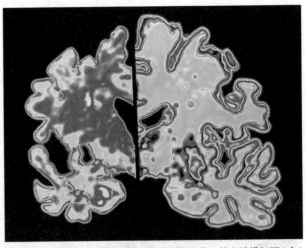

阿尔茨海默病患者的大脑横切面（左）和正常人的大脑横切面（右）的电脑比较图。由于阿尔茨海默病患者的大脑丧失了许多神经细胞，因此它相对要小一些。同时，它的表面也有更深的褶皱。

第五，完全性失语。导致完全性失语的原因是大脑的绝大多数部位受到损伤，特别是左脑半球的多个脑回，语言功能全部受损，主要表现为失去语言能力和理解能力。

第六，混合性失语。导致混合性失语的原因是左脑半球的运动性及感觉性区域受到损伤或联系通路的中断，导致四周区域也受到损伤，主要受损的功能是诵读和书写功能，主要表现是既听不懂别人说话也无法表达自己的意思，甚至有一些精神失常的感觉。

第七，新语症，也叫接受性失语。新语症出现的主要原因是左脑半球的颞叶颞上回处受到损伤，主要受损的功能是分辨语音和形成语言的能力，主要表现是说话时语音语法正常，但是由于很难想起自己想要说的词，于是用其他的词语代替，导致自己的话语没有任何意义，不能提供任何信息，以及无法辨别出一些语言语义的错误。

语言是人和人之间的信息交流方式，这是人所特有的。其实许多非人生物之间都有着非常强大的信息交流方式，这也算是它们的语言。比如说蚂蚁会分泌一种叫作信息素的化学物质和同类交流，以此来给它的同伴留下信息；蜜蜂则用身体语言进行交流，它们会跳着复杂的舞蹈从外面回到蜂房，不同方式的舞蹈能够传达不同的信息。当然，动物的信息交流方式和人类的语言比起来，有着非常大的差距，因为它们只能传达一些简单的信息，而不能表达思想和感受等精神层面的信息，属于最低层次的交流。

阅读与记忆

图中学习阅读的儿童不知道阅读涉及的复杂过程，即使是最基本的阅读能力学习所涉及的过程也很复杂。

阅读是一种娱乐，是一种消遣和放松的方式，同时也是一种为了更好地学习和工作所进行的一个必不可少的活动，甚至可以说是人们日常生活的重要组成部分。对于阅读的内容，人们应该理解和记住，一般情况下，当人们不能理解和记住正在阅读的文章的内容时，都会感到非常沮丧。

和语言的理解一样，阅读也包括一系列的相互配合的步骤：首先是认识书面语，其次是将认识的书面语组合成词汇，再次是在心里面回想这些词汇，最后是理解含义。语言和阅读虽然都是为了理解和记忆信息，但是它们有很大的不同。第一，信息的摄取方式不同。语言是靠声音信号来摄取信息，但是声音信号稍纵即逝，人们无法掌控，而阅读是靠视觉信号来摄取信息，当人们忘记信息的时候，可以回过头来再看一次。第二，使用的要求不同。语言能力人生下来就具有，而阅读必须在人拥有了足够的文化水平之后才可以拥有。第三，语言中可能有些话表达不清楚。比如一句话的着重点表述不清晰，就很可能会在阅读中遇到这样的问题。第四，语言至少已经伴随我们 3 万年了，但是最早的文字出现却只有 6000 年，阅读无论如何不可能比这早。

阅读的方法有主动阅读、被动阅读和 PQRST 方法等几种，想要阅读的效果达到最大，就必须要选择正确并且适合自己的阅读方式。

主动阅读是指在安静的环境中投入更多的注意力并且加强学习意图，要求随时能拿出一支笔把重点部分记录下来或者是标注出来，阅读完成之后再重新看一次重点的部分，并且学着去梳理阅读内容的结构，这是一种积极的阅读方式。

被动阅读是指在我们阅读时，并没有把精力集中在阅读的内容上，导致在阅读完成后，我们只能保留一些对文章的总体印象，属于是没什么意义的阅读方式。

PQRST 指的是 Preview、Question、Read、State 和 Test，即预览、提问、阅读、陈述和测试，这是美国心理学家托马斯·富·斯塔逊发展的一种阅读方法。第一步是用浏览的方式进行第一次阅读，抓住文章所要表达的总体意思；第二步是找出重要的信息，提出一些和文章内容有关的问题；第三步是用主动阅读的方式再次阅读一遍，回答出自己之前所提出的问题；第四步是重复自己阅读过的内容，找出文章的主要观点和特征；第五步是检验自己的阅读成果，可以通过设置问题等方式进行检查。这种方法能够让我们更有效地进行阅读。

想要保持对阅读内容的长期记忆就必须充分理解阅读的内容，随后在理解的基础上进行记忆。但是，阅读的内容是各种各样的，因此理解阅读内容的方

应用 PQRST 方法

利用 PQRST（预览 Preview，问题 Question，阅读 Read，陈述 State，测试 Test）方法的 5 个步骤。

极少的法国市民喜欢骑自行车。一项调查显示，超过 3/4 的人更喜欢开车，略少于 1/2 的人结合走路与另一种交通方式，大约 1/4 的人使用公共交通工具。

自行车在城市中拥有显而易见的优势。对使用者来说，它是一种快速的、灵活的和经济的交通工具，并能避免堵车或者停车造成的麻烦。同时，它能减少污染和噪声危害，占用空间很小，必要的维护也相对便宜。这些优点应该使得自行车成为一种被优先选择的交通方式，然而事实并不是这样的。

这个悖论与不骑自行车者，有时甚者是骑自行车者对自行车不便之处的估计过高有关。存在一些广为流传的错误观点：意外伤亡、易丢失、恶劣天气、骑车疲劳、容易吸入被污染的空气而危害健康……

然而，这些说法不太经得住分析。以法国的邻国荷兰为例，我们发现刚才列举的风险并不因骑自行车人数的增加而增加……

（1）阅读文章并提取主要意思。

（2）给自己提一些与文章内容相关的问题。例如，法国市民使用汽车的比例是多少，等等。

（3）重新阅读文章，在阅读的时候默想问题的答案。

（4）对所阅读的文章做一个概要。

（5）尝试回答自己提出的问题，然后进行验证。

经验证 PQRST 方法对记忆一篇文章特别有效，但前提是需要按照逻辑的方式进行编码和恰当地构思问题。

法也有很多。想要彻底理解自己阅读的内容，就必须根据阅读的内容选择最合适的方法。

第一，找关键词。经常阅读的人都知道，一篇文章可能有几千甚至是上万字，但是作者真正要表达的关键信息却并不是很多，只要找准文章中的关键部分，我们就能够很轻松地理解文章。其实这和一些开放性的考试题目的道理是一样的，有些考试题目不要求学生写出标准答案，但是却必须要写出答案中的所有关键点，其他的部分怎么说都可以，这样就能够拿到所有分数。找关键词对我们阅读的好处主要有两个方面，一方面是能让我们更准确地了解文章中的关键内容，另一方面是方便我们以后复习。找关键词也需要按照一定的方法，一般来说一个段落中一般只有一个关键的句子，不可能所有句子都是关键点；一个句子中一般也只有几个关键词，不可能没有连接或指代等没什么意义的词语。所以找关键词一定要准确，不能碰到一个词语就觉得是关键词，看到一个句子就觉得是一个关键的句子。标注关键词的方法有很多，可以是各种各样的符号，也可以是一个点、一个圈、一条下划线，还可以用各种颜色的笔来标注，甚至是自己想一些特别的办法。总之，用自己熟悉的方法标出一篇文章的关键点，对我们理解和记忆文章有很大帮助。

第二，做笔记。常言说，好记性不如烂笔头，做笔记这种方法，我们上学的时候经常会用到。用做笔记的方法来记录文章的关键部分和自己对文章的理解和看法，有很多好处：一方面，可以帮助我们更好地去理解文章的内容和观点；另一方面，也能促进我们思考。思考出来的想法越多，对文章记忆的效果就越好。

第三，做批注。做批注是指在书籍的空白部分写上一些自己对文章内容的理解、观点和看法等。这样做能够加强人们对文章内容的理解和记忆，也方便以后复习。很多人都觉得书籍是宝贝，要保持书籍的洁净，不能在书中乱写乱画。其实这种想法完全没有必要，书籍只是承载知识的媒介，重要的是书籍当中的知识，而不是书籍本身。我们要做的是想尽办法理解并记忆书籍当中的知识，而不是为了保持书籍的整洁就不选择正确的方法学习和记忆知识。

第四，做图解。图解就是用关键词和图形的方式把书中的主要内容描述出来。这样做的好处是使人们对书中的主要内容有一个更直观的认识，让人看起来一目了然。做法也很简单，就是在一张纸上写上主题，然后画出分支，在分支上写上内容，如果分支还有分支，那就继续画，最后就组合成了一个大大的图解。

第五，提出问题并解决问题。这样做可以更快速、更准确地在书中找出自己所需要的信息。做法就是在阅读文章之前，先要想好自己在文章中需要了解到哪些问题，比如说事件发生的时间、地点、人物、起因、经过、结果等，把这些问题写在一张纸上，然后在读书的时候把这些问题的答案找出来。这样，一本书中自己所需要的知识就全部都了解了，记忆起来也更方便。

人的精力是有限的，长时间的阅读很可能会造成视觉疲劳和大脑疲劳，严重影响人的阅读效率；同时，也需要一定的时间对阅读过的内容进行消化吸收。因此，我们必须合理安排阅读时间，不能过度疲劳，也不能只阅读而不留时间去消化理解阅读的内容。否则，即使阅读了很多的东西，也不一定会对我们有多大的帮助。就比如一两个小时能阅读完的材料，宁可分 4 个半小时阅读，也不能连续阅读 2 个小时。另外，良好的睡眠质量和身体健康状况也是有效阅读的保障。

B.E.M 学习原则

B.E.M 在英文中是代表开始、结尾和中间的缩写词，同时，它也代表着人们记忆各种信息的顺序。一般来说，最容易记住的是最开始接收的信息，其次是结尾部分接收的信息，比较难记忆的是中间部分的信息，它一般也是被最后记住的。

为什么会出现这样的情况呢？

首先，人们在接收信息时，总是会对开头和结尾的信息存在一种关注偏见，即更重视开头和结尾的信息。在刚开始接收信息时，由于对信息不了解，会产生一种好奇的心理，这种心理会让人们对信息更感兴趣，从而促使注意力的集中，更多地关注信息；而信息结尾的时候，则到了感情释放的阶段，由于接收信息过程的结束，人们或多或少会在心里面产生一种"终于结束了"或者"怎么就结束了"想法，使结尾时的信息带有的感情因素更加浓烈，也会让人们投入比较多的注意力，因此记忆起来很轻松；而中间部分的信息，则由于人们过了信息开头感兴趣的阶段，对此时输入的信息产生一种疲劳的感觉，同时又没有达到释放感情的时间，所以受到的关注是最少的。人们在开头和结尾接收信息时的偏见，对大脑产生的刺激会更加强烈，这种强烈的刺激是开头和结

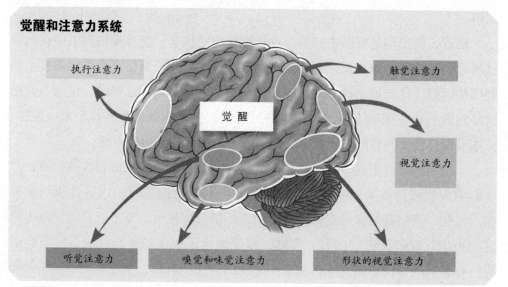

觉醒和注意力系统

执行注意力

触觉注意力

觉 醒

视觉注意力

听觉注意力　　嗅觉和味觉注意力　　形状的视觉注意力

觉醒和警醒能保证大脑对突然出现的不可预料的事做出反应。另外，大脑对每个感觉领域都保持着特别的注意力，而集中注意力能让我们调动显著能力去实现一个确定的行为和应对明显的矛盾冲突。

尾接收的信息记忆效果好的主要原因。

其次，很多信息之间会相互影响或者相互抑制，而人们之所以最难记忆在中间部分接收的信息，就是因为在中间部分接收的信息会受到前摄抑制和倒摄抑制的双重影响。前摄抑制是指先接收的材料，会对后接收的材料产生一定的干扰作用；倒摄抑制是指后接收的材料，对回忆先前接收的材料会产生一定的干扰作用。而开头和结尾接收的信息则不同，开头接收的信息只会受到倒摄抑制的影响，结尾接收的信息则只会受到前摄抑制的影响，这样的影响并不是很大，因此信息的记忆效果会好很多。

还有一点就是受到了遗忘规律中的系列位置效应的影响。系列位置效应表明，在多个信息连续被记忆时，信息所处的不同顺序和位置会影响人们对信息的回忆。开头接收的信息由于受到首因效应的影响，遗忘较少。在人们接收完所有的信息，并且进行回忆的时候，开头的信息由于识记时间比较长，可能已经进入到了长时记忆系统当中，因此被遗忘得比较少。结尾接收的信息由于受到近因效应的影响，遗忘得也很少。在人们对信息进行回忆的时候，结尾接收的信息由于接收到的时间最短，还处于短时记忆的阶段，因此回忆起来相当容易。而中间部分的信息最难记住，是因为这部分信息，正处在从短时记忆向长时记忆过渡的过程中，既会受到开头接收的信息的阻挡，同时还会受到结尾接收的信息的冲击，受到前后信息的双重影响，导致这部分信息很容易流逝，因此非常不容易记忆。

受这种因素影响最大的是死记硬背式的记忆方式。死记硬背是指通过一遍又一遍地反复阅读材料来记忆各种信息。采用这种方法的时候，人们都是按照材料中的顺序来记忆信息的。但是，很多时候一段信息最重要的部分恰恰是信息的中间部分，就像是一篇文章中，开头可能只是简单概括一下信息的主要内容，而结尾也可能只是简单总结一下信息的主要内容，而对各种观点和信息的论述以及主题部分都在文章的中间部分。如果人们坚持使用死记硬背的记忆方式，则很有可能受到 B.E.M 学习原则的影响，导致人们对信息的开头和结尾等一些不重要的部分记忆深刻，而对最重要的中间部分则记忆得不是很清晰，这就可能造成人们的记忆活动变成无用功，白白浪费了很多的时间和精力。

通过对 B.E.M 学习原则的了解和学习，人们不但能够了解信息的排列顺序和记忆顺序对记忆效果的影响，同时还能学会在进行记忆活动时，究竟应该怎样分配自己的精力和注意力，以及如何分配需要记忆的信息的顺序。

第一，应该把更多的精力和注意力集中在信息的中间部分。根据 B.E.M 学习原则的影响，由于信息的开头和结尾部分相比于信息的中间部分更容易被记忆，所以就需要人们对信息的中间部分记忆更加重视，从而抵消开头和结尾的

有的人记得很快，保持的时间也相对比较长。而有的人保持的时间却比较短。在学习中，有了记忆的持久性，才会形成牢固的知识，才不至于出现信息提取困难。

信息对中间信息的记忆造成的不利影响。也就是说人们在进行记忆活动时付出的精力是有限的，但是不应该把有限的精力平均分配在记忆信息的开头、中间和结尾三个部分，既然开头的信息和结尾的信息非常容易记忆，可较少地分配一些注意力和精力，而中间部分不容易记忆，那就多分配一些注意力和精力。

第二，既然 B.E.M 学习原则表明人们在记忆信息时，开头和结尾部分的信息记忆效果最好，那人们在实际进行记忆活动时，就可以找出记忆信息的重要部分和其他不重要的部分，随后把那些重要的部分放到开头或者结尾去记忆，而把不重要的信息放到中间去记忆。这样既能够加深人们对重要信息的记忆效果，同时也能减少那些不重要信息对重要信息的影响，避免遗忘。

记忆的规律

和其他的心理活动一样，记忆也有其自身的客观规律。想要增强记忆力、提高工作和学习的质量和效率，就必须掌握和遵循记忆的客观规律。根据人们长时间的观察和研究证明，记忆的客观规律主要有时间律、数量律、迁移律、强化律、对比律和意向律等几种。

时间律是指人的记忆会随着时间的流逝而改变，这种改变的主要表现形式就是遗忘。根据艾宾浩斯曲线，遗忘的过程是先快后慢的，最初会很快，然后随着时间的推移，遗忘逐渐减缓。遗忘的过程从信息输入到脑海中的时候就已经开始了。大部分新输入到人们脑海中的信息，可能在 1 个小时之后就会被忘记。但是从这之后遗忘的速度就开始减慢，可能一个月之后这些新信息的 20% 还留在我们的脑海中。随后剩余这些信息遗忘的过程将更加缓慢，可能在很长的一段时间之后，这些信息还留在我们的脑海中。

遗忘的规律说明人们记忆的最初时刻也是遗忘最严重的时刻，这是因为新学习的知识在头脑中建立的联系还没有得到巩固，记忆的痕迹很容易衰退，因此及时进行复习非常重要。及时复习就是要在新学习的知识没有遗忘之前就进行巩固，强化联系，使人们加深对新学习的知识的记忆。事实证明，及时复习可以防止遗忘，如果延缓复习，想恢复遗忘的知识就要花费很大的力气。

复习要坚持一定的方法，连续进行复习称为集中复习，复习之间间隔一定的时间叫作分散复习。分散复习要比集中复习的效果好，因为集中复习可能会导致大脑神经系统的疲劳，影响复习效果。我们平时进行记忆，最有效的办法

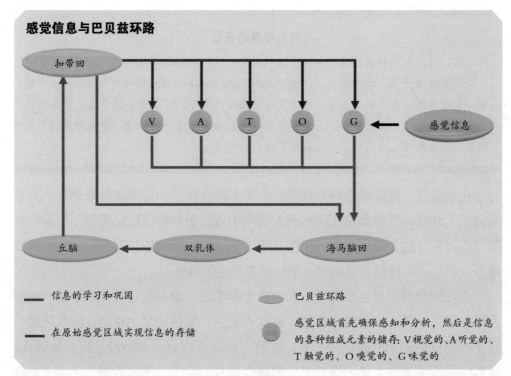

感觉信息与巴贝兹环路

扣带回

V A T O G ← 感觉信息

丘脑 ← 双乳体 ← 海马脑回

—— 信息的学习和巩固

—— 在原始感觉区域实现信息的存储

○ 巴贝兹环路

○ 感觉区域首先确保感知和分析，然后是信息的各种组成元素的储存：V视觉的、A听觉的、T触觉的、O嗅觉的、G味觉的

感觉信息的各种组成元素通过巴贝兹环路被记住，循序渐进的巩固程序将强化各个元素之间的连接。

是把分散复习和集中复习相结合，只有平时坚持分散复习，到必要的时候进行集中复习，才能达到我们最满意的记忆效果。

迁移律是指两种记忆活动之间相互作用产生的效果，包括正迁移和负迁移两种情况。正迁移是指两种记忆活动之间产生积极的促进作用的效果，例如学习拼音有助于汉字的学习，学习汉字又有助于文章的学习，这就是记忆的正迁移。负迁移是指两种记忆活动之间产生消极的妨碍作用的效果，比如在同一时间学习了两种不同的记忆材料，结果两个材料都没有被很好地记忆，这就是负迁移。造成迁移律的主要原因是记忆材料之间相互干扰和抑制，因此，在人们进行记忆活动的时候，必须要对记忆材料进行合理的安排：针对内容较多的记忆材料，一定要分成几个部分进行记忆，降低材料之间出现干扰和抑制的效果的概率，提高人们的记忆效果。另外，有研究表明，先后记忆的材料内容越相似，材料之间干扰和抑制的效果越明显，因此在人们对材料进行记忆时，一定要分清楚材料的类别，交替进行记忆，防止因为相同材料之间的干扰和抑制，影响记忆的效果。

强化律是指在记忆活动中，强化和重复的程度对记忆效果有影响，经常进

加入感情的色彩

我们可以在构想的图像中加入感情的成分，这样会起到强化作用。

你答应妻子在今晚回家前买一些花给她，因为她要为庆祝父母的金婚组织一个晚会。首先构想一个消极的图像：你忘了买花回家，妻子非常生气，指责你总是在为她的父母做什么的时候忘记……然后再构想一个积极的图像：你捧着一大束漂亮的鲜花回家，妻子热情地迎接你，并且说你是最好的丈夫。

行强化和重复，记忆就能得到巩固，如果不经常强化，记忆就会被遗忘，甚至是消失。外界的各种信息在输入到大脑当中后，想要形成记忆需要一个编码和储存的过程，这个过程需要一定的时间，在这段时间当中，重复和强化的次数越多，记忆的痕迹就会越巩固，记忆的效果也就越好。

强化能增强记忆这个道理，大多数人都明白，也都做过这样的事情。很多人都觉得，如果一个材料记忆了 1 遍没有记住，那就记忆 100 遍，记住之后怕忘了，那就再记 100 遍巩固一下，这其实就是在强化，只不过是盲目地强化。虽然强化能够增强人的记忆效果，但是也要有一个度。研究表明，学习一个知识达到了背诵的效果之后，还要继续学习，但是继续学习的次数只要达到从学习到能背诵的时间的一半就可以。比如说学习一个材料，如果学习 100 遍之后恰好能够达到背诵的效果，就再继续学习 50 遍，所得到的记忆效果才是最好的，多几次或少几次都不能达到最好的效果，多了可能会因为兴趣减退和疲劳的原因而导致记忆下降，少了则可能会因为强化程度不够而不能达到最好的记忆效果。

强化还要有一定的方法：第一，要采用不同的方法，比如归类、画图、制表等，这样能让人感到新颖，容易激发智力活动，使材料和知识之间建立一定的联系，提高记忆效率；第二，不同学科要交替进行，避免大脑产生疲劳和相同材料之间产生严重的干扰；第三，同一内容要从多种角度进行强化，比如说可以选择填空、选择、判断等方式，提高人的兴趣，提升记忆效果；第四，多种感官共同发挥作用，事实证明，多种感官共同作用的结果，比单一感官所取得的记忆效果要好，比如说学英语，只是看，效果会很差，如果边看边写，同时还进行听力练习，效果比单一的看要好得多。

数量律是指记忆的效果和记忆材料的数量有直接的关系，在相同的条件下，需要记忆的材料越多，能够保持的记忆数量就越少。无论是有意义的材料，还是无意义的材料，材料越多，记忆需要的时间就越长，记忆就越难越慢；材料越少，记忆需要的时间就越短，记忆就越轻松；不停地增加材料的数量，则会继续延长记忆的时间，并且大大增加遗忘的概率。因此，我们在记忆任何东西的时候，都要遵循记忆的这条规律，掌握好记忆材料的数量，保证在一定时间内能够获得最佳的记忆效果，不要贪多求快，否则不仅会浪费时间和精力，还会给我们的大脑造成严重的负担，使记忆的效果大大降低，欲速不达。

对比律是指在相同条件下，记忆有意义的材料要比记忆无意义的材料效果好。有意义的材料更容易和大脑中原有的知识结构建立联系，让人产生兴趣和联想，理解起来更容易，记忆也就更轻松，效果也更好；无意义的材料则很难和原有的知识建立联系，孤立的信息容易使大脑陷入疲劳状态，严重影响记忆效果。

研究表明，记忆有节奏、有韵律的材料比记忆无节奏、无韵律的材料效果好，这是因为节奏和韵律能够帮助人们迅速建立联系，提高人们对材料记忆的兴趣；记忆系统条理的材料比记忆杂乱无章的材料效果好，这是因为系统化

边开车边使用手机：致命的组合

1998 年，J.M. 维奥兰蒂通过研究发现，边用手机边开车发生致命事故的风险比不使用手机高 9 倍。实际上，让手机在汽车里开着不用，发生致命事故的风险也会高 2 倍。边开车边用手机为什么如此危险呢？维奥兰蒂查看了俄克拉荷马州 1992 年至 1995 年的交通事故报告。与发生事故时不使用手机的司机相比，维奥兰蒂发现，使用手机的司机在事故前易于不注意马路，易于超速行车，易于走错道，易于撞上固定的物体，易于翻车，易于突然掉头。1999 年的另一个研究表明，与正常行车相比，拨打手机时的开车速度控制和保持车道都不准确。

如此令人震惊的证据已经使得一些国家（如巴西、以色列、意大利和澳大利亚）的一些城市，认为驾驶时使用手机是非法的。美国一些州采取了立法措施，华盛顿州实行的法律规定：手机只有装备该州批准生产的"无须用手的设备"时才可在汽车里使用。

1999 年，芬兰赫尔辛基大学的大卫·兰布尔发现司机察觉前面有车的能力减退了。他把一直向前看、不分散精力的司机与随意拨打手机的司机（分散了视觉注意）和无须视觉注意执行简单记忆任务的司机进行了比较。可想而知，被分散视觉注意的群体反应最为困难。与一心一意注意大路的司机相比，同时执行两项任务的司机反应也较慢。无须用手的设备并不能排除开车的手机使用者的安全问题。

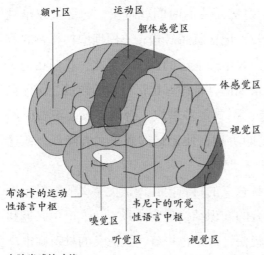

额叶区　运动区　躯体感觉区

体感觉区

视觉区

布洛卡的运动
性语言中枢

韦尼卡的听觉
性语言中枢

嗅觉区

听觉区　　视觉区

大脑半球的功能。

的过程有利于大脑积极思维，大脑的积极思维则有利于记忆。因此，人们在进行记忆的时候，应该加强对记忆材料的理解，让无意义的材料变得有意义、不系统的材料系统化，同时给材料加上节奏和韵律，这样对人们的记忆有很大的帮助。

意向律是指记忆力和人的主观能动性有直接关系。

记忆和人的主观努力、兴趣和需要等因素有很大关系。研究表明，在日常生活中，人们记忆时间长的事物通常是人们需要的、感兴趣的和具有情绪作用的事物；记忆时间短的则是人们不需要的、不占主导地位的和不感兴趣的事物。因此，要增强自己的记忆力，就必须对需要记忆的材料和事物产生兴趣，并且明确你的需求。

记忆力和人的注意力集中程度有密切的关系，注意力越集中，记忆的效果就越好。在注意力集中的情况下，脑神经系统会处于最佳的状态，外界信息更容易进入大脑也更容易留下记忆痕迹。因此，人在进行记忆活动的时候，一定要保持高度集中的注意力，让脑神经一直处于兴奋状态，这能够极大地增加记忆效果。

记忆和人的自信心也有密切的关系，对自己的记忆信心越强的人，记忆材料或事物时效果就越好。自信心能够使大脑皮质进入兴奋状态，并且抑制其他一些和记忆无关的部位，这样以来，信息就能够在大脑中留下清晰的印象，有助于人记忆。因此，对自己的记忆一定要有信心，一定要坚信自己任何东西都能够记住。

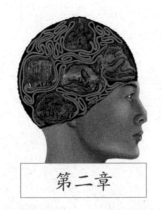

第二章

记忆与遗忘一样有规可循

遗忘是正常现象

相信很多学生都经历过这样的事情，在考试的时候遇到一些问题，发现以前会做并且做过，印象很深刻，但是当又一次遇到之后，却怎么也想不起来到底应该怎么做了；很多人可能也有这样的经历，一个以前认识的人，在很久不见之后再一次见面，自己明明知道认识这个人，却怎么也想不起来这个人叫什么名字；还有这样的事情，我们在某一天做过了一件什么事情，但是在一段时间之后，却怎么都想不起来自己在那天究竟做了什么事情。这样的事情可能每时每刻都在发生，我们把它叫作遗忘。

遗忘实际上就是记忆力减退，随着年龄的增长，记忆的能力也会发生显著改变，记忆力减退是很正常的事情。研究表明，67%的成年人都担心自己记忆力的减退和损失。至于记忆力减退的原因，包含着几个方面。

第一，时间的流逝会导致记忆力的减退。

时间能够改变一切，随着时间的流逝，人的大脑内部也在发生着一些改变，最明显的变化就是旧细胞的衰亡和新细胞的诞生。由于人们记忆的信息主要存在于大脑当中，确切地说是存在于大脑的各个细胞当中，那么因为大脑内细胞的衰亡，导致记忆力发生减退就是很正常的情况。随着年龄的增长，我们遗忘的东西会越来越多。

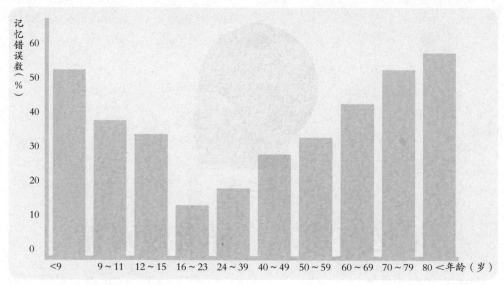

年龄（横向）与记忆（纵向）关系图表。

　　另外，输入到人脑当中的信息必须不断进行复习和使用，这样人们才能记忆深刻。可是随着时间的流逝，输入到人脑当中的信息越来越多，人们需要记忆的信息也越来越多，很多信息会因为人们精力有限而没时间去重复，这就会导致一些早先储存在人脑当中的信息，因为缺乏使用和练习而被人们遗忘。孔子也说过"温故而知新"，就是因为只有经常温习已经学过的东西才能强化记忆。如果不进行温习，那学过的东西必然会随着时间的流逝而逐渐遗忘。当然，正是因为输入到人脑当中的信息越来越多，人们想要提取早期存储的某些信息也越来越困难，人们没有更多的注意力和精力投入这个方面，在这种情况下自然就会遗忘。

　　而且，随着时间的流逝，人们记忆的东西越来越多，因为一些原因可能会导致新的记忆干扰到旧的记忆，这也会导致遗忘。比如，我们认识一个人，同时对这个人有一定的印象，但是后来又认识了一个和这个人同名同姓的人，并且后面这个人还做了一件令我们印象深刻的事情。由于这件事情实在让人无法遗忘，所以当以后提到这个名字的时候我们就会想到这件事情，虽然我们自己也知道是认识两个同名同姓的人，但是还是可能因为这件事情的干扰，使得一提起这个名字，我们可能就只能想起后面这个人，这也是一种遗忘。

　　再有，随着时间的流逝，人们记忆的动机也在不断发生变化。人们所处的环境、地位等发生变化之后，很可能会导致之前记忆的某些信息失去了作用，这样的结果就是人们会失去记忆这些信息的动机。失去了记忆的动机，人们对信息的关注度就会下降，复习和使用的频率也会大大减少，这样逐渐就会产生遗忘。

第二，一些心理因素会导致遗忘。

心理上的某些因素对记忆力的伤害无疑是更大的，比如说有很大的压力、焦躁的情绪、悲伤、感情受伤等情况，都会对记忆力产生很严重的影响。这样的事情在我们身边就经常发生，例如很多学习很好的学生，经常会在考试的时候发挥得很不理想，平时很熟练的问题考试的时候都回答不出来了，问原因得到的答案是考试的时候紧张，很多东西都忘记了；再比如有些人去面试，本来在之前准备得很充分，可是在面试的时候还是语无伦次，原因也是紧张，导致把自己准备的东西全都忘记了。实际上紧张就是心理的焦虑、焦躁引起的，因为紧张而导致的遗忘都是因为受到了心理因素的影响。

重大的创伤所造成的心理阴影，也会导致人们遗忘。一些重大的创伤，比如严重的车祸、地震、洪水、海啸等，可能会对人的生理和心理都造成重大的伤害，这样就会让人在潜意识里拒绝去回忆与这些相关的内容，也会导致人们遗忘这些内容。

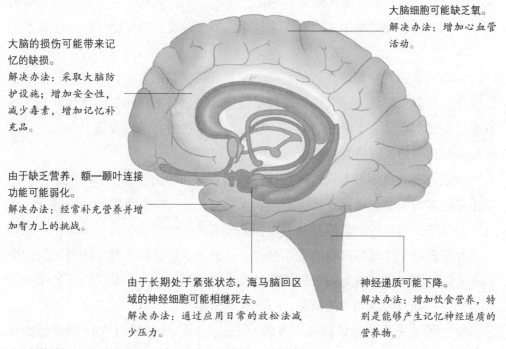

大脑细胞可能缺乏氧。
解决办法：增加心血管活动。

大脑的损伤可能带来记忆的缺损。
解决办法：采取大脑防护设施；增加安全性，减少毒素，增加记忆补充品。

由于缺乏营养，额一颗叶连接功能可能弱化。
解决办法：经常补充营养并增加智力上的挑战。

由于长期处于紧张状态，海马脑回区域的神经细胞可能相继死去。
解决办法：通过应用日常的放松法减少压力。

神经递质可能下降。
解决办法：增加饮食营养，特别是能够产生记忆神经递质的营养物。

随着年龄增长，记忆力会发生一些变化，在这里提供了一些解决办法。

当人的心理在生活中发生极端的情绪变化时，大多数人就会把精力集中在自己内心的痛苦和斗争上面，从而忽略了对外部世界的注意。这样在记忆上面投入的精力减少到一定程度，自然就会导致记忆力的减退。

因为心理因素而导致的遗忘有时候只是暂时的，因为当人们的注意力重新集中之后，很多东西人们都能够想起来。另外，现代医学对于治疗这些心理问题的手段越来越多，相信在不久之后，心理因素对人们记忆力的影响会越来越小。

第三，一些其他的因素。

导致人们遗忘的因素还有很多，包括头部受伤、营养不良、神经系统问题、乱用药物、吸毒、酗酒、更年期和重大疾病等，当然，这些原因很多时候都是可以避免的。只要避开了这些因素，人们遗忘的现象一定会得到很大的改变。

遗忘是有规律的

在记忆的过程中，遗忘是必然的。虽然遗忘在每个人身上的表现各不相同，但是它依然是有一定的规律可循的。学者们经过长期的实验和研究后得出结论，认为遗忘的过程中主要有两个规律，一个是艾宾浩斯曲线，一个是系列位置效应。

艾宾浩斯曲线是德国著名的心理学家，通过实验的方法，研究出的记忆遗忘规律。很多人都认为，遗忘的过程是缓慢的，也是不间断的，在时间流逝的同时，记忆也会像一个泄漏的容器一样，慢慢地把所有的内容漏空。但是，这种想法是错误的，它是人们对遗忘规律的一种误解。

当然，有一点不可否认，遗忘规律确实和时间的流逝有一定的关系，但绝对不是随着时间的流逝而缓慢、不间断地遗忘，而是一个由快变慢的过程。在这个过程中，遗忘的记忆信息并不均衡。艾宾浩斯经过实验后得出结论，遗忘的过程遵循着一个对数曲线的变化规律，最初遗忘得很快，然后随着时间的推移，遗忘逐渐减缓。遗忘的过程从信息输入到脑海中的时候就已经开始了。大部分新输入到人们脑海中的信息，可能在 1 个小时之后就会被忘记。但是从这之后遗忘的速度逐渐开始减慢，可能一个月之后，这些新信息的 20% 还留在我们的脑海中。随后剩余这些信息遗忘的过程将更加缓慢，可能在很长的一段时间之后，这些信息还留在我们的脑海中。

艾宾浩斯曲线总结的规律，只能算得上是正常情况下记忆遗忘的规律。艾宾浩斯自己也认为，很多因素会影响到记忆的遗忘，比如使用的记忆方法、记忆者的重视程度、记忆材料的性质、记忆策略的选择、个人的心理因素等。

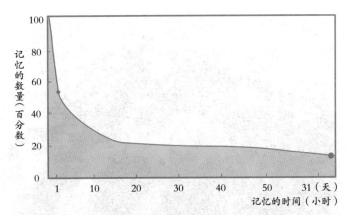

19世纪，德国心理学家赫尔曼·艾宾浩斯通过对经验论关于记忆的区别和本质的研究，发现要记住一系列无联系的音节所需要的曝光量。艾宾浩斯曲线显示（如图）：大部分新信息在1个小时内被遗忘；1个月后，80%被遗忘。遗忘曲线在心情压抑时起伏很大。

比如心里紧张和压力大的时候遗忘的速度必然会加快，而当信息受重视程度非常高的时候，遗忘的速度也一定会减慢。

艾宾浩斯在研究记忆规律的时候，还发现了艾宾浩斯曲线之外的另一种记忆规律，对于一连串的信息，开头的部分和末尾的部分往往比中间的部分更容易记忆，也就是说一连串信息的中间部分，是最容易被遗忘的。这种趋势叫作首位效应和末尾效应，也叫作系列位置效应。

系列位置效应主要是受到被记忆材料的特征的影响，指的是在多个信息连续被记忆的情况下，各个信息因为在记忆时的顺序和位置不同而影响到回忆。一般来说，最后被记忆的信息往往能最先被回忆起来，因为受到近因效应的影响，这些信息被遗忘得最少；因为首因效应的影响，遗忘较少的是最先被记住的信息；处在记忆中间位置的信息是被遗忘得最多的。很多的研究表明，记忆的中间部分更容易被遗忘，它的遗忘次数相当于两端的3倍左右。

系列位置效应形成的原因，主要分为两个方面。如果在信息被记忆之后马上进行回忆，那最先记忆的信息可能已经进入长时记忆系统，因此遗忘得比较少；最后记忆的信息可能还处在短时记忆的阶段，回忆起来相当容易，因此遗忘得也很少；而中间记忆的信息则处在短时记忆向长时记忆过渡的过程中，可能会受到前面信息的阻挡和后面信息的冲击，以及记忆信息之间的相互影响，导致信息流逝，因此遗忘得很多。如果是在记忆信息之后过一段时间再进行回忆，则遗忘现象依然会符合系列位置效应，只是这个时候中间部分信息遗忘得多则是因为受到了前后信息的抑制的影响。其实这种情况和一些老师记忆学生

记忆的衰退不是在退休那一天突然出现的，它是逐渐衰退的，并且每个人的方式和速度都不同，但我们可以减缓记忆的衰退。

名字的情况差不多，上过这么多年学的人都应该知道，基本上每个老师在记一个班的学生名字的时候，最先记住的总是学习好的那一部分和学习最差的那一部分，对于中间的那一部分，总是很容易忘记。

系统位置效应给人们带来了一个好处，它相当于给人们指点了一个进行信息的记忆的正确方法，那就是要把最重要的信息放在开头或者是结尾去记忆，而把那些相对来说不重要的信息放在中间去记忆，免得造成人们对重要信息的遗忘。

遗忘的规律也并不是不能够改变的，但是必须要用一定的方法和策略，同时也需要人们自己去努力。只有对记忆信息不断地复习和使用，才能够真正降低遗忘的速度和改变遗忘的规律。一般来说，对于记忆的复习需要坚持五步法则，主要是要求人们要严格把握记忆的时间，第一次是在记忆信息之后马上就进行，第二次是在 24 小时以后，随后在 1 个星期后、1 个月以后和 3 个月以后，各进行 3 次复习，这样就应该能够保证记忆长期留在人们的脑海中，改变遗忘的规律，减少遗忘的损失。

拒绝进入和拒绝访问

很多时候导致人们遗忘的原因是拒绝进入和拒绝访问。

拒绝进入指的是虽然很多信息通过各种各样的方式进入到了人的大脑当中，但是却有相当一部分的信息根本就没有进入到人们的记忆库当中，只是形成了感觉记忆和工作记忆这种短时的记忆。

拒绝进入是一种好的现象，因为很多时候它能够阻止一些没有任何意义的信息进入到人们的记忆库当中，这样能够保证记忆库中的空间，也能够避免人们因为一些没有用处的信息而头昏脑涨。但是，它有时候也会阻碍一些对人们有很大作用的信息进入记忆库，这可能导致人们在日常的生活、学习和工作中受到一定的影响。

外界输入到人脑中的信息不能进入记忆库是由很多原因造成的。

第一是记忆的自动过滤。每时每刻输入到人脑当中的信息是不计其数的，这其中有很多的信息都没有任何用处。就比如说我们走在大路上看见一朵花开得很好看，这种信息对我们来说就没有用处。如果让这些信息也进入人们的记忆库，就很有可能造成记忆库的负载过度，导致一些重要的信息被排除在记忆库之外。因此，当信息被输入到人脑当中的时候，大脑会自动把信息划分成有用的信息和没用的信息，并且把那些没有用的信息排除在记忆库之外。

第二是对信息重复次数不够。很多信息想要进入记忆库并且真正被记住，需要人们不断地重复记忆。如果不进行重复，这些信息就会衰退。就像是我们要背诵一篇很长的文言文，并不是一次就能够全部记住的，需要反复地进行记忆，否则我们就会发现根本就没记住。这是因为很多复杂困难的信息进入人脑之后只是一个过客，没有进入到记忆库当中，只有不断进行循环才能敲开记忆库的大门。在很多时候，简单重复通常都不会形成人能长期保存的记忆。

第三是缺乏联想关系。很多时候，有一些信息看起来是没有用处的，但是实际上对人们的用处很大。因为人们不能够发现这些信息的用处，导致这些信息输入到人的大脑当中后，会被大脑当作无用的信息进行处理，从而排除在记忆库之外，这就使人们丧失了对这些信息进行记忆的机会。因此，有时候当信息输入到大脑当中之后，我们需要花费一些时间，发挥想象力，把这些信息和

如何避免"舌尖"现象

你应该注意以下情况，以便避免"舌尖"现象的发生。

■ 精神不集中或被打扰。　　　　　■ 焦虑、压力大、性急。

■ 兴奋或者抑郁。　　　　　　　　■ 疲劳或者生病。

■ 酗酒或者吸毒。　　　　　　　　■ 缺少日常知识的积累。

■ 生活缺少变化。　　　　　　　　■ 受时间影响无法进行思考整理。

如果你有上述情况，请你注意以下几个方面。

■ 快速记忆你想要记住的事情。　　■ 用相关的图像或声音帮助记忆。

■ 放慢节奏，注意休息。　　　　　■ 恢复理智，集中精神，排除干扰。

■ 在合适的时间去记忆新的东西。

记忆库中已知的一些重要信息建立一定的联系，判断新输入到人脑当中的信息到底是不是有用处。

第四是对信息缺乏理解。想要把信息记得牢固，就一定要充分理解信息所包含的意义。许多时候，因为人们不能对信息的意义有充足的理解，导致人们明明知道是重要的信息，却没有办法把信息记住，这就造成了很多重要信息的丢失。就像我们记住一个数学公式，单纯地记住这个公式并没有任何帮助，只有理解了这个公式的用途之后再记住它，它才会对人们有帮助。所以，很多时候一些重要的信息无法进入人的记忆库的原因就是人们对这些信息缺乏足够的理解。

拒绝访问就是记忆的重现，指的是很多信息明明已经被记住了，但是当人们再想提取和使用的时候，却没有办法正常访问。

记忆并不是磁带，很多时候它都不会像磁带一样想重复就重复，很多原因都会造成记忆没有办法被访问的情况。

第一是信息被加工的深度和广度不够。一般情况下，大家都认为，信息在首次加工的时候越精细，就越有助于记忆，越不容易被遗忘。很多时候我们不能想起以前记忆的东西，就是因为在记忆的时候，对信息加工得不够精细。比如说我们记忆一块像一匹马的形状的石头，如果只是记住那是一块石头，我们以后就很难回想起它，因为在我们的记忆中可能会有无数的石头。但是，如果我们在记忆的时候对这块石头进行一下简单的加工，就记住这是一块像一匹马的形状的石头，我们以后再想起这块石头就一定很容易，因为它在我们的记忆当中是独一无二的。

第二是选择的记忆方式不对。信息的记忆是需要选择正确的方式的，很多时候选择正确的方式记忆信息会比选择其他方式记忆同样的信息的时间更持

控制加工	自动加工
需要集中注意，会被有限的信息加工资源阻抑	独立于集中注意，不会被信息加工资源阻抑
按序列进行（一次一步），例如转动钥匙	并行加工（同时或者没有特别的顺序）
放开刹车、看后视镜等	一旦自动化后，不易改变。如由左手开
容易改变	车变为右手开车
有意识地察觉任务	经常意识不到执行的任务
相对耗时	相对较快
经常是比较复杂的任务	较简单的任务

久。比如说我们记忆一个人，肯定要先记清楚这个人长什么样子，之后再去记他的名字，这样以后再想起这个人就会想起他的样子，就很难忘记。如果只是记住名字，以后回想起来就可能只想起这个名字，对于这个名字代表的是谁则完全不清楚，这就没有任何意义。

第三是记忆信息之间相互的干扰。记忆信息的时候会受到一些信息的干扰，访问记忆的时候也同样会受到一些信息的干扰。比如说我们在一天之内认识了很多人，知道了他们的名字和长相，但是很可能在第二天的时候我们会把人的样子和名字对不上号，这是因为这些信息输入到人脑当中的时间相近，信息的内容也十分相似。非常类似的信息比有明显区别的信息之间更容易互相干扰。

第四是缺乏足够的联系和暗示。很多时候失去了某些联系之后可能会影响记忆的访问。比如说我们在一部电影里面知道了一个明星，因为他扮演的人物实在是太好了，所以我们就记住了这个明星和他扮演的这个人物。而当这个明星出现在另外一部电影里面扮演另一个人物的时候，我们很可能会感觉这个人在哪里见过，但是就是想不起来，需要经过长时间的思考才能想起来这就是扮演先前那个角色的人。其实这就是因为两者之间脱离了联系才导致人们没有办法回忆起来。暗示也是同样的道理，还是这个例子，或许我们需要经过别人的提醒才能够想起来这个明星到底是谁，这就是一种暗示，如果没有这个暗示，我们同样很难回忆起来。

为自己的记忆力担忧

在现实生活中，有很多人因为自己记不住一些东西，总是抱怨自己的记忆，这是一种没有任何作用和意义的行为。记忆的主要问题就是记忆障碍，但是人们在对记忆抱怨的时候，并不能说明自己就有记忆障碍，因为没有疾病就没有记忆障碍。

很多时候，抱怨自己记忆的人其实都是杞人忧天，许多抱怨自己记忆力不好的人在进行记忆检查后都会发现，自己的记忆完全没有任何问题。一般情况下，人们认为自己的记忆力不好主要是由于缺乏注意力而造成的。要知道，想要记住某些信息，就一定要在这些信息上投入一定的精力和注意力，否则任何信息都很难记住。但是，由于输入到人脑当中的信息实在数量过多并且内容复

快速记忆就是科学用脑

杂，导致有时候人们没有办法在某些信息上面集中自己的注意力，这样就造成人们认为自己没有办法记住一些重要的信息，记忆力太差。

有时候人们的抱怨也是有一定的道理的，比如说一个被别人重复了无数次的问题仍然没有办法记住；经常会提醒自己但还是没有记住某个重要的日子；经常在马路上迷失方向，不论这条路是否走过；经常给某个亲密的人打电话却仍然没有记住人家的电话号码等，这些都是记忆力出现障碍的征兆。出现了这样的问题再去抱怨记忆力吧，因为这是真的出现了记忆力的障碍。

记忆力是否出现障碍并不是靠个人的感觉来决定的，这需要一系列的诊断之后才能确定。这种诊断并不是像我们去医院看病一样，要抽血、化验、做各种检查，而只是做一些关于记忆力的测试，通过这种手段来确定一个人的记忆力是否存在障碍。这种测试包括很多方面，有视觉记忆测试、听觉记忆测试、文化知识测试、个人经历问答等，它不仅需要测试一个人各个方面的记忆力，还要注重一个人的注意力、语言能力、演绎推理能力等各个方面的能力，测试可能是简单的，也可能是复杂的，只有把这些测试所得到的结果综合起来，才能对一个人的记忆力做出准确的判断。当人的记忆力如果真的出现问题之后，通过这些测试是很容易判断出来的。

如果测试的结果能证明自己的记忆力没有问题，那就不需要再去抱怨了，只要想办法集中自己的注意力，或者使用记忆术帮助，应该就能够很快改变自己记忆力不好的问题。如果有人在进行过测试和诊断之后，发现自己的记忆力真的出现了记忆力障碍的问题，那么就一定要抓紧时间进行治疗。应该抓紧时间到医院进行一定的检查，大多数情况下，记忆力障碍都是由某些疾病引起的，比方说脑部疾病或是其他的一些疾病。通过医

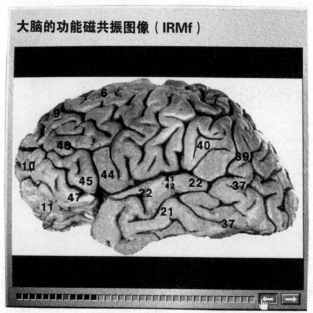

大脑的功能磁共振图像（IRMf）

通过磁共振技术得到的图像革新了人们对大脑的认识，上面这幅图像展示出被测者在默念词汇时某些语言区域（区域44）的活化。

院的医学影像或是核磁共振等医学项目的检查，找到自身病症的根源，抓紧时间进行治疗，尽早除去病症。只要把疾病彻底去除，那么记忆力也就能够很快恢复。

记忆的局限

记忆并不是完美无缺的，它有一定的局限性，最直接的表现就是不准确或者是错误的记忆会给人们带来严重的影响。这种影响有时候会给人们造成巨大的伤害，比如说有些人可能会因为一些错误的记忆而导致自己失去一些重要的东西，因此所有人都会努力地去避免自己的记忆出现错误和不准确的因素。但是，记忆具有复杂性，这种复杂性会很容易导致记忆的歪曲，因此记忆出现错误这种事情不可避免。

记忆是一个复杂的过程，它包括信息的输入、储存和提取等几个环节。在这个过程当中，任何一个环节出现一点问题都会导致我们的记忆出现错误和不准确。

记忆出现错误的主要原因是受到外界的影响。记忆的网络是复杂的，它是由感觉、情绪、话语、思想、情感、感官知觉、智力和想象等组成的，这种组成结构很容易受到人们主观意识的影响，比如说外界输入的信息、数据、事实、地点和事件等，一旦人的主观意识因为外界的影响而出现问题，人的记忆就会出现错误。另外，人的记忆痕迹也不能总保持一个完整的状态，它会随着时间的流逝和外界的影响而发生改变。即使是人的记忆痕迹非常清晰，也同样会因为某种原因的影响而极易发生变化，导致记忆出现错误，比如误解、分心、忘记别人的意见和建议等。

很多因素都会对人的记忆产生不好的影响，包括回忆提示的缺失；新记忆的信息对以前记忆的信息的干扰；记忆的衰退和错误的应用；内心的压抑；个人的感觉或经验；别人的指点和建议；等等。这些因素当中的任何一个因素都会对原始的记忆痕迹产生一定的干扰，导致人的记忆出现错误。比如内心的压抑，其实就是心理压力过大所造成的结果，这种压力可能会导致人的精神出现问题或产生一些疾病，抑郁症就是这种压力下的产物。一旦人受到的压力超过自身的承受极限就很可能会逃避现实，产生一些幻想，这些幻想会让人的心灵得到一定的安慰，人会不自觉地把自己的幻想当成发生过的事情，变成记忆，

快速记忆就是科学用脑

这就导致人的记忆发生严重错误。

在焦虑情绪的状态下，会影响一个人的记忆力。图中的这个年轻人正在思索他刚才听到的话，他需要对这些内容进行理解、回想，才能做出适当的评价。

由于内心的压抑而产生幻想所带来的记忆错误，是一种人为创造出来的错误。事实上，错误的记忆也并不完全是人为创造出来的，还有一些是因为人本身正确的记忆被歪曲而产生的。比如两个人共同做了一件事情，其中一个人因为某些原因把这件事情彻底忘记了，如果想要再回忆起这件事情，就需要另一个人的帮助。这个时候，就算另一个人说的情况和当时发生的情况不一样，这个人也会相信，并且一旦回忆次数多了还会把这个错误的情况当成自己的记忆，这样，人的记忆就会发生错误。

人的注意力或者是精力上发生问题，同样会导致记忆的错误，比如疏忽或者分心。这样的事情在现实中我们会经常遇到，就像我们要学习一个重要的知识，但是却因为自己的疏忽大意导致注意力不集中，从而忽略了知识当中的关键点，导致我们以后用到这个知识的时候总会出现错误，这就是我们的记忆出现错误的结果。分心也是一样，本来我们应该记住某件事情，但是在记这件事情的时候我们又去记别的事情，这样就很可能导致我们所有事情都没有记好或是出现混淆，也会出现记忆错误。想要解决这种情况很简单，只要在记忆任何事情的时候集中注意力，这样就能够避免因为疏忽或者是分心所带来的记忆错误。

记忆中的误差同样是记忆的局限之一。记忆的误差主要存在于一些相似的信息、道听途说的信息、漫不经心的记忆和对信息的误解上。比如说对人的误解，每个人的性格都有很多方面，可能一个人本来是一个罪大恶极的罪犯，但是因为在某些事情上面他帮助了你一次，这样在你的记忆中，这个人可能就是一个好人，这其实就是记忆的误差。再比如你想要买一件东西，可能听说这件东西是多少钱，所以在你的记忆中这件东西就是这些钱，但实际上东西的价格并不是这样的，这也是记忆的误差。记忆的误差对人同样有很大的坏处，它可能导致人们在某些事情上面做出错误的判断，影响人们很多计划的

记忆的过程

首先，视觉信息刺激视网膜，之后就被转换成神经脉冲。经过百万分之几秒，这些神经脉冲就会传送到位于大脑后部的视觉信息处理结构。然后，根据不同的性质（形式、颜色、动态），这些信息将会被采取不同的方式加工。这些信息将被暂时储存在海马状突起结构中，或是被遗忘，或是被进一步加强，从而储存起来。这个信息所附带的积极或消极情感会决定我们记录和存储它的方式。

实施。

记忆误差不同于记忆错误，只要人们多发现、多记忆，并且集中自身的注意力，记忆错误可能很快就会被发现。记忆误差在大多数时候是不容易被发现的，因为人们总是会把它当作真实的信息记忆起来，并且在应用的时候也非常自信。

记忆误差在很多时候都不可避免，这就要求人们在记忆的时候一定要记忆全面的信息，或者是记忆那些自己能够确定真实的信息，尽量把记忆误差降低到最小。

记忆扭曲也属于记忆的局限。记忆扭曲是指因为某些原因而使人们的记忆发生了一些改变。记忆扭曲主要发生在一些犯罪事件当中的目击者身上，很多因素都会使犯罪事件的目击者记忆发生扭曲：比如巨大的压力，因为压力会造成目击者注意力的改变，导致他们的感官发生偏差；比如目击者遭受到了暴力的胁迫，也会使记忆变得扭曲、不准确；犯罪现场的一些其他信息吸引了人们的一部分注意力，或者是某些信息过于吸引人，也会造成记忆的扭曲，比如说目击者只注意到罪犯的衣着却忽略了罪犯的样子，这会导致穿着同样衣服的人都会被认为是罪犯。还有一个重要的原因也会使记忆发生扭曲，那就是主导性的提问，包括假定和暗示发生了某些事情。

记忆可以被引导

记忆是可以被引导的，在很多时候，记忆也需要被引导。比如说我们背诵一篇文章，本来已经全部记下来了，但是在背诵的时候由于某些因素而在中间卡住、背诵不出来了，这个时候如果有人提示一下，我们就能够继续背诵下去，这就是一种对记忆的引导。

我们所接受的第一个感观刺激是在子宫里。对于新生儿所进行的研究表明，我们"记得"这些感觉，或者至少在出生后不久就被引导而去识别它们。

引导就是在检索事件之前，连续提供一些精心挑选的内容，帮助人们顺利提取记忆信息，这是一种能够影响记忆的暗示。学生们在考试的时候，经常会碰到填空题，就是给一句话，中间有几个地方是空着的，需要学生去填写正确的词语或句子，那些已经给出的词语和句子起到的就是一种引导作用，引导学生们填写上没有给出的词语和句子。再比如以前有一个综艺节目中，有一个环节就是给出一段歌词，然后让嘉宾接出下面的歌词，那些已经给出的歌词的作用也是引导嘉宾的记忆。

引导的作用是巨大的，通过对记忆的引导，人们可能会了解和解决一些很重要的事情。比如说我们丢失了一件很重要的物品，但是怎么也想不起来是在哪里丢的，这个时候就需要对记忆进行引导，要先想起自己都去了哪里，然后做了什么，还有最后一次看到这件物品是在哪里等，通过这样一层一层的引导，找到物品丢失的地点，随后再去寻找。警务人员查一些重大的案件，比如杀人案时，很多目击者可能会因为受到了惊吓或刺激而不愿意去回忆当时的场面，这就会给警务人员查案带来很严重的困难，这个时候，为了顺利地破案，警务人员就需要对目击者进行引导，引导他们说出自己所看到的真相，以此来方便自己顺利破案。

引导也包括两个方面，一种是正确的引导，一种是错误的引导，也就是误导。对记忆进行正确的引导主要就是为了让人们能够想起一些重要的事情，起到的作用是积极的，它能让人们重新找回已经遗忘的记忆。误导是一些人为了达到某些目的而做出的一些错误的引导，一旦误导成功，很可能会出现一些严重的问题。就像我们看电视剧里，有一些律师为了能够让自己的雇主脱罪，在问询证人的时候会故意朝一些错误的方面进行引导，这就是误导。这样做的结果就是打断证人的思路，让证人做出一些错误的证词或者没有办法再继续做证，导致明明有罪的人却不能被绳之以法，这就是误导可能带来的后果。误导并不能够消除人们的真正记忆，只是让人们对自己的某些记忆产生困惑和不信任。只要对自己的记忆有足够的自信，无论任何时候都以自己的记忆为准，误导其实是可以避免的。

任何人的记忆都有可能被引导，这一点每个人应该都能感受得到。但是，研究证明，记忆最容易被引导的人群还是儿童。因为儿童的许多事情都要依靠成年人，有些时候，为了取悦成年人和获得成年人的信任，儿童的记忆就会在压力之下变得脆弱不堪。一旦出现这种情况，儿童的记忆就很容易受到成年人的引导。

不同性质的遗忘症

遗忘症就是记忆的丧失，指的是人们对一定时间内的生活经历完全丧失或者是部分丧失。随着年龄的增长，许多人的记忆力下降，出现记忆障碍等问题，这就是遗忘症。

一般来说，遗忘症患者都拥有正常的智力、语言能力和瞬时记忆的广度。遗忘症患者并没有失去记忆的能力，只是长期记忆受到了损害，这种损害主要表现在一些外显记忆上，即对事实、时间或者能够回忆并有意识表达的陈述性记忆上，对内隐记忆的影响是很小的。即使得了遗忘症，患者也可以形成一些新的程序性记忆，比如一些习惯性的事情，像开车等。

遗忘症可能由很多原因引起，一种是大脑的损伤，一种是心理的损伤，还有一种是突发性的遗忘症。

大脑的损伤所引起的遗忘症主要包括顺行性遗忘和逆行性遗忘。

顺行性遗忘也叫近事遗忘症，意思是记忆信息的丧失发生在大脑受损伤之后，即大脑损伤之后无法记忆新的信息。

逆行性遗忘也叫远事遗忘症，意思是记忆信息的丧失发生在大脑受损伤之前，即大脑损伤之前所存储的信息很难找回来，这其中不包括一些先前的个人经历以及一些基本的文化知识。

引起大脑损伤的原因有很多，包括由某些疾病引起的，或者是因为某些意外造成了记忆的重要区域的损伤。

一是疱疹性脑炎。疱疹病毒会引起大脑内部某些区域的严重坏死，从而会导致近事遗忘症、某些已获得知识的遗忘和某些行为障碍。这种原因引起的遗忘症通常是永久性的，非常严重。

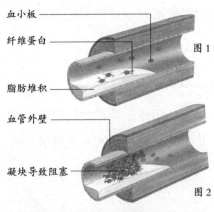

血小板

纤维蛋白

脂肪堆积

图1

血管外壁

凝块导致阻塞

图2

如果胆固醇含量过高，致使脂肪堆积（图1），血液中就可能生成过多的纤维蛋白。纤维蛋白包裹血小板形成的凝块（图2）有可能会造成脑梗死。

二是脑血管意外，包括脑出血、脑梗死等。脑血管意外会造成大脑内部某些区域的损毁。这些区域不一定和记忆有关，但是一旦和记忆有关的部位发生损毁，就会造成遗忘症的产生。

三是柯萨科夫综合征。这是由俄罗斯医生柯萨科夫提出的一种罕见病症，这种病症产生的原因是人体内缺乏某些重要的维生素，造成大脑中应用于记忆的某些结构损坏，从而产生严重的遗忘症。

四是双海马脑回遗忘综合征。这种病症主要是由于海马脑回的损伤而造成的。海马脑回是进入记忆环路的入口，是记忆功能中十分重要的结构，它的损伤自然会导致严重的遗忘症。

五是帕金森病。帕金森病是最常见的精神疾病之一，它所造成的病变主要位于大脑中对程序记忆起到决定性作用的区域，因此会造成与注意力相关的短期记忆困难，使人们学习某种技艺的能力受到影响。

六是意识模糊遗忘综合征。这种情况是因为人体的某些整体功能退化而产生的，主要是新陈代谢紊乱和药物影响等造成人的注意力不集中，从而使人的意识越来越模糊，记忆力也逐渐受到影响。

创伤后的暂时遗忘症

轻微的颅骨创伤不会让人失去认知能力，但可能造成暂时遗忘症。

运动造成的遗忘症

这一类的遗忘症多发生在年轻人身上，颅骨创伤经常是因为运动造成的（滑雪、足球、橄榄球，等等）。遗忘会持续几个小时，虽然暂时失忆了，但仍能正常地进行体育活动。这种遗忘症常引发一些令人啼笑皆非的情形：某个失忆的篮球运动员认为自己的球队已赢得了胜利；某个网球运动员认不出自己的妻子；某个足球队员忘记了自己现在球队的编码，只记得以前球队的编码……

没有后遗症

幸运的是病情总是向着好的方向发展，而且不会有任何后遗症。一段时间后，患者将恢复记忆能力，并且对遗忘症期间的生活没有任何记忆。这种病症可能是大脑颞叶内层区域受到轻微震荡所致。

七是颅骨创伤。颅骨创伤主要是因为头部遭到碰撞而引起的，主要包括交通事故、意外跌倒、工作或运动意外以及头部受到袭击等。轻微的颅骨创伤可能会导致暂时的记忆障碍，甚至不会出现任何问题。严重的颅骨创伤则会导致大脑中一些和记忆有关的部位，如颞叶和额下叶等受到严重的损伤，造成近事遗忘症或远事遗忘症。如果造成人昏迷不醒，则有可能导致更严重的遗忘症。

　　并不是所有的遗忘症都是由大脑损伤造成的，一些心理学家认为，有些遗忘症是由心理因素或者情感因素引起的。心理损伤引起的遗忘症主要包括选择性遗忘、分离性遗忘和界限性遗忘。

　　选择性遗忘是指为了满足一些特殊的心理需要和感情需求，经过高度选择之后，遗忘某些记忆。比如为了否认某些事情发生的事实而完全忘记这些事情发生的经过。

　　分离性遗忘是指患者本身所具有的知识和能力与其曾发生过的遗忘之间有着很明显的矛盾和距离，一方面遗忘了一些从事各种复杂事情和活动的能力，另一方面又会经常遗忘很多重要的事情。

　　界限性遗忘是指患者对过去生活中某个阶段的明确事件和经历完全没有记忆。这种遗忘所忘掉的经历通常是一些造成人们强烈的愤怒、恐惧和羞辱的事情，人们因为心理的原因而不愿意提及这些事情，所以产生了遗忘症。颅骨的损伤同样可能导致界限性遗忘。

　　心理损伤主要是人们受到了一些重大的刺激之后而产生的。人们一旦受到重大的刺激，心理上很可能会没办法接受，特别是受到了严重的羞辱或者感情伤害，这样就会导致人们不愿意去记忆这些事情，因而产生了遗忘症。由心理损伤所引起的遗忘症并不一定是真正的遗忘，只是人们在某些状态下做出的一种有利于自己的选择，如果能够经过正确的引导，因为心理损伤所引起的遗忘是可以重新记忆起来的。

　　除了由大脑损伤和心理损伤引起的遗忘症之外，还有一种突发性的遗忘症。

　　突发性遗忘症大多发生在患者50岁以后，主要是因为争吵、被偷窃、不好的信息、某个人意外去世、突然改变环境、剧烈疼痛等引起的情绪波动，造成大脑中有关记忆的不稳出现某些问题，导致记忆的暂时中断所引起的。

运用SPECT技术对大脑进行的检测显示了在突发性遗忘症患者发病期间，大脑颞叶和额叶区域存在异常。

突发性遗忘症可能会迅速引起严重的失忆，同时也会引起近事遗忘症。人可能会突然之间忘记几秒钟之前记住的信息，并且很难想起来，即使是给其提供几个选项去选择，也依然无法想起来。突发性遗忘症的患者完全意识不到自己的病症，只是对某些事情非常焦虑和困惑，而对于其他的事情的记忆则完全正常。就算是进行临床性的检查，患者也是完全正常的，也就是说突发性遗忘症没有办法治疗。所幸突发性遗忘症只是暂时的，患者可能在经过一段时间之后，症状就会完全消失，并且不再复发，也没有任何后遗症。

右脑的记忆力是左脑的 100 万倍

关于记忆，也许有不少人误以为"死记硬背"同"记忆"是同一个道理，其实它们有着本质的区别。死记硬背是考试前夜那种临阵磨枪，实际只使用了大脑的左半部，而记忆才是动员右脑积极参与的合理方法。

在提高记忆力方面，最好的一种方法是扩展大脑的记忆容量，即扩展大脑存储信息的空间。有关研究也表明，在大脑容纳信息量和记忆能力方面，右脑是左脑的 100 万倍。

首先，右脑是图像的脑，它拥有卓越的形象能力和灵敏的听觉，人脑的大部分记忆，也是以模糊的图像存入右脑中的。

我们的逻辑思考和创造性活动分别由不同的脑半球控制。脑的左半球控制我们对数字、语言和技术的理解；脑的右半球控制我们对形状、运动和艺术的理解。

其次，按照大脑的分工，左脑追求记忆和理解，而右脑只要把知识信息大量地、机械地装到脑子里就可以了。右脑具有左脑所没有的快速大量记忆机能和快速自动处理机能，后一种机能使右脑能够超速地处理所获得的信息。

这是因为，人脑接受信息的方式一般有两种，即语言和图画。经过比较发现，用图画来记忆信息时，远远超过语言。如果记忆同一事物时，能在语言的基础上加上图或画这种手段，信息容量就会比只用语言时要增加很多，而且右脑本来就具有绘画认识能力、图形认识能力和形象思维能力。

如果将记忆内容描绘成图形或者绘画，而不是单纯的语言，就能通过最大限度动员右脑的这些功能，发挥出高于左脑的 100 万倍的能量。

另外创造"心灵的图像"对于记忆很重要。

那么，如何才能操作这方面的记忆功能，并运用到日常生活中呢？现在开始描述图像法中一些特殊的规则，来帮助你获得记忆的存盘。

1. 图像要尽量清晰和具体

右脑所拥有的创造图像的力量，可以让我们"想象"出图像以加强记忆的存盘，而图像记忆正是运用了右脑的这一功能。研究已经发现并证实，如果在感官记忆中加入其他联想的元素，可以加强回忆的功能，加速整个记忆系统的运作。

所以，图像联想的第一个规则就是要创造具体而清晰的图像。具体、清晰的图像是什么意思呢？比方我们来想象一个少年，你的"少年图像"是一个模糊的人形，还是有血有肉、呼之欲出的真人呢？如果这个少年图像没有清楚的轮廓，没有足够的细节，那就像将金库密码写在沙滩上，海浪一来就不见踪影了。

下面，让我们来做几个"心灵的图像"的创作练习。

创造一幅"苹果图像"。在创作之前，你先想想苹果的品种，然后想到苹果是红色、绿色或者黄色，再想一下这颗苹果的味道是偏甜还是偏酸。

创造一幅"百合花图像"。我们不要只满足于想象出一幅百合花的平面图片，而要练习立体地去想象这朵百合花，是白色还是粉色；是含苞待放还是娇艳盛开。

创造一幅"羊肉图像"。看到这个词你想到了什么样的羊肉呢？是烤全羊，是血淋淋的肉片，还是放在盘子里半生不熟的羊排？

创作一幅"出租车图像"。你想象一下出租车是崭新的德国奔驰，老旧的捷达，还是一阵黑烟（出租车已经开走了）？车牌是什么呢？出租车上有人吗？乘客是学生还是白领？

这些注重细节的图像都能强化记忆库的存盘，大家可以在平时多做这样的练习来加强对记忆的管理。

2. 要学会抽象概念借用法

如果提到光，光应该是什么样的图像呢？这时候我们需要发挥联想的功能，并且借用适当的图像来达成目的。光可以是阳光、月光，也可以是由手电筒、日光灯、灯塔等反射出来的……美味的饮料可以是现榨的新鲜果蔬汁，也可以是香醇可口的卡布奇诺，还可以是酸酸甜甜的优酪乳……法律可以借用警察、法官、监狱、法槌等。

3. 时常做做"白日梦"

当我们的身体和精神在放松的时候，更有利于右脑对图像的创造，因为只有身心放松时，右脑才有能量创造特殊的图像。当我们无聊或空闲的时候，不妨多做做白日梦，我们在全身放松的状态下所做的白日梦，都是有图像的，那是我们用想象来创造的很清晰的图像。因此应该相信自己有这个能力，不要给自己设限。

4. 通过感官强化图像

即我们熟知的五种重要的感官——视觉、听觉、触觉、嗅觉、味觉。

另外，夸张或幽默也是我们加强记忆的好方法。如果我们想到猫，可以想到名贵的波斯猫，想到它玩耍的样子。如果再给这只可爱的猫咪加点夸张或幽默的色彩呢？比如，可以把猫想象成日本卡通片中的机器猫，或者把猫想象成黑猫警长，猫会跟人讲话，猫会跳舞等。这些夸张或者幽默的元素都会让记忆变得生动逼真！

总之，图像具有非常强的记忆协助功能，右脑的图像思维能力是惊人的，调动右脑思维的积极性是科学思维的关键所在。

当然，目前发挥右脑记忆功能的最好工具便是思维导图，因为它集合了图像、绘画、语言文字等众多功能于一身，具有不可替代的优势。

用1分钟观察图中的物体，并努力记住它们。现在合上书，尽可能多地写下你能回忆起的物体名称。这个练习可以测验你的短期记忆能力。然后分别在1小时之后、1天之后和1周之后检查有多少物体储存在你的长期记忆中。

被称作天才的爱因斯坦也感慨地说："当我思考问题时，不是用语言进行思考，而是用活动的跳跃的形象进行思考。当这种思考完成之后，我要花很大力气把它们转化成语言。"

国际著名右脑开发专家七田真教授曾说过："左脑记忆是一种'劣质记忆'，不管记住什么很快就忘记了，右脑记忆则让人惊叹，它有'过目不忘'的本事。左脑与右脑的记忆力简直就是 1：1000000，可惜的是一般人只会用左脑记忆！"

我们也可以这样认为，很多所谓的天才，往往更善于锻炼自己的左右脑，而不是单独地使用左脑或者右脑；每个人都应有意识地开发右脑形象思维和创新思维能力，提高记忆力。

思维导图里的词汇记忆法

思维导图更有利于我们对词汇的理解和记忆。

不论是汉语词汇还是外语词汇，我们都需要大量地使用它们。但我们很多人面临的一个普遍问题是，怎样才能更好更快地记住更多的词汇？

对词汇本身来说，它具有很大的力量，甚至可以称作魔力。法国军事家拿破仑曾说："我们用词语来统治人民。"

在这里，我们以英语词汇为例，帮助学习者利用思维导图更高效快捷地学习。

1. 思维导图帮助我们学习生词

我们在英语词汇学习中，往往会遇到大量的多义词和同音异义词。尽管我们会记住单词的某一个意思，可是当同样的单词出现在另一个语言场合中时，对我们来说就很有可能又会成为一个新的单词。

面对多义词学习，我们可以借助思维导图，试着画出一个相对清晰的图来，以帮助我们更方便地学习。例如，"buy"（购买）这个单词，可以作为及物动词和不及物动词来使用，还可以作为名词来使用。

所以，将其当作不同的词性使用时，它就具有不同的意思和搭配用法。而据此，我们可以画出"buy"的思维导图，帮助我们归纳出其在字典中所获信息的方式，进而用一种更加灵活的方式来学习单词。

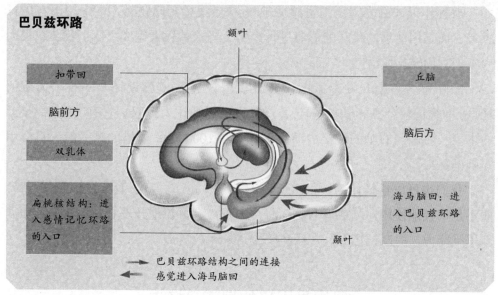

巴贝兹环路

额叶

扣带回

丘脑

脑前方

脑后方

双乳体

扁桃核结构：进
入感情记忆环路
的入口

海马脑回：进
入巴贝兹环路
的入口

颞叶

➡ 巴贝兹环路结构之间的连接
⬅ 感觉进入海马脑回

大脑半球内层部分有 4 个相互连接着的巴贝兹环路，这些环路用于对新信息的学习。

如果我们把"buy"的学习和用法用思维导图的形式表示出来，不仅可以节省我们学习单词的时间，提高学习的效率，更会大大促进学习的能动性，提高学习兴趣。

2. 思维导图与词缀词根

词缀法是派生新英语单词的最有效的方法，词缀法就是在英语词根的基础上添加词缀的方法。比如"-er"可表示"人"，这类词可以生成的新单词，比如，driver 司机，teacher 教师，labourer 劳动者，runner 跑步者，skier 滑雪者，swimmer 游泳者，passenger 旅客，traveller 旅游者，learner 学习者 / 初学者，lover 爱好者，worker 工人，等等，所以，要扩大英语的词汇量，就必须掌握英语常用词缀及词根的意思。

思维导图可以借助相同的词缀和词根进行分类，用分支的形式表示出来，并进行发散、扩展，从而帮助我们记忆更多的词汇。

3. 思维导图和语义场帮助我们学习词汇

语义场也是一种分类方法，研究发现，英语词汇并不是一系列独立的个体，而是都有着各自所归属的领域或范围，它们因拥有某种共同的特征而被组建成一个语义场。

我们根据词汇之间的关系可以把单词之间的关系划分为反义词、同义词和上下义词。上义词通常是表示类别的词，含义广泛，包含两个或更多有具体含义的下义词。下义词除了具有上义词的类别属性外，还包含其他具体的意义。如：chicken — rooster, hen, chick；animal — sheep, chicken, dog, horse。这些关系同样可以用思维导图表现出来，从而使学习者能更加清楚地掌握它们。

4. 思维导图还可以帮助我们辨析同义词和近义词

在英语单词学习中，词汇量的大小会直接影响学习者听说读写等其他能力的培养与提高。尽管如此，已被广泛使用的可以高效快速地记忆单词词汇的方法并不是很多。本节提出利用思维导图记忆单词的方法，希望对学习词汇者能有所帮助。毫无疑问，一个人对积极词汇量掌握的多少，有着至关重要的作用。然而，学习积极词汇的难点就在于它们之中有很多词不仅形近，而且在用法上也很相似，很容易使学习者混淆。

如果我们考虑用思维导图的方式，可以进行详细的比较，在思维导图上画出这些单词的思维导图，不仅可以提高学生的记忆能力，对其组织能力及创造能力也有很大的帮助。可以说，词汇的学习有很大的技巧，也有可以凭借的工具，其中最有效的记忆工具便是思维导图。在这里，我们介绍的只是思维导图能够帮助我们记忆词汇的一些方面，其他的还有记忆性关键词与创意性关键词等词汇记忆方法，在这里，我们就不详细讲解了。

不想遗忘，就重复记忆

很多学生都会有这样的烦恼，已经记住了的外语单词、语文课文，数理化的定理、公式等，隔了一段时间后，就会遗忘很多。怎么办呢？解决这个问题的主要方法就是要及时复习。德国哲学家狄慈根说，"重复是学习之母"。

复习是指通过大脑的机械反应使人能够回想起自己一点也不感兴趣的、没有产生任何联想的内容。艾宾浩斯的遗忘规律曲线告诉我们：记忆无意义的内容时，一开始的 20 分钟内，遗忘 42%；1 天后，遗忘 66%；2 天后，遗忘 73%；6 天后，遗忘 75%；31 天后，遗忘 79%。古希腊哲学家亚里士多德曾说："时间是主要的破坏者。"

我们的记忆随着时间的推移逐渐消失，最简单的挽救方法就是重习，或叫

正是通过母亲的声音和借助简单重复的动作，婴儿发现了世界。

作重复。我国著名科学家茅以升在83岁高龄时仍能熟记圆周率小数点以后100位的准确数值，有人问过他，记忆如此之好的秘诀是什么，茅先生只回答了7个字"重复、重复再重复"。可见，天才并不是天赋异禀，正如孟子所说："人皆可以为尧舜。"佛家有云："一阐提人亦可成佛。"只要勤学苦练，每个人都是可以成为了不起的人的。

虽然重复能有效增进记忆，但重复也应当讲究方法。

一般，要在重复第三遍之前停顿一下，这是因为凡在脑子中停留时间超过20秒钟的东西才能从瞬间记忆转化为短时记忆，从而得到巩固并保持较长的时间。当然，这时的信息仍需要通过复习来加强。

那么，每次间隔多久复习一次是最科学的呢？

一般来讲，间隔时间应在不使信息遗忘的范围内尽可能长些。例如，在你学习某一材料后1周内的复习应为5次。而这5次不要平均地排在5天中。信息遗忘率最大的时候是：早期信息在记忆中保持的时间越长，被遗忘的危险就越小。所以在复习时的初期间隔要短一点，然后逐渐延长。

我们可以比较一下集合法和间隔法记忆的效果。

如要记住一篇文章的要点，你又应怎样记呢？

你可以先用"集合法"，即把它读几遍直至能背下来，记住你所耗费的时间。在完成了用"集合法"记忆之后，我们看看用"间隔法"的情况。这回换成另一段文章的要点：看一遍之后目光从题上移开约10秒钟，再看第二遍，并试着回想它。

如果你不能准确地回忆起来，就再将目光移开几秒钟，然后再读第三遍。这样继续着，直至可以无误地回忆起这几个词，然后写出所用时间。

两种记忆方法相比较，第一种的记忆方式虽然比第二种方法快些，但其记忆效果可能并不如第二种方法。许多实验也都显示出间隔记忆要比集合记忆有更多的优点。

心理学家根据阅读的次数，研究了记忆一篇课文的速度：如果连续将一篇课文看 6 遍和每隔 5 分钟看一遍课文，连看 6 遍，两者相比较，后者记住的内容要多得多。

心理学家为了找到能产生最好效果的间隔时间，做过许多的实验，已证明理想的阅读间隔时间是 10 分钟至 16 小时不等，根据记忆的内容而定。10 分钟以内，非一遍记忆效果并不太好，超过 16 小时，一部分内容已被忘却。

为了提高记忆效率，复习要及时。及时复习不仅可以防止遗忘、加深理解、熟练技能；而且可以弥补知识缺陷，完善自己的知识结构，发展记忆能力和思维能力。

间隔学习中的停顿时间应能让科学的东西刚好记下。这样，在回忆印象的帮助下你可以在成功记忆的台阶上再向前迈进一步。当你需要通过浏览的方式进行记忆时，如要记一些姓名、数字、单词等，采用间隔记忆的效果就不错。假设你要记住 18 个单词，你就应看一下这些单词。在之后的几分钟里自己也要每隔半分钟左右就默念一次这些单词。

这样，你会发现记这些单词并不太困难。第二天再看一遍，这时你对这些单词可以说就完全记住了。

在复习时你可以采用限时复习训练方法：

这种复习方法要求在一定时间内规定自己回忆一定量材料的内容。例如，1 分钟内回答出一个历史问题等。这种训练分 3 个步骤：

第一步，整理好材料内容，尽量归结为几点，使回忆时有序可循。整理后计算回忆大致所需的时间；

第二步，按规定时间以默诵或朗诵的方式回忆；

第三步，用更短的时间，以只在大脑中思维的方式回忆。

在训练时要注意两点：

首先，开始时不宜把时间卡得太紧，但也不可太松。太紧则多次不能按时完成回忆任务，就会产生畏难的情绪，失去信心；太松则达不到训练的目的。

为了考试还是为了生活

通常在考试的前一天晚上学生们都临阵磨枪，但是这种强制性和高密度的学习效果却非常有限。

以下是两种学习状态的比较：

临阵磨枪	长期学习
在短时间内学习	有充足的时间分阶段学习
极少重复	大量地重复
重复的时间间隔很短	重复的时间间隔适当
刺激物的过度使用，咖啡、香烟、维生素 C 等	饮食均衡
在意识上缺乏准备，因而产生压力	由于准备良好，信心十足
疲劳和缺乏睡眠	睡眠充足，精力充沛

训练的同时还必须迫使自己注意力集中，若注意力分散了将会直接影响反应速度，要不断暗示自己。

其次，当训练中出现不能在额定时间内完成任务时，不要紧张，更不要在烦恼的情况下赌气反复练下去，那样会越练越糟。应适当地休息一会儿，想一些美好的事，使自己心情好了再练。

总之，学习要勤于复习，勤于复习，记忆和理解的效果才会更好，遗忘的速度也会变慢。

思维是记忆的向导

思考是一种思维过程，也是一切智力活动的基础，是动脑筋及深刻理解的过程。而积极思考是记忆的前提，深刻理解是记忆的最佳手段。

在识记的时候，思维会帮助所记忆的信息快速地安顿在"记忆仓库"中的相应位置，与原有的知识结构进行有机结合。在回忆的时候，思维又会帮助我们从"记忆仓库"中查找，以尽快地回想起来。思维对记忆的向导作用主要表现在以下几点：

概念与记忆

概念是客观事物的一般属性或本质属性的反映，它是人类思维的主要形式，也是思维活动的结果。概念是用词语来标志的。人的词语记忆就是以概念为主的记忆，学习就要掌握科学的概念。概念具有代表性，这样就使人的记忆可以有系统性。如"花"的概念包括了各种花，我们在记忆菊花、茶花、牡丹花等的材料时，就可以归入花的要领中一并记住。从这个角度讲，概念可以使人举一反三，灵活记忆。

理解与记忆

理解属于思维活动的范围，它既是思维活动的过程，是思维活动的方法，又是思维活动的结果。同时，理解还是有效记忆的方法。理解了的事物会扎扎实实地记在大脑里。

思维方法与记忆

思维的方法很多，这些方法都与记忆有关，有些本身就是记忆的方法。思维的逻辑方法有科学抽象、比较与分类、分析与综合、归纳与演绎及数学方法等；思维的非逻辑方法有潜意识、直觉、灵感、想象和形象思维等。多种思维方法的运用使我们容易记住大量的信息并获得系统的知识。

此外，思维的程序也与记忆有关。思维的程序表现为发现问题、试作回答、提出假设和进行验证。

那么，我们该怎样来积极地进行思维活动呢？

多思

多思指思维的频率。复杂的事物，思考无法一次完成。古人说："三思而后行"，我们完全可以针对学习记忆来个"三思而后行，三思而后记"。反复思考，一次比一次想得深，一次有一

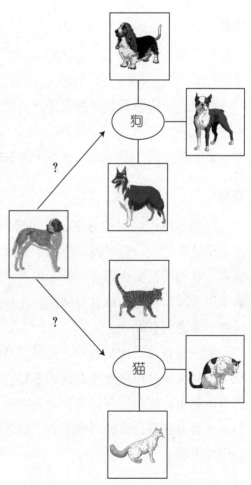

与特征联系网络理论不同的另一个理论认为，心理词典包含一系列实例。根据这一观点，人脑要想识别某一物体，就必须翻查所有的储存实例。

次的新见解，不停止于一次思考，不满足于一时之功，在多次重复思考中参透知识，把道理弄明白，事无不记。

苦思

苦思是指思维的精神状态。思考，往往是一种艰苦的脑力劳动，要有执着、顽强的精神。《中庸》中说，学习时要慎重地思考，不能因思考得不到结果就停止。这表明古人有非深思透顶达到预期目标不可的意志和决心。据说，黑格尔就有这种苦思冥想的精神。有一次，他为思考一个问题，竟站在雨里一个昼夜。苦思的要求就是不做思想的怠惰者，经常运转自己的思维机器，并能战胜思维过程中所遇到的艰难困苦。

精思

精思指思维的质量。思考的时候，只粗略地想一下，或大概地考量一番，是不行的。朱熹很讲究"精思"，他说："……精思，使其意皆若出于吾之心。"换一种说法，精思就是要融会贯通，使书的道理如同我讲出去的道理一般。思不精怎么办？朱熹说："义不精，细思可精。"细思，就是细致周密、全面地思考，克服想不到、想不细、想不深的毛病，以便在思维中多出精品。

巧思

巧思指思维的科学态度。我们提倡的思考，既不是漫无边际的胡思乱想，也不是钻牛角尖，它是以思维科学和思维逻辑作为指南的一种思考，即科学地思考。我们不仅要肯思考，勤于思考，而且要善于思考，在思考时要恰到好处地运用分析与综合、抽象与概括、比较与分类等思维方式，使自己的思考不绕远路，卓越而有成效。

要发展自己的记忆能力，提高自己的记忆速度，就必须相应地去发展思维能力，只有经过积极思考去认识事物，才能快速地记住事物，把知识变成对自己真正有用的东西。掌握知识、巩固知识的过程，也就是积极思考的过程，我们必须努力完善自己的思维能力，这无疑也是在发展自己的记忆力，加快自己的记忆速度。

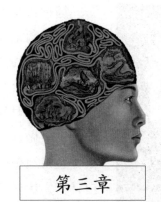

第三章

快速记忆的秘诀

超右脑照相记忆法

著名的右脑训练专家七田真博士曾对一些理科成绩只有 30 分左右的小学生进行了右脑记忆训练。所谓训练，就是这样一种游戏：摆上一些图片，让他们用语言将相邻的两张图片联想起来记忆，比如"石头上放着草莓，草莓被鞋踩烂了"，等等。

这次训练的结果是这些只能考 30 分的小学生都能得 100 分。

通过这次训练，七田真指出，和左脑的语言性记忆不同，右脑中具有另一种被称作"图像记忆"的记忆，这种记忆可以使只看过一次的事物像照片一样印在脑子里。一旦这种右脑记忆得到开发，那些不愿学习的人也可以立刻拥有出色记忆力，变得"聪明"起来。

同时，这个实验告诉我们，每个人自身都储备着这种照相记忆的能力，你需要做的是如何把它挖掘出来。

现在我们来测试一下你的视觉想象力。你能内视到颜色吗？或许你会说："噢！见鬼了，怎么会这样？"请赶快先闭上你的眼睛，内视一下自己眼前有一幅红色、黑色、白色、黄色、绿色、蓝色然后又是白色的电影银幕。

看到了吗？哪些颜色你觉得容易想象，哪些颜色你又觉得想象起来比较困难呢？还有，在哪些颜色上你需要用较长的时间？

边看电视边聊天——这两件事情尽管在本质上相似（两者都涉及看和听），可以同时进行，但任何人都不能同时集中精力做这两件事。

请你再想象一下眼前有一个画家，他拿着一支画笔在一张画布上作画。这种想象能帮助你提高对颜色的记忆，如果你多练习几次就知道了。

当你有时间或想放松一下的时候，请经常重复做这一练习。你会发现一次比一次更容易地想象颜色了。当然你可以做做白日梦，从尽可能美好的、正面的图像开始，因为根据经验，正面的事物比较容易记在头脑里。

你可以回忆一下在过去的生活中，一幅让你感觉很美好的画面：例如某个度假日、某种美丽的景色、你喜欢的电影中的某个场面，等等。请你尽可能努力地并且带颜色地内视这个画面，想象把你自己放进去，把这张画面的所有细节都描绘出来。在繁忙的一天中，用几分钟闭上你的眼睛，在脑海里呈现一下这样美好的回忆，如此你必定会感到非常放松。

当然，照相记忆的一个基本前提是你需要把资料转化为清晰、生动的图像。

清晰的图像就是要有足够多的细节，每个细节都要清晰。

比如，要在脑中想象"萝卜"的图像，你的"萝卜"是红的还是白的？叶子是什么颜色的？萝卜是沾满了泥，还是洗得干干净净的呢？

图像轮廓越清楚，细节越清晰，图像在脑中留下的印象就越深刻，越不容易被遗忘。

再举个例子，比如想象"公共汽车"的图像，就要弄清楚你脑海中的公共汽车是崭新的还是又老又旧的？车有多高、多长？车身上有广告吗？车是静止的还是运动的？车上乘客很多很拥挤，还是人比较少宽宽松松？

生动的图像就是要充分利用各种感官——视觉、听觉、触觉、嗅觉、味觉，给图像赋予这些感官可以感受到的特征。

想象萝卜和公共汽车的图像时都用到了视觉效果。

在这两个例子中也可以用到其他几种感官效果。

在创造公共汽车的图像时，也可以想象：公共汽车的笛声是嘶哑还是清亮？如果是老旧的公共汽车，行驶起来是不是有吱呀声？在创造萝卜的图像时，可以想象一下：萝卜皮是光滑的还是粗糙的？生萝卜是不是有种细细幽幽的清香？如果咬一口，又会是一种什么味道呢？

有时候我们也可以用夸张、拟人等各种方法来增加图像的生动性。

比如，"毛巾"的图像，可以这样想象：这条毛巾特别长，可以从地上一直挂到天上；或者，这条毛巾有一套自己的本领：会自动给人擦脸等。

经过上面的几个小训练之后，你关闭的右脑大门或许已经逐渐开启，但要想修炼成"一眼记住全像"的照相记忆，你还必须要进行下面的训练：

1. 一心二用（5分钟）

"一心二用"训练就是锻炼左右手同时画图。拿出两根铅笔。左手画横线，右手画竖线，要两只手同时画。练习1分钟后，两手交换，左手画竖线，右手画横线。1分钟之后，再交换，反复练习，直到画出来的图形完美为止。这个练习能够强烈刺激右脑。

你画出来的图形还令自己满意吗？刚开始的时候画不好是很正常的，不要灰心，随着练习的次数越来越多，你会画得越来越好。

2. 想象训练（5分钟）

我们都有这样的体会，记忆图像比记忆文字花费时间更少，也更不容易忘记。因此，在我们记忆文字时，也可以将其转化为图像，记忆起来就简单得多，记忆效果也更好了。

想象训练就是把目标记忆内容转化为图像，然后在图像与图像间创造动态联系，通过这些联系能很容易地记住目标记忆内容及其顺序。正如本书前面章节所讲，这种联系可以采用夸张、拟人等各种方式，图像细节越具体、清晰越好。但这种想象又不是漫无边际的，必须用一两句话就可以表达，否则就脱离记忆的目的了。

尽可能地促进你的记忆

通过探寻已知的和新的信息的关系，给你想要记住的信息不断灌输含意。对事情作个人判断，会大大增长记事的机会。除了列提纲外，简述、重述、问问题、勾画、表演、讨论等手段也是不错的选择。

如现在有两个水杯、两只蘑菇，请设计一个场景，水杯和蘑菇是场景中的主体，你能想象出这个场景是什么样的吗？越奇特越好。

对于照相记忆，很多人不习惯把资料转化成图像，不过，只要能坚持不懈地训练就可以了。

进入右脑思维模式

我们的大脑主要由左右脑组成，左脑负责语言逻辑及归纳，而右脑主要负责的是图形图像的处理记忆。所以右脑模式就是以图形图像为主导的思维模式。进入右脑模式以后是什么样子呢？

简单来说，就是在不受语言模式干扰的情况下可以更加清晰地感知图像，并忘却时间，而且整个记忆过程会很轻松并且快乐，可以更深层次地感受事物的真相，不需要语言就可以立体、多元化、直观地看到事物发生发展的来龙去脉，关键是可以增加图像记忆和在大脑中直接看到构思的图像。

想使用右脑记忆，人们应该怎样做呢？

由于左右侧的活动与发展通常是不平衡的，往往右侧活动多于左侧活动，因此有必要加强左侧活动，以促进右脑功能。

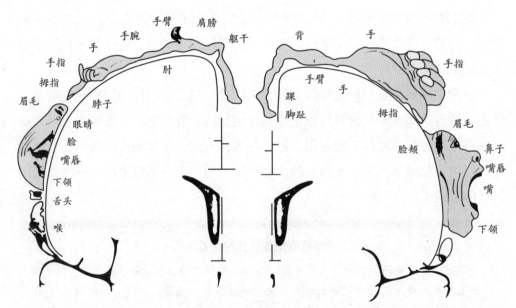

大脑的特定部位与身体的触觉相关联，身体各部位会随着它们传递给大脑的与触觉相关的信息数量的变化而变化。

在日常生活中我们尽可能多使用身体的左侧，也是很重要的。身体左侧多活动，右侧大脑就会发达。右侧大脑的功能增强，人的灵感、想象力就会增加。比如在使用小刀和剪子的时候用用左手，拍照时用左眼，打电话时用左耳。

还可以见缝插针锻炼左手。如果每天得在汽车上度过较长时间，可利用它锻炼身体左侧。如用左手指钩住车把手，或手扶把手，让左脚单脚支撑站立。或将钱放在自己的衣服左口袋，上车后以左手取钱买票。有人设计一种方法：在左手食指和中指上套上一根橡皮筋，使之成为 8 字形，然后用拇指把橡皮筋移套到无名指上，仍使之保持 8 字形。

以此类推，再将橡皮筋套到小指上，如此反复多次，可有效地刺激右脑。此外，有意地让左手干右手习惯做的事，如写字、拿筷、刷牙、梳头等。

这类方法中具有独特价值而值得提倡的还有手指刺激法。苏联著名教育家苏霍姆林斯基说："儿童的智慧在手指头上。"许多人让儿童从小练弹琴、打字、珠算等，这样双手的协调运动，会把大脑皮质中相应的神经细胞的活力激发起来。

还可以采用环球刺激法。尽量活动手指，促进右脑功能，是这类方法的目的。例如，每捏扁一次健身环需要 10 ～ 15 千克握力，5 指捏握时，又能促进对手掌各穴位的刺激、按摩，使脑部供血通畅。

特别是左手捏握，对右脑起激发作用。有人数年坚持"随身带个圈（健身圈），有空就捏转，家中备副球，活动左右手"，确有健脑益智之效。此外，多用左、右手掌转捏核桃，作用也一样。

正如前文所说，使用右脑，全脑的能力随之增加，学习能力也会提高。

你可以尝试着在自己喜欢的书中选出 20 篇感兴趣的文章来，每一篇文章都是能读 2 ～ 5 分钟的，然后下决心开始练习右脑记忆，不间断坚持 3 ～ 5 个月，看看效果如何。

给知识编码，加深记忆

红极一时的电视剧《潜伏》中有这样一段，地下党员余则成为了与组织联系，总是按时收听广播中给"勘探队"的信号，然后一边听一边记下各种数字，再破译成一段话。你一定觉得这样的沟通方式很酷，其实我们也可以用这种方式来学习，这就是编码记忆。

编码记忆是指为了更准确而且快速地记忆，我们可以按照事先编好的数字或其他固定的顺序记忆。编码记忆方法是研究者根据诺贝尔奖获得者美国心理学家斯佩里和麦伊尔斯的"人类左右脑机能分担论"，把人的左脑的逻辑思维与右脑的形象思维相结合的记忆方法。

反过来说，经常用编码记忆法练习，也有利于开发右脑的形象思维。其实早在19世纪时，威廉·斯托克就已经系统地总结了编码记忆法，并编写成了《记忆力》一书，于1881年正式出版。编码记忆法的最基本点，就是编码。

所谓"编码记忆"就是把必须记忆的事情与相应数字相联系并进行记忆。

例如，我们可以把房间的事物编号如下：1——房门、2——地板、3——鞋柜、4——花瓶、5——日历、6——橱柜、7——壁橱。如果说"2"，马上回答"地板"。如果说："3"，马上回答"鞋柜"。这样将各部位的数字号码记住，再与其他应该记忆的事项进行联想。

开始先编10个左右的号码。先对脑子里浮现出的房间物品的形象进行编号。以后只要想起编号，就能马上想起房间内的各种事物，这只需要 5～10 分钟即可记下来。在反复练习过程中，对编码就能清楚地记忆了。

这样的练习进行得较熟练后，再增加10个左右。如果能做几个编码并进行记忆，就可以灵活应用了。你也可以把自

编码记忆举例

0是呼啦圈：

转着想象中的呼啦圈说："让我们一起运动吧！"

1是太阳：

指向天空说："只有1个太阳！"

2是腿：

拍拍你的大腿说："我自己的双腿！"

3是熊：

轻拍它们的头说："3只小熊！"

4是车轮：

想象拿着方向盘说："4轮滚动！"

5是手指：

攥紧一只手说："重要的5个！"

6是气球：

将你的手伸向天空大喊："气球飞起来了！"

7是一周：

看想象中的日历说："很愉快的一周！"

8是一个雪人（形状像一个8）：

开心地说："我们去堆雪人吧！"

9是猫

抚摩一只想象中的猫说："9条命是一段很长的时间！"

10是一个大包装：

指着想象中的大包装说："这么多够用一周了吧！"

己的身体各部位进行编码，这样对提高记忆力非常有效。

作为编码记忆法的基础，如前所述，就是把房间各部位编上号码，这就是记忆的"挂钩"。

请你把下述实例，用联想法联结起来，记忆一下这件事：1——飞机、2——书、3——橘子、4——富士山、5——舞蹈、6——果汁、7——棒球、8——悲伤、9——报纸、10——信。

先把这件事按前述编码法联结起来，再用联想的方法记忆。联想举例如下：

（1）房门和飞机：想象入口处被巨型飞机撞击或撞出火星。

（2）地板和书：想象地板上书在脱鞋。

（3）鞋柜和橘子：想象打开鞋柜后，无数橘子飞出来。

（4）花瓶和富士山：想象花瓶上长出富士山。

（5）日历和舞蹈：想象日历在跳舞。

（6）橱柜和果汁：想象装着果汁的大杯子里放的不是冰块，而是木柜。

（7）壁橱和棒球：想象棒球运动员把壁橱当成防护用具。

（8）画框和悲伤：画框掉下来砸了脑袋，最珍贵的画框摔坏了，因此而伤心流泪。

（9）海报和报纸：想象报纸代替海报贴在墙上。

（10）电视机和信：想象大信封上装有荧光屏，信封变成了电视机。

如按上述方法联想记忆，无论采取什么顺序都能马上回忆出来。

这个方法也能这样进行练习，先在纸上写出 1 ~ 20 的号码，让朋友说出各种事物，你写在号码下面，同时用联想法记忆。然后让朋友随意说出任何一个号码，如果回答正确，画一条线勾掉。

据说，美国的记忆力的权威人士、篮球冠军队的名选手杰利·鲁卡斯，能完全记住曼哈顿地区电话簿上的大约 3 万多家的电话号码。他使用的就是这种"数字编码记忆法"。

第一次世界大战期间代号为 H-21 的著名女间谍哈莉在法国莫尔根将军书房中的秘密金库里，偷拍到了重要的新型坦克设计图。

当时，这位贪恋女色的将军让哈莉到他家里居住，哈莉早弄清了将军的机密文件放在书房的秘密金库里，往往在莫尔根熟睡以后开始活动。但是非常困难的是那锁用的是拨号盘，必须拨对了号码，金库的门才能打开，她想，将军年纪大了，事情又多，近来特别健忘，也许他会把密码记在笔记本或其他什么地方。哈莉经过多次查找都没有找到。

一天夜晚，她用放有安眠药的酒灌醉了莫尔根，蹑手蹑脚地走进书房，金库的门就嵌在一幅油画后面的墙壁上，拨号盘号码是6位数。她从1到9逐一通过组合来转动拨号盘，都没有成功。眼看快要天亮了，她感到有些绝望。

忽然，墙上的挂钟引起了她的注意，她到书房的时间是深夜2时，而挂钟上的指针指的却是9时35分15秒。这很可能就是拨号盘上的秘密号码，否则挂钟为什么不走呢？但是9时35分15秒应为93515，只有5位数。哈莉再想，如果把它译解为21时35分15秒，岂不是213515。她随即按照这6个数字转动拨号盘，金库的门果然开了。

莫尔根年老健忘，利用编码法记忆这6个数字，只要一看到钟上指针的刻度，便能推想出密码，而别人绝不会觉察。可是他的对手是受过专门训练的老手，她以同样的思维识破了机关。这是一个利用编码从事特种工作的故事。

掌握了编码记忆的基本方法后，只要是身边的事物都可以编上号码进行记忆，把记忆内容回忆起来。

用夸张的手法强化印象

开发右脑的方法有很多，荒谬联想记忆法就是其中的一种。我们知道，右脑主要以图像和心像进行思考，荒谬记忆法几乎完全建立在这种工作方式的基础之上，从所要记忆的一个项目尽可能荒谬地联想到其他事物。

古埃及人在《阿德·海莱谬》中有这样一段："我们每天所见到的琐碎的、司空见惯的小事，一般情况下是记不住的。而听到或见到的那些稀奇的、意外的、低级趣味的、丑恶的或惊人的触犯法律的等异乎寻常的事情，却能长期记忆。因此，在我们身边经常听到、见到的事情，平时也不去注意它，然而，在少年时期所发生的一些事却记忆犹新。那些用相同的目光所看到的事物，那些平常的、司空见惯的事很容易从记忆中漏掉，而一反常态、违背常理的事情，却能永远铭记不忘，这是否违背常理呢？"

古埃及人当时并不懂得记忆的规律才有此疑问。其实，在记忆深处对那些荒诞、离奇的事物更为着迷……这就是荒谬记忆法的来源，概括地讲，荒谬联想指的是非自然的联想，在新旧知识之间建立一种牵强附会的联系。这种联系可以是夸张，也可以是谬化。

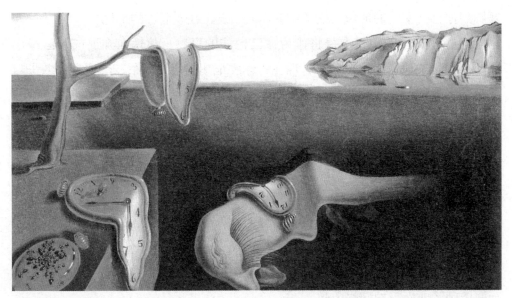

永恒的记忆　达利

　　例如把自己想象成外星人。在这里，夸张，是指把需要记忆的东西进行夸张，或缩小、或放大、或增加、或减少等。谬化，是指想象得越荒谬、越离奇、越可笑，印象越深刻。

　　荒谬记忆法最直接的帮助是你可以用这种记忆法来记住你所学过的英语单词。例如你用这种方法只需要看一遍英语单词，当你一边看这些单词，一边在头脑中进行荒谬的联想时，你会在极短的时间内记住近 20 个单词。

　　例如，记忆"legislate（立法）"这个单词时，可先将该词分解成 leg、is、late 三个字母，然后把"legislate"记成"为腿（leg）立法，总是（is）太迟（late）"。这样荒谬的联想，以后我们就不容易忘记。关于学习科目的记忆方法，我们在后面章节中会提到。在这一节中，我们从最普通的例子说明荒谬联想记忆应如何操作。

　　以下是 20 个项目，只要应用荒谬记忆法，你将能够在一个短得令人吃惊的时间内按顺序记住它们：

地毯　纸张　瓶子　椅子　窗子　电话　香烟　钉子　鞋子　马车　钢笔　盘子
核桃壳　打字机　麦克风　留声机　咖啡壶　砖　床　鱼

　　你要做的第一件事是，在心里想到一张第一个项目的图画"地毯"。你可以把它与你熟悉的事物联系起来。实际上，你要很快就看到任何一种地毯，还要看到你自己家里的地毯，或者想象你的朋友正在卷起你的地毯。

这些你熟悉的项目本身将作为你已记住的事物，你现在知道或者已经记住的事物是"地毯"这个项目。现在，你要记住的事物是第二个项目"纸张"。你必须将地毯与纸张相联想或相联系，联想必须尽可能地荒谬。如想象你家的地毯是纸做的，想象瓶子也是纸做的。

接下来，在床与鱼之间进行联想或将二者结合起来，你可以"看到"一条巨大的鱼睡在你的床上。

现在是鱼和椅子，一条巨大的鱼正坐在一把椅子上，或者一条大鱼被当作一把椅子用，你在钓鱼时正在钓的是椅子，而不是鱼。

椅子与窗子：看见你自己坐在一块玻璃上，而不是在一把椅子上，并感到扎得很痛，或者是你可以看到自己猛力地把椅子扔出关闭着的窗子，在进入下一幅图画之前先看到这幅图画。

窗子与电话：看见你自己在接电话，但是当你将话筒靠近你的耳朵时，你手里拿的不是电话而是一扇窗子；或者是你可以把窗户看成是一个大的电话拨号盘，你必须将拨号盘移开才能朝窗外看，你能看见自己将手伸向一扇窗玻璃去拿起话筒。

电话与香烟：你正在抽一部电话，而不是一支香烟，或者是你将一支大的香烟向耳朵凑过去对着它说话，而不是对着电话筒，或者你可以看见你自己拿起话筒来，100 万根香烟从话筒里飞出来打在你的脸上。

香烟与钉子：你正在抽一颗钉子，或你正把一支香烟而不是一颗钉子钉进墙里。

钉子与打字机：你在将一颗巨大的钉子钉进一台打字机，或者打字机上的所有键都是钉子。当你打字时，它们把你的手刺得很痛。

打字机与鞋子：看见你自己穿着打字机，而不是穿着鞋子，或是你用你的鞋子在打字，你也许想看看一只巨大的带键的鞋子，是如何在上边打字的。

鞋子与麦克风：你穿着麦克风，而不是穿着鞋子，或者你在对着一只巨大的鞋子播音。

麦克风和钢笔：你用一个麦克风，而不是一支钢笔写字，或者你在对一支巨大的钢笔播音和讲话。

钢笔和收音机：你能"看见"100 万支钢笔喷出收音机，或是钢笔正在收音机里表演，或是在大钢笔上有一台收音机，你正在那上面收听节目。

收音机与盘子：把你的收音机看成是你厨房的盘子，或是看成你正在吃收音机里的东西，而不是盘子里的。或者你在吃盘子里的东西，并且当你在吃的时候，听盘子里的节目。

盘子与核桃壳："看见"你自己在咬一个核桃壳，但是它在你的嘴里破裂了，因为那是一个盘子，或者想象用一个巨大的核桃壳盛饭，而不是用一个盘子。

核桃壳与马车：你能看见一个大核桃壳驾驶一辆马车，或者看见你自己正驾驶一个大的核桃壳，而不是一辆马车。

马车与咖啡壶：一只大的咖啡壶正驾驶一辆小马车，或者你正驾驶一把巨大的咖啡壶，而不是一辆小马车，你可以想象你的马车在炉子上，咖啡在里边过滤。

咖啡壶和砖块：看见你自己从一块砖中，而不是一把咖啡壶中倒出热气腾腾的咖啡，或者看见砖块，而不是咖啡从咖啡壶的壶嘴涌出。

这就对了！如果你的确在心中"看"了这些心视图画，你再按从"地毯"到"砖块"的顺序记20个项目就不会有问题了。当然，要多次解释这点比简简单单照这样做花的时间多得多。在进入下一个项目之前，只能用很短的时间再审视每一幅通过精神联想的画面。

这种记忆法的奇妙是，一旦记住了这些荒谬的画面，项目就会在你的脑海中留下深刻的印象。

造就非凡记忆力

成功学大师拿破仑·希尔说，每个人都有巨大的创造力，关键在于你自己是否知道这一点。

在当今各国，创造力备受重视，被认为是跨世纪人才必备的素质之一。什么是创造力？创造力是个体对已有知识经验加工改造，从而找到解决问题的新途径，以新颖、独特、高效的方式解决问题的能力。人人都有创造力，创造力的强弱制约着、影响着记忆力的强弱，创造力越强，记忆的效率就越高，反之则低。

这是因为要有效记忆就必须要大胆地想象，而生动、夸张的想象需要我们拥有灵活的创造力，如果创造力也得到了很大的锻炼，记忆力自然会随着提升。

创造力有以下 3 个特征：

变通性

思维能随机应变，举一反三，不易受功能固着等心理定式的干扰，因此能产生超常的构想，提出新观念。

流畅性

反应既快又多，能够在较短的时间内表达出较多的观念。

独特性

对事物具有不寻常的独特见解。

我们可以通过以下几种方法激发创造力，从而增强记忆力：

问题激发原则

有些人经常接触大量的信息，但并没有把所接触的信息都存储在大脑里，这是因为他们的头脑里没有预置着要搞清或有待解决的问题。如果头脑里装着问题，大脑就处于非常敏感的状态，一旦接触信息，就会从中把对解决问题可能有用的信息抓住不放，从而加大了有效信息的输入量，这就是问题激发。

使信息活化

信息活化就是指这一信息越能同其他更多的信息进行联结，这一信息的活性就越强。储存在大脑里的信息活性越强，在思考过程中，就越容易将其进行重新联结和组合。促使信息有活性的主要措施有：

（1）打破原有信息之间的关联性；

（2）充分挖掘信息可能表现出的各种性质；

（3）尝试着将某一信息同其他信息建立各种联系。

信息触发

人脑是一个非常庞大而复杂的神经网络，每一次的信息存储、调用、加工、联结、组合，都促使这种神经在一定程度上发生了变化。变化的结果使得原来不太畅通的神经通道变得畅通一些，本来没有发生联结的神经细胞突触联结了起来，这样一来，神经网络就变得复杂，神经元之间的联系就更广泛，大

学会乐于接受各种新创意

为了激活我们的创造力，我们一定要摆脱一些守旧观念的束缚，永远不要说"不可能""办不到""没有用"之类的话。另外，我们还要有实验精神，自己可以去尝试接受新的餐馆、新的书籍、新的创意以及新的朋友，或者采取跟以前不同的上班路线。

不管你有多么聪明，你都要跳出来尽可能客观地看待自己的设想。多征求别人的意见，听听别人的看法，对出色的设想认真对待，适时地加以修正，使之趋于完善。最终，你往往会得出更新更好的见解。

脑也就更好使。

同时，当某些神经元受信息的刺激后，它会以电冲动的形式向四周传递，引起与之相联结的神经元的兴奋和冲动，这种连锁反应，在脑皮质里形成了大面积的活动区域。

可见，"人只有在大量的、高档的信息传递场中，才能使自己的智力获得形成、发展和被开发利用"。经常不断地用各种各样的信息去刺激大脑，促进创造性思维的发展和提高，这就是信息触发原理。

总之，创造力不同于智力，创造力包含了许多智力因素。一个创造力强的人，必须是一个善于打破记忆常规的人，并且是一个有着丰富的想象力、敏锐的观察力、深刻的思考力的人。而所有这些特质，都是提升记忆力所必需的，毋庸置疑，创造力已经成为创造非凡记忆力的本源和根基。

对于如何激活自己的创造力，你可以加上自己的思考，试着画出一幅个性思维导图来。

神奇比喻，降低理解难度

比喻记忆法就是运用修辞中的比喻方法，使抽象的事物转化成具体的事物，从而符合右脑的形象记忆能力，达到提高记忆效率的目的。人们写文章、说话时总爱打比方，因为生动贴切的比喻不但能使语言和内容显得新鲜有趣，而且能引发人们的联想和思索，并且容易加深记忆。

比喻与记忆密切相关，那些新颖贴切的比喻容易纳入人们已有的知识结构，使被描述的材料给人留下难以忘怀的印象。其作用主要表现在以下几个方面：

1. 变未知为已知

例如，孟繁兴在《地震与地震考古》中讲到地球内部结构时曾以"鸡蛋"作比："地球内部大致分为地壳、地幔和地核三大部分。整个地球，打个比方，它就像一个鸡蛋，地壳好比是鸡蛋壳，地幔好比是蛋白，地核好比是蛋黄。"这样，把那些尚未了解的知识与已有的知识经验联系起来，人们便容易理解和掌握。

再如沿海地区刮台风，内地绝大多数人只是耳闻，未曾目睹，而读了诗人郭小川的诗歌《战台风》后，便有身临其境之感。"烟雾迷茫，好像十万发炮弹同时炸林园；黑云乱翻，好像十万只乌鸦同时抢麦田"；"风声凄厉，仿佛一群群狂徒呼天抢地咒人间；雷声呜咽，仿佛一群群恶狼狂嚎猛吼闹青山"；"大雨哗哗，犹如千百个地主老爷一齐挥皮鞭；雷电闪闪，犹如千百个衙役腿子一齐抖锁链"。

这些比喻，把许多人未能体验过的特有的自然现象活灵活现地表达出来，开阔了人们的眼界，同时也深化了记忆。

2. 变平淡为生动

例如朱自清在《荷塘月色》中写到花儿的美时这么说："层层的叶子中间，零星地点缀着些白花，有袅娜地开着的，有羞涩地打着朵儿的，正如粒粒的明珠，又如碧天里的星星。"

有些事物如果平铺直叙，大家会觉得平淡无味，而恰当地运用比喻，往往会使平淡的事物生动起来，使人们兴奋和激动。

一张图片胜过1000个单词

最早验证视觉想象如何作用于记忆的是英国人类学家弗兰西斯·高尔顿。高尔顿是查尔斯·达尔文的堂弟，他为人类做出了一些意义重大的贡献，包括著名的优生学、现代气象图技术和指纹鉴定的导入。当高尔顿开始对视觉想象产生兴趣后，他做了一项关于100人的问卷调查，请被调查者运用心理成像法来回忆他们早餐时的细节。

结果很有意思：或许是俗语所断言的——一张图片胜过1000个单词。高尔顿发现能够回忆自己经历的人，通过构建心理图像形成了丰富的描述性叙述；那些回忆较少的人仅形成了模糊的印象；而那些记忆空白的人根本没有任何印象。通过这个简单却有说服力的实验，高尔顿推测视觉想象对于记忆是非常重要的；而那些拥有最好记忆力的人能够恢复大量储存于大脑中的印象和感情。

3. 变深奥为浅显

东汉学者王充说："何以为辩，喻深以浅。何以为智，喻难以易。"就是说应该用浅显的话来说明深奥的道理，用易懂的事例来说明难懂的问题。

运用比喻，还可以帮助我们很快记住枯燥的概念公式。例如，有人讲述生物学中的自由结合规律时，用篮球赛来作比喻加以说明：赛球时，同队队员必须相互分离，不能互跟。这好比同源染色体上的等位基因，在形成 F1 配子时，伴随着同源染色体分开而相互分离，体现了分离规律。赛球时，两队队员之间，可以随机自由跟人。这又好比 F1 配子形成基因类型时，位于非同源染色体上的非等位基因之间，则机会均等地自由组合，即体现了自由组合规律。篮球赛人所共知，把枯燥的公式比作篮球赛，自然就容易记住了。

4. 变抽象为具体

将抽象事物比作具体事物可以加深记忆效果。如地理课上的气旋可以比成水中旋涡。某老师在教聋哑学校学生计算机时，用比喻来介绍"文件名"、"目录"、"路径"等概念，将"文件"和"文件名"形象地比作练习本和在练习本封面上写姓名、科目等；把文字输入称为"做作业"。各年级老师办公室就像是"目录"；如果学校是"根目录"的话，校长要查看作业，先到办公室通知教师，教师到教室通知学生，学生出示相应的作业，这样的顺序就是"路径"。这样的形象比喻，会使学生觉得所学的内容形象、生动，从而增强记忆效果。

又如，唐代诗人贺知章的《咏柳》诗：

碧玉妆成一树高，万条垂下绿丝绦。
不知细叶谁裁出，二月春风似剪刀。

春风的形象并不鲜明，可是把它比作剪刀就具体形象了。使人马上领悟到柳树碧、柳枝绿、柳叶细，都是春风的功劳。于是，这首诗便记住了。

运用比喻记忆法，实际上是增加了一条类比联想的线索，它能够帮助我们打开记忆的大门。但是，应该注意的是，比喻要形象贴切，浅显易懂，这样才便于记忆。

图中是鸭子还是兔子？如果被试者从未见过，鸭—兔实验的效果就最好。为什么不尝试让朋友们看看此图，看他们是怎么解释的呢？

另类思维创造记忆天才

"零"是什么，是一个很有趣味性的创造性思维开发训练活动。"零"或"0"是尽人皆知的一种最简单的文字符号。这里，除了数字表意功能以外，请你发挥创造性想象力，静心苦想一番，看看"0"到底是什么，你一共能想出多少种，想得越多越好，一般不应少于30种。

为了使你能尽快地进入角色，现作如下提示：有人说这是零，有人说这是脑袋，有人说这是地球，有人说这是宇宙。几何教师说"是圆"，英语老师说"是英文字母O"，化学老师讲"是氧元素符号"，美术老师讲"画的是一个蛋"。幼儿园的小朋友们认为"是面包圈""是铁环""是项链""是孙悟空头上的金箍""是杯子""是叔叔脸上的小麻坑"……

另类思维就是能对事物做出多种多样的解释。

之所以说另类思维创造记忆天才，是因为所谓"天才"的思维方式和普通人的传统思维方式是不同的。一般记忆天才的思维主要有以下几个方面：

思维的多角度

记忆天才往往会发现某个他人没有采取过的新角度。这样培养了他的观察力和想象力，同时也能培养思维能力。通过对事物多角度的观察，在对问题认识的不断深入中，就记住了要记住的内容。

大画家达·芬奇认为，为了获得有关某个问题的构成的知识，首先要学会如何从许多不同的角度重新构建这个问题，他觉得，他看待某个问题的第一种角度太偏向于自己看待事物的通常方式，他就会不停地从一个角度转向另一个角度，重新构建这个问题。他对问题的理解和记忆就随着视角的每一次转换而逐渐加深。

善用形象思维

伽利略用图表形象地体现出自己的思想，从而在科学上取得了革命性的突破。天才们一旦具备了某种起码的文字能力，似乎就会在视觉和空间方面形成某种技能，使他们得以通过不同途径灵活地展现知识。当爱因斯坦对一个问题做过全面的思考后，他往往会发现，用尽可能多的方式（包括图表）表达思考对象是必要的。他的思想是非常直观的，他运用直观和空间的方式思考，而不用沿着纯数学和文字的推理方式思考。爱因斯坦认为，文字和数字在他的思维过程中发挥的作用并不重要。

天才设法在事物之间建立联系

如果说天才身上突出体现了一种特殊的思想风格，那就是把不同的对象放在一起进行比较的能力。这种在没有关联的事物之间建立关联的能力使他们能很快记住别人记不住的东西。德国化学家弗里德里·凯库勒梦到一条蛇咬住自己的尾巴，从而联想到苯分子的环状结构。

天才善于比喻

亚里士多德把比喻看作天才的一个标志。他认为，那些能够在两种不同类事物之间发现相似之处并把它们联系起来的人具有特殊的才能。如果相异的东西从某种角度看上去确实是相似的，那么，它们从其他角度看上去可能也是相似的。这种思维能力加快了记忆的速度。

创造性思维

我们的思维方式通常是复制性的，即，以过去遇到的相似问题为基础。

相比之下，天才的思维则是创造性的。遇到问题的时候，他们会问："能有多少种方式看待这个问题？""怎么反思这些方法？""有多少种解决问题的方法？"他们常常能对问题提出多种解决方法，而有些方法是非传统的，甚至可能是奇特的。

运用创造性思维，你就会找到尽可能多的可供选择的记忆方法。

诺贝尔奖获得者理查德·费因曼在遇到难题的时候总会萌发出新的思考方法。他觉得，自己成为天才的秘密就是不理会过去的思想家们如何思考问题，而是创造出新的思考方法。你如果不理会过去的人如何记忆，而是创造新的记忆方法，那你总有一天也会成为记忆天才。

左右脑并用创造记忆的神奇效果

左右脑分工理论告诉我们，运用左脑，过于理性；运用右脑，又容易流于滥情。从 IQ（学习智能指数）到 EQ（心的智能指数），便是左脑型教育沿革的结果；而将"超个人"这种所谓的超常现象，由心理学的层面转向学术方面的研究，更代表了人们有意再度探索全脑能力的决心。

若能持续地进行右脑训练，进而将左脑与右脑好好地、平衡地加以开发，则记忆就有了双管齐下的可能：由右脑承担形象思维的任务，左脑承担逻辑思维的重任，左右脑协调，以全脑来控制记忆过程，自然会取得出人意料的高效率。

发挥大脑右半球记忆和储存形象材料的功能，使大脑左右两半球在记忆时，都共同发挥作用，使大脑主动去运用它本身所独有的"右脑记忆形象材料

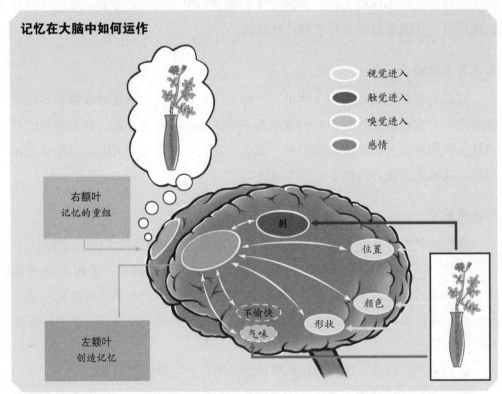

事物或场景的不同方面被保存在特定的大脑区域，记忆痕迹之间通过神经元网络相互连接。为了回忆起某一事物或场景，大脑将通过右额叶重新激活相关的神经元网络。

的效果远远好于左脑记忆抽象材料的效果"这一规律。这样实践的效果，理所当然地会使人的记忆效率事半功倍，实现提升记忆力的目的。

另据生理学家研究发现，除了左右半脑在功能上存在巨大差异外，大脑皮质在机能上也有精细分工，各部位不仅各有专职，并有互补合作、相辅相成的作用。

由于长期以来，人们对智力的片面运用以及不良的用脑习惯，不仅造成了大脑部分功能负担过重，学习和记忆能力下降，而且由此影响了思维的发展。

为了扭转这种局面，就需要运用全脑开动，左右脑并用。

1. 使左右半脑交叉活动

交叉记忆是指记忆过程中，有意识地交叉变换记忆内容，特别是交叉记忆那些侧重于形象思维与侧重于抽象逻辑思维的不同质的学习材料，以使大脑较全面发挥作用。记忆中，还可以利用一些相辅相成的手段使大脑两半球同时开展活动。

2. 进行全脑锻炼

全脑锻炼是指在记忆中，要注意使大脑得到全面锻炼。大脑皮质在机能上有精细的分工，但其功能的发挥和提高还要靠后天的刺激和锻炼。由于大脑皮质上有多种机能中枢，要使这些中枢的机能都发展到较高水平，就应在用脑时注意使大脑得到全面的锻炼。

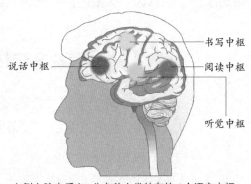

左侧大脑皮质上，分布着人类特有的4个语言中枢。

比如在记忆语言时，由于大脑皮质有 4 个有关语言的中枢——说话中枢、书写中枢、听觉中枢和阅读中枢，所以为了使这些中枢的机能都得到锻炼，就应当在记忆时把说、写、听、读这几种方式结合起来，或同时进行这几种方式的记忆。

我们以学习语言为例，说明如何左右脑并用。为了学会一门语言，一方面必须掌握足够的词汇，另一方面，必须能自动地把单词组成句子。词汇和句子都必须机械记忆，如果你的记忆变成推理性的或逻辑性的记忆，你就失去了讲一种外语所必需的流畅，进行阅读时，成了一字一字地翻译了。这种翻译式的分析阅读是左脑的功能，结果是越读越慢，理解也就更难，全靠死记住某个外语单词相应的汉语单词是什么来分析。

发挥左右脑功能并用的办法学语言是用语言思维，例如，学英语单词"bed"时，应该在头脑中浮现出"床"的形象来，而不是去记"床"这个字。为什么学习本国语言容易呢？因为你从小学习就是从实物形象入手，说到"暖水瓶"，谁都会立刻想起暖水瓶的形象来，而不是浮现出"暖水瓶"3个字形来，说到动作你就会浮现出相应的动作来，所以学得容易。我们学习外语时，如能让文字变成图画，在你眼前浮现出形象来——这就让右脑起作用了。每个句子给你一个整体的形象，根据这个形象，通过上下文来判别，理解就更透了。

教育学、心理学领域的很多研究结果也显示，充分利用左右脑来处理多种信息对学习才是最有效的。

关于左右脑并用，保加利亚的教育家洛扎诺夫创造的被称为"超级记忆法"的记忆方法最具有代表性。这种方法的表现形式中最引人入胜的步骤之一，是在记忆外语的同时，播放与记忆内容毫无关系的动听的音乐。洛扎诺夫解释说，听音乐要用右脑，右脑是管形象思维的，学语言用左脑，左脑是管逻辑思维的。他认为，大脑的两半球并用比只用一半要好得多。

快速提升记忆的 9 大法则

在学习过程中，每一个学习者都会面临记忆的难题，在这里，我们介绍了一个记忆 9 大法则，以便帮助我们更好地提高记忆力，获得学习高分。

记忆的 9 大法则如下：

神经图像表明，西姆·伯罕除了利用程序记忆外，还利用了情景记忆来实现对几乎无限量的数字和字母的记忆。

1. 利用情景进行记忆

人的记忆有很多种，而且在各个年龄段所使用的记忆方法也不一样，具体说来，大人擅长的是"情景记忆"，而青少年则是"机械记忆"。

比如每次在考试复习前，采取临阵磨枪、死记硬背的同学很多。其中有一些同学，在小学或初中时学习成绩非常好，但一进了高中成绩就一落千丈。这并不是由于记忆力下降了，而是随着年龄的增长，擅长的记忆种类发生了变化，依赖死记硬背是行不通了。

2. 利用联想进行记忆

联想是大脑的基本思维方式，一旦你知道了这个奥秘，并知道如何使用它，那么，你的记忆能力就会得到很大的提高。

我们的大脑中有上千亿个神经细胞，这些神经细胞与其他神经细胞连接在一起，组成了一个非常复杂而精密的神经回路。包含在这个回路内的神经细胞的接触点达到 1000 万亿个。突触的结合又形成了各种各样的神经回路，记忆就被储存在神经回路中，这些突触经过长期的牢固结合，传递效率将会提高，使人具有很强的记忆力。

3. 运用视觉和听觉进行记忆

每个人都有适合自己的记忆方法。视觉记忆力是指对来自视觉通道的信息的输入、编码、存储和提取，即个体对视觉经验的识记、保持和再现的能力。

视觉记忆力对我们的思维、理解和记忆都有极大的帮助。如果一个人视觉记忆力不佳，就会极大地影响他的学习效果。

相对视觉而言，听觉更加有效。由耳朵将听到的声音传到大脑知觉神经，再传到记忆中枢，这在记忆学领域中叫"延时反馈效应"。比如，只看过歌词就想记下来是非常困难的，但要是配合节奏唱的话，就很快能够记下来，比起视觉的记忆，听觉的记忆更容易留在心中。

4. 使用讲解记忆

为了使我们记住的东西更深，我们可以把自己记住的东西讲给身边的人听，这是一种比视觉和听觉更有效的记忆方法。

但同时要注意，如果自己没有清楚地理解，就不能很好地向别人解释，也就很难能深刻地记下来。所以首先理解你要记忆的内容很关键。

5. 保证充足的睡眠

我们的大脑很有意思，它也必须需要充足的睡眠才能保持更好的记忆力。有关实验证明，比起彻夜用功、废寝忘食，睡眠更能保持记忆。睡眠能保持记忆，防止遗忘，主要原因是在睡眠中，大脑会对刚接收的信息进行归纳、整理、编码、存储，同时睡眠期间进入大脑的外界刺激显著减少，我们应该抓紧睡前的宝贵时间，学习和记忆那些比较重要的材料。不过，既不应睡得太晚，更不能把书本当作催眠曲。

有些学习者在考试前进行突击复习，通宵不眠，更是得不偿失。

6. 及时有效地复习

有一句谚语叫"重复乃记忆之母"，只要复习，就会很好地记住需要记住的东西。不过，有些人不论重复多少遍都记不住要记住的东西，这跟记忆的方法有关，只要改变一下方法就会获得另一种效果。

7. 避免紧张状态

不少人都会有这种经历，突然要求在很多人面前发表讲话，或者之前已经做了一些准备，但开口讲话时还是会紧张，甚至突然忘记自己要讲解的内容。虽然说适度的紧张会提高记忆力，但是过度紧张的话，记忆就不能很好地发挥作用。

所以，我们在平时应该多训练自己当众演讲，以减少紧张的次数。

8. 利用求知欲记忆

有人认为，随着年龄的增长，我们的记忆力会逐渐减退，其实，这是一种错误的认识。记忆力之所以会减退，与本人对事物的热情减弱，失去了对未知事物的求知欲有很大的关系。

对一个善于学习的人来说，记忆时最重要的是要有理解事物背后的道理和规律的兴趣。一个有求知欲的人即便上了年纪，他的记忆力也不会衰退，反而会更加旺盛。

9. 持续不断地进行记忆努力

要想提高自己的记忆力，需要不断地锻炼和练习，进行有意识地记忆。比如可以对身边的事物进行有意识的提问，多问几个"为什么"，从而加深印象，提升记忆能力。

在熟悉了记忆的9大法则后，我们就可以根据自己的情况做出提高记忆力的思维导图了。

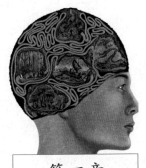

第四章

引爆记忆潜能

你的记忆潜能开发了多少

俄国有一位著名的记忆家，他能记得 15 年前发生过的事情，他甚至能精确到事情发生的某日某时某刻。你也许会说"他真是个记忆天才"！其实，心理学家鲁利亚曾用数年时间研究他，发现他的大脑与正常人没有什么两样，不同的只是他从小学会了熟记发生在身边的事情的方法而已。

每个人读到这里都会觉得不可思议。其实，人脑记忆是大有潜力可挖的。你也可以向这位记忆家一样，而这绝对不是信口开河。

现代心理学研究证明，人脑由 140 亿个左右的神经细胞构成，每个细胞有 1000 ~ 10000 万个突触，其记忆的容量可以收容一生之中接收到的所有信息。即便如此，在人生命将尽之时，大脑还有记忆其他信息的"空地"。一个正常人头脑的储藏量是美国国会图书馆全部藏书的 50 倍，而此馆藏书量是 1000 万册。

人人都有如此巨大的记忆潜力，

一般情况下，人类的记忆容量很难估量。但最近一项关于大脑的研究证明了专家们一直以来所断定的：我们大脑的容量远远超出自己的想象。

而我们却整天为误以为自己"先天不足"而长吁短叹、怨天尤人，如果你不相信自己有这样的记忆潜力的话，你可以做下面的实验来证明。

请准备好钟表、纸、笔，然后记忆下面的一段数字（30位）和一串词语（要求按照原文顺序），直到能够完全记住为止。写下记忆过程中重复的次数和所花的时间等。4小时之后，再回忆默写一次（注意：在此之前不能进行任何形式的复习），然后填写这次的重复次数和所花的时间。

数字：109912857246392465702591436807

词语：恐惧 马车 轮船 瀑布 熊掌 武术 监狱 日食 石油 泰山

学习所用的时间：

重复的次数：

默写出错率：

此时的时间：

4小时后默写出错率：

现在再按同样的形式记忆下面的两组内容，统计出有关数据，但必须使用提示中的方法来记忆。

数字：187105341279826587663890278643

[提示：使用谐音的方法给每个数字确定一个代码字，连成一个故事。故事大意：你原来很胆小，服了一种神奇的药后，大病痊愈，从此胆大如斗，连杀鸡这样的"大事"也不怕了，一刀砍下去，一只矮脚鸡应声而倒。为了庆祝，你和爸爸，还有你的一位朋友，来到酒吧。你的父亲饮了63瓶啤酒，大醉而归。走时带了两个西瓜回去，由于大醉，全都丢光了。现在，你正给你的这位朋友讲这件事，你说："一把奇药（1871），令吾杀死一矮鸡（0534127），酒吧（98），尔来（26），吾爸吃了63啤酒（58766389），拎两西瓜（0278），流失散（643）。"]

词语：火车 黄河 岩石 鱼翅 体操 惊讶 煤炭 茅屋 流星 汽车

[提示：把10个词语用一个故事串起来，请在读故事时一定要像看电视剧一样在脑中映出这个故事描述的画面来。故事如下：一列飞速行驶的"火车"在经过"黄河"大桥时，撞在"岩石"上，脱轨落入河中，河里的"鱼"受惊

之后展"翅"飞出水面，纷纷落在岸上，活蹦乱跳，像在做"体操"似的。人们目睹此景大为"惊讶"，驻足围观。有几个聪明人拿来"煤炭"，支起炉灶来煮鱼吃。煤不够了就从"茅屋"上扒下干草来烧。鱼刚煮好，不料，一颗"流星"从天而降砸在炉上。陨石有座小山那么大，上面有个洞，洞中开出一辆"汽车"来，也许是外星人的桑塔纳吧。]

学习所用的时间：

重复的次数：

默写出错率：

此时的时间：

4小时后默写出错率：

通过比较两次学习的效果，可以看出：使用后面提示中的记忆方法来记忆时，时间短，记忆准确，效果持久。

其实，许多行之有效的记忆训练方法还鲜为人知，本书就将为你介绍很多有效的训练方法。如果你能掌握并运用好其中的一个方法，你的记忆就会被强化，一部分潜能也就会被开发出来而产生很可观的实际效果；如果你能全面地掌握并运用好这些训练方法，使它们在相互协同中产生增值效应，那么你的记忆力就会有惊人的长进，近于无穷的潜能也会释放出来。多数人自我感觉记忆不良，大都是记忆方法不当所造成的。

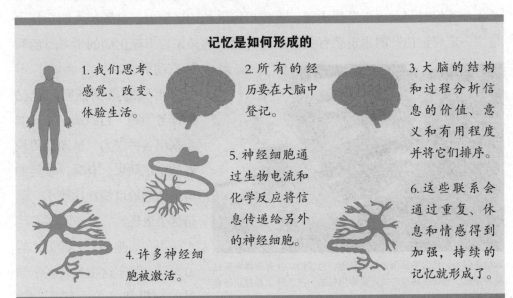

记忆是如何形成的

1. 我们思考、感觉、改变、体验生活。

2. 所有的经历要在大脑中登记。

3. 大脑的结构和过程分析信息的价值、意义和有用程度并将它们排序。

4. 许多神经细胞被激活。

5. 神经细胞通过生物电流和化学反应将信息传递给另外的神经细胞。

6. 这些联系会通过重复、休息和情感得到加强，持续的记忆就形成了。

所以，我们要相信自己的大脑，它就犹如照相底片，等待着信息之光闪现；又如同浩瀚的汪洋，接纳川流不息的记忆之"水"——无"水"满之患；还好像没有引爆的核材料，一旦引爆，它会将蕴藏的超越其他材料万亿倍的核热潜能释放出来，让你轻而易举地腾飞，铸就辉煌，造福人类和自己。

当然，值得注意的是，虽然记忆大有潜力可挖，但是也不要滥用大脑。因为脑是一个有限的装置——记忆的容量不是无限的，一瞥的记忆量很有限。过频地使用某些部位的脑神经细胞，时间一久，还会出现功能降减性病变（主症是效率突减），脑细胞在中年就不断地死亡而数量不断地减少，其功能也由此而衰退……

故此，不要"锥刺骨，头悬梁"地去记忆那些过了时的、杂七杂八、无关紧要、结构松散、毫无生气、可用笔记以及其他手段帮助大脑记忆的信息。

明确记忆意图，增强记忆效果

美国心理学家威廉·詹姆斯说："天才的本质，在于懂得哪些是可以忽略的。"

很多人可能都有这样的体会：课堂提问前和考试之前看书，记忆效果比较好，这主要是因为他们记忆的目的明确，知道自己该记什么，到什么时候记住，并知道非记住不可。这种非记住不可的紧迫感，会极大地提高记忆力。

原南京工学院讲师韦钰到德国进修，靠着原来自修德语的一点基础，仅用了4个月的时间就攻下了德语关，表现出惊人的记忆能力。这种惊人的记忆力与"一定要记住"的紧迫感有关，而这种紧迫感又来自韦钰正确的学习目的和研究动机。

动机在保持记忆力中扮演着关键角色。为了持久并有规律地实践某种活动，无论是游戏性的还是实用性的，在选择上都应该符合自己的兴趣中心。

韦钰的事例证明，记忆的任务明确，目的端正，就能发掘出各种潜力，从而取得较好的记忆效果。有时，重要的事情遗忘的可能性比较小，就是这个道理。

不少人抱怨自己的记忆能力太差，其实这主要是在于学习的动机和目的不端正，学习缺乏强大的动力，不善于给自己提出具体的学习任务，因此在学习时，就没有"一定要记住"的紧迫感，注意力就不容易集中，使得记忆效果很差。

反之，有了"一定要记住"的认识，又有了"一定能记住"的信心，记忆的效果一定会好的。

基于以上原因，我们在记忆之前应给自己提出识记的任务和要求。例如，在读文章之前，预

与广为流传的错误观点相反，演员不一定是用心强记的冠军。为了记忆角色，他们更侧重于分析，并且尝试融入所要扮演的人物之中。

先提出要复述故事的要求；去动物园之前，要记住哪些动物的外形、动作及神态，回来后把它们画出来，贴在墙壁上。这就调动了在进行这些活动中观察、注意、记忆的积极性。

另外，光有目的还不行，如很多人在考试之前，花了很多时间记忆学习，但考试之后，他努力背的那些知识很快就忘记了，因此，记忆时提出的目的还应该是长远的、有意义的、有价值的、有一定难度的。

记忆目标是由记忆目的决定的。要确定记忆目标，首先要明确记忆的目的，即为了什么去进行记忆，然后根据记忆目的确定具体的记忆任务，并安排好记忆进程。对于较复杂的、需要较长时间来进行记忆的对象来说，应把制定长远目标和制定短期目标相结合，把长远目标分成若干不同的短期目标，通过跨越一个个短期目标去实现长远目标。

明确记忆目标，主要不是一个记忆的技巧问题，而是人的记忆动机、态度、意志的问题。在强大的动机支配下，用认真的态度和坚强的意志去记忆，这就是明确记忆目标的实质。我们懂得记忆的意义后，便会对记忆产生积极的态度。

确定记忆意图还要注意以下两个方面：

要注意记忆的顺序

例如，记公式时首先要理解公式的本质，而后通过公式推导来记住它，再运用图形来记住公式，最后是通过做类型题反复应用公式，来强化记忆。有了

这样一个记忆顺序，就一定会牢记这些数学公式。

记忆目标要切实可行

在记忆学习中，确立的目标不仅应高远，还要切实可行。因为只有切实的目标才真正会激发人们为之奋斗的热情，才使人有信心、有把握地把目标变为现实。

总之，要使自己真正成为记忆高手，成为记忆方面的天才，你首先要做的就是要有一个明确的记忆意图。

记忆强弱直接决定成绩好坏

记忆力直接影响我们的学习能力，没有记忆，学习就无法进行。英国哲学家培根说过，一切知识，不过是记忆。记忆方法和其中的技巧，是学生提高学习效率、提升学习成绩的关键因素，没有记忆提供的知识储备，没有掌握记忆的科学方法，学习不可能有高效率。现在学生的学习任务繁重，各种考试应接不暇，如果记不住知识，学习成绩可想而知，一考试头脑就一片空白，考试只能以失败告终。

如果我们把学习当作是一场漫长的征途，那么记忆就像是你的交通工具，交通工具的速度直接关系到你学习成绩的好坏，即它将直接决定你学习效率的高低。俗话说得好，牛车走了1年的路程，还比不上飞船1小时走得远。在竞争日益激烈的今天，谁先开发记忆的潜力，谁就成为将来的强者。

实验证明，让学生自己控制学习的节奏有助于提高教学效率。

美国心理学家梅耶研究认为，学习者在外界刺激的作用下，首先产生注意，通过注意来选择与当前的学习任务有关的信息，忽视其他无关刺激，同时激活长时记忆中的相关的原有知识。新输入的信息进入短时记忆后，学习者找出新信息中所包含的各种内在联系，并与激活的原有的信息相联系。最后，被理解了的新知识进入长时记忆中储存起来。

在特定的条件下，学习者激活、提取有关信息，通过外在的反应作用于环境。简言之，新信息被学习者注意后，进入短时记忆，同时激活的长时记忆中的相关信息也进入短时记忆。新旧信息相互作用，产生新的意义并储存于长时记忆系统，或者产生外在的反应。

具体地说，记忆在学习中的作用主要有以下几点：

1. 学习新知识离不开记忆

学习知识总是由浅入深，由简单到复杂，是循序渐进的。我们说，在学习新知识前，应该先复习旧知识，就是因为只有新旧知识相联系，才能更有效地记住新知识。忘记了有关的"旧"知识，却想学好新知识，那就如同想在空中建楼一样可笑。如果学习高中"电学"时，初中"电学"中的知识全都忘记了，那么高中的"电学"就很难学习下去。一位捷克教育家说："一切后教的知识都根据先教的知识。"可见，记住先教的知识对继续学习有多么重要。

2. 记忆是思考的前提

面对问题，引起思考，力求加以解决，可是一旦离开了记忆，思考就无法进行，问题也自然解决不了。假如在做求证三角形全等的习题时，却把三角形全等的判定公理或定理给忘了，那就无法进行解题的思考。人们常说，概念是思维的细胞，有时思考不下去的原因是由于思考时把需要使用的概念和原理遗忘了。经过查找或请教又重新回忆起来之后，中断的思考过程就可以继续下去了。宋代学者张载说过："不记则思不起。"这句话是很有道理的。如果感知过的事物不能在头脑中保存和再现，思维的"加工"也就成了无源之水、无米之炊了。

3. 记忆好有助于提高学习效率

记忆力强的人，头脑中都会有一个知识的贮存库。在新的学习活动中，当需要某些知识时，则可随时取用，从而保证了新知识的学习和思考的迅速进行，节省了大量查找、复习、重新理解的时间，使学习的效率大大提高。

一个善于学习的人在阅读或写作时，很少翻查字典，做习题时，也很少翻书查找原理、定律、公式等，因为这些知识已牢牢地贮存在他的大脑中了，而

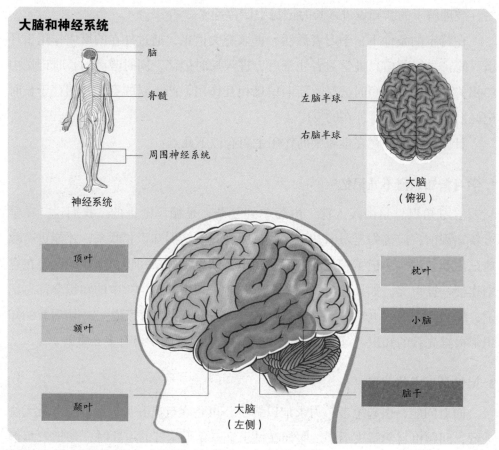

大脑和神经系统

脑

脊髓

周围神经系统

神经系统

左脑半球

右脑半球

大脑
（俯视）

顶叶

枕叶

额叶

小脑

颞叶

脑干

大脑
（左侧）

中枢神经系统由脊髓和脑组成，大脑的每个部分都与一个确定的功能相结合。

且可以随时取用。

　　不少人解题速度快的秘密在于，他们把常用的运算结果，常用的化学方程式的系数等已熟记在头脑中，因此，在解题时就不必在这些简单的运算上费时间了，从而可以把时间更多地用在思考问题上。由于记得牢固而准确，所以也就大大减少了临时运算造成的差错。

　　许多学习成绩差的人就是由于记忆缺乏所造成的。有科学研究表明，学习成绩差一些的人在记忆时会遇到两种问题：第一，与学习成绩优良的学生相比，学习成绩差一些的人在记忆任务上有困难。第二，学习成绩差一些的学生的记忆问题可能是由于不能恰当地使用记忆策略。

　　尽管记忆是每个人所具有的一种学习能力，但科学有效的记忆方法并不是每一个学习者都能掌握的。一些学习者会根据课程的学习目的和要求，选择重点、选择难点，然后根据记忆对象的实际情况运用一些记忆方法进行科学记忆，并在自己的学习活动中总结出适合自己学习特点的方法，巩固学习效果，达到学有所成，学有所用。

寻找记忆好坏的衡量标准

人人需要记忆，人人都在记忆，那么怎样衡量记忆的好坏呢？心理学家认为，一个人记忆的好坏，应以记忆的敏捷性、持久性、正确性和备用性为指标进行综合考察。

1. 敏捷性

记忆的敏捷性体现记忆速度的快慢，指个人在单位时间内能够记住的知识量，或者说记住一定的知识所需要的时间量。著名桥梁学家茅以升的记忆相当敏捷，小时候看爷爷抄古文《东都赋》，爷爷刚抄完，他就能背出全文。若要检验一个人记忆的敏捷性，最好的方法就是记住自己背一段文章所需的时间。

2. 持久性

记忆的持久性是指记住的事物所保持时间的长短。不同的人记不同的事物

只有不断充实自己，不断学习，我们才能保持思想的灵活性。

时，其记忆的持久性是不同的。东汉末年杰出的女诗人蔡文姬能凭记忆回想出400多篇珍贵的古代文献。

3. 正确性

记忆的正确性是指对原来记忆内容的性质的保持。如果记忆的差错太多，不仅记忆的东西失去价值，而且还会有坏处。

4. 备用性

记忆的备用性是指能够根据自己的需要，从记忆中迅速而准确地提取所需要的信息。大脑好比是个"仓库"，记忆的备用性就是要求人们善于对"仓库"中储存的东西提取自如。有些人虽然记忆了很多知识，但却不能根据需要去随意提取，以至于为了回答一个小问题，需要背诵不少东西才能得到正确的答案。就像一个杂乱无章的仓库，需要提货时，保管员手忙脚乱，一时无法找到一样。

记忆指标的这4个方面是相互联系的，也是缺一不可的。忽视记忆指标的任何一个方面都是片面的。记忆的敏捷性是提高记忆效率的先决条件。只有记得快，才能获得大量的知识。

记忆的持久性是记忆力良好的一个重要表现。只有记得牢，才可能用得上。记忆的正确性是记忆的生命。只有记得准，记忆的信息才能有价值，否则记忆的其他指标也就相应地贬值了。记忆的备用性也是很重要的。有了记忆的备用性，才会有智慧的灵活性，才能有随机应变的本领。

衡量一个人记忆的好坏除了上面这4个指标外，记忆的广度也是记忆的一个重要的衡量标准。记忆的广度是指群体记忆对象在脑中造成一次印象以后能够正确复现的数量。

譬如，先在黑板或纸板上写出一些词语：钢笔、书本、大海、太阳、飞鸟、学生、红旗等，用心看过一遍后，再进行复述，复述的词语越多，记忆的广度指标就越高。测量一个人记忆的广度，典型的方法就是复述数字：先在纸上写出一串数字，看一遍后，接着复述，有人能说出8位数字，有人能说出12位，有人则只能说清4~5位，一般人能复述8~9位。说得越多，当然越好，但这只代表记忆的一个指标量。

总之，衡量记忆的好坏，应该综合考量，而不应该强调某方面或忽视某方面。

掌握记忆规律，突破制约瓶颈

减负一直以来都是一个热门话题，虽然减少课业量是一种减负方法，但掌握记忆规律，按记忆规律学习应该是一种更好的办法。

掌握记忆规律和法则就能更高效地学习，这对于青少年是十分重要的。记忆与大脑十分复杂，但并不神秘，了解他们的工作流程就能更好地加强自身学习潜质。

人的大脑是一个记忆的

要想拥有良好的记忆力，我们需要主动寻求突破制约记忆的瓶颈，把不可能变为可能，如果遇到困难就认输，无疑是将自己困在牢笼中，永远不能成功。

宝库，人脑经历过的事物，思考过的问题，体验过的情感和情绪，练习过的动作，都可以成为人们记忆的内容。例如英文学习中的单词、短语和句子，甚至文章的内容都是通过记忆完成的。从"记"到"忆"是有个过程的，这其中包括了识记、保持、再认和回忆4个过程。

所谓识记，分为识和记两个方面。先识后记，识中有记。所谓保持，是指将已经识记过的材料，有条理地保存在大脑之中。再认，是指识记过的材料，再次出现在面前时，能够认识它们。重现，是指在大脑中重新出现对识记材料的印象。这几个环节缺一不可。在学习活动中只要进行有意识的训练，掌握记忆规律和方法，就能改善和提高记忆力。

对于一些学习者来说，对各科知识中的一些基本概念、定律以及其他工具性的基础知识的记忆，更是必不可少。因此，我们在学习过程中，既要进行知识的传授，又要注意对自己记忆能力的培养。掌握一定的记忆规律和记忆方法，养成科学记忆的习惯，就能提高学生的学习效率。

记忆有很多规律，如前面我们提到的艾宾浩斯遗忘曲线就是其中一个很重要的规律，我们可以根据这种规律进行及时适当的复习，以使我们的记忆得以保持。

同时，也不可以一次记忆太多的东西，这就关系到记忆的广度规律。记忆力的广度性，是指对于一些很长的记忆材料第一次呈现给你，你能正确地记住多少。记住的越多，你的记忆力的广度性就越好。记忆的广度越来越大，记忆的难度就越来越大。如果你能记住的数字长度越长，你的记忆力的广度性就越好。

美国心理学家 G. 米勒通过测定得出一般成人的短时记忆平均值。米勒发现：人的记忆广度平均数为7，即大多数人一次最多只能记忆7个独立的"块"，因此数字"7"被人们称为"魔数之七"。我们利用这一规律，将短时记忆量控制在7个之内，从而科学使用大脑，使记忆稳步推进。

综上所述，记忆与其他一切心理活动一样是有规律的。我们应积极遵循记忆规律，使用科学的记忆方法去进行识记，从而不断提高自己的学习效率，增强学习的兴趣。

改善思维习惯，打破思维定式

思维定式就是一种思维模式，是头脑所习惯使用的一系列工具和程序的总和。

一般来说，思维定式具有两个特点：一是它的形式化结构，二是它的强大惯性。

思维定式是一种纯"形式化"的东西，就是说，它是空洞无物的模型。只有当被思考的对象填充进来以后，只有当实际的思维过程发生以后，才会显示出思维定式的存在，没有现实的思维过程，也就无所谓思维的定式。

思维定式的第二个特点是，它具有无比强大的惯性。这种惯性表现在两个方面：一是新定式的建立，二是旧定式的消亡。有时，人的某种思维定式的建立要经过长期的过程，而一旦建立之后，它就能够"不假思索"地支配人们的思维过程、心理态度乃至实践行为，具有很强的稳固性甚至顽固性。

人一旦形成了习惯的思维定式，就会习惯地顺着定式的思维思考问题，不愿也不会转个方向、换个角度想问题，这是很多人都有的一种愚顽的"难治之症"。

比如看魔术表演，不是魔术师有什么特别高明之处，而是我们的思维过于因袭习惯之式，想不开，想不通。比如人从扎紧的袋里奇迹般地出来了，我们总习惯于想他怎么能从布袋扎紧的上端出来，而不会去想布袋下面可以做文章，下面可以装拉链。

人一旦形成某种思维定式，必然会对记忆力产生极大的影响。因为，思维定式使学生以较固定的方式去记忆，思维定式不仅会阻碍学生采用新方法记忆，还会大大影响记忆的准确性，不利于记忆效果和学习成绩的提高，例如，很多人都认为学习时听音乐会影响学习效果，什么都记不住，可事实上，有研究表明，选好音乐能够开发右脑，从而提高学习记忆效率。因此，青少年在学习记忆的过程中，应有意识地打破自己的思维定式。

那么，如何突破思维定式呢？我们可从以下几个方面入手：

1. 突破书本定式

有位拳师，熟读拳法，与人谈论拳术滔滔不绝，拳师打人，也确实战无不胜，可他就是打不过自己的老婆。拳师的老婆是一位不知拳法为何物的家庭妇女，但每每打起来，总能将拳师打得抱头鼠窜。

有人问拳师："您的功夫都到哪里去了？"

拳师恨恨地说："这个死婆娘，每次与我打架，总不按路数出招，害得我的拳法都没有派上用场！"

拳师精通拳术，战无不胜，可碰到不按套路出招的老婆时，却一筹莫展。

"熟读拳法"是好事，但拳法是死的，如果盲目运用书本知识，一切从书本出发，以书本为纲，脱离实际，这种由书本知识形成的思维定式反而使拳师遭到失败。

"知识就是力量。"但如果是死读书，只限于从教科书的观点和立场出发去观察问题，不仅不能给人以力量，反而会抹杀我们的创新能力。所以学习知识的同时，应保持思想的灵活性，注重学习基本原理而不是死记一些规则，这样知识才会有用。

2. 突破经验定式

在科学史上有着重大突破的人，几乎都不是当时的名家，而是学问不多、经验不足的年轻人，因为他们的大脑拥有无限的想象力和创造力，什么都敢想，什么都敢做。下面的这些人就是最好的例证：

爱因斯坦 26 岁提出狭义相对论；

贝尔 29 岁发明电话；

西门子 19 岁发明电镀术；

巴斯噶 16 岁写成关于圆锥曲线的名著……

3. 突破视角定式

法国著名歌唱家玛迪梅普莱有一个美丽的私人林园，每到周末总会有人到她的林园摘花、拾蘑菇、野营、野餐，弄得林园一片狼藉，肮脏不堪。管家让人围上篱笆，竖上"私人园林，禁止入内"的木牌，均无济于事。玛迪梅普莱得知后，在路口立了一些大牌子，上面醒目地写着："请注意！如果在林中被毒蛇咬伤，最近的医院距此 15 千米，驾车约半小时方可到达。"从此，再也没有人闯入她的林园。

这就是变换视角，变堵塞为疏导，果然轻而易举地达到了目的。

4. 突破方向定式

萧伯纳（英国讽刺戏剧作家）很瘦，一次他参加一个宴会，一位大腹便便的资本家挖苦他："萧伯纳先生，一见到您，我就知道世界上正在闹饥荒！"萧伯纳不仅不生气，反而笑着说："哦，先生，我一见到你，就知道闹饥荒的原因了。"

"司马光砸缸"的故事也说明了同样的道理。常规的救人方法是从水缸上将人拉出，即让人离开水。而司马光急中生智，用石砸缸，使水流出缸中，即水离开人，这就是逆向思维。逆向思维就是将自然现象、物理变化、化学变化进行反向思考，如此往往能出现创新。

运用以退为进的迂回思维方式，有时能使难题迎刃而解。

5. 突破维度定式

只有突破思维定式，你才能把所要记忆的内容拓展开来，与其他知识相联系，从而提高记忆效率。

有自信，才有提升记忆的可能

自信，在任何时候都十分重要。古人行军打仗，讲求一个"势"字，讲求军队的士气、斗志，如果上自统帅，下至走卒都有一股雄心霸气，相信自己会在战斗中取胜，那么，他们就会斗志昂扬。

图为小女孩学拉小提琴。在开始学琴时，她必须有意地拉奏每一个音符。随着自信和技能的增加，她的许多动作逐渐变得很自然，进而无须再加以思考。

最重要的是，这样的"自信之师"是绝不会被轻易击垮的。有无自信，往往在一开始就注定了该事的成败。记忆也离不开自信，因为它是意识的活动，它的作用明显地取决于人的心理状况。这是因为人在处理事情时思维是分层的，由下到上包括环境层、行为层、能力层、信念层、身份层，很多事情的焦点是在身份上的。两个人做一件事效果可以千差万别，这是因为他们对自己的身份定位决定了一切。

人的行为可以改变环境，而获得能力可以改变行为模式，但如果没有信念，就不容易获得能力。记忆力属于能力层，如果要做改变，就要从根本上改变身份和信念。在这个层次塔中，上面的往往容易解决下面的问题，如果能力出现问题，从态度上改变，能力的改变就会持久。如果不能从信念上根本改变，即使学会了记忆方法，也会慢慢淡忘不用。

一名研究人类记忆力的教授曾说："一开始的时候，对于要记忆的东西，我自信能记住。然而不久我就发现，事实并非如此。我总是试图记住所有的资料，但从未如愿过，甚至能牢记不忘的部分也越来越少了。这时，我就不由得产生了怀疑：我的记忆力是不是不够好呢？我是不是只能记住一丁点儿的东西而不是全部呢？能力受到怀疑时，自信心自然也就受到创伤，态度便不再那么积极了。再次记忆的时候对记不记得住、能记得住多少，就没什么底了，抱着能记多少就记多少的态度，结果呢？记住的东西更少了，准确度也差了。而且见了稍多要记忆的东西就害怕，记忆的效果自然就越来越差。没了自信，就没了那一股气。兴趣没有了，斗志没有了，记忆时似散兵游勇般弄得对自己越来越没自信。不相信自己能记住，往往就注定了你记不住。"

那么，这股自信应该建立在怎样的基础上呢？它要怎样培养并保持下去呢？关键就在于如何在记忆活动中用自信这股动力来加速记忆。

某位心理学专家说："自信往往取决于记忆的状况，取决于东西记住了多少。如果每次都能高质量地完成，自信心就会受到鼓舞而得到增强，并在以后发挥积极作用；反之，自信心就会逐渐减弱，甚至最后信心全无。"

因此，树立记忆自信的关键就在于：决心要记住它，并真正有效地记住它。

培养兴趣是提升记忆的基石

德国文学家歌德说："哪里没有兴趣，哪里就没有记忆。"这是很有道理的。兴趣使人的大脑皮质形成兴奋优势中心，能进入记忆最佳状态，调动大脑两个半球所有的内在潜力，充分发挥自己的创造力与记忆的潜能。所以说，"兴趣是最好的老师"。

达尔文在自传中写道："就我在学校时期的性格来说，其中对我后来发生影响的，就是我有强烈而多样的兴趣，沉溺于自己感兴趣的东西，深入了解任何复杂的问题。"

达尔文的事例说明，兴趣是最好的学习记忆动力。我们做任何事情，都需要一定的兴趣，没有兴趣去做，自然就很难做好。记忆有时候是一件很乏味甚至很辛苦的事，如果没有学习兴趣，不但很难坚持下去，而且其效果也必然会大打折扣。

兴趣可以让你集中注意力，暂时抛开身边的一切，忘情投入；兴趣能激发你思考的积极性，而且经过积极思考的东西能在大脑中留下思考的痕迹，容易记住；兴趣也能使你情绪高涨，可以激发脑肽的释放，而生理学家则认为，脑肽是记忆学习的关键物质。

英国戏剧大师莎士比亚天生就迷恋戏剧，对演戏充满了兴趣。他博闻强识，很快就掌握了丰富的戏剧知识。有一次，一个演员病了，剧院的老板就让他去当替补，莎士比亚一听，乐坏了，他用了不到半天的时间，就把台词全背了下来，演得比那个演员还好。

德国大音乐家门德尔松，在他 17 岁那年，曾经去听贝多芬第九交响曲的首次公演。等音乐会结束，回到家里以后，他立刻写出了全曲的乐谱，这件事震惊了当时的音乐界。虽然我们现在对贝多芬的第九交响曲早已耳熟能详，可在当时，首次聆听之后，就能记忆全曲的乐谱，实在是一件不可思议的事。

门德尔松为什么会这么神奇？原因就在于他对音乐的深深热爱。

兴趣促进了记忆的成功，记忆上的成功又会提高学习兴趣，这便是良性循环；反之，对某个学科厌烦，记忆必定失败，记忆的失败又加重了对这一学科的厌烦感，形成恶性循环。所以善于学习的人，应该是善于培养自己学习兴趣的人。

那么，如何才能对记忆保持浓厚的兴趣呢？以下几种建议，我们不妨去试一试：

（1）多问自己"为什么"；

（2）肯定自己在学习上取得的每一点进步；

（3）根据自己的能力，适当地参加学习竞赛；

（4）自信是增加学习兴趣的动力，所以一定要相信自己的能力；

（5）不只是去做感兴趣的事，而要以感兴趣的态度去做一切该做的事。

不仅如此，我们还要在学习和生活中积极地去发现、创造乐趣。

如果你想知道苹果好不好吃，就不能单凭主观印象，而应耐着性子细

德国著名音乐家门德尔松纪念碑。门德尔松在首次聆听贝多芬的演奏之后，就能记住全曲的乐谱，实在是一件不可思议的事。

细品尝，学习的时候也一样。背英文单词，你会觉得枯燥无味，但是坚持下去，当你能试着把课本上的中文翻译成英语，或结结巴巴地用英语同外国人对话时，你对它就会有兴趣了。

在跟同学辩论的时候，时而引用古人的一句诗词，时而引用一句名言，老师的赞赏和同学们的羡慕，会使你对读书越来越有兴趣。

我们还可以借助想象力创造兴趣，把枯燥的学习材料变得好玩又好记。

观察力是强化记忆的前提

我们都有这么一个经验，当我们用一个锥子在金属片上打眼时，劲使得越大，眼就钻得越深。

记忆的道理也是如此，印象越深刻，记得就越牢固。深刻的事件、深刻的教训，通常都带有难以抹去的印痕。如你看到一架飞机坠毁，这当然是记忆深刻的；又如你因大意轻信了某人，被骗去最心爱的东西，这也容易记得深刻。

但生活中许多事情并不是这样，它本身并没有什么动人的场面和跌宕的变化，我们要想从主观上获得强烈的印象，就要靠细致地观察。

观察能力是大脑多种智力活动的一个基础能力，它是记忆和思维的基础，对于记忆有着决定性的意义。因为记忆的第一阶段必须要有感性认识，而只有强烈的印象才能加深这种感性认识。眼睛接受信息时，就要把它印在脑海里。对于同一幅景物，婴儿的眼和成人的眼看来都是一样的，一个普通人及一个专家眼中所视的客体也是一样的，但引起的感觉却是大相径庭的。

达尔文曾对自己做过这样的评论："我既没有突出的理解力，也没有过人的机智。只是在觉察那些稍纵即逝的事物并对其进行精细观察的能力上，我可能在众人之上。"

达尔文之所以取得如此大的成就，是因为他有着超强的精细观察能力。

我们应该向达尔文学习，不管记忆最终会产生什么效果，前提是一定要仔细地观察，只有这样做才能在脑海中形成深刻的印象。而认真观察的先决条件，就是必须有强烈的目的。

我们观察某一事物时，常常由于每个人的思考方式不同，每个人观察的态度与方法及侧重点也不同，观察结果自然也不同，这又使最后记忆的结果不同。

在日常生活中，你可以经常做一些小的练习训练你的观察力，譬如读完一篇文章后，把自己读到的情节试着记录下来，用自己的语言将其中的场面描绘一番。这样你就可以测试自己是否能把最主要的部分准确地记录下来，从而在一定程度上锻炼自己的观察力，这种训练可以称之为"描述性"训练。为达到更好的训练效果，我们应该在平时处处留心，比如每天会碰到各种各样的人，当你见到一个很特别的人之后，不妨在心里描绘那人的特点。

或者，在吃午饭时我们仔细地观察盘子，然后闭上眼睛放松一会儿，我们就能运用记忆再复制的能力在内心里看到这个盘子。一旦我们在内心里看到了它，就睁开眼睛，把"精神"的盘子和实际的盘子进行比较，然后我们再闭上眼睛修正这个图像，用几秒钟的时间想象，然后确定下来，那么就能立刻校正你在想象中可能不准确的地方。

在训练自己的观察力时，我们还要谨记以下几点：

（1）不要只对刚刚能意识到的一些因素发生反应，因为事物的组成是复杂的，有时恰恰是那些不易被人注意的弱成分起着主导作用。如果一个人太过拘泥于事物的某些显著的外部因素，观察就会被表象所迷惑，深入不下去。

（2）不要只是对无关的一些线索产生反应，这样会把观察、思维引入歧途。

（3）不要为自己喜爱或不喜爱之类的情感因素所支配。与自己的爱好、兴趣相一致的，就努力去观察，非要搞个水落石出不可；反之，则弃置一旁。这样使人的观察带有很大的片面性。

（4）不要受某些权威的、现成的结论的影响，以至于我们不敢越雷池半步，甚至人云亦云。这种观察毫无作用。

想象力是引爆记忆潜能的魔法

为什么说想象力是引爆记忆潜能的魔法呢？

这是因为，客观事物之间有着千丝万缕的联系。如果我们通过想象把反映事物间的那种联系和人们已有的知识经验联系起来，就会增强记忆。可以说，一个人的想象力与记忆力之间具有很大的相关性。如果一个人的想象力非常活

想象力是人在已有形象的基础上，在头脑中创造出新形象的能力，拥有极强的想象力便于更好地记忆。如果让你两分钟记住图片的具体内容，那么，你如果依靠想象力的话就会迅速地将其记住。

跃，那么他往往很容易具备强大的记忆力，即良好的记忆力往往与强大的想象力联系在一起。

而想象通常与具体的形象联系在一起。比如，爱的象征是一颗心，和平的象征是鸽子，等等。

在记忆中，我们经常会碰到这样的情况：由于某样要记的东西对自己没有多大的实际意义，因此，也就没有什么兴趣去理解，此时只有靠死记硬背了，如电话号码、某个难读的地名译音。而死记硬背的效果是有限的，这时，你不妨运用一下想象力。

柏拉图这样说过："记忆好的秘诀就是根据我们想记住的各种资料来进行各种各样的想象……"

想象无须合乎情理与逻辑，哪怕是牵强附会，对你的记忆只要有作用，都可以运用。比如你要记住你所遇到的某人的名字，那么，也可用此法。

爱迪生的朋友在电话中告诉他电话号码是24361，爱迪生立刻记住了。原来他发现这是由两打加19的平方组成的，所以一下子就记住了。当然这种联想要有广博的知识作为基础。

当我们有意锻炼自己的想象力时，不要担心自己大胆的甚至是愚蠢的想象，更不要怕因此而招来的一些讽刺，最重要的是要让这些形象在脑中清清楚楚地呈现，尽力把动的图像与不同的事物联系起来。想象力不但可以使我们将记忆的知识充分调动起来，进行综合，产生新的思维活动，而且只要经常运用想象力，你的记忆力就会得到很大的改善，知识也比以前记得更牢固。

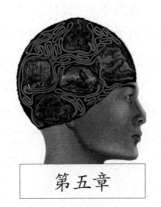

第五章

练就快速记忆技巧

图表记忆法

图表是人们常用的一种处理信息的方式，它包括图示和列表等形式。图表记忆法就是指用图表的形式对记忆材料进行加工和处理，以达到增强记忆效果的方法。

人们记忆信息的时候，需要对信息进行整合及分类，这样才能最有效地记忆。但是，很多的信息都是零碎的、复杂的，人们根本不可能一目了然地迅速分清信息之间的关系，这就导致人们不能快速对信息进行分类和整合，很容易混淆信息，对记忆活动造成很大的困难。图表记忆法恰好解决了这样的问题，它能够迅速整合零碎的信息，让信息看起来更加清晰、一目了然，使记忆活动变得更加方便和轻松。

利用图表的方式处理信息有三个好处：第一，亲手制作图表的过程，本身就是对信息的一种理解和思考，能让人对信息有一个最初的印象，这样信息会更容易保存在大脑中，更有利于记忆；第二，通过图表展示出来的信息，会更加条理化和明确化，能让复杂的信息变得一目了然，对大脑造成强烈清晰地刺激，使人们产生一种难以忘记的印象；第三，图表既可以缩减记忆材料的体积，又可以扩大记忆材料的容量，是一种行之有效的记忆方法。

图表的特点是简单明了、整齐划一、容易理解、容易分析、容易比较，因此信息被归纳到图表中之后，有助于人们记忆。在日常生活中，图表其实无处不在，比如人们在上学时必不可少的课程表和值日生表。试想一下，如果没有课程表，学生和老师怎么可能知道要上什么课呢？如果没有人知道该上什么课，就会出现混乱的情况。如果没有值日生表，那班级的日常卫生谁去打扫呢？难道要靠学生的自觉？还是说要老师每天都进行安排？这些情况都会造成一些问题，因此最好的办法还是列出一个值日生表，避免各种问题的发生。再比如，人们经常用到的日历，应该也算是一种图表。日历中包含着很多信息，包括今天公历是哪一天、农历是哪一天、是什么节日、是什么节气等，这些信息放在一起，人们看起来就一目了然。如果单独拿出一个日期，人们就可能搞不清楚其他的信息，比如问人们公历 12 月 16 日是农历的哪一天，如果不看日历，相信绝大多数的人都回答不出来。

图表的主要作用是处理信息，在日常的工作和学习中，主要用到的图表形式有三种，分别是一览表、比较表和相互关系表。

一览表的主要作用，是让复杂或零散的信息看起来更简便，理解起来更容易。一览表的主要制作方法，是把复杂的信息或散见于不同地方的信息，归纳集合到一起，通过图表的形式把这些信息反映出来。它主要用于从整体上介绍某些事物，比如你向别人介绍一辆汽车，就可以把汽车的各种数据制成一个图表。

比较表的主要作用，是帮助人们准确找出信息之间的相同点和不同点。比较表的主要制作方法，是把相同类别、相似类别的那些相似和极易混淆的信息内容集合到一起，并且对这些信息进行归纳、整理和比较，找出信息之间的相同点和不同点，然后制作成图表。它主

日程表使儿童的生活有序地进行。在这里，孩子们的日程表被串联起来并挂在他们各自书架的边上。这些日程表由词汇和图片组成，因此孩子们很容易就能把它们认出来。

要用于直观表现事物之间的相同点和不同点，比如人们想知道几种电脑的不同点，就可以通过比较表来表现。

相互关系表的主要作用，是展示不同信息之间的关系，包括影响和制约等，使信息更加条理化和明朗化，便于记忆。相互关系表的制作方法，是找到信息之间相互影响、相互制约、因果关系、先后关系、并列关系等关系，按照这些关系把信息制作成图表。它主要用于表现不同事物之间的关系和联系，比如说房子和砖块、水泥之间的联系。

当然，图表的形式并不只是包括这三种，还有很多种形式。并且，各种图表形式的样式也并不是固定的。在人们用图表的形式处理信息时，选择什么样的图表并不是固定的，即使是相同的信息，也可以选择不同的图表形式，这些需要人们根据自己的习惯以及信息的内容进行选择，但是尽量选择自己最熟悉的和处理信息最方便的图表形式。

图表存在的目的，是为了让信息变得简单明了，因此人们在绘制图表时也要注意，不要把图表制作得特别复杂，一定要简单，否则无法达到简化处理信息的效果。在制作图表时，线条和文字都应该力求简洁，争取让人一看就能理解图表所表达的主要内容。如果能够在图表中加入一些自己的思考，就更能加深记忆效果。

形象记忆法

形象感知是记忆的根本。形象记忆法就是通过对信息和一些具体形象之间的联想，来帮助人们记忆信息的办法，它是形象联想原则的实际应用。形象记忆法能够核实人们要记住的每件事物。

想要了解形象记忆法，必须先要清楚什么是形象记忆。形象记忆的主要内容，是人们自己感知过的事物的具体形象。比如说我们想要记住一个人，就需要记住这个人的具体形象，包括容貌、仪态；想要记住一种水果，就需记住水果的颜色、形状、味道等。注意，必须记住一些具体直观的形象，才能够记住这些事物。形象记忆是随着人们形象思维的发展而发展的，和形象思维有着十分密切的联系。形象记忆以视觉形象和听觉形象为主，当然，由于人们从事的职业不同，一些特殊职业的人，在嗅觉等其他方面的形象记忆，也能够达到一定的高度。

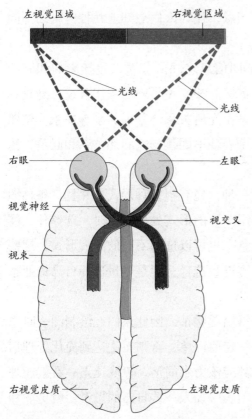

左视觉区域的图像被传递给右脑，右视觉区域的图像被传递给左脑。视觉皮质对这些图像进行诠释、修正。

形象记忆主要是针对一些抽象的记忆材料和事物，它也是一种常用的记忆方法。当然，用形象记忆的方法去记忆抽象的信息，有很重要的一个前提条件，那就是把抽象的信息形象化。

形象化是指把记忆材料和事物，同人们能够看到的图像联系起来，把复杂的记忆材料和事物转化成图片或者图表的形式。一般来说，具体的图像比抽象的观点和理念更不容易忘记，就像我们听别人说一个人和我们真正见过一个人，产生的印象是不同的道理一样，我们对自己用眼睛看到过的人印象会更深刻。

事实上，这里所说的形象记忆法，主要应用于记忆抽象的记忆材料。这种方法主要有三个好处：第一，让人们在记忆事物和信息时更有秩序，避免因为混乱和毫无章法的记忆，造成人力和物力上的损失，比如因为没有记住某个地点而造成的东奔西跑的情况，会导致金钱和资源的浪费；第二，有助于人们记住一个完整过程的各个阶段，就像是做一件事情第一步要做什么、第二步要做什么等一样；第三，是能够减少自己的担心，很多时候，对某些事情记忆不清楚，会导致人们心绪不宁，比如说人们早晨出门一段时间之后，可能会突然想不起来自己早晨离家的时候，到底有没有关门。这些其实都是一些没必要的担忧，如果在大脑中我们能用形象记忆法记住这些事情，那么当我们需要回忆信息的时候，就只需要回忆大脑中有没有信息的图像，这样就能够免除那些不必要的担心。

形象记忆法的基础是形象联想。要运用形象记忆法，必须要让被记忆的事物在大脑中形成一个清晰的形象。但是，很多时候人们需要记忆的事物并没有具体的形象，这就需要人们发挥想象力，把需要记忆的事物和已经知道的事物形象联系起来。或许有人认为，这种联想必须建立在一定的逻辑关系的基础上，比如太阳，就应该把它联想为一个圆形的事物。但是事实上并不是这样，运用形象记忆法时所进行的联想，完全不用去考虑信息和具体事物的形象之间，是否具有逻辑关系，它不一定是在人们印象中的那种正常的联想，可以是滑稽的，也可以是可笑的，甚至可以是牵强附会的。总之，只要人们联想出来的东西对人们记忆信息有帮助，没有任何形式的限制。

所有的记忆方法、记忆手段和记忆策略，都是为了让人们的记忆不出现漏洞，形象记忆法也是一样。虽然形象记忆法的使用方法很简单，大多数人都可以应用，但是如果在使用时受到一些意外因素的影响，形象记忆法是不能起到帮助人们记忆的效果的。因此，在运用形象记忆法时，有几点重要的注意事项。

第一，形象联想可能是没有任何逻辑关系的，因此对于人们大脑中的那些不合理的、稀奇古怪的、不合逻辑的联想，不应该拒绝和排斥。在现实生活中，一些不符合实际情况和逻辑关系的联想总是会遭到别人的嘲笑，甚至有时候人们自己有这样的联想时，自己都会感觉到可笑，可能还会认为自己很愚蠢。但是在记忆领域内，这样的联想是正常的，它能够提高记忆效率，改善人们的记忆力。

第二，不能随意加速形象联想的过程。俗话说熟能生巧，任何事情做的次数多了，都会变得熟练，速度也会变快。形象联想的次数增加之后，联想的速度同样会变快。但是这种快却并不是人们所需要的。想要让信息变成长时记忆，并不是瞬间就能完成的过程，这其中需要自身的努力和足够的时间，单纯地提高形象联想的速度，并不会起到任何效果，甚至还可能会产生负面的作用。

第三，形象联想附加评论和一些情感上的判断，也能加深记忆。记忆具有个性化的特点，而对形象

上图是 18 世纪弗雷德里克二世创作的《猎鹰训练术》中的一页。封面上大量的彩色插图除了装饰作用外，还有着帮助记忆的功用。

联想附加评论和一些情感上的判断，恰好会使记忆信息变得更富有个性化，更方便记忆。

第四，要有足够的耐心和毅力。人们无论做什么事情，想要取得成功，都需要足够的耐心和毅力，记忆也是一样。如果因为使用了形象记忆法，但是却没有能够记住某些信息，或者因为觉得形象记忆法非常麻烦，就不再选用形象记忆法去记忆信息，那就永远都不可能学会使用形象记忆法。

图像记忆法

图像记忆法是指以联想作为手段，将自身需要记忆的信息，转化成比较夸张、容易引起自己的注意，并且不讲究是否合理的图像，从而加深记忆，提高记忆效率的一种方法。

并不是所有的信息都需要转化之后才能使用图像记忆法，有很多信息，本身就是以图像的形式输入到人们大脑中的，人们之所以能记住这样的信息，就是图像记忆法在起作用。比如在现实生活中，人们总是能够想起一些很多年前的事情，并且每次想起来都像重新经历过一样，非常清晰，这就是因为事件中

目击者对交通事故场景内容的记忆会保持很长时间甚至是一生，那是因为车祸是以图像的形式被记录在记忆当中。

杰恩斯巴切尔先向被试者出示这两张图片中的一张。然后再向他们同时出示两张，并询问他们看过哪一张。这一研究有助于解释心理图像的短时本质。

的各种图像，都深深印在了人们的记忆中。

在整个记忆领域中，图像记忆法有着很高的地位。在人们所进行的各种记忆活动中，很多信息都是依靠图像记忆法，才能最终被人记住。随着人们年龄的增长，语义记忆的能力在逐渐减弱，与之相对应，情景记忆的能力却在逐渐增强，而图像记忆法和人们的情景记忆能力的关系十分密切，所以人们会越来越依赖图像记忆法，来记忆各种记忆材料和信息。

人们发挥自己的想象力进行联想，是图像记忆法一个重要的环节。但是，在使用图像记忆法进行联想时，其自身也有一定的特殊性。

第一，非必要合理性。非必要合理性是指人们在运用图像记忆法时进行的联想，可以不受任何限制，也不需要符合一定的逻辑关系或者实际情况。这样会使人的思维变得更活跃，联想出来的东西也更丰富，对记忆的促进效果更大。这种联想有明显的目的性，主要就是为了帮助人们记忆。为了达到这样的目的，联想内容的合理与否根本不会有任何的影响。

第二，容易相关性。容易相关性是指人们针对记忆主体所进行的联想方式，越适合自己，就越容易记忆。俗话说"鞋合不合适只有脚知道"，人们所进行的联想到底能不能帮助自己记忆，也只有自己知道。因此，在选择联想方式的时候，必须选择最适合自己的方式，这样才能做到最大限度地提高记忆力。另外，记忆本身就是人们自己的东西，人们想要记忆什么样的信息，以及怎么去记忆信息，不需要考虑其他人的感受。既然只需要考虑自己，当然是各个方面都选择最适合自己的，包括联想的方式。

第三，夸张性。夸张性是指人们在使用图像记忆法时所进行的联想，可以进行一定程度的夸张。当然，如果是真的有助于人们记忆，也可以夸张到非常严重的程度。过分夸张可以刺激海马体分泌一种波线，这种波线有利于海马细胞树突上的树突棘的改变。因此，夸张的联想同样有助于人们的记忆。

图像记忆法应用起来非常简单，就是把一些信息联想成一幅完整的图像来帮助人们记忆。比如说人们需要记忆电脑、鲜花、飞机场、窗帘、圆珠笔、东非大裂谷、外国、虚假同感偏差、消失、阿拉巴马这些信息，就可以通过自身的联想，让它们形成一个整体的画面，比如说，可以想象成电脑按着鲜花留下的标示来到了飞机场，派遣窗帘中队来阻止圆珠笔掉进东非大裂谷，但是在外国的上空，受到了虚假同感偏差的袭击，于是中队消失在了阿拉巴马。这样的一个整体画面，人们可以通过其中的一点而想起其他相关的部分，从而达到提高记忆效果的目的。

路线记忆法

路线记忆法是一种强大的、完整的记忆技巧，同时也是一种强大的记忆工具。这种记忆方法主要就是通过将想象、联系和位置结合在一起，从而有效提高人们的记忆力。

路线记忆法最主要的应用是记忆一些地点，前提是必须要有一个非常熟悉的地点和一条准确的路线。这个地点是为了找到一个准确的参照物，这样一方面能够使人准确记住需要记忆的地点，另一方面是能够避免人们忘记已经记忆过的地点，实际上它就是路线记忆法中不可缺少的因素之一——"位置"。准确的路线同样是为了帮助人们准确记住地点，如果路线不准确，那么这个地点也不可能被记住。这条路线其实就是为了让人和这个地点之间，产生足够的联系，避免人们单独记忆地点时的不方便，同时也能帮助人们更准确地回忆这个地点。至于想象的应用，主要存在于人在构思路线和规划地点的时候。发挥想象力，把地点和路线准确地联系起来，提高人们的记忆效率。

那么，到底怎样使用路线记忆法呢？首先需要有一个准确并且熟悉的地点，比如说自己的家里或者是熟悉的某个地方。其次是以这个地点为起点，在大脑中随心所欲地构思出一条路线。这条路线可以是长的，也可以是短的，但是绝对不能脱离人们之前确定的那个地点。最后就是找到这条路线上的某些地点，并且记住这些地点的位置。

在日常生活中，人们经常会为自己的旅游或者是出行做出一些计划，这些计划就是路线记忆法的应用。比如说你要出去旅游，首先就会有一个明确的地点，那就是自己出发的地方。然后你肯定会给自己规划出一条旅游的路线，比如先到哪个地方，后到哪个地方，沿着什么路线走。再之后你会有一些明确想去的旅游地点，任何人都不可能是先走到一个地方再去寻找旅游地点，

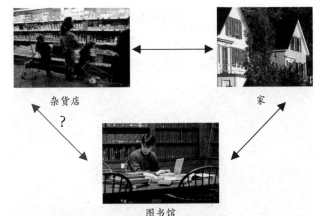

杂货店　　　　　　　　家

图书馆

在有说明的情况下，你知道怎样从家走到杂货店，从图书馆回到家。你能从杂货店指出图书馆的方向吗？如果没有地图的帮助，答案也许是"不能"。

肯定是先有了想去的地点，然后才会出去旅游。最后把想去的地点和自己规划的路线结合起来，按照顺序一个地方一个地方地去，就像电影《人在囧途之泰囧》中王宝强所扮演的角色，把自己去泰国旅游时要去的地方全都写在了一张纸上，就是对路线记忆法的准确应用。

当然，路线记忆法不只是能够帮助人们记忆一些地点，还能帮助人们记忆日常生活中各类信息。比如说人们想要记住某种非常美味的菜肴，但是这种菜肴只有某个饭店能做出来，这时候就可以使用路线记忆法，记住那个饭店，同时也记住这个饭店能做出来这种菜肴，这样下次再想吃的时候，就自然会走到那个饭店去吃。

路线记忆法在实际的应用当中是可以变通的。第一，起点位置可以改变，任何一个人们熟悉的明确地点，都可以当作路线记忆法的起点。第二，路线可以改变，路线的规划本来就不是固定的，根据需要记忆的地点和信息的不同，记忆的路线也要不断改变。同时，由于有些人需要记忆的信息不可能全都出现在一条路线上，因此也可以允许多条路线同时出现，但是这样也有了更严格的要求，一定不能让路线记忆混乱，否则没办法帮助自己记忆。第三，路线上的地点可以改变，很多时候一些地点只是在人们生活中的某个时间段中才能产生作用，这个时间里需要把这个地点记忆清楚，但是一旦过了时间，这个地点就没用了，不需要再记忆了。这时候，它依然出现在人们选定的路线上就显得很多余，没有意义，因此，可以自己在路线上把没用的地点抹去，同时加入其他一些原本没有的但确实是人们需要记忆的地点。

记忆一个大城市的主要路线和景点需要很多努力，同时实地训练也是不可缺少的。

除了这种普通的路线记忆法之外，还有一种方法，能够帮助人们更好地记住一篇文章，并且能够为人们做笔记和注释提供重点和结构，叫作6WH法，这也是一种路线记忆法。这里所说的6WH，是7个英文单词的首字母，分别是Who、What、Where、When、What for、Why、How。在这些单词当中，Who表示的是行动的主语，或者说是一篇文章的主人公；What表示的是文章当中所讲述的故事，它到底是什么样的；Where表示文章中所讲述的故事发生的地点；When表示的是文章中所讲述的故事发生的时间；What for表示的是文章中的主人公做这件事情的目的；Why表示的是文章中所讲述的故事发生的原因；How表示的是文章中主人公在做事情时所使用的方式和方法。

之所以把6WH这种方法也算到路线记忆法中，是因为在阅读一篇文章的

优化购物单

当你每个星期都需要去一个离家较远的超市买1~2次东西时，分类法对你将会很有用。虽然你已经写下了需要买的东西，但是它们杂乱无章。这样一个清单并不是很有用，它会使你在超市里多次来回走动。相反，如果对物品进行合理的分类（肉类、奶制品等），就能节省时间。这样，你不再需要从卖蔬菜的柜台再走回调料品区，因为你发现自己忘了买芥末酱。为了制作这样一个购物单，你可以尝试在脑海中构想从进入超市到收银台你将走的路线。

购物单

水果和蔬菜
橙子、苹果、胡萝卜
奶制品
牛奶、白奶酪
肉类
鸡、牛排
速冻品
比萨饼、冰激凌
不易变质的食品
米、面条、酱油
卫生用品
肥皂、棉签
家务产品
洗涤剂、柔顺剂

时候，只要把 6WH 当作 7 个问题问自己，把阅读文章当作解答的过程，那么人们就能够轻松地理解并且记忆文章的整个内容。也就是说者 6WH 相当于一条路线，只要沿着这条路线走，就能够快速到达终点。

事实上，不单单是阅读文章需要按照 6WH 的方法去进行，人们在平时写文章的时候，同样要按照这个方法去写作。一方面，时间、地点、人物本身就是一篇文章当中不可缺少的三要素，写文章的时候当然不可缺少；同时文章要言之有物，这就要求文章要有一个主题事件，而事件当中就不能缺少起因、经过和结果，因此在写文章的时候这些要素也不可以缺少；再有文章中发生的事件一定要和主人公有一定的关系，否则写出来的文章就会非常混乱。另一方面，按照 6WH 的方法进行写作，也会让人们的写作过程变得非常流畅，能使文章连贯并且方便人们对自己的文章进行组织和安排，保证文章有一个合理的逻辑顺序。

细节观察法

细节观察法是指有意识地抓住或认准事物的某些细节，并且积极地进行观察，从而达到记忆某些事物的目的。一般来说，细节观察得越具体、越细致，人们对事物的记忆就越深刻。

大多数人都应该有这样的体会，自己清楚仔细观察过的事物，记忆会很深刻，相反，走马观花似的看过的事物，则很难清晰地记忆。就像是记一辆汽车，如果它停放着让人们仔细看，那汽车的各个方面肯定都能被记住；如果是汽车从人们的身边飞速行驶过去，只来得及看一眼，那人们除了能够记住汽车行驶起来很快之外，其他的一定全都记不住。

当然，并不是说所有人们仔细观察过的事物，都能够储存到人们的记忆中，有些时候，人们虽然仔细观察过一些事物，却仍然记不住，这是因为人们对它完全没有兴趣。事物是否能储存到人的大脑中，最关键的一点是人们是否对它感兴趣。事实上，使用细节观察法使用的前提，就是人们对事物有一定的兴趣。

那么，为什么人们对感兴趣的事物进行仔细观察后，就能够把它储存到自己的记忆中呢？

第一，仔细观察能让人们对事物认识和理解更深刻。人们对一件事物理解

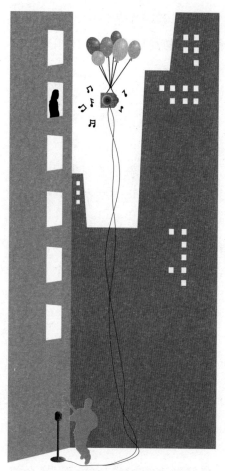

图片可以为小故事增添许多情境。联系图片读故事时，就能记住更多的细节。

越深刻，记忆就越清晰，就像学生学习各种知识一样，对知识理解越透彻，记忆就越深刻，运用的时候也会越轻松。人们观察事物的过程，实际上就是一个对事物进行认知和理解的过程，这个过程越仔细，能观察到的东西就越多，能找出来的信息也就越多，对事物的理解就会越深刻。就像电视中的警察处理各种案件一样，为什么警察要无数次地勘查案发现场，就是为了能够找到对破获案件有帮助的各种信息，很多时候案件的告破，都是因为警察在无数次地观察案发现场之后，发现了有用的信息，才找到真正的罪犯。

另外，人们经过仔细观察，理解了一些信息之后，就能够用自己的语言把信息描述出来，这同样有助于人们记忆信息。比如某些物品的使用说明书，一般说明书都会做得非常仔细，各种各样有用和没用的步骤全部集中在一起，但是有时候这种仔细代表的就是非常乏味，不能引起人们的兴趣，甚至有时候会让人们无法弄清楚。这种时候人们就可以通过仔细观察，找到每个步骤的核心内容或先后次序，把这些东西用自己的语言表述出来。人们对于自己的语言的理解一定是非常透彻的，这样人们就会对整个说明书中重要的内容记忆深刻，长时间都不会忘记。

第二，观察事物的过程，本身就是一个对和事物有关的信息进行编码的过程。编码是各种信息转变成记忆的第一步，人们在观察事物的时候，会得到各种各样的信息，这些信息输入到大脑中后会自动进行编码，并且储存到记忆系统中，最后形成记忆。

第三，仔细观察有助于把事物的信息与人们已有的记忆进行联系，帮助人们记忆。把事物或者是记忆信息和已有的记忆进行联系，是人们记忆的一个重要方式。人们有意识地观察某种事物需要用到的人体器官主要是眼睛，但是，在人们观察事物的过程中，并不是只有眼睛在运动，大脑同样也在进行着各种活动。人们观察事物时所得到的信息，会通过眼睛传输到人们的大脑中，大脑会自动把这些信息和已有的记忆进行联系。观察越仔细，观察时间越长，得到的信息就越多，和大脑中已有记忆的联系也就越多，人们的记忆就越深刻。比如说人们观察一件古代的艺术品，在观察的同时，可以把大脑中已知的艺术品的年代、作者、材料等和其紧密地联系起来，这样人们对这件艺术品的印象一定非常深刻。

细节观察法在现实生活中的应用非常广泛，人们能用它记忆的事物有很多，包括教别人使用某些东西、记忆在商店中看到的某种物品、记忆新认识的朋友、某种物品的介绍、和别人讨论某种物品等。

外部暗示法

外部暗示法是指当人们不能回忆出某些事情时，可以通过外部的一些辅助工具的帮助，或者是外部环境的改变，把不能回忆起来的事情回忆起来；另外，人们在进行记忆活动时，不一定把所有的信息全部都记忆到大脑中，有些信息可以通过外部的辅助工具来帮助人们记忆。总之，外部环境和一些辅助工具的帮助，对人们进行记忆活动有很大的帮助。

把所有的信息都写下来，是一种非常有效的记忆方法。在日常生活中，很多信息非常重要，需要人们仔细记忆。但是人们的大脑容量是有限的，同时接收很多重要的信息，不可能全部记住，如果把所有信息全都用大脑去记忆，很容易会造成大脑疲劳；另外，人们每天虽然看似有很多时间，但是却并不能把所有的时间全部拿出来进行记忆活动，同时大脑也需要休息和补充营养。也就是说，虽然人们每天都需要记忆很多信息，但是却不能全都用大脑去记忆，需要一些外部辅助手段，来帮

对于一些重要的事宜或工作计划，人不可能像电脑记得那样清楚，我们可以利用电脑这样的外部辅助工具为我们服务。

助人们进行记忆活动。如果能够用自己所在的外部环境中的一些工具来帮助和提示自己，那么人们的大脑就可以进行其他的活动或者是休息。事实上，大多数人都会用外部辅助工具，来帮助自己记忆和提示自己回忆。

在日常生活中，最常用的辅助工具是笔记本、日常表和约会簿，人们会把自己需要记忆的一些信息记录在里面，在需要的时候看一下，这就能够帮助人们记住或回忆起这些信息。比如一些工作非常忙碌的人，他们会把每天要做的事情都记录下来，随时翻看，这样就不用再花费时间去记这些事，让自己的大脑去思考其他的事情。

随着科技的发展，电脑、录音机等高科技产品，逐渐成了辅助人们记忆的主要工具。比如说我们在参加会议或者是对别人进行采访时，会在短时间内得到大量有用的信息，但是这些信息我们却不能全部用大脑记住，这时候就可以用录音机把别人说的话全部都录下来，等到事情结束之后再进行整理，避免一些重要信息被遗忘。

辅助工具对人们的记忆活动有很大的帮助。但是这并不能说明辅助工具起到的全是正面作用，有时候，辅助工具也会起到一些不好的作用。

人们在进行记忆活动的时候，不仅能够记住各种信息，还能够充分利用和开发大脑的记忆能力。大脑记忆能力的充分开发，对人们进行各种社会活动，会产生积极的影响。但是如果记忆任何信息都要借助外部辅助工具，那就会阻碍大脑的思想训练，从而阻碍大脑记忆能力的开发，使人们产生一种懒惰的心理和情绪，对人们进行各种社会活动产生消极的影响。同时，对外部辅助工具过分依赖，也容易对个人的独立性产生不利的影响。

外部环境的改变，同样能提醒人们记住某件事情。人们对于自身所生活的外部环境都是非常熟悉的，一旦这个环境中的某一点发生了变化，就会对人们起到一种暗示的作用，提示人们应该去做某些事情了。这种改变其实并不需要多么大的场面，有时候只是一点点微小的改变就能够起到一种很好的提醒作用。比如说人们上班需要带上某些东西，就可以提前把东西拿出来放在一个显眼的地方；再比如说想要洗衣服，就可以提前把脏衣服放到洗衣机附近，这样就能够提示人们该洗衣服了。

这种通过改变环境的方式来提示人们记忆的方法，任何人都可以使用，但是由于人与人之间的习惯、生活方式等的不同，不同的人记忆同一件事情对环境的改变方式可能是不同的，比如说第二天上班要带的某样东西，有些人可能会把它放在客厅的茶几上、有些人可能会把它放在门口，还有些人可能会把它和自己的包包放在一起，虽然改变的方式不同，但是却都能够对人们起到提醒的作用。这也就是说每个人在使用这种方法的时候，都必须要按照自己平时的习惯去改变外部环境，不要因为别人的方法比较好就去模仿别人，否则的话很可能环境被改变了，却没有起到提示的作用。

使用改变外部环境来提示人们记忆的方法，还有一条重要的原则，就是不能拖延，这一点至关重要。只要一想到以后要做的事情，一定要在第一时间选择出正确的提示方式，不然的话很可能在一段时间之后就忘记了自己需要做的事情。

外部辅助工具：笔记本

对中等及严重的遗忘症患者来说，笔记本是一个非常有用的外部辅助工具，可以帮助患者改善日常生活。

学习使用笔记本的 3 个步骤：

◎ 获知阶段：了解笔记本的不同栏目；

◎ 应用阶段：研习相似场景以便学习对其使用；

◎ 适应阶段：在日常生活中的各种情况下使用笔记本。

实用的建议：

◎ 使用"每日"分类的日程本；

◎ 使用不同颜色的水彩笔来区分信息；

◎ 如果需要，可使用图表；

◎ 如果必要，使用"荧光笔"来 书写。

笔记本

日程

已经做过的：记录一天中实现的所有活动（约会……）。

将要做的：提前记录已确定好的事件。

计划：记录将要做的，但是没有确定时间的事情。

传记：标出所有重要的事件发生的时间。　　个人印象：记下所有印象感觉。

路线：习惯的路线图。　　电话簿：个人电话号码。

账单：记录日常购物清单。

虚构故事法

虚构故事法是指当人们需要记忆很多信息和事物，并且这些信息和事物相互之间没有联系的时候，可以运用自己的联想，把这些故事和信息变成一段简单有趣的小故事，来帮助人们记忆的一种方法。

比如说，人们要记忆"红塔山、狂奔、喜欢、足球、绊倒、汽车、啤酒、警察、哥哥、惊醒"这些词语，就可以运用自己的联想，编出一个小故事来对这些词语进行记忆。

有一天，小明抽着一根红塔山走在黑夜之中的马路上，突然从路边蹿出来一条狗，并且直接向小明狂奔了过来，小明很害怕，心想这条狗不会是喜欢上自己了吧，可是自己的内心接受不了啊，于是他掉头就跑。可是跑着跑着，突然被一个足球绊倒。小明站起来继续跑，可是这时候却发现狗已经开着汽车追了上来。小明见跑不过，于是停下来，掏出一瓶啤酒对追上来的狗说："你先喝点儿酒歇歇，我继续跑，一会儿你再追。"于是他继续向前跑。过了一会儿，他突然看见了一个警察站在路上，于是跑上去对警察说："后面有一条狗酒驾。"于是警察把狗抓了起来。这个时候狗才有机会对小明说："我是你失散多年的亲哥哥啊！"于是，小明从梦中惊醒了。

从这些词语表面上的意思来看，它们似乎没有任何关系，这也导致了人们所编的这个故事并不符合实际情况，非常具有离奇的色彩。可能有人在听了这个故事之后会嗤之以鼻，认为这就是胡编乱造，没有任何意义。确实，这个故事并没有任何意义，但是，人们编这个故事的根本原因并不是为了讲故事，也不是为了娱乐听众，而是为了要记忆那些看起来没有任何关系的词语。从结果上看，人们要记忆的词语都被编到了这个故事当中，如果把这个故事背诵熟练，那么人们所需要记忆的词语就全部都能记住了。也就是说，为了记忆某些信息而编造一个不符合实际的故事，这种做法是有很大效果的；人们可以通过这样的方式来记住自己需要记忆的东西。其实这种方式就是运用了虚构故事法。

从故事中可以看出，虚构故事中运用到的最重要的大脑思维活动就是联想，人们需要通过联想把一些不存在任何关系的信息联系起来，从而达到记忆信息的目的。很多人觉得即便是运用大脑进行联想，也要符合一定的现实，但

记忆与故事

　　故事是培养想象力必不可少的源泉。孩子们非常喜欢故事，并且经常把他们自己的形象编进故事里。成年人可能不会像孩子那样把自己编进故事里，因为他们必须坚定不移地立足于现实。经常编造一些故事，并构造一个情节，运用一些逸事来充实它，使人物真实化，是激发记忆力和想象力的一种很好的方法。

是实际情况却并不是这样的。就像上面所说的例子，由于需要人们记忆的信息本身并不存在相互关系，导致了这种联想基本上都是不符合实际的，也是没有任何逻辑关系的。

　　人们在运用虚构故事法进行记忆时，也可以根据实际情况对这种方法进行灵活的改变，比如说当信息实在是太多时，可以不止编一个小故事，而是编几个小故事分别进行记忆；再比如当人们需要记忆更多的细节时，也可以为自己编的小故事配上图片或者图表等情境内容作为提示，使自己可以联系实际情境进行记忆，这样就能记住更多的细节。

　　如果人们能够掌握虚构故事法，将会对记忆活动有很大的帮助，特别是在记忆材料复杂并且繁多的时候，运用这种方法更能起到非常好的作用。

　　当然，虚构故事法虽然对人们的记忆有很大的促进作用，但是在运用这种方法的时候，还有一定的原则需要遵守。

　　第一是人们在使用虚构故事法进行记忆活动的时候，必须要按照人们需要记忆的信息的顺序去编故事，不能把信息原有的顺序颠倒或者打乱。实际上这一点也可以算是虚构故事法的缺点和局限性。就像前面的那个例子，如果有人问足球是出现在喜欢之前还是喜欢之后的时候，如果变化了信息的顺序，人们就可能回答不出来了。当然，这意味着人们也只能按照特定的顺序来记忆信息，因为当人们在对信息进行回忆的时候，只能通过对整个故事的重新搜索才能回忆起来。

　　第二是人们运用联想编出来的故事，尽量要具有趣味性。这一点并不是必须要坚持的原则，但是有趣味性的故事和毫无意义并且让人昏昏欲睡的故事相比，人们记忆有趣味性的故事效果会更好，甚至有些人可能根本就记不住那些毫无意义的故事，即便这些故事是他们自己编造的。

　　第三是虚构故事法虽然是运用联想编故事来帮助人们记忆，并且即使人们编出来的故事可以不符合实际情况，也可以让别人听得云里雾里，但是故事必须要让自己能够理解，如果自己都不能弄清楚自己编出来的故事，那么只会让自己的记忆变得一团糟。

逻辑推理法

　　逻辑推理法指的是通过思考、推理等手段，找到各种信息之间的某种规则、逻辑或者是联系，重新规划信息，使信息变得有意义，从而提高记忆力的方法。

　　思考就是通过大脑思维活动来想一些事情，而推理就是根据一些已知的条件，得出未知的结论。看起来这两种行为确实都和人们的记忆力没有任何的关系，就像一个非常擅长思考和推理的人，即使记忆力很好，也只是在这两个方面相关的事情上的记忆力很好，但是对于其他方面的信息却手足无措，没有这么好的记忆力，这样就导致了很多人都认为逻辑思考能力和推理能力和记忆力没有任何关系。但是事实恰好相反，如果一个人拥有非常好的逻辑思考能力和推理能力，那么这个人的记忆力也能够变得非常好。

　　第一，思考和推理都是在人们的大脑中进行的活动。经常进行逻辑思考和推理的人，大脑一定非常活跃，得到的锻炼也一定很多，相应地，大脑一定非常发达。而记忆活动同样是发生在人们大脑中的活动，一般来说，人

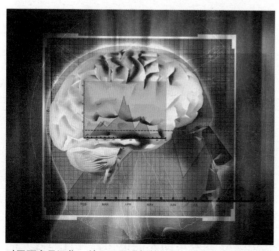

对于不容易记住，并且不易理解的问题，我们可以采用逻辑推理的方法进行记忆，以此大力提高记忆效果。

们大脑内部的活动越活跃，人们的记忆效果就会越好。一个发达、活跃的大脑，一定会对记忆活动起到促进作用，使人们的记忆能力显著提高。

第二，思考和推理能够提高人们对信息理解的程度。人们对各种信息的记忆程度，与人们对信息的理解和加工程度是分不开的：信息加工和理解得越透彻、越清晰，记忆效果就越好；反之，人们对信息的记忆效果则非常差。逻辑思考和推理本身就是一个对信息加工和理解的过程。思考的过程需要对信息进行分析，这样就能够加深人们对信息的认知和理解，在人们得到自己思考的结果的同时，信息就已经被分析和理解透彻；人们在进行逻辑推理的时候，同样需要对各种信息进行分析，这样才能推理出正确的结论，因此在推理的过程中人们对信息也已经分析和理解透彻了。这也就是说，通过逻辑思考和推理的方式，人们能够记忆各种各样的信息。

第三，复杂信息的记忆需要运用一些特殊的方法，比如找到不同信息之间的共同点。人们可以通过对共同点的记忆、把共同点当作字钩等方法，来记忆各种不同的信息。逻辑推理的过程本身就是一个找信息之间共同点和不同点的过程，只要能够找到信息之间的共同点，那么各种信息就能够轻松储存到人们的记忆里。

第四，当信息以一个完善的逻辑体系的方式，储存在记忆系统中时，一旦人们遇到问题，记忆系统中的信息结构就能迅速被调动起来，并且能够以最快的速度找到解决事情的方法。对信息的逻辑思考和推理能够使各种不同的信息凝结成一个完善的体系，同时由于人们在思考和推理的过程中，对信息的分析和理解非常透彻，导致这种知识形成的体系，会直接储存到人们的记忆系统中，在人们有需要的时候为人们服务。

逻辑推理法同样离不开想象力的帮助，因为在人们进行逻辑思考和推理的过程中，想象力能够帮助人们迅速在各种不同的信息之间建立一定的联系，从而大大方便人们达成逻辑思考和推理的目的。

运用全脑思考策略

用你的右脑、左脑两个半球：芝加哥大学杰尔·勒维博士说，如果你做一项简单的任务只用一个脑半球，注意力集中区域很小；当有复杂、新颖、挑战时，两个脑半球均被运用，那么极佳的大脑状态就会出现。当两个脑半球同步运行时，大脑巅峰效果更易实现。

总之，逻辑推理法不仅能使人们的大脑变得训练有素，大大提高人们的智力水平，同时也能够有效地改善人们的记忆能力，增强人们对各种信息的记忆效果。

联想记忆法

看到了一个事物就会自然想到另一个事物，这就是联想。正是因为有了联想，人们才会将不同的事物之间联系在一起。因此，联想在记忆过程中起着非常重要的作用，人们会自动寻找客观事物之间的关系和联系，然后把关系和联系在大脑中形成相互连贯的线条，这种连贯的线条就是记忆和联想的基础。

联想和记忆有着密切的关系，联想是最重要的记忆法之一。适当地利用联想记忆法，对增进记忆力有很大的帮助。下面我们介绍 4 种主要的联想记忆法：

一、接近联想法，指两种事物之间在空间上同时或接近，时间上也同时或接近，然后在此基础上建立起一种联想的方式。

首先举例说明空间联想，例如，有时候很熟悉的外语单词，到用的时候一下子就想不起来了，可是这个单词在书本的什么位置却清晰地记得，这样我们就可以想一下这个单词前面是什么词、后面是什么词，这样持续地联想，往往对想起这个单词有很大的帮助。因为这个单词与前面的单词、后面的单词位置很接近，所以在空间上建立起了一种联想。

我们再举例说明时间联想法，例如，一个人去参加女儿的毕业典礼，在毕业典礼上他和他的女儿拍了张照片，可后来他却发现找不到了。于是这个人就回忆当时是在什么情况下丢的。他晚上回到家还和全家人看了照片，看完后他想着放到一个比较容易找到的地方，等买到相册，放到相册里。晚上 11 点多他上床睡觉，那照片放到哪儿了呢？突然，他想到是顺手放到了床头柜里了。这就是在时间上建立起来的联想。

一项研究显示，人们的信念对其是否记住某件事将产生重要的影响。当给那些害怕蛇的人放映蛇和鲜花的图片时，他们更易于把蛇的图片与恐惧联系起来。

二、相似联想法，即一个事物和另一个事物类似时，往往会看到这个事物从而联想到另一个事物。相似联想突出了事物之间的相似性和共同的性质、特征。事物相似包括原理相似、结构相似、性质相似、功能相似的事物。

结构相似是指事物从外观构造上相似。例如，以青为基本字，组成"情、请、晴、清"等字。由于这几个字字形相似，所以很容易引起联想。

性质相似又可以分为形态相似、成分相似、颜色相似、声音相似等。例如，利用声音的相似词语来代替被记材料，我国唐代以后的五代：梁、唐、晋、汉、周，记起来比较不容易，顺序也会颠倒。因此，以"良糖浸好酒"来代替很容易记忆。

原理相似和功能相似也是这个道理。总之，通过记忆两者之间的相似性和共性，便可在记忆中发挥很好的作用。如果在学习中能准确到位地使用相似联想法，会有助于提高记忆效果。

三、对比联想是由一事物想到和它具有相反特征的方法。也就是说通过对各种事物进行比较，抓住其特有的性质，从而帮助我们增强记忆力。如，抗金英雄岳飞庙前有这样一副楹联，写的是"青山有幸埋忠骨，白铁无辜铸佞臣"。"有"和"无"是相反，"埋忠骨"和"铸佞臣"是对比。我们只要记住这副对子的上句，下句通过对比联想，毫不费力就记住了。由于客观世界是对立统一的关系，所以联想事物之间既存在共性也存在对立性。如，由黑想到白，由大想到小，由温暖想到寒冷等。

四、关系联想法是由原因想到结果、由结果想到原因、由局部想到整体，或者由整体回忆起局部的方法。在我们的学习过程中，有许多材料能用到关系联想这种记忆方法，通过此方法可以有效地达到我们记忆的目的。例如，你想不起很多年前的一次考试或者一场比赛的结果了，但是你能想起你当时非常沮丧，朋友和家人都安慰你了。根据这个结果，你很可能就会回忆起你在考试或者比赛中的表现，这就是从结果推导原因的一种联想。

综上所述，大多数人都会通过联想记忆东西。比如你银行卡密码的设置时是生日或是你喜欢的数字等。相

当我们第一次观看图画时，细节更重要。比如，教人打高尔夫球，得分会使他们对"标准杆数"产生一个更好的背景理解。

反，如果有些事物和我们知道的东西联系不起来，我们要如何记住它们呢？这时，你就要发挥丰富的想象力了。当一个人想记住一些东西，他就会用自己想象力量唤起埋藏于内心的情景和图像，然后将这些情景和图像储存在心里。如你想记住西奈山的启示，你只需要想象一下，你站在以色列人当中聆听先知摩西颁布"十诫"时的情景，你会牢牢记住它。这是一种联想记忆的能力。

联想是记忆的重要手段，能够强化记忆。我们在记忆和学习新事物时，要善于想象，不能局限于一种联想法的应用。另外，联想会受一些因素的影响，对于新形成的联想就容易回忆，如最近看过的电影就比以前看过的电影容易回忆。联想反复使用的次数越多越不容易忘记，如乘法口诀。我们应该积极、主动、充分发挥联想在记忆中的作用，以提高记忆水平。

罗马房间记忆法

罗马人是记忆术的伟大发明者和实践者。在当时，他们构建了一种很流行的记忆方法，那就是罗马房间记忆法。

罗马房间记忆法充分运用了左右脑的功能，因而这种方法可以很好地检验左脑和右脑皮层，以及各种记忆方法的应用情况。使用罗马房间记忆法需要在大脑中建立精确的结构和次序，还需要大量的想象和联想。罗马人想象的是通过房子和房间的入口，然后将尽可能多的物体和各式家具塞满房间，他们把每件物体和每件家具与要记忆的事物联系起来。

这种记忆法对想象没有限制。你可以迅速想一下房间的形状，要怎样设计，接下来想在房间里应该放的东西。这些完成后，拿出一张白纸画出你想象到的房间，无论是平面图、效果图或是艺术家式的绘画都可以，然后在布置的事项上标上名称。刚开始时，你可以先标 10 个特定位置的注意事项，慢慢扩大到 15 个、20 个、25 个、30 个等。以此类推，不断增加。所以说罗马记忆法凭借想象，能够想记多少就记多少。

使用此记忆法时，无论是联想还是设计挂住信息的记忆"挂钩"，大脑会发挥想象力、文字、数字、空间和色彩等功能。同时随着挂钩的增加，记忆的信息也会大量地增加。在大脑中信息可以变，但挂住信息的"挂钩"是固定的。当把房间内的挂钩都按照顺序设计好后，一定要不断地在房间里"虚拟漫步"，把所有挂钩的顺序、位置和数目牢牢记住。

例如，古罗马著名演说家马库斯·图留斯·西塞罗，他在自己的演说中应用的就是"罗马房间记忆法"。他通过想象将演讲中的话题和自己房间中的物品绑在一起记忆。

在演讲之前，西塞罗把演讲的事项放到了想象的房间，并与房间内的结构、物品联系在一起。他想象着他的房间：前门两边有两根巨大的柱子，两位新任部长在入口处分别抱着那两根柱子；走廊的中央有一尊精美的希腊雕像，希腊雕像正穿着由大设计师设计的新军装；客厅里有一张大沙发，那张大沙发上扎进了一支锋利的箭，旁边放着一顶光彩夺目的头盔，铮亮的鞋子紧挨着头盔；厨房在客厅的左侧，在厨房里，一匹马正在吃着地上的干草；厨房旁边有一个楼梯，运动员在楼梯上跑上跑下；楼上是一间卧室，里面有张大床。一个胖官员慵懒地躺在床上，手里拿着"最佳官员"的勋章。

到了西塞罗演讲的那一天，他站在观众面前，开始了他的房间"虚拟漫步"。首先映入他脑海的是前门入口处的两根巨大的柱子，两根柱子旁边分别是新任命的部长。走廊中的希腊雕像看上去格外不同凡响，原因是这位希腊女神穿着由乔治乌斯·阿玛尼乌斯设计的新军装。接下来他又来到了客厅，看到了沙发上的三样东西：一支锋利的箭、耀眼的盔甲和铮亮的鞋子。然后西塞罗又注意到了左侧的厨房，里面有一匹马，他马上想到了"护理马匹"的宣传活动，着重强调冬季要及时护理马匹。西塞罗继续着他的漫步之旅，他想上楼去自己的卧室，看到几十个运动员在楼梯上来回跑，他上不了楼。这让他联想到"下个月即将召开的运动会"。西塞罗最后走进了卧室，看到一个胖胖的官员舒服地躺在床上睡着了。"这是他应该享受的，教育部门还为这些优秀官员组织了到夏威夷岛度假。"西塞罗大声地向观众说。

1.观察右边的这幅图并进行记忆。尽量详细并且大声地描述公寓，指出屋子里每一个对象的具体位置，在对象和固定的物体间建立起联系。如果没有足够的固定对象供你使用，你可以创造出其他可供提示的项，并在大脑中构建可以代表这些联系的表象。如一个室内装修师一样，把房间分割成一块儿一块儿的，并且勾画出路线图。

2.现在闭上双眼，在脑海中呈现整个房间以及屋子里的所有摆设。再次回顾。

3.遮住上图，迅速转到左图。

4.观察左图，和上图进行比较，找出5个被移位的对象，5个新添对象，还有5个被去除的对象。

在我们日常生活中，也可以用罗马记忆法记住第二天需要做的事情。当然，这并不代表人们使用的记事本、日历、即时贴，这些记忆工具要退出历史舞台，而是我们在没有记事本、即时贴的时候想记住东西，就要使用记忆术了。

罗马人把记忆当作一项重要的资产，他们开发各种记忆术并在日常生活中不断实践。现在和过去，人们所使用的记忆术没有多大差别，唯一区别就是娴熟程度。因此，用罗马房间法做记忆练习时，既要单独做练习，也要和朋友们一起做，直至做到很熟练的程度。

很多人都喜欢这种方法，他们在纸上列出来几百件需要记住的东西，然后放入记忆房间里。接着用大脑皮质的整体功能去精确记住房间里每一个东西的位置、顺序以及数量，同时用感觉器官去接收各种色彩、气味和声音，也可以说在记忆房间里做了一次"精神漫步"。在这漫步的过程中，每一件物品都会提醒你该说的、该做的事情，你也就不会遗忘了。

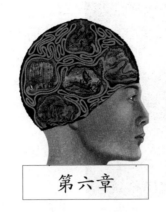

第六章

快速记忆的运用：想记什么记什么

外语知识

很多人在学习英语的过程中遇到的最多的问题就是记不住单词。这在很大程度上影响了对英语的学习兴趣，英语成绩自然上不去。一些人认为背单词是件既吃力又没有成效的苦差事。实际上，若能采用适当的方法，不但能够记住大量的单词，还能提高对英语的兴趣。我们下面来简单介绍几种单词记忆的方法，这些方法你可以用思维导图的形式总结下来：

1. 谐音法

利用英语单词的发音的谐音进行记忆是一个很好的方法。由于英语是拼音文字，看到一个单词可以很容易地猜到它的发音；听到一个单词的发音也可以很容易地想到它的拼写。所以，如果谐音法使用得当，是最有效的记忆方法，可以真正做到过目不忘。

如英语里的 2 和 to，4 和 for。quaff n./v. 痛饮，畅饮。记法：quaff 音"夸父"→夸父追日，渴极痛饮。hyphen n. 连字号"-"。记法：hyphen 音"还分"→还分着呢，快用连字号连起来吧。shudder n./v. 发抖，战栗。记法：音"吓得"→吓得发抖。

不过，像其他的方法一样，谐音法只适用于一部分单词，切忌滥用和牵强。将谐音用于记忆英文单词并加以系统化是一个尝试。本书在前面已经讲

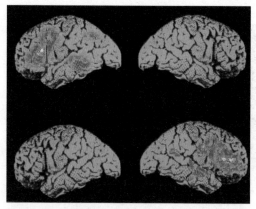

此图为词汇识别时大脑兴奋区域扫描图。惯用右手的人兴奋区域在顶部，惯用左手的人兴奋区域在底部。被监测者正在思考他们听到的（英语单词）名词的动词形式。大脑兴奋以脑血液流量来表示，血流量多则显示为红色，血流量少则显示为黄色。

过：谐音法的要点在于由谐音产生的词或词组（短语）必须和词语的词义之间存在一种平滑的联系。这种方法用于英语的单词记忆也同样要遵循这个要点。

2. 音像法

我们这里所说的音像法就是利用录音和音频等手段进行记忆的方法。该方法在记住单词的同时还可以训练和提高听力，印证以前在课堂上或书本里学到的各种语言现象等。

例：There's only one way to deal with Rome, Antinanase. You must serve her, you must abase yourself before her, you must grovel at her feet, you must love her.

3. 分类法

把单词简单地分成食品、花卉等类，中等的难度可分成政治、经济、外交、文化、教育、旅游、环保等类，难一些的分类是科技、国防、医疗卫生、人权和生物化学等。这些分类是根据你运用的难度决定的。古人云"举一纲而万目张"，就是有了记忆线索，那么就有了记忆的保证。

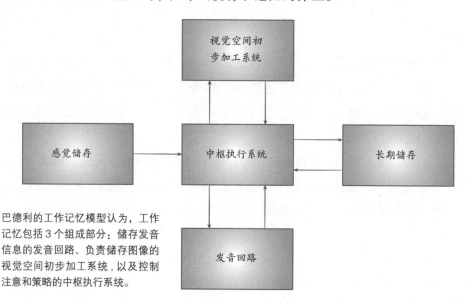

巴德利的工作记忆模型认为，工作记忆包括3个组成部分：储存发音信息的发音回路、负责储存图像的视觉空间初步加工系统，以及控制注意和策略的中枢执行系统。

简单的举例，比如大学一、二、三、四年级学生分别是 freshman、sopho-more、junior、senior student，本科生是 undergraduate，研究生 postgraduate，博士 doctor，大学生 college graduates，大专生 polytechnic college graduates，中专生 secondary school graduates，小学毕业生 elementary school graduates，夜校 night school，电大 television university，函授 correspondence course，短训班 short-、termclass，速成班 crash course，补习班 remedial class，扫盲班 literacy class，这么背下来，是不是简单了很多？而且有了比较和分类自然就有了记忆线索。

4. 听说读写结合法

听说读写结合记忆的依据是我们前面所讲到的多种感官结合记忆法。我们可以把所有要背的资料通过电脑录制到自己的 MP3 里去，根据原文可以录中文，也可以录英文，发音尽量标准，放录音的时候，一定要手写下来，具体做法是：

第一次听写放一个句子，要求每个句子、每个单词都写下来；以后的第二次、第三次听写要求听一句话，只记主谓宾和数字等（口译笔记的初步），每听一段原文，暂停写下自己的笔记，然后自己根据笔记翻译出来；再以后几次只要听就可以了，放更长的句子，只根据记忆口述翻译就可以了，这个锻炼很有意思，能把你以前的学习实战化，而且能发现自己发音不准确的地方，能听到自己的声音，知道自己是否有这个那个的问题有待解决。

学英语，记单词，应该走出几个误区：

（1）过于依赖某一种记忆方法。

现在书店里的那些词汇书都在强调自己方法的好处，包治所有词汇。其实这都是片面的，有的单词用词根词缀记忆好用，有的看单词的外观，然后发挥你的形象思维就记下了，有的单词通过把读音汉化就过目不忘。所以千万不要迷信某一种记忆方法。

（2）急功近利。

不要奢望 1 个月内背下 1 本词汇书。也有同学背了 3 天，最多坚持 1 个星期就没信心了。强烈的挫折感打败了你。接下来就没有动静了。所以要循序渐进，哪怕 1 天背两个单词，坚持下去就很可观。

（3）把背单词当作痛苦。

有些人背单词前要刻意选择舒适的环境，这里不能背，那里不能背。一边

借助心理成像法学习词汇

　　心理成像和其他记忆技巧一样，可以帮助学习外语词汇。这一方法在20世纪60年代很流行，后来的研究也都证实了其效力，它还可以用来记忆母语的拼写。这种方法如被很好地应用，能帮助我们在短时间内记忆大量的词汇或句子。然而，在长期记忆中，这种方法并不比其他方法更优越，所以后来被语言实验室取代了——它能保证更好的效果。

　　传统课本和阅读一直是运用最广泛（因为被证明最有效）的学习形式，扮演着补充其他方法的角色。

背单词一边考虑中午吃点儿什么补充脑力。其实，你的担心是多余的。背单词是挑战大脑极限的乐事，要学会享受它才对。

　　（4）一页一页地背。

　　有些同学觉得这页单词没背下，就不再往前翻。其实这样做效率非常低，遗忘率也高，挫折感强，见效也慢。

　　背单词就是重复记忆的过程，错开了时间去记忆单词，可能会多看几个单词，然后以一个长的时间周期去重复，这样达到了重复记忆的目的，减少大脑的厌倦。

语文知识

　　语文是青少年必修的基础学科。语文学习的一个重要环节就是记忆。中学阶段是人的记忆发展的黄金时代，如果在学习语文的过程中，青少年能够结合自身的年龄特点，抓住记忆规律，按照科学的记忆方法，必然会取得更好的学习效果。

　　下面简单介绍几种记忆语文知识的方法：

1. 画面记忆法

　　背诵古诗时，我们可以先认真揣摩诗歌的意境，将它幻化成一幅形象鲜明的画面，就能将作品的内容深刻地贮存在脑中。例如，读李白的《望庐山瀑布》时，可以根据诗意幻想出如下画面：山上云雾缭绕，太阳照耀下的庐山香炉峰好似冒着紫色的云烟，远处的瀑布从上飞流而下，水花四溅，犹如天上的银河从天上落下来。记住了这个壮观的画面，再细细体会，也就相当深刻地记住了这首诗。

2. 联想记忆法

这是按所要记忆内容的内在联系和某些特点进行分类和联结记忆的一种方法。

举一个简单的例子。如：若想记住文学作品和作者的名字，我们可以做这样的联想：

有一天，莫泊桑拾到一串《项链》，巴尔扎克认为是《守财奴》的，都德说是自己在突出《柏林之围》时丢失的，果戈理说是《泼留希金》的，契诃夫则认定是《装在套子里的人》的。最后，大家去请高

尔基裁决，高尔基判定说，你们说的这些失主都是男的，而男人是不用这东西的，所以，真正的失主是《母亲》。这样一编排，就把高中课本中的大部分外国小说名及其作者联结在一起了，复习时就如同欣赏一组轻快流畅的世界名曲联想一样，于轻松愉悦中不知不觉就牢记了下来。

3. 口诀记忆法

汉字结构部件中的"臣"在常用汉字中出现的只有"颐""姬""熙" 3个。有人便把它们组编成两句绕口令："颐和园演蔡文姬，熙熙攘攘真拥挤。"只要背出这个绕口令，不仅不会混淆这些带"臣"的字，而且其余带"臣"的汉字，也不会误写。如历代的文学体裁及成就若归纳成如下几句，就有助于在我们头脑中形成清晰易记的纵向思路。西周春秋传《诗经》，战国散文两不同；楚辞汉赋先后现，《史记》《乐府》汉高峰；魏晋咏史盛五言，南北民歌有"双星"；唐诗宋词元杂剧，小说成就数明清。

4. 对比记忆

汉字中有些字形体相似，读音相近，容易混淆，因此有必要加以归纳，通过对比来辨别和记忆。为了增强记忆效果，可将联想记忆法和口诀记忆法也参

　　下面的成语，前一个成语的最后一个字，是它后面那个成语的第一个字，这在修辞上叫"顶真"。请在它们之间的空白处填上一个字，使每组成语连接起来。

今是昨（ ）同小（ ）望不可（ ）　　以其人之道，还治其人之（ ）体力（ ）
若无（ ）在人（ ）所欲（ ）富不（ ）　　至义（ ）心竭（ ）不胜（ ）重道（ ）
走高（ ）沙走（ ）破天（ ）天动（ ）　　利人（ ）睦相（ ）心积虑
醉生梦（ ）去活（ ）去自（ ）花　　　　似（ ）树临（ ）调雨（ ）手牵（ ）肠
小（ ）听途（ ）长道（ ）兵相（ ）二　　连（ ）言两（ ）重心（ ）驱直（ ）不
敷（ ）其不（ ）气风（ ）扬光（ ）材　　小（ ）兵如（ ）采飞（ ）眉吐（ ）象
万（ ）军万（ ）到成（ ）败垂（ ）千　　上（ ）古长（ ）红皂（ ）日作（ ）寐
以（ ）同存（ ）想天（ ）天辟地

入其中。实为对比、归纳、谐音、联想、口诀五法并用。

（1）巳（sì）满，已（yǐ）半，己（jǐ）张口。其中巳与4同音，已与1谐音，己与几同音，顺序为满半张对应4、1、几。

（2）用火烧（shāo），用水浇（jiāo），绕（rào），用手挠（náo）；靠人是侥（jiǎo）幸，食足才富饶（ráo），日出为拂晓（xiǎo），女子更妖娆（ráo）。

（3）用手拾掇（duō），用丝点缀（zhuì），辍（chuò）学开车，啜（chuò）泣�’嘴。

（4）输赢（yíng）贝当钱，螺蠃（luǒ）虫相关，羸（léi）弱羊肉补，嬴（yíng）姓母系传。

（5）乱言遭贬谪（zhé），嘀（dí）咕用口说，子女为嫡（dí）系，鸣镝（dí）金属做。

（6）中念衷（zhōng），口念哀（āi），中字倒下念作衰（shuāi）。

（7）言午许（xǔ），木午杵（chǔ），有心人，读作忤（仵）（wǔ）。

（8）横戌（xū）点戍（shù）不点戊（wù），戎（róng）字交叉要记住。

（9）用心去追悼（dào），手拿容易掉（diào），棹（zhào）桨划木船，私名为绰（chuò）号。

（10）点撇仔细辨（biàn），争辩（biàn）靠语言，花瓣（bàn）结黄瓜，青丝扎小辫（biàn）儿。

5. 荒谬记忆法

比如在背诵《夜宿山寺》这首诗时，大部分同学要花 5 分钟才能把它背出来，可有一位同学只花了 1 分钟就背出来了，而且丝毫不差，这是什么原因呢？是不是这位同学聪明过人呢？

在同学们疑惑时，他说出了背诵的窍门：这首诗有 4 句话，只要记住两个词："高手"、"高人"，并产生这样的联想：住在山寺上的人是一位"高手"，当然又是一位"高人"。背诵时，由每个词再想想每句诗，连起来就马上背诵出来了。看来，这位同学已经学会用奇特联想法来记忆了。

运用奇特联想法记忆古诗的例子很多，如《古风》："春种一粒粟，秋收万颗子。四海无闲田，农夫犹饿死。"——"粟子甜（田）死了。"

语文有时需要背诵大段大段的文字。背诵时，应先了解全段文字的大意，再把全段文字按意思分成若干相对独立的层。每层选出一些中心词来，用这些中心词联结周围一定量的句子。回忆时，以中心词把句子带出来，达到快速记忆的效果。如背诵鲁迅散文诗《雪》中的一段：

"但是，朔方的雪花在纷飞之后，却永远如粉，如沙，他们决不粘连，撒在屋上、地上、枯草上，就是这样。屋上雪是早已就有消化了的，因为屋里居人的火的温热。别的，在晴天之下，旋风忽来，便蓬勃地奋飞，在日光中灿灿地生光，如包藏火焰的大雾，旋转而且升腾，弥漫太空，使太空旋转而且升腾地闪烁。"

我们把诗文分为 3 层，并提出 3 个中心词：

（1）如粉。大脑浮现北方的纷飞大雪撒在屋上、地上、枯草上的图像。因为如粉，所以决不粘连。

（2）屋上。使我们想到屋内人生火、屋顶雪消化的图像。

（3）晴天旋风。想象一个壮观的场面：晴空下，旋风卷起雪花，旋转的雪花反射着阳光，在日光中灿灿地生光。

这样从中心词引起想象，再根据想象进行推理，背这一段就感到容易了。

意大利一所大学的教授做过这样的实验：挑选一位技艺中等的青年学生，让他每星期接受 3 ~ 5 天每天背诵 1 小时由 3 个数字、4 个数字构成的数字训练。

每次训练前，他如果能一字不差地背诵前次所记的训练内容，就让他再增加一组数字。经过 20 个月约 230 个小时的训练，他起初能熟记 7 个数，以后增加到 80 个互不相关的数，而且在每次联系实际时还能记住 80% 的新数字，使得他的记忆力能与具有特殊记忆力的专家媲美。

数学知识

学习数学重在理解，但一些基本的知识，还是要能记住，用时才能忆起。所以记忆是学生掌握数学知识、深化和运用数学知识的必要过程。因此，如何克服遗忘，以最科学省力的方法记忆数学知识，对开发学生智力、培养学生能力，有着重要的意义。

理解是记忆的前提和基础。尤其是数学，下面介绍几种在理解的前提下行之有效的记忆方法。

学好数学，要注重逻辑性训练，掌握正确的数学思维方法。

在这里，主要有三种思维方法：

1. 比较归类法

这种方法要求我们对于相互关联的概念，学会从不同的角度进行比较，找出它们之间的相同点和不同点。例如，平行四边形、长方形、正方形、梯形，它们都是四边形，但又各有特点。在做习题的过程中，还可以将习题分类归档，总结出解这一类问题的方法和规律，从而使得练习可以少量而高效。

2. 举一反三法

平时注重课本中的例题，例题反映了对于知识掌握最主要、最基本的要求。对例题分析和解答后，应注意发挥例题以点带面的功能，有意识地在例题的基础上进一步变化，可以尝试从条件不变问题变和问题不变条件变两个角度来变换例题，以达到举一反三的目的。

3. 一题多解法

每一道数学题，都可以尝试运用多种解题方法，在平时做题的过程中，不应仅满足于掌握一种方法，应该多思考，寻找出一道题更多的解答方法。一题多解的方法有助于培养我们沿着不同的途径去思考问题的好习惯，由此可产生多种解题思路，同时，通过"一题多解"，我们还能找出新颖独特的"最佳解法"。

除此之外，还可以进行：

口诀记忆法

将数学知识编成押韵的顺口溜，既生动形象，又印象深刻不易遗忘。如圆的辅助线画法："圆的辅助线，规律记中间；弦与弦心距，亲密紧相连；两圆相切，公切线；两圆相交，公交弦；遇切点，作半径，圆与圆，心相连；遇直径，作直角，直角相对（共弦）点共圆。"又如"线段和角"一章可编成：

四个性质五种角，还有余角和补角；

两点距离一点小，角平分线不放松；

两种比较与度量，角的换算不能忘；

角的概念两种分，三线特征顺着跟。

幼儿学习微积分

一个日本教育者开发了一个课程，包括数学、自然、科学、拼写、语法和英语，所有这些科目都是建立在广泛使用记忆术策略的基础上。例如，故事、歌谣、歌曲。他希望利用开发成果来说明幼儿能够用分数进行数学运算，能够解决代数问题（包括运用二次方程式），能够得出化学式，进行简单的微积分运算，能够用图表表示出分子式结构，学习外语。他的一些关于基础数学计算的记忆术已经在美国被采用了。一项研究表明，三年级的儿童使用这种记忆术策略在3小时内学会了用分数进行数学运算。不仅如此，他们的掌握程度（在3小时之内达到的）可以与按照传统方法已经学习这个科目3年的六年级学生的掌握程度相比。

其中四个性质是直线基本性质、线段公理、补角性质和余角性质；五种角指平角、周角、直角、锐角和钝角；两点距离一点中，指两点间的距离和线段的中点；两种比较是线段和角的比较，三线是指直线、射线、线段。

联想记忆法

联想是将感受到的新事物与记忆中的事物联系起来，形成一种新的暂时的联系。主要有接近联想、对比联想、相似联想等。特别是对某些无意义的材料，通过人为的联想、用有意义的材料作为记忆的线索，效果十分明显。如用"山间一寺一壶酒……"来记忆圆周率"314159……"等。

分类记忆法

把一章或某一部分相关的数学知识经过归纳总结后，把同一类知识归在一起，就容易记住，如："二次根式"一章就可归纳成三类，即"四个概念、四个性质、四种运算"。其中四个概念指二次根式、最简二次根式、同类二次根式、分母有理化；四种运算是二次根式的加、减、乘、除运算。

化学知识

和数学一样，要牢牢记住化学知识，就必须建立在对化学知识理解的基础上。在理解的基础上，我们可以尝试以下几种方法：

1. 简化记忆法

化学需要记忆的内容多而复杂，同学们在处理时易东扯西拉，记不全面。克服它的有效方法是：先进行基本的理解，通过几个关键的字或词组成一句话，或分几个要点，或列表来简化记忆。这是记忆化学实验的主要步骤的有效方法。如：用6个字组成："一点、二通、三加热"，这一句话概括氢气还原氧化铜的关键步骤及注意事项，大大简化了记忆量。在研究氧气化学性质时，同学们可把所有现象综合起来分析、归纳得出如下记忆要点：

（1）燃烧是否有火；

（2）燃烧的产物如何确定；

（3）所有燃烧实验均放热。

抓住这几点就大大简化了记忆量。氧气、氢气的实验室制法，同学们第一次接触，新奇但很陌生，不易掌握，可分如下几个步骤简化记忆。

（1）原理（用什么药品制取该气体）；

（2）装置；

（3）收集方法；

（4）如何鉴别。

如此记忆，既简单明了，又对以后学习其他气体制取有帮助。

有趣味的东西才能引起人们的兴趣，从而激发学习动机。因此，在学习化学的过程中，应该把一些枯燥无味、难于记忆的知识尽可能趣味化，这样可以帮助高效记忆。

2. 趣味记忆法

为了分散难点，提高兴趣，要采用趣味记忆方法来记忆有关的化学知识。如：氢气还原氧化铜实验操作要诀："氢气早出晚归，酒精灯迟到早退。前者颠倒要爆炸，后者颠倒要氧化。"

针对需要记忆的化学知识利

运用积极的想象力

将抽象的信息视觉化为具体的印象是许多记忆术的基础。运用到想象力的一种方法是将你想要记住的事物在脑海中"快照"下来：聚焦，成像，然后说："这东西值得一记。"另一种记忆工具是视觉化能帮助你放松的事实和期望的东西。放松警觉的状态最有利于学习。印象化可以改变体内化学成分并更好地控制身体／大脑。请允许你活跃的想象力任意创造乐趣、幽默、荒谬和虚幻。这些印象将会强而有力。再将它们色彩化、三维化、动感化、动作化、现实化或虚拟化。想象力只属于你自己：将它组织好，是你将来学习恢复记忆的有力手段。

用音韵编成，融知识性与趣味性于一体，读起来朗朗上口，易记易诵。如从细口瓶中向试管中倾倒液体的操作歌诀："掌向标签三指握，两口相对视线落。""三指握"是指持试管时用拇指、食指、中指握紧试管；"视线落"是指倾倒液体时要观察试管内的液体量，以防倾倒过多。

3. 编顺口溜记忆法

初中化学中有不少知识容量大、记忆难、又常用，但很适合用编顺口溜方法来记忆。

如：学习化合价与化学式的联系时可记为"一排顺序二标价、绝对价数来交叉，偶然角码要约简，写好式子要检查"。再如刚开始学元素符号时可这样记忆：碳、氢、氧、氮、氯、硫、磷；钾、钙、钠、镁、铝、铁、锌；溴、碘、锰、钡、铜、硅、银；氦、氖、氩、氟、铂和金。记忆化合价也是同学们比较伤脑筋的问题，也可编这样的顺口溜：钾、钠、银、氢 +1 价；钙、镁、钡、锌 +2 价；氧、硫 –2 价；铝 +3 价。这样主要元素的化合价就记清楚了。

4. 归类记忆法

对所学知识进行系统分类，抓住特征。如：记各种酸的性质时，首先归类，记住酸的通性，加上常见的几种酸的特点，就能知道酸的化学性质。

5. 对比记忆法

对新旧知识中具有相似性和对立性的有关知识进行比较，找出异同点。

6. 联想记忆法

把性质相同、相近、相反的事物特征进行比较，记住它们之间的区别联系，再回忆时，只要想到一个，便可联想到其他。如：记酸、碱、盐的溶解性规律，不要孤立地记忆，要扩大联想。

把一些化学实验或概念可以用联想的方法进行记忆。在学习化学过程中应抓住问题特征，如记忆氢气、碳、一氧化碳还原氧化铜的实验过程可用实验联想，对比联想，再如将单质与化合物两个概念放在一起来记忆："由同（不同）种元素组成的纯净物叫作单质（化合物）。"

7. 关键字词记忆法

这是记忆概念的有效方法之一，在理解基础上找出概念中几个关键字或词来记忆整个概念，如：能改变其他物质的化学反应速度（一变）而本身的质量和化学性质在化学反应前后都不变（二不变），这一催化剂的内涵可用"一变二不变"几个关键字来记忆。

8. 形象记忆法

借助于形象生动的比喻，把那些难记的概念形象化，用直观形象去记忆。如核外电子的排布规律是："能量低的电子通常在离核较近的地方出现的机会多，能量高的电子通常在离核较远的地方出现的机会多。"这个问题是比较抽象的，不是一下子就可以理解的。

> **记住首尾记忆原则**
>
> 要特别留意学习过程的中间阶段，因为大脑更倾向于记忆事情的开头和结尾。在简单实验中，这一自然倾向性是显而易见的。自己试一试。给朋友一个有20个化学名称的表单，让他去记尽可能多的词。当你随后提问时，留意忘却的词，看有多少是处在表单的中间位置。

9. 总结记忆法

将化学中应记忆的基础知识总结出来，用思维导图写在笔记本上，使得自己的记忆目标明确、条理清楚，便于及时复习。

历史知识

很多同学会对历史课产生浓厚的兴趣，因为它的内容纵贯古今、横揽中外，涉及经济、政治、军事、文化和科学技术等各个领域的发展和演变。但也由于历史内容繁杂，时间跨距大，记起来有一定的困难。所以很多人都有一种"爱上课，怕考试"的心理。这里介绍几种记忆历史知识的方法，帮助青少年克服这种困难，较快地掌握历史知识。

1. 归类记忆法

采取归类记忆法记忆历史，使知识条理化、系统化，不仅便于记忆，而且还能培养自己的归纳能力。这种方法一般用于历史总复习效果最好。

我们可以按以下几种线索进行归类：

（1）按不同时间的同类事件归纳。

比如：我国古代 8 项著名的水利工程、近代前期西方列强连续发动的 5 次大规模侵华战争、20 世纪 30 年代日本侵略中国制造的 5 次事变、新航路开辟过程中的 4 次重大远航、"二战"中同盟国首脑召开的 4 次国际会议等。

（2）把同一时间的不同事件进行归纳。

如：1927 年：上海工人第三次武装起义、"四·一二"反革命政变、李大钊被害、"马日事变"、"七·一五"反革命政变、"宁汉合流"、南昌起义、"八七"会议、秋收起义、井冈山革命根据地的建立、广州起义。

归类记忆法既有利于牢固记忆历史基础知识，又有利于加深理解历史发展的全貌和实质。

2. 比较记忆法

历史上有很多经常发生的性质相同的事件，如农民战争、政治改革、不平等条约，等等。这些事件有很多相似的地方，在记忆的时候，中学生很容易把它们互相混淆。这时候采取比较记忆是最好的方法。

比较可以明显地揭示出历史事件彼此之间的相同点和不同点，突出它们各自的特征，便于记忆。但是，比较不能简单草率，要从各个方面、各个角度去细心进行，尤其重要的是要注意搜求"同"中之"异"和"异"中之"同"。

如：中国的抗日战争期间，国共两党的抗战路线比较。郑和下西洋与新航路的开辟的比较。德、意统一的相同与不同的比较。对两次世界大战的起因、性质、规模、影响等进行比较。中国与西欧资本主义萌芽的对比。中国近代三次革命高潮的异同等。

用比较法记忆历史知识，既能牢固记忆，又能加深理解，一举两得。

给大脑休息的时间

为了功能最佳化，大脑需要休息时间以巩固记忆。如果你不给大脑规律的休息，尽管你仍然可以学习，但不会颇有成效。休息时间的数量、长短取决于信息的复杂性和新奇性以及个人以前对信息掌握的多寡。一个很好的规范是，每学习 10 ~ 50 分钟，休息 3 ~ 10 分钟。

3. 歌谣记忆法

一些历史基础知识适合用歌谣记忆法记忆。例如：记忆中国工农红军长征路线："湘江、乌江到遵义，四渡赤水抛追敌，金沙彝区大渡河，雪山草地到吴起。"中国朝代歌："夏商西周继，春秋战国承；秦汉后新汉，三国西东晋；对峙南北朝，隋唐大一统；五代和十国，辽宋并夏金；元明清三朝，统一疆土定。"

应当注意的是，编写的歌谣，形式必须简短齐整，内容必须准确全面，语言力求生动活泼。

4. 图表记忆法

图表记忆法的特点是借助图表加强记忆的直观效果，调动视觉功能去启发想象力，达到增强记忆的目的。

如秦、唐、元、明、清的疆域四至，可画直角坐标系。又如隋朝大运河图示，太平天国革命运动过程图示，中国工农红军长征过程图示，等等。

5. 巧用数字记忆法

历史年代久远，几乎每年都有不同的大事发生。如果要对历史有一个全面的了解，就必须记住年代。但历史年代本身枯燥乏味，难于记忆。有些历史年代，如封建社会起止年代，只能死记硬背。但也有些历史年代，可以采用一些好的方法。

（1）抓住年代本身的特征记忆。

比如，蒙古灭金，1234年，四个数字按自然数顺序排列。马克思诞生，1818年，两个18。

（2）抓重大事件间隔距离记忆。

比如：第一次国内革命战争失败，1927年；抗日战争爆发，1937年；中国人民解放军转入反攻，1947年。三者相隔都是10年。

（3）抓重大历史事件的因果关系记年代。

比如：1917年十月革命，革命制止战争，1918年第一次世界大战结束；巴黎和会拒绝中国的正义要求，成为1919年五四运动的导火线；五四运动把新文化运动推向新阶段，传播马克思主义成为主流，1920年共产主义小组出现；马克思主义同工人运动相结合，1921年中国共产党诞生。

请用 2 分钟时间记住下列时间发生事情。

用纸盖住左边你刚才所看到的，请在横线上填上给出的时间所发生的事件。看看你的记忆力如何？

1170 年 托马斯·贝克特被谋杀	1170 年 _____
1215 年 签署《大宪章》	1215 年 _____
1415 年 阿金库尔战役	1415 年 _____
1455 年 玫瑰战争	1455 年 _____
1492 年 哥伦布发现北美洲	1492 年 _____
1642 年 英国内战爆发	1642 年 _____
1666 年 伦敦大火	1666 年 _____
1773 年 波士顿倾茶事件	1773 年 _____
1776 年 《独立宣言》(美国)	1776 年 _____
1789 年 攻占巴士底狱	1789 年 _____
1805 年 特拉法加战役	1805 年 _____
1914 年 第一次世界大战爆发	1914 年 _____
1939 年 第二次世界大战爆发	1939 年 _____
1949 年 北大西洋公约组织成立	1949 年 _____
1956 年 苏伊士危机	1956 年 _____
1963 年 约翰·肯尼迪被暗杀	1963 年 _____
1969 年 人类首次登月	1969 年 _____

（4）概括为一二三四五六来记。

比如：隋朝的大运河的主要知识点：一条贯通南北的交通大动脉；用了二百万人开凿，全长两千多公里；三点，中心点是洛阳、东北到涿郡、东南到余杭；四段是永济渠、通济渠、邗沟和江南河；连接五条河：海河、黄河、淮河、长江和钱塘江；经六省：冀、鲁、豫、皖、苏、浙。

（5）分时间段记忆。

比如："二战"后民族解放运动，分为三个时期，第一时期时间为 1945 年至 20 世纪 50 年代中，第二时期为 20 世纪 50 年代中至 20 世纪 60 年代末，第三时期为 20 世纪 70 年代初至现在。将其概括为三个数，即 10、15、20 多；因是"二战"后民族解放运动，记住"二战"结束于 1945 年，那么按 10、15、

20多三个数字一排，就可牢固记住每个时期的时间了。

6. 规律记忆法

历史发展有其规律性。提示历史发展的规律，能帮助记忆。例如，重大历史事件，我们都可以从背景、经过、结果、影响等方面进行分析比较，找出规律。如：资产阶级革命爆发的原因虽然很多，但其根源无非是腐朽的封建政权严重地阻碍了资本主义的发展。

在学习过程中，我们可以寻找具有规律性的东西，如：在资产阶级革命过程中，英国、法国、美国三国资产阶级革命爆发的原因都是：反动的政治统治阻碍了国内资本主义的发展，要发展资本主义，就必须起来推翻反动的政治统治。而三国的革命，又都有导火线、爆发标志、主要领导人、文件的颁布等。在发展资本主义方式上，俄国和日本都是通过自上而下的改革来完成的，意大利和德意志则是通过完成国家统一来进行的。

7. 荒谬记忆法

想法越奇特，记忆越深刻。如：民主革命思想家陈天华有两部著作《猛回头》《警世钟》，记法为"一边想一个叫陈天华的人猛回头撞响了警世钟，一边做转头动作，同时发出钟声响"。军阀割据时，曹锟、段祺瑞控制的地盘及其支持者可联想为："曹锟靠在一棵日本梨（直隶）树（江苏）上，饿（鄂——湖北）得快干（赣——江西）了。段祺瑞端着一大碗（皖——安徽）卤（鲁——山东）面（闽——福建），这（浙江）也全靠日本撑着呀！"

当然，记忆的方法多种多样，还有直观形象记忆法、联系实际记忆法、分解记忆法、重复记忆法、推理记忆法、信号记忆法、卡片记忆法等。在实际学习中，要根据自己的实际情况，选择适合自己的记忆方法。只要大家掌握了其中的一种甚至几种方法，学习历史就不再是可望而不可即的事了。

发展敏锐的感官意识

许多记忆力好的人或熟知记忆技巧的人都有了不起的感知能力。训练你自己的精确的观察能力并通过调整你的感觉来集中你的注意力。漫无目的地看或听而不是真正仔细地看或听是造成记忆力不好的主要原因。当你想要记住某事，停顿一会儿，调整一下，并注意你要回忆哪些要点。

物理知识

物理记忆主要以理解为主，在理解的基础上我们在这里简单介绍几种物理记忆方法。

1. 观察记忆法

物理是一门实验科学，物理实验具有生动直观的特点，通过物理实验可加深对物理概念的理解和记忆。例如，观察水的沸腾。

（1）观察水沸腾发生的部位和剧烈程度可以看到，沸腾时水中发生剧烈的汽化现象，形成大量的气泡，气泡上升、变大，到水面破裂开来，里面的水蒸气散发到空气中，就是说，沸腾是在液体内部和表面同时进行的剧烈的汽化现象。

（2）对比观察沸腾前后物理现象的区别。沸腾前，液体内部形成气泡并在上升过程中逐渐变小，以至未到液面就消失了；沸腾时，气泡在上升过程中逐渐变大，达到液面破裂。

（3）通过对数据定量分析，可以得出沸腾条件：①沸腾只在一定的温度下发生，液体沸腾时的温度叫沸点；②液体沸腾需要吸热。以上两个条件缺少任何一个条件，液体都不会沸腾。

2. 比较记忆法

把不同的物理概念、物理规律，特别是容易混淆的物理知识，进行对比分析，并把握住它们的异同点，从而进行记忆的方法叫作比较记忆法。例如，对蒸发和沸腾两个概念可以从发生部位、温度条件、剧烈程度、液化温度变化等方面进行对比记忆。又如串联电路和并联电路，可以从电路图、特点、规律等方面进行记忆。

3. 图示记忆法

物理知识并不是孤立的，而是有着必然的联系，用一些线段或有箭头的线段把物理概念、规律联系起来，建立知识间的联系点，这样形成的方框图具有简单、明了、形象的特点，可帮助我们对知识的理解和记忆。

4. 浓缩记忆法

把一些物理概念、物理规律，根据其含义浓缩成简单的几个字，编成一个短语进行记忆。例如，记光的反射定律时，把涉及的点、线、面、角的物理名词编成一点（入射点）、三线（反射光线、入射光线、法线）、一面（反射光线、入射光线、法线在同一平面内）、二角（反射角、入射角）短语来加深记忆。

记凸透镜成像规律时，可用"一焦分虚实，二焦分大小"、"物近、像远、像变大"短语来记忆。即当凸透镜成实像时，像与物是朝同方向移动的。当物体从很远处逐渐靠近凸透镜的一倍焦距时，另一侧的实像也由一倍焦距逐渐远离凸透镜到大于二倍焦距以外，且像距越大，像也越大，反之亦然。

5. 口诀记忆法

如：力的图示法口诀：

你要表示力，办法很简单。选好比例尺，再画一段线，长短表大小，箭头示方向，注意线尾巴，放在作用点。

物体受力分析：

施力不画画受力，重力弹力先分析，摩擦力方向要分清，多、漏、错、假须鉴别。

牛顿定律的适用步骤：

画简图、定对象、明过程、分析力；选坐标、作投影、取分量、列方程；求结果、验单位、代数据、作答案。

6. 三多法

所谓"三多"，是指"多理解，多练习，多总结"。多理解就是紧紧抓住课前预习和课上听讲，要认真听懂；多练习，就是课后多做习题，真正掌握；多总结，就是在考试后归纳分析自己的错误、弱项，以便日后克服，真正弄清自己的优势和弱点，从而明白日后听课时应多理解什么地方，课下应多练习什么题目，形成良性循环。

7. 实验记忆法

下面介绍一些行之有效的物理实验复习法：

（1）通过现场操作复习。

把实验仪器放在实验桌上，根据实验原理、目的、要求进行现场操作。

（2）通过信息反馈复习。

就那些在实验过程中发生、发现的问题进行共同讨论，及时纠错，达到复习巩固物理概念的

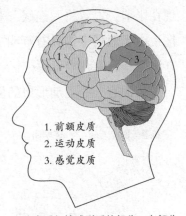

1. 前额皮质
2. 运动皮质
3. 感觉皮质

大脑皮质与情感联系的部分：大部分大脑皮质用于处理来自外部刺激和身体内部的感觉信息。

快速记忆就是科学用脑

目的。

（3）通过是非辨析复习。

在实验复习中有意在仪器的连接或安装、实验的步骤、读数记数等方面设置一些错误，目的是让自己分辨是非，明确该怎么做好某个实验。

（4）通过联系复习。

在复习某一个实验时，可以把与之相关的其他实验联系起来复习。

地理知识

思维导图中几种行之有效的看图方法是很多学习高手总结出来的学习经验，对学习地理帮助很大，具体论述如下：

1. 形象记忆法

仔细观察中国地图，湖南就像一个人的头像；山东就相当于一个鸡腿；黑龙江好像一只美丽的天鹅站在东北角上；青海省的轮廓则像一只兔子，西宁就好似它的眼睛。

把图片用生动的比喻联系起来就很容易记忆了。

地理知识的形象记忆是相对于语义记忆而言的，是指学生通过阅读地图和各类地理图表、观察地理模型和标本、参加地理实地考察和实验等途径所获得的地理形象的记忆。如学习"经线"和"纬线"这两个概念，学生观察经纬仪后，便能在头脑中形成经纬仪的表象，当需要时，头脑中的经纬仪表象便能浮现在眼前，以致将"经线"和"纬线"的概念正确地表述出来，这就是形象记忆。由于地理事物具有鲜明、生动的形象性，所以形象记忆是地理记忆的重要方法之一。尤其当形象记忆与语义记忆有机结合时，记忆效果将成倍增加。

下面有一些更加形象的例子可以帮助你记忆它们：

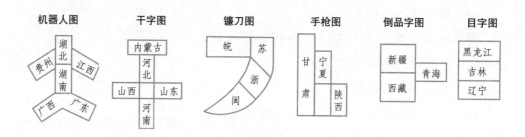

2. 简化记忆法

简化记忆法实际上就是将课本上比较复杂的图片加以简化的一种方法。比如中国的铁路分布线路图看起来特别的复杂，其实只要你用心去看，就能把图片分割成几个版块，以北京为中心可形成一个放射线状的图像。

3. 直观读图法

适用于解释地理事物的空间分布，如中国山脉的走向，盆地、丘陵的分布情况等。用图像记忆法揭示地理事物现象或本质特征，可以激发跳跃式思维，加快记忆。这种方法多用于记忆地理事物的分布规律、记忆地名、记忆各种地理事物特点及它们之间相互影响等知识。

例如，我国煤炭资源分布，主要有山西、内蒙古、陕西、河南、山东、河北等，省区名称多，很难记。可以用图像记忆法读图，在图上找到山西省，明确山西省是我国煤炭资源最丰富的省，再结合我国煤炭资源分布图，找出分布规律：它们以山西省为中心，按逆时针方向旋转一周，即可记住这些省区的名称，山西以北是内蒙古、以西是陕西、以南是河南、以东是山东和河北。接着，在图上掌握我国煤炭资源还分布在安徽和江苏省北部，以及边远省区的新疆、贵州、云南、黑龙江。

4. 纵向联系法

学习地理也和其他知识一样，有一个循序渐进、由浅入深的过程。如中国气候特点之一的"气候复杂多样"，就联系"中国地形图"、"中国干湿地区分布"以及"中国温度带的划分"等图形，然后才能得出自己的结论。同时，你在此基础上又可以联系学习世界气候类型及其分布，这样你就可以把有关气候的章节系统地复习，以后碰到这方面的考题你就可以游刃有余了。

除此之外，还有几种值得学生尝试的记忆方法：

口诀记忆法

例1：地球特点：赤道略略鼓，两极稍稍扁。自西向东转，时间始变迁。南北为纬线，相对成等圈。东西为经线，独成平行圈；赤道为最长，两极化为点。

例2：气温分布规律：气温分布有差异，低纬高来高纬低；陆地海洋不一

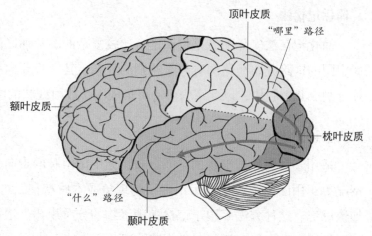

大脑中"什么"和"哪里"的路径帮助我们理解我们所看到的。"什么"的路径是从枕叶开始到颞叶皮质，帮助我们确定我们所看到的。"哪里"的路径是从枕叶皮质到顶叶的皮质，帮助我们定位我们看到的。

顶叶皮质

"哪里"路径

额叶皮质

枕叶皮质

"什么"路径

颞叶皮质

样，夏陆温高海温低，地势高低也影响，每千米相差6℃。

分解记忆法

分解记忆法就是把繁杂的地理事物进行分类，分解成不同的部分，便于逐个"歼灭"的一种记忆方法。如要记住人口超过1亿的10个国家：中国、印度、美国、印度尼西亚、巴西、俄罗斯、日本、孟加拉国、尼日利亚和巴基斯坦，单纯死记硬背很难记住，且容易忘记。采用分解记忆法较易掌握，即在熟读这10个国家的基础上分洲分区来记：掌握北美、南美、欧洲、非洲各有1个，分别是美国、巴西、俄罗斯、尼日利亚。其余6个国家是亚洲的。亚洲的又可分为3个地区，属东亚的是中国、日本；属东南亚的有印度尼西亚；属南亚的有印度、孟加拉国、巴基斯坦。

表格记忆法

就是把内容容易混淆的相关的地理知识，通过列表进行对比而加深理解记忆的一种方法。它用精练醒目的文字，把冗长的文字叙述简化，使条理清晰，能对比掌握有关地理知识，例如，世界三次工业技术革命，可通过列表比较它们的年代、主要标志、主要工业部门和主要工业中心，重点突出，一目了然。这种方法有利于提高学生的概括能力，开拓学生的求异思维，强化应变能力，提高理解记忆。

归纳记忆法

就是通过对地理知识的分类和整理，把知识联系在一起，形成知识结构，以便记忆的方法。它使分散的趋于集中，零碎的组成系统，杂乱无章的变得有条不紊。例如，要记住我国的土地资源、生物资源、矿产资源的特点，可归纳它们的共同之处是类型多样，分布不均；再记住它们不同的特点，就可以把土地资源、生物资源和矿产资源的特点全掌握了。

荒谬记忆法

荒谬记忆法指利用一些离奇古怪的联想方法，把零散的地理知识串到一块在大脑中形成一连串物象的记忆方法。通过奇特联想，能增强知识对我们的吸引力和刺激性，从而使需要记忆的内容深刻地烙在脑海中。如柴达木盆地中有矿区和铁路，记忆时可编成"冷湖向东把鱼打（卡），打柴（大柴旦）南去锡山（锡铁山）下，挥汗（察尔汗）砍得格尔木，火车运送到茶卡"。

总之，地理记忆的方法多种多样，中学生根据不同的地理知识采取不同的记忆方法就可以达到记而不忘，事半功倍的效果。

时政知识

政治记忆的方法有很多种，这里简单介绍几种方法：

1. 谚语记忆法

谚语记忆法就是运用民间的谚语说明一个道理的记忆方法。

采用这种记忆方法的好处是：

（1）可激发自己的学习兴趣，促进学习的积极性，变厌学为爱学，变被动学习为主动学习；

（2）可拓宽自己的思路，提高自己思维的灵活性；

（3）能培养自己一种好的学习习惯，通过刻苦钻研，从而在自己的学习过程中克服一个个难题。

采用这种记忆法应注意以下几点：

（1）谚语与原理联系要自然，千万不能生造谚语，勉强凑合；

（2）谚语所说明的原理要注意准确性，千万不能乱搭配，不然就会谬误流传；

（3）谚语应是所熟悉的，这样才能便于自己的记忆。

例如，"无风不起浪"、"城门失火，殃及池鱼"……说明事物之间是相互联系的，是唯物辩证法的联系观点。

如"山外青山楼外楼，前进路上无尽头"、"刻舟求剑"等这些都说明了事物都是处于不停的运动、发展之中的，运动是绝对的，静止是相对的，这是唯物辩证法发展的观点。

2. 自问自答法

自己当教师提问，自己又作为学生对所提问题进行回答的方法，称之为"自问自答法"。

在学习过程中，对一些最基本的问题就可以用"自问自答法"进行。例如：

问：商品的两个基本属性是什么？

答：是使用价值和价值。

问：货币的本质是什么？它的两个基本职能是什么？

答：货币的本质是一般等价物。价值尺度、流通手段是它的两个基本职能。

自问自答法不仅可以用于基本概念和基本原理的学习中，对于一些较复杂的知识的学习也可用此法进行，而且效果也很好。

比较复杂的学习内容，经过自问自答，就会条理清晰，便于记忆和理解。所以，"自问自答法"是一种比较常用的理想的记忆方法。

3. 举一反三法

在学习过程中，对某个问题进行重复学习以达到记忆的目的的方法称之为举一反三法。

"举一反三"的记忆方法并不是说对同一问题简单重复 2 ~ 4 次，而是指对同一类问题从不同的角度，反复进行学习、练习、讨论，这样才能使我们较牢固地掌握知识，思维也较开阔，才能学得活、学得好、记得牢。

如对商品这一概念的理解，我们运用"举一反三法"，真正掌握了任何商

记忆和无线电新闻广播

为什么我们对收音机里的新闻总是比电视里的新闻记得更清楚呢？在收音机里，新闻总是在很短的时间内播报，因此新闻内容的编排更为简洁，不像电视里的新闻有很多的补充性细节，所以更容易被记忆。相反，电视新闻播放的图片信息会分散人的注意力，从而干扰了人们对主要新闻内容的关注。

请仔细阅读下面的短文，并记住细节。

1937 年 3 月 6 日，捷列什科娃出生在苏联雅罗斯拉夫尔州图塔耶夫区马斯连尼科瓦村的一个工人家庭。1959 年，22 岁的捷列什科娃第一次在雅罗斯拉夫尔航空俱乐部接触到最终改变其一生命运的活动：跳伞运动。1960 年，她从纺织技术专科学校（函授）毕业，获纺织工艺师称号。1962 年，她加入苏共，并在宇宙航行学校接受宇航员培训，其间获少尉军衔。1963 年 6 月 16 日，她驾驶宇宙飞船"东方 6 号"升空，做围绕地球 48 圈的飞行，成为人类第一位进入太空的女性。1963 年 6 月 16 日至 19 日，捷列什科娃驾驶"东方 6 号"宇宙飞船在太空遨游 70 小时 50 分钟。迄今为止，她仍是世界上唯一一位在太空单独飞行 3 天的女性。

用纸遮住上面的短文，回答下面的问题。看看你的记忆力如何？
1. 第一位进入太空的女性叫什么名字？

2. 她是哪国人？

3. 她第一次在雅罗斯拉夫尔航空俱乐部接触到的是什么活动？

4. 她最早是做什么工作的？

5. 她于哪一年进入太空的？

6. 她驾驶的宇宙飞船在太空遨游了多长时间？

品都是劳动产品，但只有用于交换的劳动产品才是商品；商品的价值是凝结在商品中无差异的人类劳动，如 1 件衣服能和 3 斤大米交换，是因为它们的价值是相等的。千差万别的商品之所以能够交换，是因为它们都有价值，有价值的物品一定有使用价值……如此从多种角度反复进行，就能牢固地掌握商品的基本概念及与它相关的一些因素，使我们真正获得知识，吸取精华。

4. 厘清层次法

要善于把所学习的基本概念和原理进行分析，找出每一个层次的主要意思，这样就便于我们熟记了。

例如，我们学习"法律"这一基本概念，用"厘清层次法"就较为科学。这个概念我们可以分解成这么几个部分：

（1）它是反映统治阶级的意志，维护统治阶级的根本利益的（法律不维护被统治阶级的利益）；

（2）由国家制定或认可的（没有这一点，就不能称其为法律）；

（3）用国家强制力的特殊的行为规则（国家通过法庭、监狱、军队来保证执行）。采用这种厘清层次的方法，不仅便于熟记这一概念，而且也不易忘记。

5. 规律记忆法

这种学习方法就是要我们在学习中，注意找到事物的规律，以帮助我们牢记。在基本原理的熟记中，这种学习方法可谓是最佳方法。

例如我们根据对立统一规律就能熟记：内因和外因、主要矛盾和次要矛盾、矛盾的主要方面和次要方面、矛盾的特殊性和普遍性、量变和质变、新事物和旧事物等都会在一定的条件下互相转化。

"规律性记忆法"能以最少的时间熟记最多的知识。

在政治课的学习中，如果能把上面介绍的 5 种学习方法融会贯通，交替使用，无疑对提高学习效果是有积极意义的。

挑战你自己

大脑在回忆和策略制定的细胞间产生携带信息的神经递质的化学反应。这些神经递质的可实现性——包括记忆构建元素酪氨酸——在大脑中出现、增长，且经常用于解决问题的挑战中。20 世纪 60 年代后半期，在加州大学马里安·迪亚蒙德博士及同事进行的动物实验表明，处在良好环境中的老鼠，能够更好地发育大脑枝状结构，其表现好于没有接受挑战的老鼠。或许，这正是高智商的人经常在记忆测试中成绩卓著的原因——他们有着多于常人的"记忆链条"和神经环相关联的结构——演示记忆的雪球效应及丰富的环境。

第二篇

逻辑思维：
一切思考的基础

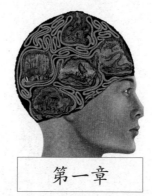

第一章

思维：人类最本质的资源

启迪思维是提升智慧的途径

我们一直都深信"知识就是力量"，并将其奉为金科玉律，认为只要有了文凭，有了知识，自身的能力就无可限量了。事实却不完全如此，下面这个小故事也许能够给你带来一些启示。

在很久以前的希腊，一位年轻人不远万里四处拜师求学，为的是能得到真才实学。他很幸运，一路上遇到了许多学识渊博者，他们感动于年轻人的诚心，将毕生的学识毫无保留地传授给了年轻人。可是让年轻人感到苦恼的是，他学到的知识越多，就越觉得自己无知和浅薄。

他感到极度困惑，这种苦恼时刻折磨着他，使他寝食难安。于是，他决定去拜访远方的一位智者，据说这位智者能够帮助人们解决任何难题。他见到了智者，便向他倾诉了自己的苦恼，并请求智者想一个办法，让他从苦恼当中解脱出来。

智者听完了他的诉说之后，静静地想了一会儿，接着慢慢地问道："你求学是为了求知识还是求智慧？"年轻人听后大为惊诧，不解地问道："求知识和求智慧有什么不同吗？"那位智者笑道："这两者当然不同了，求知识是求之于外，当你对外在世界了解得越深越广，你所遇到的问题也就越多越难，这样你自然会感到学到的越多就越无知和浅薄。而求智慧则不然，求智慧是求之于内，当你对自己的内心世界了解得越多越深时，你的心智就越圆融无缺，你就会感到一股来自于内在的智性和力量，也就不会有这么多的烦恼了。"

对弈是充满乐趣的有意义的脑力游戏。既是智力的角逐，又是思维的较量。经常下棋，能锻炼思维、保持智力、防止脑细胞的衰老。

年轻人听后还是不明白，继续问道："智者，请您讲得更简单一点儿好吗？"智者就打了一个比喻："有两个人要上山去打柴，一个早早地就出发了，来到山上后却发现自己忘了磨砍柴刀，只好用钝刀劈柴。另一个人则没有急于上山，而是先在家把刀磨快后才上山，你说这两个人谁打的柴更多呢？"年轻人听后恍然大悟，对智者说："您的意思是，我就是那个只顾砍柴而忘记磨刀的人吧！"智者笑而不答。

人们往往把知识与智慧混为一谈，其实这是一种错误的观念。知识与智慧并不是一回事，一个人知识的多少，是指他对外在客观世界的了解程度，而智慧水平的高低不仅在于他拥有多少知识，还在于他驾驭知识、运用知识的能力。其中，思维能力的强弱对其具有举足轻重的作用。

人们对客观事物的认识，第一步是接触外界事物，产生感觉、知觉和印象，这属于感性认识阶段；第二步是将综合感觉的材料加以整理和改造，逐渐把握事物的本质、规律，产生认识过程的飞跃，进而构成判断和推理，这属于理性认识阶段。我们说的思维指的就是这一阶段。

在现实生活中，我们常常看到有的人知识、理论一大堆，谈论起来引经据典、头头是道，可一旦面对实际问题，却束手束脚不知如何是好。这是因为他们虽然掌握了知识，却不善于通过开启思维运用知识。另有一些人，他们的知识不多，但他们的思维活跃、思路敏捷，能够把有限的知识举一反三，将之灵活地应用到实践当中。

南北朝的贾思勰，读了荀子《劝学篇》中"蓬生麻中，不扶而直"的话，他想：细长的蓬生长在粗壮的麻中会长得很直，那么，细弱的槐树苗种在麻田里，也会这样吗？于是他开始做试验，由于阳光被麻遮住，槐树为了争夺阳光只能拼命地向上长。3 年过后，槐树果然长得又高又直。由此，贾思勰发现植物生长的一种普遍现象，并总结出了一套规律。

古希腊的哲学家赫拉克利特说：知识不等于智慧。掌握知识和拥有智慧是人的两种不同层次的素质。对于它们的关系，我们可以打这样一个比方：智慧好比人体吸收的营养，而知识是人体摄取的食物，思维能力是人体消化的功能。人体能吸收多少营养，不仅在于食物品质的好坏，也在于消化功能的优劣。如果一味地贪求知识的增加，而运用知识的思维能力一直在原地踏步，那么他掌握的知识就会在他的头脑当中处于僵化状态，反而会对他实践能力的发挥形成束缚和障碍。这就像消化不良的人吃了过多的食物，多余的营养无法吸收，反倒对身体有害。

我们一再强调思维的意义，绝非贬低知识的价值。我们知道，思维是围绕知识而存在的，没有了知识的积累，思维的灵活运用也会存在障碍。因此，学习知识和启迪思维是提升自身智慧不可偏废的两个方面。没有知识的支撑，智慧也就成了无源之水、无本之木；没有思维的驾驭，知识就像一潭死水，波澜不兴，智慧也就更无从谈起了。

环境不是失败的借口

有些人回首往昔的时候，不免满是悔恨与感叹：努力了，却没有得到应有的回报；拼搏了，却没有得到应有的成功。他们抱怨，抱怨自己的出身背景没有别人好，抱怨自己的生长环境没有别人优越，抱怨自己拥有的资源没有别人丰富。总之，外界的一切都成了他们抱怨的对象。在他们的眼里，环境的不尽如人意是导致失败的关键因素。

然而，他们错了。环境并不能成为失败的借口。环境也许恶劣，资源也许匮乏，但只要积极地改变自己的思维，一定会有更好的解决问题的办法，一定会得到"柳暗花明又一村"的效果。

我们身边的许多人，就是通过灵活地运用自己的思维，改变了不利的环境，使有限的资源发挥出了最大的效益。

广州有一家礼品店，在以报纸做图案的包装纸的启发下，通过联系一些事业单位低价收下大量发黄的旧报纸，推出用旧报纸免费包装所售礼品的服务。店主特地从报纸中挑选出特殊日子的或有特别图案的，并分类命名，使顾客还可以根据自己的个性和爱好选择相应的报纸。这种服务推出后，礼品店的生意很快就火了起来。

这家礼品店的老板不见得比我们聪明，他可以利用的资源也不比别的礼品店经营者的多，但他却成功了。因为他转变了思维，寻找到了一个新方法。

我们在做事的过程中经常会遇到资源匮乏的问题，但只要我们肯动脑筋，善于打通自己的思维网络，激发脑中的无限创意，就一定能够将问题圆满解决。

总是有人抱怨手中的资源太少，无法做成大事。而一流的人才根本不看资源的多少，而是凡事都讲思维的运用。只要有了创造性思维，即使资源少一些又有什么关系呢？

每一件事情都是一个资源整合的过程，不要指望别人将所需资源全部准备妥当，只等你来"拼装"；也不要指望你所处的环境是多么的尽如人意。任何事情都需要你开启自己的智慧，改变自己的思维，积极地去寻找资源，没有资源也要努力创造资源。只有这样，才能渐渐踏上成功之路。

小测试

新的空间站里还有相当多的工作要做。但是是不是每个人都在做自己分内的工作呢？事实上，有一个宇航员美美地睡着了。其中8个人眼睛所看到的景象在左边的方框里。现在你需要把景象（A~H）与看到该景象的宇航员（1~9）相匹配。而剩下的那个人就是偷懒睡着了的！

答案：

1.C 2.G 3.F 4.A 5.B 6.E 7.睡着了 8.D 9.H

正确的思维为成功加速

思维是一种心境，是一种妙不可言的感悟。在伴随人们实践活动的过程中，正确的思维方法、良好的思路是化解疑难问题、开拓成功道路的重要动力源。一个成功的人，首先是一个积极的思考者，经常积极地想方设法运用各种思维方法，去应对各种挑战和应付各种困难。因此，这种人也较容易体味到成功的欣喜。

美国船王丹尼尔·洛维格就是一个典型的成功例子。

从他获得自己的第一桶金，乃至他后来拥有数十亿美元的资产，都和他善于运用思维，善于变通地寻找方法的特点息息相关。

当洛维格第一次跨进银行的大门，人家看了看他那磨破了的衬衫领子，又见他没有什么可做抵押的东西，很自然地拒绝了他的贷款申请。

他又来到大通银行，千方百计总算见到了该银行的总裁。他对总裁说，他把货轮买到后，立即改装成油轮，他已把这艘尚未买下的船租给了一家石油公司。石油公司每月付给的租金，就用来分期还他要借的这笔贷款。他说他可以把租契交给银行，由银行去跟那家石油公司收租金，这样就等于在分期付款了。

大通银行的总裁想：洛维格一文不名，也许没有什么信用可言，但是那家石油公司的信用却是可靠的。拿着租契去石油公司按月收钱，这自然是十分稳妥的。

洛维格终于贷到了第一笔款。他买下了他所要的旧货轮，把它改成油轮，租给了石油公司。然后又利用这艘船作抵押，借了另一笔款，又买了一艘船。

洛维格能够克服困难，最终达到自己的目的，他的成功与精明之处，就在于能够变通思维，用巧妙的方法使对方忽略他的一文不名，而看到他的背后有一家石油公司的可靠信用为他做支撑，从而成功地借到了钱。

和洛维格相仿，委内瑞拉人拉菲尔·杜德拉也是凭借积极的思维方法，不断找到好机会进行投资而成功的。在不到 20 年的时间里，他就建立了投资额达 10 亿美元的事业。

在 20 世纪 60 年代中期，杜德拉在委内瑞拉的首都拥有一家很小的玻璃制造公司。可是，他并不满足于干这个行当，他学过石油工程，他认为石油是个能赚大钱且更能施展自己才干的行业，他一心想跻身于石油界。

有一天，他从朋友那里得到一则信息，说是阿根廷打算从国际市场上采购价值2000万美元的丁烷气。得此信息，他充满了希望，认为跻身于石油界的良机已到，于是立即前往阿根廷活动，想争取到这笔合同。

去后，他才知道早已有英国石油公司和壳牌石油公司两个老牌大企业在频繁活动了。这是两家十分难以对付的竞争对手，更何况自己对石油业并不熟悉，资本又不雄厚，要成交这笔生意难度很大。但他并没有就此罢休，他决定采取迂回战术。

一天，他从一个朋友处了解到阿根廷的牛肉过剩，急于找门路出口外销。他灵机一动，感到幸运之神到来了，这等于向他提供了同英国石油公司及壳牌公司同等竞争的机会，对此他充满了必胜的信心。

他旋即去找阿根廷政府。当时他虽然还没有掌握丁烷气，但他确信自己能够弄到，他对阿根廷政府说："如果你们向我买2000万美元的丁烷气，我便买你2000万美元的牛肉。"当时，阿根廷政府想赶紧把牛肉推销出去，便把购买丁烷气的投标给了杜德拉，他终于战胜了两个强大的竞争对手。

投标争取到后，他立即筹办丁烷气。他随即飞往西班牙，当时西班牙有

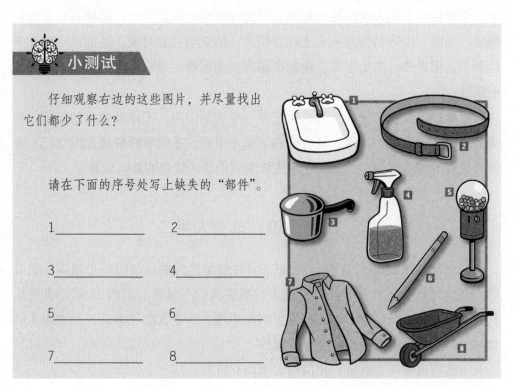

小测试

仔细观察右边的这些图片，并尽量找出它们都少了什么？

请在下面的序号处写上缺失的"部件"。

1_____ 2_____

3_____ 4_____

5_____ 6_____

7_____ 8_____

一家大船厂，由于缺少订货而濒临倒闭。西班牙政府对这家船厂的命运十分关切，想挽救这家船厂。

这一则消息，对杜德拉来说，又是一个可以把握的好机会。他便去找西班牙政府商谈，杜德拉说："假如你们向我买 2000 万美元的牛肉，我便向你们的船厂订制一艘价值 2000 万美元的超级油轮。"西班牙政府官员对此求之不得，当即拍板成交，马上通过西班牙驻阿根廷使馆，与阿根廷政府联络，请阿根廷政府将杜德拉所订购的 2000 万美元的牛肉，直接运到西班牙来。

杜德拉把 2000 万美元的牛肉转销出去之后，继续寻找丁烷气。他到了美国费城，找到太阳石油公司，他对太阳石油公司说："如果你们能出 2000 万美元租用我这条油轮，我就向你们购买 2000 万美元的丁烷气。"太阳石油公司接受了杜德拉的建议。从此，他便打进了石油业，实现了跻身于石油界的愿望。经过苦心经营，他终于成为委内瑞拉石油界的巨子。

洛维格与杜德拉都是具有大智慧、大胆魄的商业奇才。他们能够在困境中积极灵活地运用自己的思维，变通地寻找方法，创造机会，将难题转化为有利的条件，创造更多可以利用的资源。

这两个人的事例告诉我们：影响我们人生的绝不仅仅是环境，在很大程度上，思维控制了个人的行动和思想。同时，思维也决定了自己的视野、事业和成就。美国一位著名的商业人士在总结自己的成功经验时说，他的成功就在于他善于运用思维、改变思维，他能根据不同的困难，采取不同的方法，最终克服困难。

思维决定着一个人的行为，决定着一个人的学习、工作和处世的态度。正确的思维可以为成功加速，只有明白了这个道理，才能够较好地把握自己，才能够从容地化解生活中的难题，才能够顺利地到达智慧的最高境界。

改变思维，改变人生

马尔比·D.巴布科克说："最常见同时也是代价最高昂的一个错误，就是认为成功依赖于某种天才、某种魔力，某些我们不具备的东西。"成功的要素其实掌握在我们自己手中，那就是正确的思维。一个人能飞多高，并非由人的其他因素，而是由他自己的思维所制约。

下面有这样一个故事，相信对大家会有启发。

一对老夫妻结婚50周年之际，他们的儿女为了感谢他们的养育之恩，送给他们一张世界上最豪华客轮的头等舱船票。老夫妻非常高兴，登上了豪华游轮。真的是大开眼界，可以容纳几千人的豪华餐厅、歌舞厅、游泳池、赌厅等应有尽有。唯一遗憾的是，这些设施的价格非常昂贵，老夫妻一向很节省，舍不得去消费，只好待在豪华的头等舱里，或者到甲板上吹吹风，还好来的时候他们怕吃不惯船上的食物，带了一箱泡面。

转眼游轮的旅程要结束了，老夫妻商量，回去以后如果邻居们问起来船上的饮食娱乐怎么样，他们都无法回答，所以决定最后一晚的晚餐到豪华餐厅里吃一顿，反正最后一次了，奢侈一次也无所谓。他们到了豪华的餐厅，烛光晚餐、精美的食物，他们吃得很开心，仿佛找到了初恋时候的感觉。晚餐结束后，丈夫叫来服务员要结账。服务员非常有礼貌地说："请出示一下您的船票。"丈夫很生气："难道你以为我们是偷渡上来的吗？"说着把船票丢给了服务员，服务员接过船票，在船票背面的很多空栏里划去了一格，并且十分惊讶地说："二位上船以后没有任何消费吗？这是头等舱船票，船上所有的饮食、娱乐，包括赌博筹码都已经包含在船票里了。"

这对老夫妇为什么不能够尽情享受？是他们的思维禁锢了他们的行为，他们没有想到将船票翻到背面看一看。我们每一个人都会遇到类似的经历，总是死守着现状而不愿改变。就像我们头脑中的思维方式，一旦哪一种观念占据了上风，便很难改变或不愿去改变，导致做事风格与方法没有半点儿变通的余地，最终只能将自己逼入"死胡同"。

如果我们能够像下面故事中的比尔一样，适时地转换自己的思维方法，就会使自己的思路更加清晰，视野更加开阔，做事的方法也会灵活转变，自然就会取得更优秀的成就。从某种程度上讲，改变了思维，人生的轨迹也会随之改变。

改变所在环境中某一物件是行之有效的记忆办法。比如，电台的DJ将当日节目要播放的光盘改变存放位置。

从前有一个村庄严重缺少饮用水，为了根本性地解决这个问题，村里的长者决定对外签订一份送水合同，以便每天都能有人把水送到村子里。艾德和比尔两个人愿意接受这份工作，于是村里的长者把这份合同同时给了这两个人，因为他们知道一定的竞争将既有益于保持价格低廉，又能确保水的供应。

获得合同后，比尔就奇怪地消失了，艾德立即行动了起来。没有了竞争使他很高兴，他每日奔波于相距 1 公里的湖泊和村庄之间，用水桶从湖中打水并运回村庄，再把打来的水倒在由村民们修建的一个结实的大蓄水池中。每天早晨他都必须起得比其他村民早，以便当村民需要用水时，蓄水池中已有足够的水供他们使用。这是一项相当艰苦的工作，但艾德很高兴，因为他能不断地挣到钱。

几个月后，比尔带着一个施工队和一笔投资回到了村庄。原来，比尔做了一份详细的商业计划，并凭借这份计划书找到了 4 位投资者，和他们一起开了一家公司，并雇用了一位职业经理。比尔的公司花了整整 1 年时间，修建了从村庄通往湖泊的输水管道。

在隆重的贯通典礼上，比尔宣布他的水比艾德的水更干净，因为比尔知道有许多人抱怨艾德的水中有灰尘。比尔还宣称，他能够每天 24 小时、一星期 7 天不间断地为村民提供用水，而艾德却只能在工作日里送水，因为他在周末同样需要休息。同时比尔还宣布，对这种质量更高、供应更为可靠的水，他收取的价格却是艾德的 75%。于是村民们欢呼雀跃、奔走相告，并立刻要求从比尔的管道上接水龙头。

为了与比尔竞争，艾德也立刻将他的水价降低到 75%，并且又多买了几个水桶，以便每次多运送几桶水。为了减少灰尘，他还给每个桶都加上了盖子。用水需求越来越大，艾德一个人已经难以应付，他不得已雇用了员工，可又遇到了令他头痛的工会问题。工会要求他付更高的工资、提供更好的福利，并要求降低劳动强度，允许工会成员每次只运送一桶水。

此时，比尔又在想，这个村庄需要水，其他有类似环境的村庄一定也需要水。于是他重新制订了他的商业计划，开始向其他的村庄推销他的快速、大容量、低成本并且卫生的送水系统。每送出一桶水他只赚 1 便士，但是每天他能送几十万桶水。无论他是否工作，几十万人都要消费这几十万桶的水，而所有的这些钱最后都流入到比尔的银行账户中。显然，比尔不但开发了使水流向村庄的管道，而且还开发了一个使钱流向自己钱包的管道。

从此以后，比尔幸福地生活着，而艾德在他的余生里仍拼命地工作，最终还是陷入了"永久"的财务问题中。

比尔之所以能获得成功，就在于他懂得及时转变思维。当得到送水合同时，他并没有立即投入挑水的队伍中，而是运用他的系统思维将送水工程变成了一个体系，在这个体系中的人物各有分工，通力协作。当这一送水模式在本村庄获得成功后，比尔又运用他的联想思维与类比思维，考虑到其他的村庄也需要这种安全卫生方便的送水服务，更加开拓了他的业务范围。比尔正是运用了巧妙的思维达到了"巧干"的结果。

思路决定出路，思维改变人生。拥有正确的思维，运用正确的思维，灵活改变自己的思维，才能使自己的路越走越宽，才能使自己的成就越来越显著，才能演绎出更加精彩的人生画卷。

好思维赢得好结果

很多年前，一则小道消息平静地传播在人们之间：美国穿越大西洋底的一根电报电缆因破损需要更换。这时，一位不起眼的珠宝店老板对此没有等闲视之，他几乎十万火急，毅然买下了这根报废的电缆。

没有人知道小老板的企图："他一定是疯了！"异样的眼光惊诧地围绕在

借助心理成像法寻找物品

我们常常借助组合和心理成像法寻找很少使用的物品。例如，把潜水鞋和潜水镜放在纸箱里，然后把纸箱放在车库里的一个打气筒和旧轮胎旁。你可以把这些不同的元素联系起来创建一幅心理图像：气筒在为轮胎打气，潜水鞋和潜水镜靠在慢慢鼓起来的轮胎上。

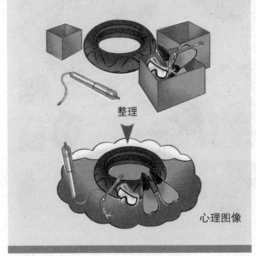

整理

心理图像

他的周围。

而他却关起店门，将那根电缆洗净、弄直，剪成一小段一小段的金属段，然后装饰起来，作为纪念物出售。大西洋底的电缆纪念物，还有比这更有价值的纪念品吗？

就这样，他轻松地成功了。接着，他买下了欧仁皇后的一枚钻石。那淡黄色的钻石闪烁着稀世的华彩，人们不禁问：他自己珍藏还是抬出更高的价位转手？

他不慌不忙地筹备了一个首饰展示会，其他人当然是冲着皇后的钻石而来。可想而知，梦想一睹皇后钻石风采的参观者会怎样蜂拥着从世界各地接踵而至。

他几乎坐享其成，毫不费力就赚了大笔的钱财。

他，就是后来美国赫赫有名、享有"钻石之王"美誉的查尔斯·刘易斯·蒂梵尼，原本只是一个磨坊主的儿子！

这个故事告诉我们这样一个简单的道理：好思维赢得好结果。蒂梵尼没有将废旧电缆视为垃圾和废物，而是从纵深角度挖掘出了它的纪念价值。他也没有将皇后的钻石独自收藏或高价转让，而是从侧面开发出它更多的观赏价值，以及由此带来的对其他珠宝首饰销量的带动。

当别人关注于事物的某一点时，蒂梵尼总能看到更有价值的那个方面，并全力将它开发出来。可以说，蒂梵尼日后能够取得如此辉煌的成就，与他的思维是分不开的。

英国有这样一位美女，她也很善于灵活运用自己的思维，尤其善于运用独特的创意来拓展自己的业务，她就是被美容界称为"魔女"的安妮塔。

安妮塔拥有数千家美容连锁店，不过，安妮塔这个庞大的美容"帝国"，从没花过一分钱的广告费。

安妮塔于 1971 年贷款 4000 英镑开了第一家美容小店。她把店铺的外面漆成了绿色，以求吸引路人的眼球。开业前有一天，安妮塔收到一封律师来函，律师称受安妮塔小店附近两家殡仪馆的委托控告她，要她要么不开业，要么就改变店外装饰，原因是她的小店这种花哨的装饰，破坏了殡仪馆庄严肃穆的气氛，从而影响了殡仪馆的生意。

安妮塔又好气又好笑，无奈中她灵机一动，想出了一个好主意。她打了一个电话给布利顿的《观察晚报》，声称她知道一个吸引读者扩大销路的独家新闻：黑手党经营的殡仪馆正在恐吓一个手无缚鸡之力的可怜女人——罗蒂克·安妮塔，这个女人只不过想在她丈夫准备骑马旅行探险的时候，开一家美容小店维持生计而已。

《观察晚报》果然上当了。它在显著位置报道了这则新闻，不少富有同情心和正义感的读者都来美容店安慰安妮塔，由于舆论的作用，那位律师也没有再来找麻烦。这样，小店尚未开业，就在布利顿出了名。

开业头几天，美容小店顾客盈门，热闹非凡。然而不久，一切发生了戏剧性的变化，顾客渐少，生意日淡。经过反思，安妮塔终于发现，新奇感只能维持一时，不能维持一世。自己的小店最缺少的是宣传，小店虽然别具风格，自成一体，但给顾客的刺激还远远不够，需要马上改进。

一个凉风习习的早晨，市民们迎着朝阳去肯辛顿公园，发现一个奇怪的现象：一个披着曲卷头发的古怪女人沿着街道往树叶或草坪上喷洒草莓香水，清新的香气随着袅袅的晨雾飘散得很远很远。她就是安妮塔，她要营造一条通往美容小店的馨香之路，让人们认识并爱上美容小店，闻香而来，成为常客。她的这些非常奇特意外的举动，又一次上了布利顿的《观察晚报》的版面。

后来，美容小店进军美国，在临开张的前几周，纽约的广告商纷至沓来，热情洋溢地要为美容小店做广告。他们相信，美容小店一定会接受他们的建议，因为在美国，离开了广告，商家几乎寸步难行。

但安妮塔却态度鲜明地说："先生，实在抱歉，我们的预算费用中，没有广告费用这一项。"

美容小店离经叛道的做法，引起美国商界的纷纷议论：外国零售商要想在商号林立的纽约立足，若无大量广告支持，说得好听是有勇无谋，说得难听无异于自杀。

而敏感的纽约新闻媒体没有漏掉这一"奇闻"，它们在客观报道的同时，还加以评论。读者开始关注起这家来自英国的公司，觉得这家美容小店确实很怪。这实际上已经起到了广告宣传的作用，安妮塔为此节省了上百万美元的广告费。

安妮塔就是依靠这一系列标新立异的创意让媒体不自觉地时常为其免费做"广告"，使最初的一间美容小店扩张成跨国连锁美容集团，其手法令人拍案叫绝。她的公司于 1984 年上市以后，很快就使她步入了亿万富翁的行列。

安妮塔虽然没有向媒体支付过一分钱的广告费，却以自己不断推出的标新立异的做法始终受到媒体的关注，使媒体不自觉地时常为其免费做"广告"，其手法令人拍案叫绝。

回过头来思考安妮塔获得的成功，无疑还是得益于她的好思维。她懂得巧妙地运用逆向思维，用"不打广告"这一"告示"来吸引媒体的眼球，起到了免费广告的作用。

人的思维是一种很奇妙的东西，它可以向无限的空间扩展，又可以层层

小测试

在无序中……

记忆下面这些词，然后合上书。几分钟后，在一张纸上尽可能多地写下你记住的词。然后，进入下一个测试。

·直升机	·小艇	·飞机	·汽车
·轻舟	·大车	·自行车	·热气球
·货轮	·独木舟	·悬挂式滑翔机	·摩托车

……或者，尽可能合理地组织

记忆下面表格中的词，然后合上书。几分钟后，在一张纸上尽可能多地写下你记住的词。

乐器					
弦乐器		管乐器		打击乐器	
拉弦乐器	拨弦乐器	木质	铜质	手击	棍击
小提琴	吉他	长笛	小号	康茄鼓	鼓
大提琴	竖琴	单簧管	萨克斯风	响板	定音鼓

许多实验表明，分类法能够将新信息与已知信息联系起来，在回忆的时候提供宝贵的线索。

收缩、探其根源，还可以逆转过来，从结局推导原因，更可以将各种思维糅合在一起，系统分析，就看拥有它的人是否能够打开自己的思路，灵活地加以运用。思维是人的一种工具，你可以自由地支配和利用它。运用好自己的思维，最终，你也会收获累累硕果。

让思维的视角再扩大一倍

有人问：创造性最重要的先决条件是什么？我们给出的答案是"思维开阔"。

我们假设你站在房子中央，如果你朝着一个方向走2步、3步、5步、7步或10步，你能看到多少原来看不到的东西呢？房子还是原来的房子，院子还是原来的院子。现在设想你离开房子走了100步、500步、700步，是否看到了更多的新东西？再设想你离开房子走了100米、1000米或10000米，你的视界是否有所改变？你是否看到了许多新的景色？你身边到处都是新的发现、新的事物、新的体验，你必须准备多迈出几步，因为你走得越远，有新发现的概率越高。

由于受到各种思维定式的影响，人们对于司空见惯的事物其实并不真正了解。也可以说，我们经常自以为海阔天空、无拘无束地思索，其实说不定只是在原地兜圈子。只有当我们将自己的视角扩大一些，来观察这同一个世界的时候，才可能发现它有许许多多奇妙的地方，才能发觉原先思考的范围很狭窄。

意大利有一所美术学院，在学生外出写生时，教师要求他们背对景物，脖子拼命朝后仰，颠倒过来观察要画的景物。据说，这样才能摆脱日常观察事物所形成的定式，从而扩大视野，在熟悉的景物中看出新意，或者发现平时所忽略的某些细节。

同样的道理，当我们欣赏落日余晖的时候，不妨把目光转向东方，那里有许多被人忽略的壮丽景观，像流动的彩云、窗户上反射出的日光，等等；还可以把目光转向北方、南方的整个天空，这也是一种训练观察范围的方法，随着观察范围的扩大，创意的素材就会源源不断地进入我们的头脑。

也许有人会认为，观察和思考某一个对象，就应该全力集中在这一个对象身上，不应该扩大观察和思考的范围，以免分散注意力。而实际情况并非如此。多视角、多项感观机能的调动对于创新思维往往能够起到促进作用。人们

建立联系

　　研究者在美国田纳西州范德比尔特大学做的一项简单的实验显示，将新信息与现存的知识联系起来时，获取信息将更容易。一组学生被要求听 10 句简单、无关紧要的类似下面的句子：一个滑稽的人买了一枚戒指；一个秃头男读报纸；一个漂亮的女士在戴耳环。然后，测试学生们刚刚获得的信息，结果，平均 40% 的答案正确。另一组学生也听了相同的句子，只是增加了更多的细节。例如：一个滑稽的人买了一枚可以喷水的戒指；一个秃头男读报纸寻找帽子降价甩卖的消息；一个漂亮的女士戴上从垃圾桶里捡来的耳环。这组学生进行了同第一组学生同样的测试；令人惊讶的是，虽然他们听的句子更长，但他们准确记住的却相当多——有 70%。

　　研究人员指出当我们能够将大量信息联系起来——也就是说，将新信息与已经知道的东西联系起来，这样新信息就可以被记忆得更好。在这个例子中，秃子与帽子、搞笑戒指与滑稽的人、漂亮的女士与垃圾筒，这些事物建立起了更深、更方便于记忆的联想与视觉形象。

发现，儿童在回答创意测验题时，喜欢用眼睛扫视四周，试图找到某种线索。线索丰富的环境能够给被试者以良好的思维刺激，使他获得更多的创见。

　　科学家进行过这样一次测试，首先把一群人关进一所无光、无声的室内，使他们的感官不能充分发挥作用。然后再对他们进行创新思维的测试，结果，这些人的得分比其他人要低很多。

　　由此可见，观察和思考的范围不能过于狭窄。

　　扩展思维的广度，也就意味着思维在数量上的增加，像增加可供思考的对象，或者得出一个问题的多种答案，等等。从实际的思维结果上看，数量上的"多"能够引出质量上的"好"，因为数量越大，可供挑选的余地也就越大，其中产生好创意的可能性也就越大。谁都不能保证，自己所想出的第一个点子，肯定是最好的点子。

　　比如，小小的拉链，最早的发明者仅仅用它来代替鞋带，后来有家服装店的老板把拉链用在钱包和衣服上，从此，拉链的用途逐渐扩大，几乎能把任何两个物体连接起来。

　　从思维对象方面来看，由于它具有无穷多种属性，因而使得我们的思维广度可以无穷地扩展，而永远不会达到"尽头"。扩展一种事物的用途，常常会导致一项新创意的出现。

让思维在自由的原野"横冲直撞"

美国康奈尔大学的威克教授曾做过这样一个实验：他把几只蜜蜂放进一个平放的瓶中，瓶底向光；蜜蜂们向着光亮不断碰壁，最后停在光亮的一面，奄奄一息；然后在瓶子里换上几只苍蝇，不到几分钟，所有的苍蝇都飞出去了。原因是它们多方尝试——向上、向下、向光、背光，碰壁之后立即改变方向，虽然免不了多次碰壁，但最终总会飞向瓶颈，脱口而出。

威克教授由此总结说：

"横冲直撞总比坐以待毙高明得多。"

思维阔无际崖，拥有极大自由，同时，它又最容易被什么东西束缚而困守一隅。

在哥白尼之前，"地心说"统治着天文学界；在爱因斯坦发现相对论之前，牛顿的万有引力似乎"完美无缺"。大家的思维因有了一个现成的结论，而变得循规蹈矩，不再去八面出击。后来，哥白尼和爱因斯坦"横冲直撞"，前者才发现了"地心说"的错误，后者发现了万有引力的局限。

在学习与工作中，我们要学一学苍蝇，让思维放一放野马，在自由的原野上"横冲直撞"一下，也许你会看到意想不到的奇妙景象。

1782年的一个寒夜，蒙格飞兄弟烧废纸取暖，他俩看见烟将纸灰冲上房顶，突然产生了"能否把人送上天"的联想，于是兄弟俩用麻布和纸做了1个奇特的彩色大气球，8个大汉扯住口袋进行加温随后升天，一直飞到数千米高空，令法国国王不停地称奇！从而开辟了人类上天的先河。

英军记者斯文顿在第一次世界大战中，目睹英法联军惨败于德军坚固的工

吸纳常规放松技巧

据来自斯坦福大学医学院研究人员报道，在获悉新事情前有意识地放松全身肌肉或许是最有效提高记忆的途径之一。看来松弛肌肉能减少一个人在获悉事情时常产生的焦虑。一组由39名男女志愿者（62～83岁）参加由这些研究人员指导的提高记忆进程。志愿者们被分成两组。一组队员被教授指导如何放松主要肌肉组织，而另一组只在进行一个3小时记忆训练课程前被简单告知如何改变提高对年龄增长的态度。这次试验的结果表明进行肌肉放松技巧指导的一组在对新事情（名字、面貌）的记忆上效率高出25%。

事和密集的防御火力后，脑中一直盘旋着怎样才能对付坚固的工事和密集的火力这一问题。一天他突发灵感，想起在拖拉机周围装上钢板，配备机枪，发明了既可防弹，又能进攻的坦克，为英军立下奇功。

有时，并不是我们没有创造力，而是我们被已有的知识限制，思维变得凝滞和僵化。而那些思维活跃、善于思考的人往往能做到别人认为不可能做到的事情。

1976 年 12 月的一个寒冷的早晨，三菱电机公司的工程师吉野先生 2 岁的女儿将报纸上的广告单卷成了一个纸卷，像吹喇叭似的吹起来。然后她说："爸爸，我觉得有点儿暖乎乎的啊。"孩子的感觉是喘气时的热能透过纸而被传导到手上。正苦于思索如何解决通风电扇节能问题的吉野先生突然受到了启发：将纸的两面通进空气，使其达到热交换。他以此为原型，用纸制作了模型，用吹风机在一侧面吹冷风，在另一侧面吹暖风，通过一张纸就能使冷风变成暖风，而暖风却变成了冷风。此热交换装置仅仅是将糊窗子用的窗户纸折叠成像折皱保护罩那样一种形状的东西，然后将它安装在通风电扇上。室内的空气通过折皱保护罩的内部而向外排出；室外的空气则通过折皱保护罩的外侧而进入保护罩内。通过中间夹着的一张纸，使内、外两方面的空气相互接触，使其产生热传导的作用。如果室内是被冷气设备冷却了的空气，从室外进来的空气就能加以冷却，比如室内温度 26℃，室外温度 32℃，待室外空气降到 27.5℃之后，再使其进入室内。如果室内是暖气，就将室外空气加热后再进入室内，比如室外 0℃，室内 20℃，则室外寒风加热到 15℃以后再入室。这样，就可节约冷、热气设备的能源。

三菱电机公司把这一装置称作"无损耗"的商品，并在市场出售。使用此装置，每当换气之际，其损失的能源可回收 2/3。

有时，我们会被难以解决的问题所困扰，这时，需要我们为思路打开一个出口，开辟一片自由的思想原野，让思维在这片原野上"横冲直撞"，这样，会让你得到更多。

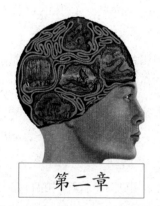

第二章

逻辑基本规律

逻辑基本规律

所谓规律，就是事物运动过程中固有的本质的必然的联系，它决定着事物的发展方向。人们在认识和改造客观世界的过程中，必须遵循一定的规律。规律是客观存在的，不以人的意志为转移。只有遵循事物发展的规律，才能推动事物的发展；违背了事物发展的规律，就必然会导致失败。在人们进行思维活动的时候，也要遵循一定的逻辑规律。事实上，思维规律本就是逻辑学的三大研究对象之一。只有遵循逻辑规律，才能进行正确、有效的思维活动；而一旦违背了逻辑规律，就必然导致思维的混乱。逻辑规律就像人类社会的法律，只要身处其中，就必须遵循。不同的是，法律规范的是人的行为，而逻辑规律规范的是人的思维活动。

逻辑规律可以分为特殊的逻辑规律和一般的逻辑规律，也有人把它分为非基本的逻辑规律和基本的逻辑规律，或者是具体的逻辑规律和基本的逻辑规律。

所谓特殊的逻辑规律是在某些特定范围内需要遵循的逻辑规律。比如，直言判断的对当关系、直言三段论、联言推理、假言推理、选言推理以及二难推理等所遵循的规则都是特殊的逻辑规律。在进行直言三段论推理时，就必须遵循直言三段论的逻辑规律；反之，直言三段论的逻辑规律也只适用于直言三段论推理，而不适用于其他推理。因此，特殊的逻辑规律的作用是有限的，只适用于某一特定范围。

一般的逻辑规律是指逻辑的基本规律，即普遍适用于逻辑思维过程中的一般性规律。它一般包括同一律、矛盾律、排中律以及充足理由律。这4条基本的逻辑规律既是对人类思维活动的基本特征的反映，也是对人们进行正确的思维活动的要求。这些规律是人们长期进行思维活动的经验的总结，而它们又反过来指导、规范着人们的思维活动。逻辑的基本规律不但适用于概念、判断、推理、论证等各个具体领域，也作用于人们的日常生活、学习或者工作、研究等思维活动。逻辑的基本规律就像空气，存在于任何形式的思维活动中，也是任何形式的思维活动所不可或缺的。

如果把逻辑规律比作法律，特殊的逻辑规律就如同法律中的刑法、民法、经济法、婚姻法、知识产权法等，而逻辑的基本规律就好比国家的根本大法——宪法。刑法、民法、经济法、婚姻法、知识产权法等的制定都要依据宪法进行，特殊的逻辑规律也必须以遵循逻辑的基本规律为前提。

人们对逻辑规律的认识并不是完全相同的。逻辑实证主义者就认为，逻辑规律只是少数人之间的约定，并不适用于所有人群。根据这种观点，世界各个国家或地区的不同人群就会有不同的约定，而他们也只能依据自己的约定进行思维活动，彼此不能互相理解。而事实上，人们之间的交流和理解不仅一直存在着，而且越来越频繁。这主要是因为，人们进行思维的具体内容虽然各不相同，但却都遵循着逻辑思维的基本规律，这也正是不同语言、经历以及生活习惯中的人能够互相理解、交流的原因。而先

小测试

孩子们趁假日到海滩玩耍。来到这里，当然要进行沙滩浴啦！不过，这些孩子晒太阳晒得太久了……仔细观察每个小孩身上的图案，看看你是否能迅速把每个人与垫子上的两件物品分别匹配。请在下面的对应处填上物品的名称。

1_____   2_____
3_____   4_____
5_____   6_____

验论者则认为逻辑思维规律是人们与生俱来的、主观自生的，而不是对客观规律的反映。这种观点割断了人们的理性认识与感觉经验和社会实践的联系，否认了认识同客观世界的反映与被反映的联系，因而是错误的。人非生而知之，而是经过后天的学习得来的，逻辑思维也是如此。所以，如果没有后天有意识地培养甚至训练，人们就不会形成遵循和运用逻辑规律的思维能力。

逻辑实证主义者与先验论者的共同错误就在于忽视了逻辑基本规律的客观性。而客观性，是逻辑基本规律的重要特征之一。物质决定意识，意识是物质的反映。思维活动作为一种意识，也是人们对客观世界的反映。虽然其形式上是主观，但其内容却是客观的。因为人的思维不可能凭空产生，任何思维的内容都来源于客观存在。而客观存在的规律反映到人的思维中，就使得人的思维规律具有了客观性，并且不以人的意志为转移。比如，"领导总说要听取群众的意见，我是群众，可他从没有听取过我的意见"。在这一思维过程中，前后两个"群众"虽然是一个词语，但前者是集合概念，后者是非集合概念，违背了同一律的要求，因此是错误的。由此可见，逻辑的基本规律对人们正确进行思维活动有着不可或缺的规范性，是客观存在的，不能随人的意志任意改变。

逻辑基本规律的另一大特征是确定性。客观事物都是具有确定性的，比如，"天"就是"天"，"地"就是"地"，"天"不会是"地"，"地"也不会是"天"。当一种事物具有某种属性时，就不能同时不具有某种属性。比如，如果"小明是他弟弟"是对的，那么"小明不是他弟弟"就不能同时是对的。诸如此类的事实都可以说明客观事物具有确定性，而客观事物的确定性又决定了思维的确定性。比如，当你在对某一现象进行思维的过程中，你断定了它是什么或有什么，就不能再断定它不是什么或没有什么，否则就违背了逻辑基本规律中的矛盾律。

此外，逻辑基本规律还有两个基本特征，即普遍性和论证性。其存在的普遍性，简而言之，就是指逻辑基本规律对人们的思维活动具有普遍的规范性和指导意义。而人们在对某一思想或观点进行论断的过程中，逻辑基本规律也显示了它的论证性。事实上，正是在逻辑基本规律的规范下，论证过程才得以顺利进行。

总之，只有遵循逻辑的基本规律，才能使人们的思维活动具有一贯性、明确性和无矛盾性，也才能使我们的思维过程明确概念，进行恰当而有效的判断、推理和强有力的论证。

同一律

清代袁枚的《随园诗话补遗》里有这么一则记载:

唐时汪伦者,泾川豪士也,闻李白将至,修书迎之,诡云:"先生好游乎?此地有十里桃花。先生好饮乎?此地有万家酒店。"李欣然至。乃告云:"桃花者,潭水名也,并无桃花。万家者,店主人姓万也,并无万家酒店。"李大笑,款留数日,赠名马八匹,官锦十端,而亲送之。李感其意,作《桃花潭》绝句一首。

这则逸事中的汪伦即是李白《赠汪伦》中"桃花潭水深千尺,不及汪伦送我情"中的汪伦。汪伦故意把深十里的桃花潭说成"十里桃花",把姓万的主人开的酒店说成是"万家酒店",终于迎来了李白。他这样做,到底是求贤若渴还是沽名钓誉且不去论,其巧妙运用同一律的做法则不能不让人赞叹,怪不得李白听了后也"大笑"不已,并赠诗予他了。

作为逻辑基本规律之一的同一律是指在同一思维过程中,每一思想都与其自身保持同一性。这里的"同一",既包括同一思维过程中的同一时间,又包括其中的同一关系和同一对象。也就是说,在推理或论证某一思想的时候,在同一思维过程中,涉及该思想的时间、关系以及对象都必须始终保持同一。前面的推理或论证中该思想出现时是什么时间、什么关系、哪个对象,后面推理或论证时也要是这一时间、这一关系和这一对象。这三个要素中有任何一个不同一,都会违反同一律,犯混淆概念、论题或转移概念、论题的错误。比如:

唐代以后,古体诗尤其是长篇古体诗转韵的例子有很多,比如张若虚的《春江花月夜》和白居易的《琵琶行》《长恨歌》等。

这句话中,在论证"古体诗转韵"这一思想时,前面提到的时间是"唐代以后",后面举的例子的时间却是"唐代"(张若虚、白居易俱为唐代人),在时间上没有保持同一性,因而是错误的。

一般来讲,时间、关系和对象都可以通过概念或判断表现出来。所以,在同一思维过程中,保持时间、关系和对象的同一性就是保持概念和判断的同一性。这也是同一律的基本要求。

保持概念的同一性就是要求在同一思维过程中,每一个概念都要与其自身保持同一性,即每一个概念的内涵和外延要具有确定性。这主要是因为,概念

1.认真观察下面这幅图 30 秒钟，然后盖上它。

2.现在回答下面的问题。

（1）冰箱上面的柜子里有几个瓶子？

（2）钟表显示的时间是几点？

（3）冰箱的门上有几个冰箱贴？

（4）这个房间有几扇窗户？

（5）桌子上在水果碗的旁边摆的是什么？

（6）烤炉手套是什么颜色的？

（7）煤气灶上的锅是什么颜色的？

的内涵和外延都是极为丰富的，如果在同一思维过程中，前面用的是某概念的这一内涵或外延，而后面用的则是该概念的另一内涵或外延，那么这个概念的内涵和外延就是不确定的。这就违反了同一律，必然造成思维的混乱。比如：古希腊著名诡辩家欧布利德斯曾这样说："你没有失掉的东西，就是你有的东西；你没有失掉头上的角，所以你就是头上有角的人。"他的这一推理可以用三段论形式来表示：

凡是你没有失掉的东西就是你有的东西，

你头上的角是你没有失掉的东西，

所以，你头上的角是你有的东西。

在这个推理中，大前提中的"你没有失掉的东西"是指原来具有而现在仍没有失掉的东西；小前提中的"你没有失掉的东西"则是指你从来没有的东西，二者显然不是同一概念。从推理形式来说，这一推理犯了"四词项"错误；从思维过程来说，这一思维过程违反了同一律，犯了偷换概念的错误。这就是欧布利德斯的诡辩。

保持判断的同一性就是要求在同一思维过程中，每一个判断都要与其自身保持同一性，即每一个判断的内容都要具有确定性。也就是说，不管是在你表达自己的观点时，还是在你与别人进行讨论或辩论某一个问题时，或者是对某一错误观点进行反驳时，都要保持判断的确定性，即一个判断原来断定的是什么，后来断定的也要是什么，判断的真假值必须前后一致。否则就会违反同一律，造成思维的混乱。比如：

明朝永乐年间，有一位朝廷大臣为母亲祝寿，明朝的大才子、《永乐大典》的主编解缙应邀前往。受邀的各位客人都带了礼物，但解缙却空手而来，大家都很意外。轮到解缙祝寿时，他要来文房四宝，挥笔写道："这个婆娘不是人。"众人大惊，那位为母亲祝寿的大臣的脸也阴沉了下来。解缙不以为意，继续写道："九天仙女下凡尘。"大家都松了口气，刚准备喝彩时，只见解缙又写道："个个儿子都是贼。"众人再次大哗，那个大臣似乎也忍不住要发作。解缙仍然不理会众人，不慌不忙地写下最后一句："偷得蟠桃献母亲。"一时满堂喝彩。

这4句祝词看似违反了同一律，但实际上却是解缙对同一律的巧妙运用。"这个婆娘不是人"与"九天仙女下凡尘"表面上看似无关，其实是对同一对象（大臣的母亲）所做的同一判断，因为九天仙女本就不是人而是神；同样，"个个儿子都是贼"与"偷"也是同一判断，因为偷东西的自然是贼了。解缙正是通过对同一律的巧妙运用，达到这样一个令人意想不到的效果。

如果我们用 A 表示任一概念或判断，那么同一律的逻辑形式就可以表示为：A 是 A。也可以表示为：如果 A，那么 A。用符号表示就是：$A \to A$。这一逻辑形式表示的是在同一思维过程中，每一个概念或判断都要与其自身保持同一性。

需要注意的是，同一律不是哲学上讲的"表示对事物根本认识的"世界观和"认识、改造客观世界的"方法论。也就是说，它本身并非是对一切事物都绝对与自身同一且永不改变的断定。它只是规范人们思维活动的一条规律，只对人们在同一思维过程中保持概念或判断的前后同一性做要求。而且，它并不否定概念或判断随着事物的发展产生的变化，只是要求人们在同一思维过程中不能任意改变概念和判断的确定性。

如果违反了同一律，就会犯逻辑错误，比如混淆概念、偷换概念、转移论题和偷换论题。其中，"混淆概念"和"转移论题"与"偷换概念"和"偷换论题"的区别在于，犯前两种错误的认识主体一般是无意识的，而犯后两种错误的认识主体一般是有意识的。无意识的犯错可能是认识主体本身对同一律的认识或认真度不够，有意识的犯错则是认识主体为了达到某种目的而故意违反同一律。比如，为了反驳、讥讽或者幽默等而为之，或者为了诡辩而为之等。事实上，"偷换概念"和"偷换论题"本就是诡辩者的常用伎俩。具体内容会在逻辑谬误一章中详细叙述。

这里说一下转移论题和偷换论题。

小测试

树形家谱能够以简单的方式表明一个家族的亲属关系。在这种图谱上，垂直线表示父母—子女关系，水平线表示兄弟姐妹关系，X表示夫妻关系。

仔细观察下面的树形家谱，然后回答问题。

马塞尔·普鲁斯特与阿德海娜·普鲁斯特之间是什么关系？

马塞尔·普鲁斯特与克劳德·莫里亚克之间是什么关系？

马塞尔·普鲁斯特与弗兰斯瓦兹·莫里亚克之间是什么关系？

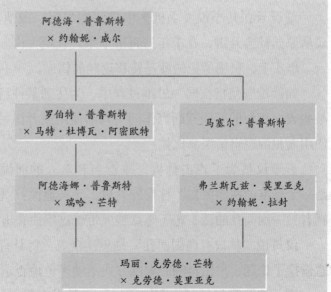

转移论题是指在同一思维过程中，无意识地把某些表面相似的不同判断当作同一判断使用而犯的逻辑错误，也叫离题或跑题。同混淆概念一样，转移论题一般也是由认识主体对概念本身认识不清或逻辑知识欠缺而造成的。比如：

李老师到学生小明家里家访，一进门就看到小明在抽烟。李老师严肃地看着小明，小明吓了一跳，满面通红地站在那里，不知道该怎么办。这时小明的爸爸从里屋出来，看到小明看着老师发呆，忙批评道："你这孩子真不懂事，别光自己抽啊，也给老师抽一支啊！"

小明的爸爸把李老师对小明的责备看作是对小明不礼貌的不满，因而做出小明"不懂事"、让他赶紧给李老师"抽一支"的判断，犯了转移论题的错误，不禁让人觉得好笑。

人们在说话、辩论或写文章时，也经常犯转移论题的错误。常见的情况是答非所问，或者长篇大论了半天，最后却离题万里，让人不知道他究竟在说什么。比如：

一位病人与医生电话预约第二天看病的时间。

完毕后，病人不放心地问："医生，请问，除此之外我还有其他需要准备的吗？"

"把钱准备好。"医生马上回答道。

病人的询问是指在看病前是否还要做些其他有助于治疗的准备事宜，而医生却给出了与病人所问完全不同的回答，显然犯了转移论题的错误。

刘震云在其小说《手机》中描写费墨时，说他每次讨论一个问题好像都要从原始社会开讲，几千年一直讲下来，长篇大论。看似渊博，实际上不知所云。事实上，费墨所犯的就是转移论题的错误。

偷换论题是指在同一思维过程中，为达到某种目的而故意违反同一律，把某些表面相似的不同判断当作同一判断使用或者把一个新判断当作原来的判断使用而犯的逻辑错误。比如：

有个议员为了攻击林肯，故意当着众人的面说："林肯先生有两副面孔，是一个标准的两面派！"林肯耸耸肩，无奈地说："先生，如果您是我，并且果真有另一副面孔的话，您还愿意整天带着这副面孔出门吗？"

议员说"林肯有两副面孔"是想让众人觉得林肯是个两面派，但林肯却故意偷换了论题，采用自嘲的幽默方式不动声色地否定了议员的判断。

同一律是逻辑的基本规律之一，也是对客观事物的反映。而遵循同一律，无疑是正确反映客观事物的前提。只有正确地反映客观事物，才能够做出正确的判断、推理和论证，从而进行正确、有效的思维活动。同时，同一律也是保证同一推理或论证过程中任一概念、判断与其自身同一的法则，而这又是保证思维的确定性的必要条件。此外，遵循同一律可以让人们正确地表达自己意见，反驳错误的观点，揭露诡辩者的真面目，让人们充分、有效地交流思想。

矛盾律

一天，一个年轻人来到爱迪生的实验室，爱迪生很礼貌地接待了他。年轻人说："爱迪生先生，我很崇拜您，我很希望能到您的实验室工作。"爱迪生问道："那么，您对发明有什么看法呢？"年轻人激动地说："我要发明一种万能溶液，它可以毫不费力地溶解任何东西。"爱迪生惊奇地看着他说："您真了不起！不过，既然那种溶液可以毫不费力地溶解一切，那么你打算用什么东西来装它呢？"年轻人顿时语塞。

这则故事中，年轻人和《韩非子》中卖矛和盾的那个楚人犯了同样的错误，都违反了矛盾律。既然"万能溶液"可以溶解一切，自然也能溶解实验设备及盛装它的器皿。如此一来这种溶液不但无法发明，更无法保存。这显然是自相矛盾的。

矛盾律就是指在同一思维过程中，互相否定的两个思想不能同时为真。这里的互相否定既指互相矛盾，也指互相反对。也就是说，在同一思维过程中，人们的任何推理、论证过程都必须保持前后一贯性，两个互相矛盾或互相反对的思想不能同时为真，必须有一个为假。这也是矛盾律对思维活动的基本要求。当然，同一思维过程也是指同一时间、同一关系和同一对象。

如果用 A 表示任一概念或判断，用非 A 表示任一概念或判断的否定，那么矛盾律的逻辑形式就可以表示为：A 不是非 A，或者并非"A 且非 A"。用符号表示则是 $\neg (A \wedge \neg A)$。这一逻辑形式表示的就是 A 与非 A 不能同时成立。

与同一律一样，我们也可以从概念和判断两个方面来对矛盾律加以说明。

首先，在同一思维过程中，两个互相矛盾或互相反对的概念不能同时为真。换言之，不能用两个互相矛盾或反对的概念去表示同一个对象。比如，在同一思维过程中，如果用"高"和"矮"同时形容一个人，或者用"熟"和"不熟"同时形容一份炒菜，就会违反矛盾律，造成思维的混乱。再比如，19

世纪，德国哲学家杜林提出了一个"可以计算的无限序列"的命题，这是一个关于概括世界的定数律。问题在于，如果是"无限序列"，就是不可计算的；如果是"可以计算的"，就不会是无限序列。既"可以计算"又是"无限序列"，显然自相矛盾。

当然，由于概念的内涵和外延极其丰富，如果是在不同的思维过程中，比如不同的时间或针对不同的对象时，互相矛盾的两个概念就不违反矛盾律。《古今谭概》中就有这么一个例子：

> 吴门张幼于，使才好奇，日有闯食者，佯作一谜粘门云："射中许入。"谜云："老不老，小不小；羞不羞，好不好。"无有中者。王百谷射云："太公八十遇文王，老不老；甘罗十二为丞相，小不小；闭了门儿独自吞，羞不羞；开了门儿大家吃，好不好。"张大笑。

"老"与"不老"、"小"与"不小"、"羞"与"不羞"、"好"与"不好"本是4对互相矛盾的概念，不能同时为真的。但经过王百谷一解，就完全说得通了："太公八十遇文王"，年龄是"老"了，但其心其志却"不老"；"甘罗十二为丞相"，年龄是"小"了，但其才却"不小"；而"羞不羞"、"好不好"则是对主人的反问。王百谷之所以用了两个互相矛盾的概念指称同一对象而又没有违反矛盾律，是因为这两个概念的外延并不同，是对同一对象不同角度的说明。

其次，在同一思维过程中，两个互相矛盾或互相反对的判断不能同时为真。换言之，不能用两个互相矛盾或反对的判断去对同一对象做断定：即如果断定了某对象是什么，就不能再同时断定它不是什么或是别的什么。比如：形容一朵花时，不能既断定"这朵花是菊花"，又同时断定"这朵花不是菊花"；对一个人讲的话，不能既断定"凡是他说的话都是对的"，又同时断定"他说

原型　　　　　　　　　　　　"老"涂鸦　　　　　　　　　　　"新"涂鸦

霍马和他的同事基于不同的原型设计了不同类别的涂鸦。被试者学会了怎样将"老"涂鸦和正确的原型类别联系起来。之后，他们又将被试者以前没见过的"新"涂鸦出示给被试者看。被试者只是很好地对"老"涂鸦进行了分类。这是因为"老"涂鸦已经融入到了被试者的心理词典中，而"新"涂鸦还没融入。

的有些话是错的"。

需要注意的是，两个判断互相矛盾是指这两个判断不能同真，也不能同假。根据逻辑方阵可知，直言判断中的 A 判断与 O 判断、E 判断与 I 判断是矛盾关系；模态判断中的 □P 与 ◇¬P、□¬P 与 ◇P 是矛盾关系；正判断与负判断也是矛盾关系。比如："明天必然是晴天"与"明天可能不是晴天"是矛盾关系，不能同时为真，也不能同时为假。两个判断互相反对是指这两个判断不能同真，但可以同假。直言判断中的 A 判断与 E 判断是反对关系，模态判断中的 □P 与 □¬P 也是反对关系。比如："他是北京人"与"他是河南人"是反对关系，不能同真，但可以同假。

此外，有时候，对同一对象进行断定的判断里会含有两个互相矛盾或互相反对的概念，这也是违反矛盾律的。比如：

（1）天上万里无云，白云朵朵。

（2）这个结论基本上是完全正确的。

判断（1）中，"万里无云"，就不可能再"白云朵朵"，反之亦然，二者既不能同真，也不能同假，是矛盾关系；判断（2）中，"基本上"与"完全"不能同真，但可以同假，是反对关系。这两个判断都违反了矛盾律，因而都是错误的。

作为逻辑的基本规律之一，矛盾律对人们进行正确的思维活动有着重要的规范作用。在同一思维过程中，如果互相矛盾或互相反对的思想同时为真，或者说在同一时间和同一关系的前提下，对同一对象做互相矛盾或互相反对的判断，就会违反矛盾律，犯"自相矛盾"的错误。这种"自相矛盾"的错误，不仅指概念间的自相矛盾（比如"圆形的方桌""冰冷的热水"等），也包括判断间的自相矛盾（比如"这幅画上有两只蝴蝶"和"这幅画上有一只蝴蝶"等）。

看下面一则故事：

据说，关羽死后成了天上的神。一次，他正在天庭散步，突然看到一个挑着一担帽子的人走过来。关羽喝道："你是干什么的？"这人答道："小的是卖高帽子的。"关羽怒斥道："你们这种人最可恨，许多人就是因为喜欢戴高帽子才犯了致命的错误。"这人恭敬地答道："关老爷您说的没错，世上有几个人能像您一样刚正不阿，对这种高帽子深恶痛绝呢？"关羽心中大喜，便放他走了。走远后，这人回头看了下担子，发现上面的高帽子少了一顶。

这则故事中，关羽本来对喜欢戴高帽子的人是深恶痛绝的，可自己被人戴了高帽子后，却又大喜过望。对同一件事却有着完全相反的表现，可谓自相矛盾了。

违反矛盾律，实际上就是违反了同一思维过程中思想的前后一贯性。在日常生活中，我们说某个人"言而无信，出尔反尔"或者"前言不搭后语"就是指他们违反了思维过程的一贯性，犯了自相矛盾的逻辑错误。

事实上，与同一律一样，矛盾律也是对思维的确定性的一种要求。如果说同一律是从肯定的角度（即"A 是 A"）对同一思维过程中的思想的确定性进行规范，那么矛盾律（即"A 不是非 A"）就是从否定的角度对其进行规范。因此可以说，矛盾律实际上是同一律的一种引申。

对于规范人们思维活动的逻辑规律之一，矛盾律是人们的思维得以正确表达的必要条件。只有遵循矛盾律的要求，人们才能避免自相矛盾，保持同一思维过程中思想的首尾一贯性。另外，在提出某些科学理论时，也必须遵循矛盾律，因为任何科学理论中都不能存在自相矛盾的逻辑错误。

在日常运用中，矛盾律也是人们揭露逻辑矛盾、反驳虚假命题的重要依据。比如，人们可以通过证明一个假命题的矛盾命题或反对命题为真来间接证明原命题为假。这种方法在辩论中较为常用。此外，矛盾律在人们进行推理的过程中也发挥着积极作用。在同一思维过程中，依据矛盾律的要求，互相矛盾或互相反对的思想不能同时为真，必有一个为假。人们可以根据这一特征，对

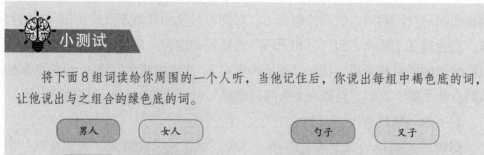

小测试

将下面 8 组词读给你周围的一个人听，当他记住后，你说出每组中褐色底的词，让他说出与之组合的绿色底的词。

男人	女人		勺子	叉子
椅子	地址		书	锅
灯泡	蝴蝶		大象	喇叭
杯子	茶托		船艇	橡皮

极有可能那些联系小的组合（比如书—锅）比联系大的组合（比如男人—女人）更难被记住。

推理过程中两个互相矛盾或互相反对的思想进行排除，进而推出正确的结论。

逻辑矛盾是指在同一思维过程中，因违反矛盾律而犯的逻辑错误。所以，逻辑矛盾也叫自相矛盾。它主要是说同一认识主体在同一时间、同一关系里对同一对象做出互相矛盾或互相反对的判断。而辩证矛盾则是指客观事物内部存在的既对立又统一的矛盾，列宁称其为"实际生活中的矛盾"，而不是"字面上的、臆造出来的矛盾"。这是逻辑矛盾与辩证矛盾含义上的区别。比如：

（1）他在这次 10000 米越野赛中获得冠军，但不是第一名。

（2）他在这次 10000 米越野赛中虽然是最后一名，但他仍然是成功的，因为他坚持到了最后。

第一句话中，既然说"冠军"，又说"不是第一名"，显然是犯了"自相矛盾"的逻辑错误；而第二句话同时肯定"最后一名"和"成功"为真，是因为他战胜了自己，坚持到了最后，其不放弃的精神是值得赞赏的。前者是针对"名次"这一个对象而言，后者是针对"名次"与"精神"两个对象而言。所以，前者属于逻辑矛盾，后者属于对立统一的辩证矛盾。

具体地说，逻辑矛盾和辩证矛盾之间的不同表现在以下几个方面。

两种矛盾的性质不同。

逻辑矛盾是违反矛盾律而犯的逻辑错误，其本质是思维过程中出现的无序、混乱现象。比如，《韩非子》中的楚人一方面夸口"吾盾之坚，物莫能陷也"，一方面又声称"吾矛之利，于物无不陷也"。同时肯定"不可陷之盾"与"无不陷之矛"为真，违反了矛盾律，造成了逻辑矛盾。再比如：

大卫上了火车后，好不容易找到一个座位，走过去时却发现上面有个手提包。大卫便问对面的一个妇女："请问这是你的包吗？"妇女说道："不是我的，那个人下车买东西去了。"大卫说声"谢谢"，便站在了一旁。一会儿火车启动了，但那个座位仍然空着。大卫赶忙拿起那个包从车窗扔出去："他没有上车，把包忘在这儿了，我给他扔下去！"看到大卫把包扔出窗外，妇女惊叫道："啊！那是我的包！"

这则故事中，妇女先肯定"手提包不是我的"，后又肯定"手提包是我的"，犯了自相矛盾的错误，并因此而丢失了自己的包，实在可笑。

辩证矛盾则是普遍存在于自然界、社会中的既对立又统一的矛盾，是现实的矛盾。思维的辩证矛盾就是思维对客观事物内部存在的辩证矛盾的反映。马克思主义认为任何事物都是作为矛盾统一体而存在的，矛盾是事物发展的源泉和动力。比如，电学中的正电与负电、化学中的化合与分解、生物学中的遗传与变异以及统治阶级与被统治阶级、战争与和平、正义与邪恶等，都是辩证矛盾。

两种矛盾中矛盾双方的关系不同。

在逻辑矛盾中，矛盾双方是完全的互相否定、互相排斥的关系，其中必有一方为假，没有对立统一的关系，也不能相互转化。比如：

小刚不想上学，于是便学着爸爸的声音给老师打电话："老师，小刚生病了，大概这两天不能去上学了。"王老师说道："是吗？那么，现在是谁在跟我说话呢？""我爸爸，老师。"小刚不假思索地说道。

这则故事中，小刚既承认自己在说话，又承认是"爸爸"在说话，犯了自相矛盾的逻辑错误。而且，"小刚"要么是他自己，要么是他"爸爸"，二者只能有一个为真，不能相互转化。

在辩证矛盾中，矛盾的双方是互相对立统一的关系，而且在一定条件下可以互相转化。比如臧克家《有的人》中有两句诗：

有的人活着，他已经死了；有的人死了，他还活着。

"活着"与"死了"本是相互矛盾的两个概念，不可能同时为真。但在这里，"有的人活着，他已经死了"中的"活着"是指骑在人民头上的人，其躯体虽然活着，但生命已毫无意义，虽生犹死；"有的人死了，他还活着"则是指鲁迅，虽然生命已经消亡，但其精神永存，虽死犹生。在这里，"活着"与"死了"是对立统一的两个概念，是辩证的。

而且，辩证矛盾的双方在一定条件下是可以转化的。比如，当新兴的资产阶级推翻封建地主阶级的政权后，他们原来的统治与被统治的关系就发生了转变。

两种矛盾存在的条件不同。

只有人们在思维过程中违反了矛盾律时，才会出现逻辑矛盾。它的存在不是客观事物或人的思维过程中所固有的，而是或然性的。而辩证矛盾却是客观事物所固有的，它的存在是普遍的、无条件的。可以说，事事处处、时时刻刻都存在着辩证矛盾。

两种矛盾的解决方法不同。

逻辑矛盾从本质上说只是一种错误，是人为的，应该也能够消除。事实上，矛盾律就是规范人们的思维活动的规律。只要按照矛盾律的要求进行思维，就可以避免"自相矛盾"的逻辑错误。比如，上面提到的两个故事中，如果那个妇女承认那个手提包是自己的，小刚也不去为了逃课而撒谎，其中的逻辑矛盾就完全可以避免。辩证矛盾从本质上说是一种客观存在，无法消除，也避免不了。比如，正电和负电、战争与和平、遗传与变异等之间的辩证矛盾就不可能消除。而且，只有承认了事物内部存在的这种辩证矛盾，才能正确地认识客观事物。

此外，承认一种矛盾并不等于否定另一种矛盾，反之亦然。也就是说，因逻辑混乱而产生的矛盾与客观事物所固有的矛盾并不是互相对立的。不允许出现逻辑矛盾并不意味着否认辩证矛盾，承认辩证矛盾也不等于允许逻辑矛盾的存在。比如：

（1）这场大火给我们造成了重大损失；这场大火没有给我们造成重大损失。

（2）这场大火既是坏事，也是好事。

第一组是两个互相矛盾的判断，不能同真，其中必有一假，否则就会出现逻辑矛盾；第二组则是辩证矛盾，它们从不同方面、不同意义上反映了大火的两重性。比如，大火给我们带来的生命、财产的损失是坏事，从火灾中吸取有益的教训、发现我们在安全意识上的不足则是好事。承认"大火"这一事件中存在的辩证矛盾并不等于承认对"大火"认识过程中出现的逻辑矛盾，而消除对"大火"认识过程中出现的逻辑矛盾也不等于就否定了"大火"这一事件中存在的辩证矛盾。这两者是不能混淆的。

总之，逻辑矛盾是人们认识事物的障碍，而辩证矛盾则是人们认识事物的动力。人们在思维活动中应该尽量避免出现逻辑矛盾，一旦发现了也要想方设法地消除；对于客观存在的辩证矛盾则必须有正确认识，要明白它的存在并不以人的意志为转移，人只能认识它、利用它，而无法回避它、消除它。

悖 论

"悖论"一词来自希腊语，意思是"多想一想"。英文里则用"paradox"表示，即"似是而非""自相矛盾"的意思，这实际上也是悖论的主要特征。我们在"逻辑起源于理智的自我反省"中就提到过，所谓悖论，就是在逻辑上可以推导出互相矛盾的结论，但表面上又能自圆其说的命题或理论体系。其特点即在于推理的前提明显合理，推理的过程合乎逻辑，推理的结果却自相矛盾。

假设你有一只鸡、一袋粮食和一只猫在河的一岸，你的任务是把所有事物都带到河的对岸，但是船很小，只能容载你和其中的一件事物。同时，不能把鸡和粮食留下，否则鸡会吃掉粮食；也不能把猫和鸡留下，否则猫会把鸡追跑。你怎样用最少的渡河次数，把这三件事物都带到河的对岸呢？

解决方法如下：首先，带一只鸡到河的对岸，放下后返回。接下来，带粮食到河的对岸，同时将那只鸡带回。然后放下鸡，把猫带到河的对岸，和粮食放在一起。最后再回去把鸡带到对岸。

悖论也被称为"逆论"或"反论"。

如果我们用 A 表示一个真判断为前提，在对其进行有效的逻辑推理后，得出了一个与之相矛盾的假判断为结论，即非 A；相反，以非 A 这一假判断为前提，对其进行有效的逻辑推理后，也会得出一个与之相矛盾的真判断为结论，即 A。那么，这个 A 和非 A 就是悖论。简言之，如果承认某个判断成立，就可推出其否定判断成立；如果承认其否定判断成立，又会推出原判断成立。也就是说，悖论就是自相矛盾的判断或命题。

悖论的产生一方面是逻辑方面的原因。实际上，悖论就是一种特定的逻辑矛盾。这主要是因为构成悖论的判断或语句中包含着一个能够循环定义的概念，即被定义的某个对象包含在用来对它定义的对象中。简单地说就是，我们本来是对 A 来定义 B 的，但 B 却包含在 A 中，这样就产生了悖论。悖论产生的另一原因是人们的认识论和方法论出现了问题。悖论也是对客观存在的一种反映，只不过是人们认识客观世界的过程中，所运用的方法与客观规律产生了矛盾。

具体地讲，悖论的产生有以下几种情况。

第一，由自我指称引发的悖论。所谓自我指称，是说某一总体中的个别直接或间接地又指称这个总体本身。这个总体可以是语句、集合，也可以是某个类。而自我指称之所以能引发悖论，就是因为"自指"是不可能的。德国哲学家谢林就曾说过："自我不能在直观的同时又直观它进行着直观的自身。"比如，当你在"思考"的时候，你不可能同时又去"思考"这"思考"本身；当你在"远眺"的时候，你不可能又同时去"远眺"这"远眺"本身。我们曾提到的"所有的克里特岛人都说谎"这一悖论就是因自我指称引发的，因为说这话的匹门尼德本人也是克里特岛人。试想，如果这一判断是克里特岛人以外的人做出的，那就不会引发悖论了。再比如 20 世纪初英国哲学家罗素提出的"集合论"悖论也是自我指称引发的，即R是所有不包含自身的集合的集合。

那么，R是否包含R本身呢？如果包含，R本身就不属于R；如果不包含，由规定公理可知，R本身是存在的，那么R本身就应属于R。这就出现了一个悖论。因为集合论的兼容性是集合论的基础，而集合论的基本概念又已渗透到数学的所有领域，所以，这一悖论的提出极大地震动了当时的数学界，动摇了数学的基础，造成了第三次"数学危机"。后来，罗素将这一悖论用一种较为通俗的方式表达了出来，即某城市的一个理发师挂出一块招牌："我只给城里所有那些不给自己刮脸的人刮脸。"

那么，理发师会不会给自己刮脸呢？如果他给自己刮脸，他就等于替"给自己刮脸的人"刮脸了，这就违背了自己的承诺；如果他不给自己刮脸，那他属于"不给自己刮脸的人"，因此它应该给自己刮脸。这就是"理发师悖论"，也叫"罗素悖论"，它与"集合论"悖论是等同的。

因为自我指称可能引发悖论，所以学术界出现的许多理论都是通过禁止自我指称来避免悖论的。不过，也有研究者认为，自我指称不是悖论产生的充分条件或必要条件，禁止自我指称并不能从根本上解决悖论问题。比如，美国逻辑学家、哲学家克里普克就认为"自我指称与悖论形成没有关系，经典解悖方案中不存在任何对自我指称的限制"。但究竟如何，似乎直到现在也没有定论。

第二，由引进"无限"引发的悖论，即通过在有限中引进无限而引发了悖论。比如，公元前4世纪，古希腊数学家芝诺提出了一个"阿基里斯悖论"，即阿基里斯追不上起步稍领先于他的乌龟。

这是因为，阿基里斯要想追上乌龟，就必须先到达乌龟的出发点，而这时乌龟已爬行了一段距离，阿基里斯只有先赶上这段距离才能追上乌龟；但当他跑完这段距离时，乌龟又向前爬行了……如此一来，身为奥林匹克冠军的阿基里斯只可能无限地接近乌龟，但却永远都追不上它。这就是由引进"无限"引发的悖论。再比如，《庄子·天下》中引用了战国时宋国人惠施的一句名言：

一尺之棰，日取其半，万世不竭。

这就是说，一尺长的东西，今天取一半，第二天取第一天剩下的一半的一半，第三天再取第二天剩下的一半的一半……这样一直取下去，永远都不会终结。这与芝诺的"二分法"可谓有异曲同工之妙，即要到达某个地方，必须先经过全部距离的一半；在此之前，又必须要经过全部距离一半的一半……这样

神经心理学检测

神经心理学测试可能持续 1 ～ 2 个小时。患者被安排在一间安静的房间里，戴着眼镜或者助听器。检查的第一部分是分析患者遇到的困难、热情度、对日常生活的反应等，也可能通过调查患者周围的人来评估他的病情。检查的第二部分专注于测验患者的语言能力、注意力、动作灵敏度，以及创造性和推理能力，并且将其与相同年龄、性别和社会教育的其他群体成员进行比较。

一直类推下去，也是无穷尽的。因此，你永远无法到达你要去的地方，甚至根本无法开始起行。

第三，由连锁引发的悖论，即通过一步一步进行的论证，最终由真推出假，得出的结论与常识相违背。"秃头"悖论就是其中之一：

如果一个人掉一根头发，不会成为秃头；掉两根头发也不会，掉三根、四根、五根也不会；那么，这样一直类推下去，即使头发掉光了也不会成为秃头。

这就引发了悖论。对于这一悖论，也有人这样描述：

只有一根头发的可以称为秃头，有两根的也可以，有三根、四根、五根也可以；那么，这样一直类推下去，头发再多也会是秃头了。

与"秃头"悖论相似的还有一个"一袋谷子落地没有响声"的悖论，即一粒谷子落地没有响声，两粒谷子落地也没有响声，那么，三粒、四粒、五粒……如此类推下去，一整袋谷子落地也没有响声。

第四，由片面推理引发的悖论，即根据一个原因推出多个结果，不管选择哪个结果都可以用其他结果来反驳。这种悖论更多地表现为诡辩。

《吕氏春秋》中有一段记载：

秦国和赵国订立了一条合约："自今以来，秦之所欲为，赵助之；赵之所欲为，秦助之。"居无几何，秦兴兵攻魏，赵欲救之。秦王不悦，使人让（责备）赵王曰："约曰：'秦之所欲为，赵助之；赵之所欲为，秦助之。'今秦欲攻魏，而赵因欲救之，此非约也。"赵王以告平原君，平原君以告公孙龙。公孙龙曰："可以发使而让秦王曰：'赵欲救之，今秦王独不助赵，此非约也。'"

在这里，公孙龙在对待秦赵之约时就使用了诡辩。同样一个条约，却引出了两个完全相反的结果，而且各自从自身角度出发都能自圆其说，这就是由片面推理引发的悖论。

此外，引发悖论的原因还有很多，比如由一个荒谬的假设引发的悖论：

如果 2+2=5，等式两边同时减去 2 得出 2=3，再同时减去 1 得出 1=2，两边互换得出 2=1；那么，罗素与教皇是两个人就等于罗素与教皇是 1 个人，所以"罗素就是教皇"。

由于 2+2=5 这个假设本就是错误的，因此即使推理过程再无懈可击，其结论也是荒谬的。

人们曾经一度把悖论看作一种诡辩，认为其只是文字游戏，没什么意义。但是，悖论的产生已经几千年了，几乎与科学史同步。这足可证明自悖论产生以来，人们就一直在对其进行探索与研究。18 世纪法国启蒙运动的杰出代表、哲学家孔多塞就曾说："希腊人滥用日常语言的各种弊端，玩弄字词的意义，以便在可悲的模棱两可之中困扰人类的精神。可是，这种诡辩却也赋予人类的精神一种精致性，同时它又耗尽了他们的力量来反对这虚幻的难题。"

随着现代数学、逻辑学、哲学、物理学、语言学等的发展，人们也越来越认识到悖论对于科学发展的推动作用。历史上的许多悖论都曾对逻辑学和数学的基础产生了强烈的冲击，比如"罗素悖论"就引发了第三次数学危机，而这些冲击又激发出人们更大的求知热情，并促使他们进行更为精密和创造性的思考。人们的这些努力也不断地丰富、完善和巩固着各学科的发展，使它们的理论更加严谨、完美。

同时，人们也一直在寻找解决悖论的方法，在这个过程中，人们提出了许多有意义的方案或理论。比如，罗素的分支类型法、策墨罗·弗兰克的公理化方法以及塔尔斯基的语言层次论等。这些方案或理论不仅对解决悖论有着积极作用，也给人们带来了全新的观念。

排中律

从前有个国王，最为倚重甲、乙两个大臣。但这两个大臣却因政见不合，经常互相攻击。后来，甲大臣诬告乙大臣谋反。国王半信半疑，便打算用抓阄的办法来处理这件事。他吩咐甲大臣准备两个"阄"给乙大臣，抓着"生"就放了他，抓着"死"就处死他。甲大臣偷偷地在"阄"上做了手脚，给乙大臣写了两个"死"阄。乙大臣猜到了甲大臣的用心，心生一计，抽到一个"阄"后马上把它吞进了肚里。国王无奈，只得拿出剩下的那个"阄"，打开一看原来是"死"。于是国王说："既然这个是'死'阄，你吞下那个必然是'生'阄

193
逻辑思维：一切思考的基础

了，这大概是上天的旨意吧。"乙大臣最终被无罪释放。

在这则故事中，国王就是利用排中律来判断乙大臣吞下的是"生"阄的。

排中律是指在同一思维过程中，互相否定的两个思想不能同假，其中必有一个为真。在这里，"互相否定的两个思想"是指互相矛盾或具有下反对关系的两个思想。这就是说，在同一思维过程中，不能对具有矛盾关系或下反对关系的两个思想同时否定，也不能不置可否或含糊其词，必须肯定其中一个为真，以使思维过程有序、思维内容明确。这也是排中律对思维活动的基本要求。当然，这里的"同一思维过程"也是指同一时间、同一关系和同一对象。

如果用 A 表示任一概念或判断，用非 A 表示任一概念或判断的否定，那么排中律的逻辑形式就可以表示为：A 或者非 A。用符号表示即是：A ∨ ¬A。

这一形式就是说，在同一时间、同一关系的前提下，对指称同一对象的两个具有矛盾关系或下反对关系的思想不能同时否定，即"A"或"非 A"必有一真。这不仅是对概念的要求，也是对判断的要求。

根据逻辑方阵可知，在直言判断中，A 判断与 O 判断、E 判断与 I 判断具有矛盾关系，I 判断和 O 判断具有下反对关系；在模态判断中，□P 与 ◇¬P、□¬P 与 ◇P 具有矛盾关系，◇P 与 ◇¬P 具有下反对关系。正判断与负判断具有矛盾关系。比如：

（1）有些垃圾是可以回收的；有些垃圾是不可以回收的。

（2）加菲猫说的话很有意思；并非加菲猫说的话很有意思。

（1）组的两个判断具有下反对关系，其中必有一个为真，不能同假；（2）组则是具有矛盾关系的正、负判

一段矛盾的对话

这段对话节选自文森特·米内利的音乐剧《金粉世界》（1958 年），主人公玛米塔和奥诺雷回想起很久以前他们的最后一次约会。随着这段美妙的二重唱的开始，观众会发现他们的记忆并不完全相同。他们两个谁是正确的呢？

奥诺雷：哦，对！我清楚地记得敞篷的四轮马车在急驰。

玛米塔：我们是走路的！

奥诺雷：你丢了一只手套……

玛米塔：是一把梳子！

奥诺雷：哦，对！我清楚地记得强烈的阳光。

玛米塔：当时在下雨！

奥诺雷：那些俄罗斯歌曲……

玛米塔：是西班牙歌曲！

奥诺雷：哦，对！我清楚地记得你那镶着金色花边的裙子。

玛米塔：我那天穿着一身蓝！

……

断，也不能同假，其中必有一真。

排中律是逻辑的基本规律之一，违反了排中律，就会犯"两不可"或"不置可否"的逻辑错误。

所谓"两不可"，是在同一思维过程中，对具有矛盾关系或下反对关系的两个思想同时否定，即断定它们都为假而犯的逻辑错误。比如：

被告伤人既非故意也非过失，所以批评教育一下即可。

伤人要么是故意伤人，要么过失伤人，二者是互相矛盾的，其中必有一个为真。但这个判断却同时否定了这两种情况，犯了"两不可"的错误。再比如：

几个人在讨论世界上到底有没有上帝，甲说有，乙说没有。丙听了说道："我不同意甲，因为达尔文的进化论表明，人是由猿进化而来的，而不是上帝创造的，因此不存在上帝；我也不同意乙，因为世界上有那么多基督徒，既然他们都相信上帝，那上帝就应该是存在的。"

在这里，丙既否定了"世界上不存在上帝"，又否定了"世界上存在上帝"，而这两个判断在同一思维过程中是互相矛盾的，因而违反了排中律，犯了"两不可"的错误。

所谓"不置可否"，是在同一思维过程中，对具有矛盾关系或下反对关系的两个思想既不肯定，也不否定，而是含糊其词，不作明确表态。这可以分为两种情况，一是为了某个目的而回避表态，故意含糊其词。比如，鲁迅在他的杂文《立论》中讲了一个故事：

一户人家生了个男孩，满月时很多人去祝贺。你如果说这孩子将来肯定能升官发财，那么主人就会很高兴，但你也是在说谎；你如果说这孩子将来肯定会死，虽然没说谎，却可能会被主人揍一顿。你若既不想说谎，又不想挨打，可能就只能这么说："啊呀！这孩子呵！您瞧！那么……阿唷！哈哈！"

在这里，这种含糊不清的态度实际上就是犯了"不置可否"的错误。

还有一种情况是对两个互相否定的思想，用不置可否、含糊不清的语句去表达，不知道真正说的是什么意思，让人觉得模棱两可。比如："你认识他吗？""应该见过。"这个回答既可以理解为"认识"，也可以理解为"不认识"，表达含糊不清，所以犯了"不置可否"的错误。

需要指出的是，有时候因为对思维对象缺乏足够的认识，因而一时不能对其做出明确的判断，这不能视为违反排中律。在科学研究中尤其如此。比如，银河系内是否有适合人类生存的星球？对于这一问题还不能做出非常明确的回答，因为人们对银河系还没完全了解。所以，对这一问题不置可否并不违反排中律。另外，如果是出于实际情况的考虑，不宜做出明确表态或判断的时候，对某些事给予模糊的断定也不违反排中律。比如：

法国革命家康斯坦丁·沃尔涅想要到美国各地游历，于是便去找美国第一任总统乔治·华盛顿，希望他能为自己提供一张适用于全美国的介绍信。华盛顿觉得开这样一封介绍信似乎很不妥，但却又不好直接拒绝他。思来想去，终于想出一个办法。他找来一张纸，写了这么一句话："康斯坦丁·沃尔涅不需要乔治·华盛顿的介绍信。"然后把它给了康斯坦丁·沃尔涅。

"康斯坦丁·沃尔涅不需要乔治·华盛顿的介绍信。"这句话可以理解为康斯坦丁·沃尔涅即使不需要华盛顿的介绍信也可以周游美国，也可以理解为康斯坦丁·沃尔涅不需要华盛顿开介绍信，因而这张纸条不作数。华盛顿其实是故意用一种含糊的态度来让自己摆脱两难境地，虽然在形式上也是"不置可否"，但毕竟是出于外交的实际情况的考虑，因此不算违反排中律。

排中律的"排中"是排除第三种情况，只在两种情况间做判断。如果实际上存在第三种情况，同时否定其中两种也不违反排中律。比如：

《韩非子》中有一则"东郭牙中门而立"的故事：

齐桓公将立管仲为仲父，令群臣曰："寡人将立管仲为仲父，善者（赞成者）入门而左（进门后往左走），不善者入门而右。"东郭牙中门而立（在屋门当中站着）。公曰："寡人立管仲为仲父，令曰：善者左，不善者右。今子何为中门而立？"牙曰："以管仲之智为能谋（谋取）天下乎？"公曰："能。""以断（果断）为敢行（管理、处理）大事乎？"公曰："敢。"牙曰："若智能谋天下，断敢行大事，君因属（托付）之以国柄（国家大权）焉；以管仲之能，乘（利用）公之势，以治齐国，得无危乎？"公曰："善。"乃令隰朋治内，管仲治外，以相参（互相牵制）。

这则故事中，东郭牙既没有站在左边，也没有站在右边；既没有明确表示赞同立管仲为仲父，也没有明确表示反对立管仲为仲父。"站在左边"与"站在右边"虽然互相矛盾，但还存在第三种情况，即"站在中间"；同样，"明确赞同"与"明确反对"虽然互相矛盾，但其中也存在第三种情况，即在某种程度上赞同或反对，或者说部分赞同或反对。因此，东郭牙同时否定"左边""右边"而选择"中门而立"并不违反排中律；同时否定"明确赞同""明确反对"而反问齐桓公，也不违反排中律。

此外，排中律只是规范人的思维活动的基本规律，它只规定同一思维过程中互相否定的两个思想不能同时为假，并不否定客观事物发展过程中客观存在的过渡阶段或中间状态。

排中律与矛盾律都是逻辑的基本规律之一，都是对人的思维活动的规范，都是在同一思维过程中对互相否定的两个思想做判断。这是其相同之处，其区别主要在于：

排中律是指同一思维过程中互相否定的两个思想不能同时为假，其中必有一真；矛盾律是指同一思维过程中互相否定的两个思想不能同时为真，其中必有一假。这是其基本内容的不同。

小测试

请仔细地观察下面的这些扑克牌，有的可能被压住了一个角，但是你还是能判断出是哪张牌。然后，在另一张纸上写出你都看见了哪些牌？

排中律的基本内容决定了它可以由假推真，同时保证思维过程的明确性，避免思维内容的模糊不清；矛盾律的基本内容则决定了它可以由真推假，同时保证思维过程的前后一贯性，避免思维活动出现逻辑矛盾。这是其主要作用的不同。

排中律适用于同一思维过程中具有矛盾关系或下反对关系的两个概念或判断，而矛盾律适用于同一思维过程中具有矛盾关系或反对关系的两个概念或判断。这是其适用范围的不同。

违反排中律就会犯"两不可"或"不置可否"的逻辑错误，违反矛盾律则会犯"自相矛盾"的逻辑错误。这表示违反排中律和矛盾律造成的逻辑错误也是不同的。

理解了排中律和矛盾律的不同，才能根据其各自的基本内容来判断思维过程中是否存在逻辑错误，并根据其各自的基本要求来规范各种思维活动，正确表达自己的观点并有效地揭露、反驳错误的认识。

复杂问语

据说，古希腊有一个著名的提问：你还打你的父亲吗？

对于这个问题，如果做否定回答，就表示你现在不打你的父亲了，但以前打过；如果做肯定回答，就表示你不但以前打你的父亲，现在还打。也就是说，不管你是做肯定回答还是否定回答，都要承认你打过你父亲。

类似这样的问语叫作复杂问语。所谓复杂问语，就是指在问语中含有一个对方不具有或不能接受的预设前提或假定，不管答话人是做肯定回答还是否定回答，都表示其承认了这一预设前提或假定。比如，"你还打你的父亲吗？"这一复杂问语中就含有"你打过你父亲"这一假定，不管你是做肯定回答还是否定回答，结果都等于你承认了这一假定。再比如：

（1）你还抽烟吗？

（2）你是不是还是每天都打网络游戏？

（3）你的作业是不是又没有写完？

 小测试

请你给下面一副长联加上标点：

五百里滇池奔来眼底披襟岸帻喜茫茫空阔无边看东骧神骏西翥灵仪北走蜿蜒南翔缟素高人韵士何妨选胜登临趁蟹屿螺洲梳裹就风鬟雾鬓更苹天苇地点缀些翠羽丹霞莫辜负四围香稻万顷晴沙九夏芙蓉三春杨柳

数千年往事注到心头把酒凌虚叹滚滚英雄谁在想汉习楼船唐标铁柱宋挥玉斧元跨革囊伟烈丰功费尽移山心力尽珠帘画栋卷不及暮雨朝云便断碣残碑都付于苍烟落照只赢得几许疏种半江渔火两行秋雁一枕清霜

答案：

五百里滇池，奔来眼底，披襟岸帻，喜茫茫，空阔无边！看：东骧神骏，西翥灵仪，北走蜿蜒，南翔缟素，高人韵士，何妨选胜登临，趁蟹屿螺洲，梳裹就风鬟雾鬓，更苹天苇地，点缀些翠羽丹霞，莫辜负四围香稻，万顷晴沙，九夏芙蓉，三春杨柳。

数千年往事，注到心头，把酒凌虚，叹滚滚，英雄谁在！想：汉习楼船，唐标铁柱，宋挥玉斧，元跨革囊，伟烈丰功，费尽移山心力，尽珠帘画栋，卷不及暮雨朝云，便断碣残碑，都付于苍烟落照，只赢得几许疏种，半江渔火，两行秋雁，一枕清霜。

问语（1）中，不管是做肯定回答还是否定回答，都等于承认"我抽烟"这一假定；问语（2）中，不管是做肯定回答还是否定回答，都等于承认"我每天都打网络游戏"这一假定；问语（3）中，不管是做肯定回答还是否定回答，都等于承认"我经常完不成作业"这一假定。所以，这三句都属于复杂问语。

日常生活中，我们经常会遇到一些复杂问语，尤其是在回答脑筋急转弯时，人们经常会陷入提问者事先设计好的陷阱里。比如：

在一个炎热的夏天，一群狗进行了一场激烈的赛跑，请问：取得第一名和最后一名的两条狗哪一条出的汗多一些？

在这个脑筋急转弯中，有一个假定，即"狗是出汗的"，你不管是回答"第一名"还是"最后一名"，都会承认这个假定，陷入出题者的陷阱中。因为狗根本没有汗腺，是不会出汗的。

在刑事侦查过程中，有时出于破案需要，刑侦人员也可能会通过复杂问语来使犯罪嫌疑人吐露实情。比如，"犯罪现场的新旧两把钥匙中，哪把是你的？"不管犯罪嫌疑人是回答"新的"还是"旧的"，都得承认"我到过犯罪现场"这一预设前提。刑侦人员就可以此为突破口，对其进行进一步调查。

在法庭审判中，有时法官或律师也会使用复杂问语对被告提问，让其进行肯定或否定的回答，以此让他们承认这些问语中隐含的假定。比如：

秘鲁小说《金鱼》中有这样一个情节：

霍苏埃是瓜达卢佩船的一名渔工，因为不愿和船长拉巴杜做违法的走私生意，两人发生了搏斗。搏斗中，拉巴杜失足落水，为鲨鱼所吞食。拉巴杜之妻告霍苏埃谋杀，法官在审判霍苏埃时就连续使用复杂问语，意图诱使霍苏埃承认自己谋杀。

（1）你对被害人拉巴杜，是否早就怀恨在心？

（2）你对拉巴杜不是早就怀恨在心的，是不是？

（3）你的意思是说，你对其他任何人都不怀恨在心，而拉巴杜是你的老雇主，你对他可能早就怀恨在心了。请被告人明确回答"是"还是"不是"，"有"还是"没有"？

复杂问语（1）中隐含着"拉巴杜是被害人"的假定。（2）中隐含着"你对拉巴杜先生是后来怀恨在心的"的假定。对于（3），因为霍苏埃说"我对任何人都不存在怀恨在心"，法官便故意曲解霍苏埃的话，将拉巴杜排除在"任何人"之外，其中实际隐含着"你对拉巴杜确已怀恨在心"的假定。对于这三个复杂问语，不管霍苏埃是做肯定回答还是否定回答，都等于承认其中隐含的假定。

但是，在刑侦过程中，尤其是法庭审判时，使用复杂问语难免会有"套供"之嫌，这是不允许的。《金鱼》中的法官接二连三地使用复杂问语，也是为了诬陷霍苏埃，并不符合审判规则。

此外，如果正确、适时、巧妙地运用复杂问语，不但可以在辩论时给对方设置陷阱，使其做出有利于己方的回答，而且在处理某些问题时也可能会有着意想不到的帮助。年轻时的乔治·华盛顿就曾用这种方法找回了丢失的马。

一天，华盛顿家的马丢了。在警察的帮助下，他们很快便发现了偷马的人。但偷马人却坚称这匹马是他自己的，双方一时僵持不下。这时，华盛顿突然用双手捂住马的眼睛说："既然这匹马是你的，那么你告诉大家，这匹马的哪只眼睛是瞎的。"偷马人犹豫不决道："右眼。"华盛顿移开右手，但见马的右眼炯炯有神。偷马人急忙辩解道："我的意思是左眼，刚才说错了。"华盛顿慢慢移开左手，马的左眼同样完好无缺。偷马人还想狡辩，但警察打断了他："如果这真是你的马，你怎么会不知道马的眼睛根本没有瞎呢？看来你得跟我走一趟了。"

在这里，"这匹马的哪只眼睛是瞎的"这一问语中，隐含着"马一定有一只眼睛瞎了"的假定，不管偷马人回答哪只眼，都等于承认这一假定。而实际上，马的眼睛并没有瞎，由此可知这匹马肯定不是偷马人自己的。华盛顿就是通过巧妙运用复杂问语揭破偷马人的谎言的。

《遥远的救世主》一书中，正天集团的老总裁去世后，提名韩楚风为总裁候选人。但按公司章程规定，新总裁应该在两个副总裁中产生。韩楚风对该不该去争总裁的位置难以决定，便请教他的朋友丁元英。丁元英说："那件事不是我能多嘴的。"韩楚风笑道："恕你无罪。"丁元英答道："一个'恕'字，我已有罪了。"

我们经常听到有人说"恕你无罪"，其实它其中也隐含着"你是有罪的"这样一个假定。既然无罪，又何须"恕"？既然要"恕"，就等于已经先认定"你"有罪了。丁元英的回答，就是指出了这句话中隐含的假定。虽然这不是复杂问语，但却有着复杂问语的某些特征，而丁元英的回答也给我们提供了应对复杂问语的某些方法。

排中律要求在同一思维过程中，对两个互相矛盾的概念或判断不能同时否

请仔细观察下面的图片，并记住妈妈及孩子的名字。

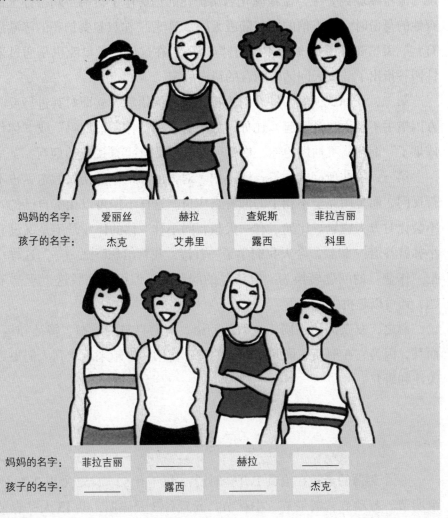

妈妈的名字：	爱丽丝	赫拉	查妮斯	菲拉吉丽
孩子的名字：	杰克	艾弗里	露西	科里

妈妈的名字：	菲拉吉丽		赫拉	
孩子的名字：		露西		杰克

定，必须肯定其中一个为真。但复杂问语却是同时否定了"是"和"不是"两种可能，即断定其都为假，看上去似乎与排中律的要求相悖。但实际上它并没有违反排中律。因为复杂问语中隐含着一个假定，而这个假定又是人们不具有或不能接受的，也可以认为是错误的。所以，排中律并不要求对隐含错误假定的复杂问语盲目地做出明确应答。相反，为了避免陷入复杂问语的圈套，我们还可以采取下面几种方法来应对。

第一，揭示性回答，即在对方提出复杂问语后，揭示出其中隐含的错误

假定，从而打破对方设下的圈套。比如，《金鱼》中的霍苏埃在回答复杂问语
（1）时，就指出"拉巴杜不是被害人，因为这不是一起犯罪行为"；回答复杂
问语（2）时，则指出"我对任何人都不存在怀恨在心"。再比如：古龙的小
说《流星蝴蝶剑》中，孟星魂化名秦护花的远房侄子秦中亭刺杀孙玉伯，在审
查他的身份时，孙玉伯的朋友陆漫天问孟星魂："你叔叔秦护花的哮喘病好了没
有？"孟星魂答道："他根本没有哮喘病。"在这里，孟星魂也是通过采用揭示
性回答指出了陆漫天问话中隐含的错误假定。

第二，反问式回答，即在对方提出复杂问语后，立即对其进行反问，让对
方因措手不及而自乱阵脚。比如，如果有人用"你还抽烟吗"或"你什么时候
戒烟了"询问从不抽烟的你，你就可以立即反问："谁说我抽烟啊？"

第三，答非所问式回答，既不揭示对方的问语中的错误假定，也不对其进
行反问，而是用完全不相干的回答来应付。这样不但可以化解自己的窘境，也
不会让对方太尴尬。比如，有一天叔叔问小林"你的作业是不是又没有写完"，
小林就答道："叔叔，今天我们学了一首诗，我背给您听吧……"这样一来，就
把"作业"的问题转换为"背诗"的问题，不但可以摆脱这个于己不利的问
题，还可以趁机表现一下。

总之，复杂问语不同于一般的问语，有着自身的形态、特征和运用方式。
而且，因为它在刑侦、询问等领域的特殊作用，也越来越受到人们更为广泛的
关注和研究。

充足理由律

一个刻薄的老板在给员工开会时说："每年有 52 周，52 乘以 2 等于 104 天；
清明节、劳动节、端午节、中秋节、元旦各 3 天假期，共 15 天；春节、国庆
节各 7 天假期，共 14 天；一年有 365 天，一天有 24 小时，每天你们花 8 小时
睡觉，365 乘以 8 除以 24 约等于 121 天；每天你们要花 3 个小时吃饭，365 乘
以 3 除以 24 约等于 45 天；每天上下班的路上再花 2 个小时，365 乘以 2 除以
24 约等于 30 天。这样，你们这一年要花 104 天过周末，29 天过假期，121 天睡
觉，45 天吃饭，30 天时间坐公交，这一共是 329 天；这样你们只有 36 天的时
间上班。如果再除去病假、事假等 6 天，只剩下 30 天。同志们，一年 365 天
你们只上班 30 天，还要迟到、早退、怠工，你们对得起我给你们的薪水吗？"

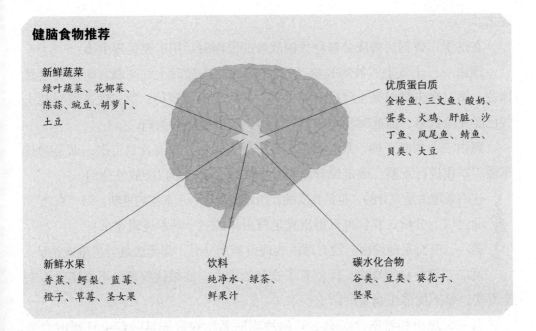

健脑食物推荐

新鲜蔬菜
绿叶蔬菜、花椰菜、陈蒜、豌豆、胡萝卜、土豆

优质蛋白质
金枪鱼、三文鱼、酸奶、蛋类、火鸡、肝脏、沙丁鱼、凤尾鱼、鲭鱼、贝类、大豆

新鲜水果
香蕉、鳄梨、蓝莓、橙子、草莓、圣女果

饮料
纯净水、绿茶、鲜果汁

碳水化合物
谷类、豆类、葵花子、坚果

这个老板的计算过程看上去合情合理，但其得出的结论却与实际情况截然相悖。之所以出现这种情况，是因为他违反了逻辑基本规律中的充足理由律，用虚假的前提推出了一个错误的结论。

充足理由律是指在同一思维过程中，任何一个思想被断定为真，必须具有真实的充足理由，且理由与结论要具有必然的逻辑关系。

如果我们用 A 表示一个被断定为真的思想，用 B 表示用来证明 A 为真的理由，充足理由律的逻辑形式就可以表示为：

A 真，因为 B 真且 B 能推出 A。

其中，结论 A 叫作推断或论题，B 叫作理由或论据，可以是一个，也可以是多个。这个逻辑形式可以描述为：在同一思维或论证过程中，一个思想 A 之所以能被断定为真，是因为存在着一个或多个真实的理由 B，并且从 B 真必然可以推出 A 真。比如：

《左传》中描写春秋初期齐鲁之间的"长勺之战"时，有这么一段记载：

（齐鲁）战于长勺。公（鲁庄公）将鼓之。刿（曹刿）曰："未可。"齐人三鼓。刿曰："可矣。"齐师败绩。公将驰（追赶）之。刿曰："未可。"下视其辙，登轼而望之，曰："可矣。"遂逐齐师。

既克，公问其故。对曰："夫战，勇气也。一鼓作气，再而衰，三而竭。彼竭我盈，故克之；夫大国，难测也，惧有伏焉。吾视其辙乱，望其旗靡，故逐之。"

在这里，曹刿向鲁庄公解释鲁国战胜的原因时运用了充足理由律：

理由一：士气上"彼竭我盈"。齐军第一次击鼓时士气高涨，所以要避其锋芒；第二次击鼓时其士气已开始衰落，所以要继续等待；第三次击鼓时其士气已经完全低落，而此时我军却士气高涨，所以能战胜他们。

理由二：判断正确，乘胜追击。在击败齐军后，没有盲目追击，而是对其车辙、军旗进行观察，确定没有埋伏时再乘胜追击，所以能战胜他们。

这两条理由是充分的，也是真实的，所以能得出一个真实的推断，即"克之"。

通过以上分析，我们可以得出充足理由律的三个基本逻辑要求：

第一，有充足的理由。没有理由或理由不充分时，都无法进行思维或论证。

第二，理由必须真实。即使有了充足的理由，如果这些理由不真实或不完全真实，就不能推出真实的结论。

第三，理由和推断之间有必然的逻辑联系。在有充足的理由且理由为真后，还要保证这些理由与推断存在必然的逻辑关系，也就是由这些理由能必然地得出真实的推断。

其实，所谓"充足的理由"就是指这些理由是所得推断的充分条件。如果把思维或论证过程看作一个假言判断，那么这些理由就是假言判断的前件，推断就是假言判断的后件。只有作为前件的理由是充足理由时，才能必然推出后件。换言之，如果以论据和论题作为前、后件的这一充分条件假言判断能够成立，那么论据就是论题的充足理由。

违反充足理由律的逻辑错误

我们经常说某人"信口开河""捕风捉影""听风就是雨"，其实就是说他违反了充足理由律，只根据片面或错误的理由就得出推断。通常来讲，违反充足理由律导致的逻辑错误包括"理由缺失""理由虚假"和"推不出"三种。

所谓"理由不足"就是指其在同一思维过程中，在没有理由为根据的情况下凭空得出推断，或者只给出推断，却不给出充足的理由来证明这个推断而犯的逻辑错误，也叫作"有论无据"，即只有论题，没有论据。比如：

从前，一个外国人到中国游历，回国时带回去几大包茶叶。他对妻子说："闲暇时品一品中国的茶，真是一种最美妙的享受啊！"他的妻子便烧了一大锅开水，然后把一大包茶叶倒了进去。几分钟后，她把茶叶水倒掉，将茶叶盛在两个杯子里端给丈夫，说："我们来品茶吧！"

在这则故事中，这个外国人就是犯了"理由不足"的逻辑错误，他只告诉了妻子一个推断，即"品中国的茶是种享受"，但并没有给出理由，即怎么泡茶、怎么品茶、为什么是享受等，结果闹出了笑话。

所谓"理由虚假"就是指在同一思维过程中，以主观臆造的理由或错误的理由为根据得出推断而犯的逻辑错误。比如：

一个人去演讲，一登上讲台就问台下的听众："大家知道今天我要讲什么吗？"台下齐声道："知道！"这人就说道："既然你们都知道，那我就不讲了。"说完就要下台，台下的听众一看，马上又喊道："不知道！"这人叹口气说："如果你们什么都不知道，那我还讲什么呢？"说完又要离开。这时听众学乖了，一半人喊"不知道"，一半人喊"知道"。这人看了看台下，笑道："很好，那么，现在就请这一半知道的人讲给那一半不知道的人听吧。"说完就走

下了讲台。

在这则故事中，这个演讲的人连续三次犯了"理由虚假"的错误：（1）只根据听众说"知道"就断定他们完全懂得自己要讲什么；（2）只根据听众说"不知道"就断定他们完全不懂得自己要讲什么；（3）只根据听众一半说"知道"一半说"不知道"就断定"知道"的一半可以讲给"不知道"的那一半人听。这三个推理的理由显然都是他主观臆造出来的虚假理由，因而必然得出错误的结论。

所谓"推不出"是指在同一思维过程中，理由虽然是真实的，但因其与推断之间没有必然的逻辑关系，因而不能必然得出推断为真。"推不出"也叫"不相干论证"。

充足理由律可以保证人们思维过程的论证性，从而增强推理的有效性和论辩的说服力。比如，科学家在进行科学研究、提出科学理论时要有充足的事实作为依据，医生在查找病因时要观察病人的病情，警察在确定罪犯时要有确凿的证据，军事指挥员下命令时要对敌情做详细分析，表达或反驳某一观点时要有充分的依据，进行辩论或说服他人时要有足够的理由，以及日常生活中我们说的"以理服人""言之成理、持之有据"等都是充足理由律在实际运用中的

我们记得

- 帮助我们生活的信息
- 我们注意什么
- 什么对我们是有意义的
- 我们做什么
- 什么使我们能连接到以前的知识
- 什么是我们利用记忆术或者其他记忆手段进行编码的

我们忘记

- 那些对我们来说不重要的
- 我们没有全身心投入的
- 我们没有练习、复习、使用的
- 那些记忆中很痛苦的事情
- 长时期的压力干扰了大脑的功能
- 我们没有主动激活记忆的暗示

体现。

此外，遵循充足理由律有利于证明比较复杂的思维或论证过程。人们在对某个思想进行思维或论证时，其过程是极其复杂的。在主观条件上可能涉及个人的生活经历、教育背景、知识水平以及世界观、人生观、价值观等；在客观条件上则可能涉及政治和历史原因、科技水平、经济状况等；在思维或论证手段上则可能涉及概念、判断、推理等各种形式。其中任何一个方面的缺失或不真实都可能造成思维或论证结果的错误。只有遵循充足理由律，把各种情况都考虑进去，运用充足、真实的理由，才能得出真实的结论。

作为逻辑的基本规律之一，充足理由律与同一律、矛盾律、排中律相互区别又相互联系。其区别在于，每条规律都是从不同的角度来规范同一思维过程的，各有各的特点。同一律、矛盾律、排中律本质上都是对同一思维过程中思维确定性的反映，而充足理由律则是对同一思维过程中思维论证性的反映。而且，违反了不同的逻辑规律也会导致不同的逻辑错误。

其联系在于，不管反映的是思维的确定性还是论证性，都是对人们的思维活动的规范。只有遵循这些规律，才能避免逻辑错误，得出真实有效的结论。

此外，只有先保证了思维的确定性，才能对其进行有效论证。比如，如果基本的概念、判断尚不确定，那么就不能确定概念与概念、判断与判断以及概念与判断间的关系，更无法用它们进行有效推理。所以，保证思维确定性的同一律、矛盾律、排中律是充足理由律的基础，或者说遵循同一律、矛盾律、排中律是遵循充足理由律的必要条件。同时，如果保证了思维的确定性，却不能保证论证过程的可靠性，也不能进行有效推理。换言之，思维的论证性是对思维确定性的深化和补充。所以，满足了同一律、矛盾律、排中律之后，还必须用充足理由律来对思维或论证过程进行规范，这样才能保证所得结论的必然性。如果说同一律、矛盾律、排中律是道路，那么充足理由律就是指南针。前者为前进开辟了道路，后者却最终保证着人们顺着正确的方向前进。所以，在进行思维或论证的时候，必须遵循这4条基本规律，缺一不可。

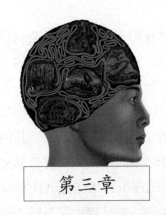

第三章

逻辑思维——透过现象看本质

透过现象看本质

逻辑思维又称抽象思维，是人们在认识过程中借助于概念、判断、推理反映现实的一种思维方法。在逻辑思维中，要用到概念、判断、推理等思维形式和比较、分析、综合、抽象、概括等方法。它的主要表现形式为演绎推理、回溯推理与辏合显同法。运用逻辑思维，可以帮助我们透过现象看本质。

有这样一则故事，从中我们可以体会到运用逻辑思维的力量。

美国有一位工程师和一位逻辑学家是无话不谈的好友。一次，两人相约赴埃及参观著名的金字塔。到埃及后，有一天，逻辑学家住进宾馆，仍然照常写自己的旅行日记，而工程师则独自徜徉在街头，忽然耳边传来一位老妇人的叫卖声："卖猫啦，卖猫啦！"

工程师一看，在老妇人身旁放着一只黑色的玩具猫，标价500美元。这位妇人解释说，这只玩具猫是祖传宝物，因孙子病重，不得已才出售，以换取治疗费。工程师用手一举猫，发现猫身很重，看起来似乎是用黑铁铸就的。不过，那一对猫眼则是珍珠镶的。

于是，工程师就对那位老妇人说："我给你300美元，只买下两只猫眼吧。"

老妇人一算，觉得行，就同意了。工程师高高兴兴地回到了宾馆，对逻辑学家说："我只花了300美元竟然买下两颗硕大的珍珠。"

注意观察下面这6个杂技演员，几分钟之后盖上这幅图。

这些就是你刚才看到的6个杂技演员。在右面的方框里填上他们各自对应的编号，从而还原他们6个的相对位置。

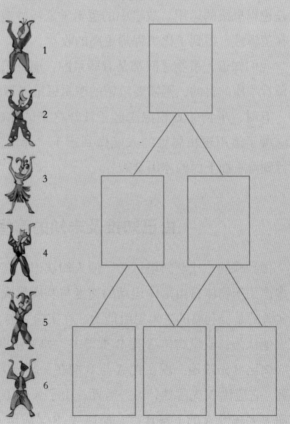

逻辑学家一看这两颗大珍珠，少说也值上千美元，忙问朋友是怎么一回事。当工程师讲完缘由，逻辑学家忙问："那位妇人是否还在原处？"

工程师回答说："她还坐在那里，想卖掉那只没有眼珠的黑铁猫。"

逻辑学家听后，忙跑到街上，给了老妇人200美元，把猫买了回来。

工程师见后，嘲笑道："你呀，花200美元买个没眼珠的黑铁猫。"

逻辑学家却不声不响地坐下来摆弄这只铁猫。突然，他灵机一动，用小刀刮铁猫的脚，当黑漆脱落后，露出的是黄灿灿的一道金色印迹。他高兴地大叫起来："正如我所想，这猫是纯金的。"

原来，当年铸造这只金猫的主人，怕金身暴露，便将猫身用黑漆漆过，俨然一只铁猫。对此，工程师十分后悔。此时，逻辑学家转过来嘲笑他说："你虽然知识很渊博，可就是缺乏一种思维的艺术，分析和判断事情不全面、不深入。你应该好好想一想，猫的眼珠既然是珍珠做成，那猫的全身会是不值钱的黑铁所铸吗？"

猫的眼珠是珍珠做成的，那么猫身就很有可能是更贵重的材料制成的。这就是逻辑思维的运用。故事中的逻辑学家巧妙地抓住了猫眼与猫身之间存在的内在逻辑性，得到了比工程师更高的收益。

我们知道，事物之间都是有联系的，而寻求这种内在的联系，以达到透过现象看本质的目的，则需要缜密的逻辑思维来帮助。

有时，事物的真相像隐匿于汪洋之下的冰山，我们看到的只是冰山的一角。善于运用逻辑思维的人能做到察于"青萍之末"，抓住线索"顺藤摸瓜"探寻到海平面下面的冰山全貌。

由已知推及未知的演绎推理法

伽利略的"比萨斜塔试验"使人们认识了自由落体定律，从此推翻了亚里士多德关于物体自由落体运动的速度与其质量成正比的论断。实际上，促成这个实验的是伽利略的逻辑思维能力。在实验之前，他做了一番仔细的思考。

他认为：假设物体A比B重得多，如果亚里士多德的论断是正确的话，A就应该比B先落地。现在把A与B捆在一起成为物体A+B。一方面因A+B比A重，它应比A先落地；另一方面，由于A比B落得快，B会拖A的"后腿"，因而大大减慢A的下落速度，所以A+B又应比A后落地。这样便得到了互相矛盾的结论：A+B 既应比 A 先落地，又应比 A 后落地。

2000 年来的错误论断竟被如此简单的推理所揭露，伽利略运用的思维方式便是演绎推理法。

所谓的演绎推理法就是从若干已知命题出发，按照命题之间的必然逻辑联系，推导出新命题的思维方法。演绎推理法既可作为探求新知识的工具，使人们能从已有的认识推出新的认识，又可作为论证的手段，使人们能借以证明某个命题或反驳某个命题。

演绎推理法是一种解决问题的实用方法，我们可以通过演绎推理找出问题的根源，并提出可行的解决方案。

下面就是一个运用演绎推理的典型例子：

有一个工厂的存煤发生自燃，引起火灾。厂方请专家帮助设计防火方案。

专家首先要解决的问题是：一堆煤自动地燃烧起来是怎么回事？通过查找资料，可以知道，煤是由地质时期的植物埋在地下，受细菌作用而形成泥炭，再在水分减少、压力增大和温度升高的情况下逐渐形成的。也就是说，煤是由有机物组成的。而且，燃烧要有温度和氧气，是煤慢慢氧化积累热量，温度升高，温度达到一定限度时就会自燃。那么，预防的方法就可以从产生自燃的因果关系出发来考虑了。最后，专家给出了具体的解决措施，有效地解决了存煤自燃的问题：

（1）煤炭应分开储存，每堆不宜过大。

（2）严格区分煤种存放，根据不同产地、煤种，分别采取措施。

（3）清除煤堆中诸如草包、草席、油棉纱等杂物。

（4）压实煤堆，在煤堆中部设置通风洞，防止温度升高。

（5）加强对煤堆温度的检查。

（6）堆放时间不宜过长。

对这个问题我们可从两方面进行思考：一是从原因到结果；二是从结果到原因。无论哪种思路，运用的都是演绎推理法。

通过演绎推理推出的结论，是一种必然无误的断定，因为它的结论所断定的事物情况，并没有超出前提所提供的知识范围。

下面是一则趣味数学故事，通过它我们可以看到演绎推理的这一特点。

维纳是 20 世纪最伟大的数学家之一，他是信息论的先驱，也是控制论的

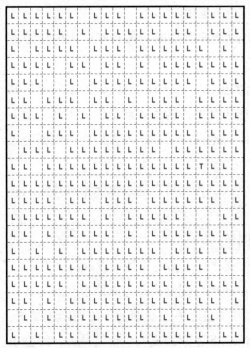

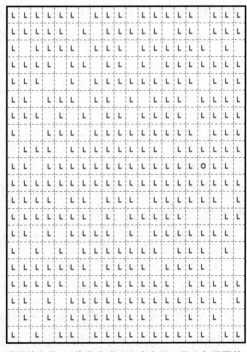

试着找出字母 T，找到后再看右表。

试着找字母 O，你会发现比左表容易，因为与周围的 L 相比，字母 O 比字母 T 更加突出。

奠基者。3 岁就能读写，7 岁就能阅读和理解但丁和达尔文的著作，14 岁大学毕业，18 岁获得哈佛大学的科学博士学位。

在授予学位的仪式上，只见他一脸稚气，人们不知道他的年龄，于是有人好奇地问道："请问先生，今年贵庚？"

维纳十分有趣地回答道："我今年的岁数的立方是个 4 位数，它的 4 次方是 6 位数，如果把两组数字合起来，正好包含 0123456789 共 10 个数字，而且不重不漏。"

言之既出，四座皆惊，大家都被这个趣味的回答吸引住了。"他的年龄到底有多大？"一时，这个问题成了会场上人们议论的中心。

这是一个有趣的问题，虽然得出结论并不困难，但是既需要一些数学"灵感"，又需要掌握演绎思维推理的方法。为此，我们可以假定维纳的年龄是从 17 岁到 22 岁之间，再运用演绎推理方法，看是否符合前提？

请看：17 的 4 次方是 83521，是个五位数，而不是六位数，所以小于 17 的数作底数肯定也不符合前提条件。

这样一来，维纳的年龄只能从 18、19、20 和 21 这 4 个数中去寻找。现将这 4 个数的 4 次方的乘积列出于后：104976，130321，160000 和 194481。在以上的乘积中，虽然都符合六位数的条件，但在 19、20、21 的 4 次方的乘积中，都出现了数码的重复现象，所以也不符合前提条件。剩下的唯一数字是 18，让我们验证一下，看它是否符合维纳提出的条件。

18 的三次方是 5832（符合 4 位数），18 的 4 次方是 104976（六位数）。在以上的两组数码中不仅没有重复现象，而且恰好包括了从 0 到 9 的 10 个数字。因此，维纳获得博士学位的时候是 18 岁。

从以上的介绍来看，无论是关于煤发生自燃的原因的推理，还是科学发现和发明的诞生，都说明演绎推理是一种行之有效的思维方法。因此，我们应该学习、掌握它，并正确地运用它。

由 "果" 推 "因" 的回溯推理法

回溯推理法，顾名思义，就是从事物的 "果" 推到事物的 "因" 的一种方法。这种方法最主要的特征就是因果性，在通常情况下，由事物变化的原因可知其结果；在相反的情况下，知道了事物变化的结果，又可以推断导致结果的原因。因此事物的因果是相互依存的。

在英国曾经发生过这样一个案例：

英国布雷德福刑事调查科接到一位医生打来的电话说，大概在 11 点半左右，有一名叫伊丽莎白·巴劳的妇女在澡盆里因虚脱而死去了。

当警察来到现场时，洗澡水已经被放掉了，伊丽莎白·巴劳在空澡盆里向内侧躺着，身上各处都没有受过暴力袭击的迹象。警察发现，死者瞳孔扩散得很大。据她丈夫说，当他妻子在浴室洗澡时，他睡过去了，当他醒来来到浴室，便发现他的妻子已倒在浴盆里不省人事。此外，警察还在厨房的角落里找到了两支皮下注射器，其中一支还留有药液。据他所称这是他为自己注射药物所用。

在警察发现的细微环节和死者丈夫的口述中，警察通过回溯推理法很快找到了疑点和线索。

死者的瞳孔异常扩大；既然死者瞳孔扩大，很可能是因为被注射了某种麻醉品；又因为死者是因低血糖虚脱而死亡，则很可能是被注射过量胰岛素。经过法医的检验，在尸体中确实发现细小的针眼及被注射的残留胰岛素，因此可以断定死者死前被注射过量胰岛素。又通过对死者丈夫的检验得知，他并没有发生感染及病变，即没有注射药剂的必要，因此，死亡很可能是被其丈夫注射过量胰岛素所致。因此警察便将死因和她丈夫联系在一起，通过勘验取得其他证据，并最终破案。

回溯推理法在地质考察与考古发掘方面占有重要的地位。例如，根据对陨石的测定，用回溯推理的方法推知银河系的年龄大概为140亿～170多亿年；又根据对地球上最古老岩石的测定，推知地球大概有46亿年的历史了。

在科学领域，这一方法也常被用作新事物的发明和发现。

自20世纪80年代中期以来，科学家们发现臭氧层在地球范围内有所减少，并在南极洲上空出现了大量的臭氧层空洞。此时，人们才开始领悟到人类的生存正遭受到来自太阳强紫外线辐射的威胁。大气平流层中臭氧的减少，这是科学观察的结果。那么引起这种结果的原因是什么呢？于是科学家们运用了回溯推理的思维方法，开展了由"果"索"因"的推理工作。其实，1974年化学家罗兰就认为氟氯烃将不会在大气层底层很快分解，而在平流层中氟氯烃分解臭氧分子的速度远远快于臭氧的生成过程，造成了臭氧的损耗。这就是说，氟氯烃是使大气中臭氧减少的罪魁祸首，是出现臭氧空洞的直接原因。

由"果"推"因"的回溯推理法在侦查案件上经常被用到。因为勘查现场的情况就是"果"，由此推测出作案的动机和细节，为顺利地侦破案件创造

小测试

下面的5组链条可以连在一起。通常的做法是打开C环（第1步），把它连到D环上（第2步），然后打开F环，以此类推，这样需要8个步骤。你能想出更简单的方法吗？

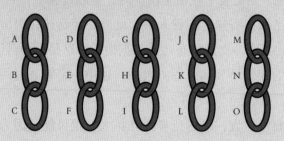

答案：

将A，B，C环解开，连接到其余4组链条上，这样只需6个步骤。

条件。

回溯推理思维方法既然是一种科学的思维方法，那么就可以通过学习来进行培养，当然就可以通过某些方式来进行自我的训练。例如，多读一些侦探小说、武侠小说，就有利于回溯推理思维能力的提高。英国著名作家阿·柯南道尔著的《福尔摩斯探案全集》，就是一部十分精彩的侦探小说，可以说是一部回溯推理的好教材，不妨认真一读。该书的结构严谨，情节跌宕起伏，人物形象鲜明，逻辑性强，故事合情合理。阅读以后，人们不禁要问：福尔摩斯如何能够出奇制胜呢？原因就在于他掌握了回溯推理这个行之有效的思维方法。其他的影视作品还包括《名侦探柯南》、《金田一》等，在休闲之余，这些作品能帮助我们进行回溯推理思维能力的训练。

"不完全归纳"的辏合显同法

"辏"，原是指车轮辐集于毂上，后引申为聚集。"辏合显同"就是把所感知到的有限数量的对象依据一定的标准"聚合"起来，寻找它们共同的规律，以推导出最终的结论。这是逻辑思维的一种运用。从最基本的意义上来讲，虽然"辏合显同"基于对事物特性的"不完全归纳"，带有想象的成分，但它本身也是一种富有创造性的思维活动，因为它把诸多对象聚合起来，所"显示"出来的是一种抽象化的特征，在很多情况下，往往是一种新的特征。

"辏合显同"在科学研究中也是相当有用的。

1742 年，德国数学家哥德巴赫写信给当时著名的数学家欧拉，提出了两个猜想。其一，任何一个大于 2 的偶数，均是两个素数之和；其二，任何一个大于 5 的奇数，均是三个素数之和。这便是著名的哥德巴赫猜想。

从猜想形成的思维过程来看，主要是"辏合显同"的逻辑作用。我们以第一个猜想为例，"辏合显同"的步骤可表述为下面的过程：

4=1+3（两素数之和）

6=3+3（两素数之和）

8=3+5（两素数之和）

10=5+5（两素数之和）

12=5+7（两素数之和）

这样，通过对很多偶数分解，"两素数之和"这个共性就显示出来了。

学习辏合显同法，我们可以通过下面几个方法来训练。

1. 浏览法

这种技巧要求我们在辏合时，应将对象一个接着一个地分析。分析进行到一定时候，就会产生有关辏合对象共同特征的假设。接下去的"浏览"（分析）则是为了证实。证实之后，"显同"就实现了。例如，我们面前有一大堆卡片，每一张卡片都有三种属性：

①颜色（黄、绿、红）。

②形状（圆、角、方块）。

③边数（一条边、三条边、四条边）。

我们可先一张一张看过去，然后形成一个大致的思想：这些卡片的共同点在于都只有三条边，继而再往下分析，看一看这一设想是不是正确。不正确，推倒重来；正确，就确定了"共性"。

小测试

这3块木板（红色）的长度不够连接相邻的两根柱子（紫色）。如果你想要脚不沾地地从一根柱子到达另一根柱子，应当怎样布置这些木板？

答案：

2. 定义法

这种方法通常是用来概括认识对象的。给对象下定义，就包括对象的形态、对象的运动过程、对象的功能，通过这样一番概括，我们就能找到事物的共性，也就锻炼了自己的辐辏思维能力。例如，我们经常在公共场所看到雕像，它是一种艺术，称为雕塑艺术。事实上我们看到的是各种不同的雕像，那么，如何能认识到它的本质呢？这就涉及我们对雕塑艺术的"定义"了。一般来说，"雕塑"可定义为：雕塑是一种造型艺术，它通过塑造形象、有立体感的空间形式以及这个种类的艺术作品本身来反映现实，具有优美动人、紧凑有力、比例匀称、轮廓清晰的特点。因此，对事物的定义过程，本身就是一种"辏合显同"过程，我们应该时常主动地、自觉地对一些事物进行定义尝试，通过这种技巧来提高自己的思维能力。

3. 剩余法

这是一种间接的"辏合"方法。它的基本原理是：如果某一复合现象是由另一复合原因所引起的，那么，把其中确认有因果联系的部分减去，则剩下的部分也必然有因果联系。

天文学史上就曾用这种方法发现了新行星。1846年前，一些天文学家在观察天王星的运行轨道时，发现它的运行轨道和按照已知行星的引力计算出来的它应运行的轨道不同——发生了几个方面的偏离。经过观察分析，知道其他几方面的偏离是由已知的其他几颗行星的引力所引起的，而另一方面的偏离则原因不明。这时天文学家就考虑到：既然天王星运行轨道的各种偏离是由相关行星的引力所引起的，现在又知其中的几方面偏离是由另几颗行星的引力所引起的，那么，剩下的一处偏离必然是由另一个未知的行星的引力所引起的。后来有些天文学家和数学家据此推算出了这个未知行星的位置。1846年按照这个推算的位置进行观察，果然发现了一颗新的行星——海王星。

顺藤摸瓜揭示事实真相

华生医生初次见到福尔摩斯时，对方开口就说："我看得出，你到过阿富汗。"

华生感到非常惊讶。后来，当他想起此事的时候，对福尔摩斯说道："我想一定有人告诉过你。"

"没有那回事。"福尔摩斯解释道，"我当时一看就知道你是从阿富汗来的。"

"何以见得？"华生问道。

"在你这件事上，我的推理过程是这样的：你具有医生工作者的风度，但却是一副军人的气概。那么，显而易见你是个军医。

"你脸色黝黑，但是从你手腕黑白分明的皮肤来看，这并不是你原来的肤色，那么你一定刚从热带回来。

"你面容憔悴，这就清楚地说明你是久病初愈而又历尽艰苦的人。

"你左臂受过伤，现在看起来动作还有些僵硬不便。试问，一个英国的军医，在热带地区历尽艰苦，并且臂部受过伤，这能在什么地方呢？自然只有在

促进思考的食物

在马萨诸塞理工学院进行的一项研究中，研究人员让40个男人（18～28岁）吃了一顿火鸡（含3盎司蛋白质），然后让他们做一些复杂的脑力工作。另一天，这些人又吃了4盎司的小麦淀粉（几乎是纯粹的碳水化合物），然后在相同条件下再次挑战大脑能力。结果不出营养师们的意料，记录显示与早先的蛋白质餐相比，吃下碳水化合物后大脑表现有显著的下降。其他研究同样证实了这个结果，并且进而发现40岁以上的成年人似乎比年轻人更易受碳水化合物效应的影响。事实上，年龄较大的这组人吃过大量碳水化合物后比同龄的只吃蛋白质的人在注意力集中、记忆和做脑力工作方面困难了两倍。

阿富汗。

"所以我当时脱口说出你是从阿富汗来的，你还感到惊奇哩！"

这就是福尔摩斯卓绝的逻辑推理能力，从华生医生外在所显露的种种蛛丝马迹，顺藤摸瓜地推论出看似不可思议的答案。

生活中很多事情的解析其实都有赖于一种分析和推理。正确的逻辑思考，可以帮助人们解决很多问题。下面故事中的石狮子，就是通过这样的思考才重见天日的。

从前，在河北沧州城南，有一座靠近河岸的寺庙。有一年运河发大水，寺庙的山门经不住洪水的冲刷而倒塌，一对大石狮子也跟着滚到河里去了。

过了十几年，寺庙的和尚想重修山门，他们召集了许多人，要把那一对石狮子打捞上来。

可是，河水终日奔流不息，隔了这么长时间，到哪里去找呢？

一开始，人们在山门附近的河水里打捞，没有找到。于是大家推测，准是让河水冲到下游去了。于是，众人驾着小船往下游打捞，寻了十几里路，仍没有找到石狮子的踪影。

寺中的教书先生听说了此事后，对打捞的人说："你们真是不明事理，石狮子又不是碎片儿木头，怎会被冲到下游？石狮子坚固沉重，陷入泥沙中只会越沉越深，你们到下游去找，岂不是白费工夫？"

众人听了，都觉得有理，准备动手在山门倒塌的地方往下挖掘。

谁知人群中闪出一个老河兵（古代专门从事河工的士兵），说道："在原地方是挖不到的，应该到上游去找。"众人都觉得不可思议，石狮子怎么会往上游跑呢？

老河兵解释道："石狮子结实沉重，水冲它不走，但上游来的水不断冲击，反而会把它靠上游一边的泥沙冲出一个坑来。天长日久，坑越冲越大，石狮子就会倒转到坑里。如此再冲再滚，石狮子就会像'翻跟头'一样慢慢往上游滚去。往下游去找固然不对，往河底深处去找岂不更错？"

根据老河兵的话，寺僧果然在上游数里处找到了石狮子。

在众人都根据自己的感性认识而做出各种揣测时，老河兵凭着其对水流习性的熟识，借着事物层层发展的严密逻辑，推导出了正确的结论。如果仅仅具有感性认识，人们对事物的认识只可能停留在片面的、现象的层面上，根本无法全面把握事物的本质，做出有价值的判断。

逻辑思考是一种比较规范的、严密的分析推理方式，它依靠我们把握事物的关键点，逐层推进，深入分析，而不能靠无端的臆想和猜测。

逻辑思维与共同知识的建立

爱因斯坦曾讲过他童年的一段往事：

爱因斯坦小时候不爱学习，成天跟着一帮朋友四处游玩，不论他妈妈怎么规劝，爱因斯坦只当耳边风，根本听不进去。这种情况发生转变是在爱因斯坦16岁那年。

一个秋天的上午，爱因斯坦提着渔竿正要到河边钓鱼，爸爸把他拦住，接着给他讲了一个故事，这个故事改变了爱因斯坦的人生。

父亲对爱因斯坦说："昨天，我和隔壁的杰克大叔去给一个工厂清扫烟囱，那烟囱又高又大，要上去必须踩着里边的钢筋爬梯。杰克大叔在前面，我在后面，我们抓着扶手一阶一阶爬了上去。下来的时候也是这样，杰克大叔先下，我跟在后面。钻出烟囱后，我们发现一个奇怪的情况：杰克大叔一身上下都蹭满了黑灰，而我身上竟然干干净净。"

父亲微笑着对儿子说："当时，我看着杰克大叔的样子，心想自己肯定和他一样脏，于是跑到旁边的河里使劲洗。可是杰克大叔呢，正好相反，他看见我身上干干净净的，还以为自己一样呢，于是随便洗了洗手，就上街去了。这下可好，街上的人以为他是一个疯子，望着他哈哈大笑。"

爱因斯坦听完忍不住大笑起来，父亲笑完了，郑重地说："别人无法做你先在树上系一根绳子，然后在标杆上再系一根绳子。当你拉着标杆上的绳子时，你够不着树上的那根绳子。现在给你一块模型黏土，你能用它同时够着两根绳子吗？

答案：

将模型黏土绑在树上那根绳子的末端，使它摇摆起来。然后握着标杆上绳子的末端，等模型黏土朝你的方向飞来时抓住它。

的镜子，只有自己才能照出自己的真实面目。如果拿别人做镜子，白痴或许会以为自己是天才呢。"

父亲和杰克大叔都是通过对方来判断自己的状态，这是逻辑思维的简单运用，却由于逻辑推理的基础不成立（即"两个人的状态一样"不成立），而闹出了笑话。

"别拿别人做镜子"，这是爱因斯坦从父亲的话中得到的教诲。但是，在逻辑思维的世界里，我们难道真的不能把别人当自己的镜子吗？

在回答这个问题之前，我们先来看下面这个游戏：

假定在一个房间里有三个人，三个人的脸都很脏，但是他们只能看到别人而无法看到自己。这时，有一个美女走进来，委婉地告诉他们说："你们三个人中至少有一个人的脸是脏的。"这句话说完以后，三个人各自看了一眼，没有反应。

美女又问了一句："你们知道吗？"当他们再彼此打量第二眼的时候，突然意识到自己的脸是脏的，因而三张脸一下子都红了。为什么？

下面是这个游戏中各参与者逻辑思维的活动情况：当只有一张脸是脏的时候，一旦美女宣布至少有一张脏脸，那么脸脏的那个参与人看到两张干净的脸，他马上就会脸红。而且所有的参与人都知道，如果仅有一张脏脸，脸脏的那个人一定会脸红。

在美女第一次宣布时，三个人中没人脸红，那么每个人就知道至少有两张脏脸。如果只有两张脏脸，两个脏脸的人各自看到一张干净的脸，这两个脏脸的人就会脸红。而此时如果没有人脸红，那么所有人都知道三张脸都是脏的，因此在打量第二眼的时候所有人都会脸红。

这就是由逻辑思维衍生出的共同知识的作用。共同知识的概念最初是由逻辑学家李维斯提出的。对一个事件来说，如果所有当事人对该事件都有了解，并且所有当事人都知道其他当事人也知道这一事件，那么该事件就是共同知识。在上面这个游戏中，"三张脸都是脏的"这一事件就是共同知识。

假定一个人群由 A、B 两个人构成，A、B 均知道一件事实 f，f 是 A、B 各自的知识，而不是他们的共同知识。当 A、B 双方均知道对方知道 f，并且他们各自都知道对方知道自己知道 f，那么，f 就成了共同知识。

这其中运用了逻辑思维的分析方法，是获得决策信息的方式。但是它与一条线性的推理链不同，这是一个循环，即"假如我认为对方认为我认为……"也就是说，当"知道"变成一个可以循环绕动的车轱辘时，我们就说 f 成了 A、B 间的共同知识。因此，共同知识涉及一个群体对某个事实"知道"的结构。在上面的游戏中，美女的话所引起的唯一改变，是使一个所有参与人事先都知道的事实成为共同知识。

在生活中，没有一个人可以在行动之前得知对方的整个计划。在这种情况下，互动推理不是通过观察对方的策略进行的，而是必须通过看穿对手的策略才能展开。

要想做到这一点，单单假设自己处于对手的位置会怎么做还不够。即便你那样做了，你会发现，你的对手也在做同样的事情，即他也在假设自己处于你的位置会怎么做。每一个人不得不同时担任两个角色，一个是自己，一个是对手，从而找出双方的最佳行动方式。

运用逻辑思维对信息进行提取和甄别

信息的提取和甄别，是当今社会的一个关键的问题。如果在商海中搏击，更要学会信息的收集与甄别，掌握各方面的知识。当面临抉择的最后时刻，与其如赌徒般仅靠瞬息间的意念做出轻率的判断，倒不如及早掌握信息，以资料为依据，发挥正确的推理判断能力。

亚默尔肉类加工公司的老板菲利普·亚默尔每天都有看报纸的习惯，虽然生意繁忙，但他每天早上到了办公室，就会看秘书给他送来的当天的各种报刊。

初春的一个上午，他和往常一样坐在办公室里看报纸，一条不显眼的不过百字的消息引起了他的注意：墨西哥疑有瘟疫。

亚默尔的头脑中立刻展开了独特的推理：如果瘟疫出现在墨西哥，就会很快传到加州、得州，而美国肉类的主要供应基地是加州和得州，一旦这里发生瘟疫，全国的肉类供应就会立即紧张起来，肉价肯定也会飞涨。

他马上让人去墨西哥进行实地调查。几天后，调查人员回电报，证实了这一消息的准确性。

亚默尔放下电报，马上着手筹措资金大量收购加州和得州的生猪和肉牛，运到离加州和得州较远的东部饲养。两三个星期后，西部的几个州就出现了瘟疫。联邦政府立即下令严禁从这几个州外运食品。北美市场一下子肉类奇缺、价格暴涨。

亚默尔认为时机已经成熟，马上将囤积在东部的生猪和肉牛高价出售。仅仅3个月时间，他就获得了900万美元的利润。

亚墨尔重视信息，而且，善于运用逻辑思维对接收到的信息进行提取和甄别，当他收到一则信息后，总会在头脑中进行一番推理，来判断该信息的真伪或根据该信息导出更多的未知信息，从而先人一步，争取主动。

伯纳德·巴鲁克是美国著名的实业家、政治家，在30岁出头的时候就成了百万富翁。1916年，威尔逊总统任命他为"国防委员会"顾问，以及"原材料、矿物和金属管理委员会"主席，以后又担任"军火工业委员会主席"。1946年，巴鲁克担任了美国驻联合国原子能委员会的代表，并提出过一个著名的"巴鲁克计划"，即建立一个国际权威机构，以控制原子能的使用和检查所有的原子能设施。无论生前死后，巴鲁克都受到普遍的尊重。

在刚刚创业的时候，巴鲁克也是

你的下意识记忆如何

大脑可以下意识地永久记住一些经历和信息，但是其他那些不能被一下就记住的信息就要靠不断地重复记忆和演练才能被永远地记住。下面这些简单问题就是要说明下意识的记忆虽然在身体的某个角落，但有的时候是很难再想起来的。对有健忘症的人的大量研究支持了这样一种假设：虽然下意识记忆理论打了折扣，但还是能肯定这种记忆一直尚未被触及。我们都有一个区域来储存这种记忆，但只是要唤起这种记忆就有些难了。

1. 竖排的交通信号灯上，哪一种颜色在上，是红色还是绿色？

2. 你的汽车时速仪的最大值和最小值是多少？

3. 色子2点对的是几点？

4. 中国的四大名山分别是什么？

仔细看下面左边的帽子，然后盖上。

将中间 3 个帽子对应的数字，填进右图中正确的位置，从而完成对左边的图的完全复制。

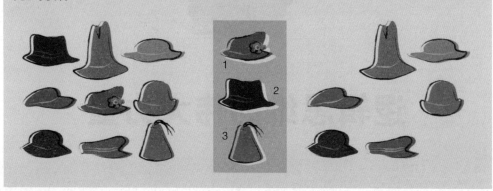

非常艰难的。但就是他所具有的那种对信息的敏感，加之合理的推理，使他一夜之间发了大财。

1898 年 7 月的一天晚上，28 岁的巴鲁克正和父母一起待在家里。忽然，广播里传来消息，美国海军在圣地亚哥消灭了西班牙舰队。

这一消息对常人来说只不过是一则普通的新闻，但巴鲁克却通过逻辑分析从中看到了商机。

美国海军消灭了西班牙舰队，这意味着美西战争即将结束，社会形势趋于稳定，那么，在商业领域的反映就是物价上扬。

这天正好是星期天，用不了多久便是星期一了。按照通常的惯例，美国的证券交易所在星期一都是关门的，但伦敦的交易所则照常营业。如果巴鲁克能赶在黎明前到达自己的办公室，那么就能发一笔大财。

那个时代，小汽车还没有问世，火车在夜间又停止运行，在常人看来，这已经是无计可施了，而巴鲁克却想出了一个绝妙的主意：他赶到火车站，租了一列专车。皇天不负有心人，巴鲁克终于在黎明前赶到了自己的办公室，在其他投资者尚未"醒"来之前，他就做成了几笔大交易。他成功了！

信息是这个时代的决定性力量，面对纷繁复杂的信息，加以有效提取和甄别，经过逻辑思维的加工，挖掘出信息背后的信息，这样，才能及时地抓住机遇，抓住财富。

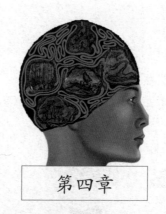

第四章

逻辑思维的伟大力量

逻辑和思维密不可分

"逻辑"（logic）这个词是个舶来语，来源于古希腊语即"逻各斯"。逻各斯原指事物的规律、秩序或思想、言辞等。现代汉语中，不同的语境里，"逻辑"自有它不同的含义。比如，"中国革命的逻辑""生活的逻辑""历史的逻辑""合乎逻辑的发展"中的"逻辑"，表示事物发展的客观规律；"这篇文章逻辑性很强""说话、写文章要合乎逻辑""做出合乎逻辑的结论"中的"逻辑"表示人类思维的规律、规则；"大学生应该学点儿逻辑""传统逻辑""现代逻辑""辩证逻辑""数理逻辑"中的"逻辑"表示一门研究思维的逻辑形式、逻辑规律及简单的逻辑方法的科学——逻辑学；"人民的逻辑""强盗的逻辑""奴隶主阶级的逻辑"中的"逻辑"则指一定的立场、观点、方法、理论、原则。

"逻辑"一词来源于西方，但并不意味着逻辑就是西方的独创，古代东方对逻辑也有研究和应用，古代中国先秦时期的"名学""辨学"和古印度的"因明学"都是逻辑学应用的典范。这说明逻辑思维是人类思维的一个共性。

这也说明，逻辑和思维是密不可分的。

有人把思维分为两种类型，即抽象（逻辑）思维和形象（直感）思维。辩证唯物主义认识论认为，人们在社会实践中对客观事物的认识分为两个阶段。

第一阶段：直接接触外界事物，在人脑中产生感觉、知觉和表象。

左半球	右半球
分析	视觉
逻辑	想象
顺序	空间
线性	感性
语言	音韵
列表	整体（概况）
数字能力	色彩感知

大脑半球思维功能表。

第二阶段：是对综合感觉的材料加以整理和改造，逐步把握事物的本质和规律性，从而形成概念，构成判断（命题）和推理。这一阶段是人们的理性认识阶段，也就是思维的阶段。

这就是说，人们认识世界主要通过两种方式。一种是亲知，即通过自己的感官来感觉和体验；另一种是推知，也就是思维，即从已经获得的知识来推论一些知识。因此，思维在人们的认识活动中起着十分重要的作用。

所谓的思维，简单地说，就是人们"动脑筋""想办法""找答案"的过程，并且，它一定同人们的认知过程相联系，必须是主要依靠人的大脑活动而进行的，否则，我们只能叫它感知（认识的第一阶段），而不是思维。换句话说就是，只有主要依靠人的大脑对事物外部联系综合材料进行加工整理，由表及里，逐步把握事物的本质和规律，从而形成概念、建构判断和进行推理的活动才是思维活动。

概念、判断、推理是理性认识的基本形式，也是思维的基本形式。概念是反映事物本质属性或特有属性的思维形式，是思维结构的基本组成要素。判断（命题）是对思维对象有所判定（即肯定或否定）的思维形式，它是由概念组成的，同时，它又为推理提供了前提和结论。推理是由一个或几个判断推出一个新判断的思维形式，是思维形式的主体。

而概念、判断、推理和论证，恰恰是逻辑所要研究的基本内容。因此，我们说逻辑是关于思维的科学。

当然，逻辑并不研究思维过程的一切方面。思维的种类有很多，形象思

认识猫和狗

概念在婴儿的大脑中是如何形成的？它是可以测量的吗？1997 年，英国伦敦大学的珍妮·斯宾塞及其同事对 4 个月大的婴儿所具备的能力进行了研究，刺激物是 36 种颜色的猫和狗的图片。这些图片被放置在远远超出婴儿左右视野的地方，当他们的眼睛从一个刺激物转移到另外一个刺激物时，他们的这一反应就得到了测量。之前的研究就表明婴儿能够分辨出猫和狗，通过这个实验，研究者想知道的是婴儿做出分辨时使用的是什么视觉信息。

首先，给婴儿看 6 组猫或狗的照片，使他们熟悉某一类动物。在接下来的优先检测实验里，给他们看一对杂交的动物。优先检测实验的刺激物包括 6 组猫和狗混合的图片，这些图片由各种猫和狗组成，这些猫和狗又不同于之前婴儿们所看到的为他们所熟悉的那些猫狗——一些是猫头狗身，其他一些是狗头猫身。这背后的逻辑是在熟悉猫狗形象的实验环节里，婴儿认识了具有普遍特征的猫或者狗，所以当他们看到一个之前没有看过的，就会把它当作猫或狗的另外一种，而不是完全当作一个新的物体。

研究者通过比较婴儿注视这些猫狗混合物的时间长短发现，婴儿注视那些脑袋是新的动物的时间要比注视那些脑袋为他们熟悉，但是身子是新的动物的时间长。这项研究结果表明，对婴儿来说，头部或面部的特征较身体的特征对于区分不同种类的物体更为关键。

维、直觉思维、创造思维、发散思维、灵感思维、哲学思维等，这些思维都与人们的大脑活动有密切关系，但都不是逻辑思维。只有人们在认识过程中借助于概念、判断、推理等思维的逻辑形式，遵守一定的逻辑规则和规律，运用简单的逻辑方法，能动地反映客观现实的理性认识过程才叫逻辑思维，又称理论思维。这就是说，逻辑只从思维过程中抽象出思维形式（概念—判断—推理）来加以研究，准确地说，逻辑是关于思维形式的科学。

但是，人的大脑的思维活动深藏于脑壳之内，看不见摸不着，它一定要借助外在的载体——语言，才能表现出来。因此，我们说逻辑思维和语言有着不可分割的联系。人们在运用概念、进行判断、推理的思维活动时，是一刻也离不开语词、语句等语言形式的。

我们知道，语言的表达方式无外乎有语词、语句和句群，它们被形式化之后就成为思维的逻辑形式——思维内容各部分之间的联系方式（形式结构），亦即思维形式与语言形式是相对应的。思维形式的概念通过语言形式的词或词组来表达；思维形式的判断通过语言形式的句子来表达；思维形式的推理通过语言形式的复句或句群来表达。没有语词和语句，也就没有概念、判断和推理，从而也就不可能有人的逻辑思维活动。

比如，"桂林""山""水""甲""天""下"，这六个概念是借助于六个词语来表达的，没有这六个词语，就不能表达这六个概念。再比如，"桂林山水甲天下"，这是一个判断，它是借助于一个语句来表达的，没有这个语句，就无法表达这个判断。

再看下面的小故事：

爱尔兰文学家萧伯纳在一个晚会上独自坐在一旁想着自己的心事。

一位美国富翁非常好奇，他走过来说："萧伯纳先生，我愿出一块钱来打听您在想什么？"

萧伯纳抬头看了一眼这富翁，略加思索后说道："我想的东西不值一块钱。"

富翁更加好奇地问："那么，你究竟在想什么呢？"

萧伯纳笑了笑，回答说："我想的东西就是您啊！"

萧伯纳的思维过程用逻辑语言整理一下的话，就是：我想的东西不值一块钱；那位富翁是我想的东西；所以，那位富翁不值一块钱。萧伯纳的思维过程，从思维形式上看，是由三个语句组成的一个推理，没有这三个语句，这个推理也就不能存在了。

思维专属于人类，这是不争的事实。即使是最被人看好的类人猿、猴子、海豚等都不能有思维的属性，因为思维是和语言相连接的，没有语言和文字的动物是没有思维的。逻辑、思维形式、语言形式三者是密不可分的，了解了这一点，更加有助于提升我们的逻辑思维能力。

逻辑起源于理智的自我反省

古代中国的名学（辩学）、古希腊的分析学和古代印度的因明学并称为逻辑学的三大源流。不过，当时的逻辑学并不是一门独立的学科，而是包含于哲学之中。

中国的先秦时代是诸子百家争鸣、论辩之风盛行的时期，逻辑思想在当时被称为"名辩之学"。先秦的"名实之辩"几乎席卷了所有的学派。当时，出现了一批被称为"讼师""辩者""察士"的人，如邓析、惠施、公孙龙等。他们或替人打官司或聚徒讲学，"操两可之说，设无穷之辞"，提出了许多有关巧辩、诡辩和悖论性的命题。其中，以墨翟为代表的墨家学派对逻辑学的贡献最这幅图片中分布着 15 个海洋生物，它们通过伪装来隐藏自己。你能把它们全部找出来吗？在自然界中，某些动物通过模拟其他生物的形态来躲避天敌。

答案：

大。在墨家学派的著作《墨经》中，对概念、判断、推理问题做了精辟的论述。不过，"名学""辩学"作为称谓先秦学术思想的用语，并非古已有之，而是后人提出的，到了近代才被学术界普遍接受。

逻辑学在古代印度被称为"因明学"，因，指推理的根据、理由、原因；明，指知识、学问。"因明"就是关于推理的学说，起源于古印度的辩论术。相传，释迦牟尼幼时，也曾在老师的指导下学习过"因明"。不过，因明真正形成自己独立完整的体系，则是公元 2 世纪左右的事。其主要学术代表作为陈那的《因明正理门论》、商羯罗主的《因明入正理论》等。

古希腊是逻辑学的主要诞生地，经过公元前 6 世纪到公元前 5 世纪的发展后，在公元前 4 世纪由亚里士多德总结创立了古典形式逻辑。亚里士多德写了包括《范畴篇》《解释篇》《前分析篇》《后分析篇》《论辩篇》《辩谬篇》等在内的诸多论文，全面系统地研究了人类的思维及范畴和概念、判断、推理、证明等问题，这在西方逻辑学的历史上尚属首次。

在古代中国、印度和希腊，一些智慧之士已经意识到了适当运用日常生活中语言或思维中存在的机巧、环节、过程的重要性，并开始对其进行反省与思辨，从而留下了许多为人们津津乐道的有趣故事。

白马非马

公孙龙（公元前 320 年 ~ 前 250 年），战国时期赵国人，曾经做过平原君的门客，名家的代表人物。其主要著作《公孙龙子》，是著名的诡辩学代表著作。其中最重要的两篇是《白马论》和《坚白论》，提出了"白马非马"和"离坚白"等论点，是"离坚白"学派的主要代表。

在《白马论》中，公孙龙通过三点论证证明了"白马非马"的命题。

其一，"马者，所以命形也；白者，所以命色也；命色者非命形也，故曰：白马非马"。公孙龙认为，"马"的内涵是一种哺乳类动物；"白"的内涵是一种颜色；而"白马"则是一种动物和一种颜色的结合体。"马""白""白马"三者内涵的不同证明了"白马非马"。

其二，"求马，黄黑马皆可致。求白马，黄黑马不可致。……故黄黑马一也，而可以应有马，而不可以应有白马，是白马之非马审矣"。在这里，公孙龙主要从"马"和"白马"概念外延的不同论证了"白马非马"。即"马"的外延指一切马，与颜色无关；"白马"的外延仅指白色的马，其他颜色则不行。

其三，"马固有色，故有白马。使马无色，有马如已耳。安取白马？故白者，非马也。白马者，马与白也，马与白非马也。故曰：白马非马也"。共相是哲学术语，简单地说就是指普遍和一般。"马"的共相是指一切马的本质属性，与颜色无关；"白马"的共相除了马的本质属性外，还包括了颜色。公孙龙意在通过说明"马"与"白马"在共相上的差别来论证"白马非马"。

公孙龙关于"白马非马"这个命题探讨，符合同一性与差别性的关系以及辩证法中一般和个别相区别的观点，在一定程度上纠正了当时名实混乱的现象，有一定的合理性和开创性。

不过，在我国古代对逻辑学的研究中，当属墨家的《墨经》和荀子的《正名篇》贡献最大。《墨经》中提出了"以名举实，以辞抒意，以说出故"的重要思想。其中，"名"相当于概念，"辞"相当于判断或命题，"说"相当于推理，即人们在思维、认识和论断过程中，是用概念来反映事物，用判断来表达思想，以推理的形式来推导事物的因果关系。墨家对概念、判断、推理所做的精辟论述，对逻辑学的发展影响深远。

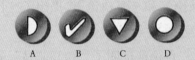
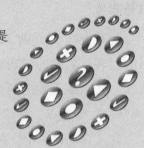
三支论式

印度的因明学一直和佛教联系在一起，事实上它的出现就是为了论证佛教教义。古印度最早的因明学专著《正理经》是正理派的创始人足目整理编撰的，《正理经》可说是因明之源。在《正理经》中，足目建立了因明学的纲要——十六句义（又称十六谛），即十六种认识及推理论证的方式。《正理经》几乎贯穿了整个印度的因明史，对印度因明学的发展意义重大。

陈那在印度逻辑史上是一位里程碑式的人物，他创立了新因明的逻辑系统，故被世人誉为"印度中古逻辑之父"。他在《因明正理门论》中提出了"三支论式"，认为每一个推理形式都是由"宗"（相当于三段论的结论）、"因"（相当于三段论的小前提）、"喻"（相当于三段论的大前提）三部分组成。比如：

宗：她在笑。

因：她遇到了高兴的事。

喻：遇到了高兴的事都会笑。

比如她获奖了。

说谎者悖论

在古希腊，有过许多与逻辑学产生有关的奇人趣事，闪烁着智慧的光芒。关于"说谎者悖论"就是其中很有意思的一个。

公元前 6 世纪，古希腊克里特岛人匹门尼德说了一句著名的话：

所有的克里特岛人都说谎。

那么，他这句话到底是真是假？若是真话，他本人也是克里特岛人，就表示他也说谎，那么这就是假话；若是假话，就说明还有克里特岛人不说谎，那他说的就是真话。于是就出现了一个悖论。公元前 4 世纪，麦加拉派的欧布里德斯把该这句话改为："一个人说：我正在说的这句话是假话。"这句话究竟是真是假？对此，你也可以得出一个悖论。这就是"说谎者悖论"。后来，"说谎者悖论"演变出了一种关于明信片的悖论。一张明信片的正面写着："本明信片背面的那句话是真的。"明信片的背面则写着："本明信片正面的那句话是假的。"无论你从哪句话理解，你都只能得出一个悖论。

悖论指在逻辑上可以推导出互相矛盾的结论，但表面上又能自圆其说的命题或理论体系。它的特点就在于推理的前提明显合理，推理的过程合乎逻辑，推理的结果却自相矛盾。那么，悖论究竟是如何产生的？又怎样去避免？我们该怎样看待悖论？这直到现在都没有定论。

古代的智慧之士提出的这些巧辩、诡辩和悖论，不仅是对人类语言和思维的把玩与好奇，更是对其中各种有趣现象和问题的自我反省与思辨。他们对人类理智的这种自我反省与思辨驱使一代又一代的人去研究、探索，最终形成了一门充满智慧的学科——逻辑学。

逻辑思维的基本特征

人们通常说的思维是指逻辑思维或抽象思维。逻辑思维（logical thinking），是指人们在认识的过程中借助于概念、判断、推理等思维形式能动地反映客观现实的理性认识过程，又称理论思维。它是人脑对客观事物间接概括的反映，它凭借科学的抽象揭示事物的本质，具有自觉性、过程性、间接性和必然性的特点。逻辑思维是人的认识的高级阶段，即理性认识阶段。只有经过逻辑思维，人们才能达到对具体对象本质的把握，进而认识客观世界。

逻辑学是逻辑思维的理论基础，逻辑思维正是在逻辑学理论的指导下进行的。所以，逻辑思维的基本特征与逻辑学的性质以及逻辑学的研究内容紧密相关。

就像声音是以空气作为媒介传播的一样，逻辑思维是通过概念、命题、推理等思维形式来传递信息和知识的。如果没有概念、命题、推理，逻辑思维就无法进行。这就像如果没有空气，声音就不能传播一样。只有确定了概念的内涵和外延、命题的真假和推理过程的合理明确，人们才能进行正确有效的逻辑思维。可以说，正是概念、命题和推理成就了逻辑思维的意义。

1938年，针对希特勒在德国的独裁统治，喜剧大师卓别林以此为题材写出了喜剧电影剧本《独裁者》，对希特勒进行了辛辣的讽刺。但是，就在电影将要开机拍摄之际，美国派拉蒙电影公司的人却声称："理查德·哈定·戴维斯曾写过一出名字叫作《独裁者》的闹剧，所以他们对这名字拥有版权。"卓别林派人跟他们多次交涉无果，最后只好亲自登门去和他们商谈。最后，派拉蒙公司声称：他们可以以2.5万美元的价格将"独裁者"这个名字转让给卓别林，否则就要诉诸法律。面对对方的狮子大开口，卓别林无法接受。正在无计可施之际，他灵机一动，便在片名前加了一个"大"字，变成了《大独裁者》。这一招让派拉蒙公司瞠目结舌，却又无话可说。

在这里，卓别林就是通过混淆了概念的内涵和外延（即概念的属种问题）巧妙地解决了派拉蒙公司的赔偿要求。在属种关系中，外延大的、包含另一概念的那个概念，叫作属概念；外延小的、从属于另一概念的那个概念叫作种概念。比如语言和汉语，语言就是属概念，汉语则是种概念。"独裁者"和"大独裁者"是两个相容关系的概念。前者外延大，是为属概念；后者外延小，是为种概念。在这个事例中，"独裁者"便是"大独裁者"的属概念。可见，只有对概念的内涵与外延有了明确的认识，才能进行正确的逻辑思维。同时，命题的真假和推理结构关系的不明晰也会影响逻辑思维，在此不再一一举例。

逻辑思维以真假、是非、对错为目标，它要求思维中的概念、命题和推理具有确定性。也就是说，在进行逻辑思维时，概念在内涵和外延上的含义应该有确定性；命题的真假及对研究对象的推理判断也应该有确定性。遵循思维过程中的确定性的逻辑思维才是正确的逻辑思维，反之则是不合逻辑或诡辩。

老虎是动物，所以小老虎是小动物。

下述哪个选项中出现的逻辑错误与题干中的最为类似？

A. 这道题这么做看上去既像对的，又像错的，都有点儿像。

B. 许多后来成为老板的人上大学时都经常做些小生意，所以经常做小生意的人一定能成为老板。

C. 在激烈的市场竞争中，产品质量越好并且广告投入越多，产品需求量就越大。A公司投入的广告费比B公司多，所以市场对A公司产品的需求量就大。

D. 故意杀人犯应判处死刑，行刑者是故意杀人者。所以行刑者应该判处阅读下面的短文，并准确记住其内容。

安娜小时候，父母经常因她获得的成绩鼓励她。后来，她不再依赖父母的奖励，而是不断地自己奖励。大学毕业后，安娜所在的单位资不抵债，宣布破产了。有很长的一段时间，她因为胆小，怕面试时用人单位对自己说"NO"而待在家里。有一天，安娜对自己说，如果今天我去两家公司应聘，回家时就给自己买下那条心仪已久的长裙。她做到了，记得当时她是用向母亲借的钱来完成对自己的承诺的。一星期后，她居然同时收到那两家单位的用人通知。

请回答下面的问题。

1. 文中提到的女孩叫什么？

2. 她开始所在的单位因什么破产？

3. 她失业后立即去别家面试了吗？

4. 她是以什么为目标鼓励自己的？

死刑。

题干中"老虎是动物"是前提，"所以小老虎是小动物"是结论。显然，这是一个错误的结论。那么，错误出在哪儿呢？"老虎是动物"这个命题是正确的，小老虎也是老虎，所以小老虎也是动物。小动物是指体型较小的动物，比如猫、狗等宠物，小老虎只是年龄小。年龄和体型是两个概念，说"小老虎是小动物"其实是偷换了"小"的概念。在这里，只有 D 项中犯了"偷换概念"的逻辑错误，把"执法"曲解为"谋害"了。A 项违背了排中律和矛盾律，B 项则是把先做小生意后成为老板的"相继"关系当成了因果关系。C 项命题、结论都是错的。

逻辑关系是逻辑思维的中心关节，只有厘清逻辑关系，再对研究对象做逻辑分析，才能解决问题。命题之间的关系包括矛盾关系、反对关系、蕴涵关系、等值关系等，论据之间的关系包括递进关系、转折关系、并列关系等。只有弄清楚推理中的命题和论据各自的关系，才能进行正确的逻辑思维。

玫瑰和月季在英文里通俗的叫法都是 rose。只是在早期的文学翻译中，把中国传统品种的月季还叫月季，而把西方的现代月季翻译成玫瑰。玫瑰和月季在花形上有许多相同的特征，所以有人认为所有具有这些特征的都是玫瑰。

如果上面的陈述和判断都是真的，那下面哪一项也一定为真？

A. 玫瑰与月季的相似之处要多于和其他花的相似之处。

B. 对所有的花来说，如果它们在花形上有相似的特征，那么在花的结构和颜色上也会有相同的特征。

C. 所有的月季都是玫瑰。

D. 玫瑰就是月季。

显然，题干中问题的性质是要确定逻辑关系，也就是确定选项中哪一项是题干的逻辑结论。我们首先需要提取题干中的主要信息，即"玫瑰和月季在花形上有许多相同的特征"和"所有具有这些特征的都是玫瑰"。然后，我们就可以根据它们的逻辑关系选择合乎其逻辑的选项。"玫瑰和月季在花形上有许多相同的特征"就是说所有月季都具有玫瑰的某些特征。因为"所有具有这些特征的都是玫瑰"，所以就得出"所有的月季都是玫瑰"的结论。在这里就涉及逻辑结论与生活经验的冲突，因为"所有的月季都是玫瑰"的结论虽然合乎本题逻辑，却有违园艺学常识。因为，从园艺学上讲，玫瑰只是月季的一个品种。所以，如果我们要求"结论的真实性"的话，那么就要对推理形式的有效性和推理前提的真实性做出保证。

需要指出的是，在对推理或论证进行分析的时候，要遵循逻辑学的程序和规则。但是，逻辑学并非一个完美无瑕的学科，它也有着自身的局限性。而且在追求知识的确定性的过程中，由于方法论本身存在着缺陷，所以逻辑学的程序和规则就受到了相应的挑战。这就要求我们在进行推理论证时要不断地对逻辑思维进行批判、修改和完善。

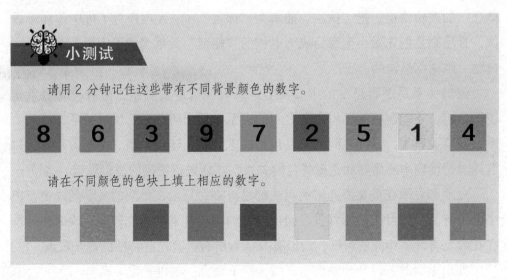

小测试

请用 2 分钟记住这些带有不同背景颜色的数字。

8 6 3 9 7 2 5 1 4

请在不同颜色的色块上填上相应的数字。

逻辑学的研究对象是什么

提到逻辑学，就不能不提到亚里士多德。这位古希腊伟大的学者，也是世界历史上最伟大的学者之一，毕生都在致力于学术研究，在修辞学、物理学、生物学、教育学、心理学、政治学、经济学、美学方面写下了大量著作。此外，他也是形式逻辑的事实性奠基者与开创者，由他建立的逻辑学基本框架至今还在沿用。亚里士多德认为，逻辑学是研究一切学科的工具。他也一直在努力把思维形式与客观存在联系起来，并按照客观存在来阐明逻辑学的范畴。他还发现并准确地阐述了逻辑学的基本规律，而这对后世的研究有着巨大的影响。在经过弗朗西斯·培根、穆勒、莱布尼兹、康德、黑格尔等哲学家的研究、发展后，西方已经建立了比较成熟完善的逻辑学研究体系。

我国是逻辑学的发源地之一，对逻辑学的研究在先秦时代就已经开始。但是，这些研究都是零散地出现于各派学者的著作中，并没有形成完整的体系，也没有得到进一步的发展。所以，一般认为，逻辑学是西方人创立的。

简单地说，逻辑学就是研究思维的科学，包括思维的形式、内容、规律和方法等各个方面。有研究者曾这样定义逻辑学："逻辑学是研究纯粹理念的科学，所谓纯粹理念就是思维的最抽象的要素所形成的理念。"抽象就是从众多的事物中抽取出共同的、本质性的特征，而舍弃其非本质的特征。比如梅花、荷花、水仙、菊花等，其共同特性就是"花"，得出"花"这个概念的过程就是抽象的过程。但要最后得出"花"这个概念，就要对这几种花进行比较，没有比较就找不出它们的共同的、本质的特征。因此，有人认为逻辑学是最难学的，因为它研究的是纯抽象的东西，它需要一种特殊的抽象思维能力。但实际上逻辑学并没有想象中的那么难，因为不管多么抽象，归根结底它研究的还是我们的思维，也就是说我们的思维形式、思维方法和思维规律。

简单地说，思维就是人脑对客观存在间接的、概括的反映。既然是人脑对客观存在的反映，那就涉及反映的形式和内容的问题。也就是说，思维活动包括思维形式和思维内容两个方面。思维内容是指反映到思维中的各种客观存在，而思维形式则是指思维内容的具体组织结构以及联系方式。以语言为例，瑞士语言学家索绪尔认为，任何语言符号是由"能指"和"所指"构成的，"能指"指语言的声音形象，"所指"指语言所反映的事物的概念。比如

你的注意力如何？这幅图展现的是站在坟墓前的拿破仑，你能找到拿破仑吗？

"house" 这个词，它的发音就是它的"能指"，"房子"的概念就是它的"所指"。因此，可以说思维形式就相当于语言的"能指"，思维内容就相当于语言的"所指"。思维形式和思维内容既相互区别又相互联系，就像硬币的两面，它们同时存在于同一思维活动中。古人说"皮之不存，毛将焉附"，如果说思维内容是"皮"，思维形式就是"毛"，二者一起组成了"皮毛"。所以说，内容和形式不可对立起来，没有内容，就无所谓形式；没有形式，内容也无可表达。之所以花这么多篇幅说思维内容和思维形式的关系，就是要说明逻辑学其实就是对从思维内容中抽离出来的思维形式进行研究的。思维形式主要是指概念、判断、推理，也有研究者认为假说和论证也是思维形式。比如：

（1）所有的商品都是劳动产品。

（2）所有的花草树木都是植物。

（3）所有的意识都是客观世界的反映。

这是三个简单的判断，即对"商品""花草树木""意识"这三种不同的对象进行判断，把它们分别归属为"劳动产品""植物"和"客观世界的反映"。它们虽然反映的思维内容各不相同，但是它们前后两部分的组织结构，也就是形式是相同的，即"所有……都是……"。如果用 S 表示前一部分内容，用 P 表示后一部分内容，就可以得到一个关于判断的逻辑结构公式：

所有 S 都是 P。

在逻辑学上，把上述这种最常见的判断形式称为逻辑形式，逻辑学所研究的就是有着这种逻辑形式的逻辑结构。

对于推理，我们也可以用相同的方法推导出一个公式。比如：

（1）所有的商品都是劳动产品，汽车是商品，所以，所有的汽车都是劳动产品。

（2）所有的花草树木都是植物，梧桐是树，所以，所有的梧桐都是植物。

上述两例都是简单的推理过程，（1）是"汽车""商品"和"劳动产品"的推理过程；（2）是"梧桐""树"和"植物"的推理过程。二者反映的是不同的推理内容，但都包括三个概念，都是由三个判断构成的推理结构。如果用S、P、M表示三个概念，就可以得出下面的逻辑结构公式：

所有M都是P。

所有S都是M。

所以，所有S都是P。

在逻辑学上，把这种常见的推理结构称为三段论推理的逻辑结构（或逻辑形式）。

在这里，涉及逻辑常项和逻辑变项两个概念。逻辑常项指思维形式中不变的部分，如"所有……都是……"这个结构；逻辑变项指思维形式中可变的部分，如"S"和"P"这两个概念。"S"和"P"可以是任意相应的概念，但"所有……都是……"这个结构却是固定的。

小测试

请认真阅读下面的短文，注意用词的选择。

大多数人都有许多甚至成百上千种习惯让我们记住生活的责任与义务。当然，大多数人都是无意识地养成这些习惯的。这些习惯可能是把我们的桌历翻到一周中恰当的一天，把便条粘在醒目的地方，标记出我们要记得带去学校或工作的东西，等等。这里的策略是有意识地在生活中养成习惯以减轻记忆的负担。比如，当你走进屋子时总是把钥匙放在同一地方，它更适宜放在靠近门的地方。一旦意识到自己的习惯，你就可以利用它们把要记住的信息联系起来。例如，你可能把自己要记得带去工作的书与钥匙放在一起，在你例行其事的时候，就不需要刻意去记忆。

与上面的短文相比，下文中的一些词语被替换了，请在被替换的词语下面画横线。

大多数人都有许多甚至成千上万种习惯让我们记住生活的责任与义务。当然，大多数人都是无意识地形成这些习惯的。这些习惯也许是把我们的桌历翻到一周中合适的一天，把便条粘在醒目的地方，标记出我们要记得带去学校或工作的东西，等等。这里的举措是有意识地在生活中养成习惯以减轻记忆的负担。比如，当你走进屋子时总是把钥匙放在同一地方，它更适宜放在顺手的地方。一旦意识到自己的习惯，你就可以利用它们把要记住的信息关联起来。例如，你可能把自己要记得带去学习的书与钥匙放在一起，在你例行其事的时候，就不需要刻意去记忆。

逻辑学研究的另两个对象是指思维方法和思维规律。其中，思维方法是指依靠人的大脑对事物外部联系和综合材料进行加工整理，由表及里，逐步把握事物的本质和规律，从而形成概念、建构判断和进行推理的方法。思维方法包括很多种，比如观察、实验、分析与综合、给概念下定义等。对各种各样的思维方法进行研究，是逻辑学的主要任务之一。

在人们运用各种思维方法对各种思维形式进行研究的过程中，也就是在人们对客观存在反映在人脑中的思维形式进行研究探讨过程中，逐渐总结出了一些规律性的、行之有效的规则，即思维规律。思维规律是人们根据长期思维活动的经验总结出来的，是人类智慧的结晶，也是人们在思维活动中必须遵循的、具有普遍指导意义的规则。在逻辑学中，思维规律主要是指同一律、矛盾律、排中律和充足理由律。其中，同一律可以用公式"A 是 A"表示，它指在同一思维过程中，使用的概念和判断必须保持同一性或确定性；矛盾律可以用公式"A 不是非 A"表示，它指在同一思维过程中，对同一概念的两个相互矛盾的判断至少应该有一个是假的；排中律是指在同一思维过程中，对同一概念两个相矛盾的肯定与否定判断中必有一个是真的，即"A 或者非 A"；充足理由律是指在思维过程中，任何一个真实的判断都必须有充足的理由。凡是符合上述思维规律的，就是正确的、合乎逻辑的思想，反之则是错误的、不合逻辑的。

由此可见，思维形式、思维方法及思维规律构成了逻辑学的主要研究内容，是逻辑学的三大主要研究对象。

逻辑学的性质是什么

如果要准确把握逻辑学的性质，首先要明白逻辑学的研究对象。最早把现代逻辑系统地介绍到中国来的逻辑学家之一——金岳霖在他的《形式逻辑》中这样定义逻辑："以思维形式及其规律为研究对象，同时也涉及一些简单的逻辑方法的问题。"我们在上节也对逻辑学的研究对象作了分析，即对思维形式、思维方法和思维规律的研究。逻辑学的研究对象决定了逻辑学的工具性，也决定了逻辑学是一门工具性的学科。这可以说是逻辑学最为显著的性质特点。

事实上，从亚里士多德建立逻辑学开始，逻辑学就表现出了它的工具性特点。亚里士多德认为，逻辑学是认识、论证事物的工具，他的关于逻辑学的论著也被命名为《工具论》。后来，英国著名哲学家弗朗西斯·培根也把自己的著作称为《新工具》。可见，历史上的哲学家及逻辑学家对逻辑学的工具性是有着统一认识的。"工具"的释义是："原指工作时所需用的器具，后引申为为达到、完成或促进某一事物的手段。"从这个定义我们可以看出，逻辑学的工具性表现以下在两个方面：

逻辑学是人们对事物进行判断、推理、认识的工具。

它能够提供从形式方面确定思维正确性的知识，我们可以根据这些知识去判断推理关系的正确与否。就像语法规则，我们可以根据语法规则判断字、词、句的含义是否正确，它们的关系是否合理；又像法律，给我们提供判断违法或犯罪的凭据。语法和法律并不对具体的语言现象或行为作规定，它们只是提供一个准则，符合这些规则的就是正确的，不符合的就是错误的。逻辑学也是如此，只有符合思维规律的判断和推理才是正确的、合乎逻辑的。请看下面这则故事：

一个小青年拿着一个铜碗到一个古董商店里出售，声称这是一个汉代古董。站在柜台前新来的学徒小张接过铜碗一看，只见这铜碗看上去古色古香，还带有一些明显是埋在地下比较久了的锈迹。翻过来再一看碗底，还刻着"公元前21造"的字样。小张顿时觉得这碗很可能真是汉代的，这可是笔大生意啊，于是赶紧喜滋滋地将碗拿给店里的老师傅看。没想到，老师傅仅粗略一看，就"扑哧"笑出来，说道："这也太假了吧，'公元'是近代才产生的概念，汉代怎么可能这么说呢？"

"公元"是近代才产生的概念，这个"汉代"铜碗却写着"公元前21造"，由此可见这个铜碗不是汉代的，所以是假的。在这个故事中，老师傅就是运用推理判断出了这件事的不合逻辑之处。

逻辑学是我们分析概念的内涵和外延，通过思维规律的普遍指导意义获取新知识的工具。

比如你看到树叶落了，就会知道秋天来了，这正是通过你对"秋天里树叶会落"的认识来推理出这个结论的；再比如，哺乳动物是一种恒温、脊椎动物，身体有毛发，大部分都是胎生，并借由乳腺哺育后代。你可以根据对哺乳动物特征的了解推理出牛、马、狗等哺乳类动物的基本特征。同样，运用这种逻辑思维规律，也可以通过正确、有效的推理获取其他知识。需要注意的是，在逻辑学上，只对推理形式的合理有效做研究，但并不保证根据思维形式和规

心理旋转

想象从不同的角度看同一物体的两张图片。人们经常会推断出，两张图片的物体相同，但他们是怎样得出这一结论的呢？很多人感到好像在他们的想象中旋转了物体，直到它与另一个物体的方位一致为止。他们因而知道两个物体相同。

施帕德和梅兹勒就像图中那样向实验对象呈现图像，并询问这些图像是否代表不同角度的同一物体。研究人员发现，图像之间的旋转角度和人们判断物体是否相同所用的时间之间联系紧密。

人们真的在想象中旋转物体，并对它们加以比较了吗？1971年，罗格·施帕德和雅克林·梅兹勒为此做了一系列的实验以进行探索。他们画了一对物体的很多图片。一些图片是从同一角度画的，另一些是从20°至180°之间不等的角度画的。一组图片显示了不同角度的一对物体，其中一个物体是另一个物体的镜像。

研究人员向一组人员出示了这些图片，并对他们判断这两个物体是否一致所需的时间进行了计时。当施帕德和梅兹勒看到数据结果时，他们注意到，物体每旋转一定的角度，人们就要花更长的时间去判断两个物体是否相同。看起来，人们能在大脑中以每秒钟50°的速度旋转物体的图像。

在后来的实验中，科学家们在图片上加上箭头符号以表示心理旋转的方向。大多时候，箭头的指向正确无误。如果箭头指向顺时针方向的话，图像向顺时针方向旋转就比按逆时针方向旋转效率高。然而在少数情况下，箭头指错了方向。这就误导了实验对象，他们的心理旋转方向也发生错误。研究人员还发现，图像旋转的角度和判断图像所需的时间之间有紧密的联系。

施帕德和梅兹勒的研究工作催生了许多有趣的研究项目。1982年，胡安·奥拉尔和瓦莱里·德利乌斯对鸽子做了相似的实验。与施帕德和梅兹勒以人为实验对象的实验相反，鸽子看起来并未进行图像的心理旋转。鸟类判断图像是否是同一物体所用的时间不受角度差异的影响。

律得到的知识一定是正确或可靠的。比如，我们前面得出的"所有的月季都是玫瑰"的结论就是这样。

有这么一个故事：

几个青年作家去拜访一位老作家，老作家热情地接待了他们。为了表示欢迎，老作家精心准备了几道菜。而且，还把各种不同的菜采用不同的颜色、种类配合搭配出了非常漂亮的造型。但是，这些菜却都不能吃，因为它们全是生菜。几个青年作家看着这些好看却不能吃的菜，又看看老作家热情的笑容，感到很不解，也很尴尬。临别时，老作家对几位青年说："听说你们最近在争论文学的形式和内容的问题，这就算是我的一点儿看法吧。"

很显然，老作家是在用这些形式精美但却不能吃的菜告诫青年作家们形式再漂亮，如果内容不好，也是没有意义的。老作家如此看待文学形式和内容的问题，自然无可厚非。但是逻辑学在对待形式和内容的问题，具体地说是思维的形式和内容的问题上，正好和老作家有着相反的特征。因为，逻辑学在研究思维的过程中，只关注思维的形式，而不管内容。也就是说，逻辑学是一门形式科学。

在上节，我们通过分析得出了关于推理结构的公式，即：

所有 M 都是 P。

所有 S 都是 M。

所以，所有 S 都是 P。

在这个公式中，"所有……都是……"、"所以，所有……都是……"是逻辑常项，S、M、P 是逻辑变项。也就是说，S、M、P 可以是任意内容。这是因为，逻辑学追求的是对形式结构的研究，而不关注具体内容。比如在命题"所有的商品都是劳动产品，汽车是商品，所以，所有的汽车都是劳动产品"中，逻辑学并不以商品的本质属性为研究对象，即便是商品从这个世界上消失了，逻辑学依然存在。逻辑学推广的是一种普遍有效的推理方式，任何对象放在这种方式里都适用。所以，从逻辑学的角度讲，它只看到了上面的公式结构，而不管"商品""汽车""劳动产品"之类的内容。就像庖丁解牛，只见骨架，不见全牛，"手之所触，肩之所倚，足之所履，膝之所踦，砉然响然，奏刀騞然，莫不中音"。因此，逻辑学是一门形式学科，这是它的另一个重要性质。

从语言学的角度讲，语言既不属于经济基础，也不属于上层建筑，这两者的变化都不会从本质上影响语言。也就是说，语言没有阶级性，也没有民族性。在这点上，逻辑学有着和语言相同的性质。也就是说，不管是哪个阶级、哪个民族，若要进行正常的思维活动，就必须遵循相同的思维规律，采取相同的思维形式和思维方法。一个至高无上的国王也好，一个衣不遮体的穷人也罢，普鲁士民族也好，俄罗斯民族也罢，只要想交流或表达思想，都要进行相同的逻辑思维。你可以否认别人的推理过程，你也可以批判别人的推理结果，但是你却不可能限制别人去进行思维活动。美国大片《盗梦空间》中的盗梦者也只是通过进入别人的梦境影响别人，而不能从本质上改变别人的逻辑思维能力。由此可见逻辑学的超阶级性和超民族性。它是全人类的，不属于任何个人

观察下面这幅婚礼的场景，几分钟之后，尽量不看原图，回答图下边的10个问题。

1. 位于图的左侧，绳子下边的动物是什么？

2. 位于图的左侧，穿着红色夹克和白色衬衣的男人手里举着什么？

3. 位于图的右侧的大部分人都是音乐家。是真是假？

4. 在背景上有一只鹳栖息在它的巢里。是真是假？

5. 位于图的上方，从楼上的窗户俯视整个婚礼场景的人是男人还是女人？

6. 一个小女孩正在向新娘身上撒米。是真是假？

7. 新郎的裤子处于什么高度？

8. 新娘礼服的裙摆是红色的。是真是假？

9. 在这个场景里有一个小提琴手。是真是假？

10. 这幅画的作者签名在哪里？

或团体。此外，逻辑学的工具性也决定了它的全人类性。它是各个阶级、民族共同使用的思维工具，是为全人类服务的一门基础性学科。

什么是逻辑思维命题

心理学家认为人类在 4 岁之前的思维是最活跃的，也是最具有开发潜能的。随着年龄的增长，知识的增加，人的思维逐渐被知识束缚住了。人们思考问题的时候局限在常见的、已知的圈子里，不能想到更多的解决问题的方法。一旦现有的条件不能满足常规的解决问题的途径，人们就束手无策了。因此我们需要思维命题对思维能力进行训练。

思维命题的目的是进行思维训练，而知识命题的目的是检验对专业知识的掌握程度，二者的差别很明显。比如："秦始皇在哪一年统一了中国？"这显然是纯知识性的命题。大部分人在学历史的时候都学过，都背过，但是考试之后都忘了。如果问题改为"秦始皇为什么能够统一中国"，这就是一道思维命题。还可以进一步启发思考："如果你是秦始皇，你会采取哪些措施来达到统一中国的目的？"

据说外国的考试相对于中国的考试来说很简单，中国的差生到了外国可能是中等生。但是比较一下中国和外国的作文题目，你就知道中国更侧重于知识命题，而外国更侧重于思维命题，中国学生应付知识性考试还行，但是在思维命题方面未必表现出色。

中国作文题目：

诚实和善良

品味时尚

书

我想握着你的手

谈"常识"有关的经历和看法

站在……门口

美国作文题目：

（1）谁是你们这代的代言人？他或她传达了什么信息？你同意吗？为什么？

（2）罗马教皇八世 Boniface 要求艺

小测试

将 6 枚邮票摆成两条线，使得每条线上有 4 枚邮票。你能在 3 分钟之内解决这个问题吗？

答案：

将 5 枚邮票摆成"十字"，然后在最中间再放 1 枚邮票。

术家 Giotto 放手去画一个完美的圆来证实自己的艺术技巧。哪一种看似简单的行为能表现你的才能和技巧？怎么去表现？

（3）想象你是某两个著名人物的后代，谁是你的父母？他们将什么样的素质传给了你？

（4）假如每天的时间增加了 4 小时 35 分钟，你将会做什么不同的事？

（5）开车进芝加哥市区，从肯尼迪高速公路上能看到一个表现著名的芝加哥特征的建筑壁饰。如果你可以在这座建筑物的墙上画任何东西，你将画什么，为什么？

（6）你曾经不得不做出的最困难的决定是什么？你是怎么做的？

法国作文题目：

（1）艺术品是否与其他物品一样属于现实？

（2）欲望是否可以在现实中得到满足？

（3）脑力劳动与体力劳动的比较有什么意义？

（4）就休谟在《道德原则研究》中有关"正义"的论述谈一谈你对"正义"的看法。

（5）"我是谁？"——这个问题能否以一个确切的答案来回答？

（6）能否说"所有的权力都伴随以暴力"？

当然了，我们强调思维命题的重要性，并不是说知识命题不重要。通过知识命题的训练，我们可以学到前人已经总结出的知识。但是知识命题只有唯一的答案，抑制了思维的创造性。在过去的教育中，我们过于重视知识命题，忽视了思维命题，导致很多人的思维能力有所欠缺。思维命题可以训练人的思考问题和解决问题的能力，培养正确的思维方式，使思维活跃起来，超越固定的思维模式。

逻辑思维命题

随着人类社会的发展，人们在实践的基础上认识了客观事物发展过程中的逻辑规律，于是出现了很多逻辑思维命题。

在公元前 5 世纪的古希腊曾经出现过一个智者哲学流派，他们靠教授别人辩论术吃饭。这是一个诡辩学派，以精彩巧妙和似是而非的辩论而闻名。他们对自然哲学持怀疑态度，认为世界上没有绝对不变的真理。其代表人物是高尔吉亚，他有三个著名的命题：

（1）无物存在；

（2）即使有物存在也不可知；

（3）即使可知也无法把它告诉别人。

这就是逻辑思维命题。

逻辑思维命题是逻辑学家通过对人类思维活动的大量研究而设计的。逻辑思维命题有两个较为显著的特征：第一个就是抽象概括性，就是抛开事物发展的自然线索和偶然事件，从事物成熟的、典型的发展阶段上对事物进行命题；第二个就是典型性，具体来说就是离开事物发展的完整过程和无关细节，以抽象的、理论上前后一贯的形式对决定事物发展方向的主要矛盾进行概括命题。

形式逻辑是一门以思维形式及其规律为主要研究对象，同时也涉及一些简单的逻辑方法的科学。概念、判断、推理是形式逻辑的三大基本要素。概念的

 小测试

注视下面这些人脸 1 分钟，然后盖上图片，试着回答后面的问题。

1. 其中有几个男性，几个女性？
2. 其中有几个人戴着眼镜？
3. 其中有几个女人戴着耳环？
4. 其中有几个人戴着帽子？
5. 其中有几个人侧着脸？
6. 其中有几个人穿着绿色的衣服？

你所看到的内容很大程度上取决于你的个人喜好。如果你发现有一张面孔很好看或是与众不同，你的眼球会被它所吸引，你就会更多地注意它。这种趋势会导致其他一些可能同样有趣的细节被忽视。

两个方面是外延和内涵，外延是指概念包含事物的范围大小，内涵是指概念的含义、性质；判断从质上分为肯定判断和否定判断，从量上分为全称判断、特称判断和单称判断；推理是思维的最高形式，概念构成判断，判断构成推理。由形式逻辑派生出的逻辑推理命题，是逻辑学家用思维学的理论对人类的思维活动过程进行大量的研究而设计的。这类命题主要有以下的特点：

（1）在具体命题研究展开之前对研究对象进行分析。分析事物中的哪些属性相对于研究目的来说是主要的和稳定的，这种分析是对经验材料的杂多和繁复进行分离。

（2）引入还原方法，把复杂的命题材料还原为简单的命题规律格式，通过能够清晰表述的命题规律格式再现思维结构。其目的是更好地解析思维的逻辑特点及其规律。

古希腊哲学家苏格拉底、柏拉图、亚里士多德等人就是这方面的代表，他们构建了至今已有2000多年历史的形式逻辑思维框架。

苏格拉底认为自己是没有智慧的，声称自己一无所知，然而德尔菲神庙的神谕却说苏格拉底是雅典最有智慧的人。

苏格拉底在雅典大街上向人们提出一些问题，例如，什么是虔诚？什么是民主？什么是美德？什么是勇气？什么是真理？等等。他称自己是精神上的助产士，问这些问题的目的就是帮助人们产生自己的思想。他在与学生进行交流时从来不给学生一个答案，他永远是一个发问者。后来，他这种提出问题，启发思考的方式被称为"助产术"。

苏格拉底问学生："人人都说要做诚实的人，那么什么是诚实？"学生说："诚实就是不说假话，说一是一，说二是二。"苏格拉底继续问："雅典正在与其他城邦交仗，假如你被俘虏了，国王问：'雅典的城门是怎么防守的，哪个城门防守严密？哪个城门防守空虚？我们可从哪面打进去？'你说南面防守严密，北面防守疏松，可以从北面打进去。对你而言，你是诚实的，但你却是一个叛徒。"学生说："那不行，诚实是有条件的，诚实不能对敌人，只能对朋友、对亲人，那才叫诚实。"苏格拉底又问："假如我们中有一个人的父亲已病入膏肓，我们去看他。这位父亲问我们：'这个病还好得了吗？'我们说：'你的脸色这么好，吃得好，睡得好，过两天就会好起来。'你这样说是在撒谎。如果你坦白地告诉他：'你这病活不了几天，我们今天就是来告别的。'你这是诚实吗？你这是残忍。"学生感叹道："我们对敌人不能诚实，对朋友也不能诚实。"接着，苏格拉底继续问下去，直到学生无法回答，于是就下课，让学生明天再问。

这种提问方式引发的思维方法可以帮助我们更清楚地认识事物的本质，对人类思维方式的训练具有重要意义。我们学习了很多知识，自以为知道很多，每个人说起自己的观点都侃侃而谈。实际上，深究起来，很多观点都经不起推敲，我们需要更深入地思考。

逻辑学的地位

逻辑学是一门工具性学科，也是支撑人类思维大厦的基础性学科。1974年，联合国教科文组织将逻辑学与数学、天文学和天体物理学、地球科学和空间科学、物理学、化学、生命科学并列为 7 大基础学科。在其公布的"科学技术领域的国际标准命名法建议"中，更将逻辑学列于众学科之首。而且，按照它对学科的分类，逻辑学是列在"知识总论"下的一级学科。美、英、德、日等国家的学科划分也都遵照了这一标准，比如《大英百科全书》就将逻辑学列于众学科之首。

可以说，逻辑学是一门古老而又年轻的学科。说它古老，是因为在公元前5 世纪前后，古代中国（名实之辩）、古印度（因明学）和古希腊（逻辑学）就产生了各具特色的逻辑学说，至今已有 2000 多年的历史；说它年轻，是因为随着现代科学和人类实践的发展，逻辑学仍然活力四射，在自然科学技术、人文社会科学和思维科学发展的进程中日益显示出重要的理论意义和应用价值，而且还在不断地革新发展中。

传统逻辑学是由亚里士多德建立，经过历代哲学家和逻辑学家发展的逻辑学。现代逻辑学是相对于传统逻辑而言的，它广泛采用数学方法，研究的广度和深度都大大超过了传统逻辑学。尼古拉斯·雷歇尔把现代逻辑学分为 5 类学科群体：（1）基础逻辑：由传统逻辑、正规的现代逻辑、非正规的现代逻辑 3 个学科门类构成；（2）元逻辑：由逻辑语形学、逻辑语义学、逻辑语用学、逻辑语言学 4 个学科门类构成；（3）数理逻辑：由算术理论、代数理论、函数论、证明论、概率逻辑、集合论、数学基础 7 个学科门类构成；（4）科学逻辑：由物理学的应用、生物学的应用、社会科学的应用 3 个学科门类构成；（5）哲学逻辑：由伦理学、形而上学、认识论方面的应用和归纳逻辑 4 个学科门类构成。从雷歇尔对现代逻辑的分类，可以看出逻辑学若干新的进展。可以说，现代逻辑学的产生和发展标志着逻辑学进入了新的发展阶段。

从上述逻辑学的学科分类和发展可以看出逻辑学在各学科尤其是在当代社会中占据着重要位置。而且随着它的发展，它对现代科学发展的促进作用也越来越突出。下面，我们从逻辑学对哲学、数学的发展及现代科技进步的巨大影响来说明逻辑学的地位之重要。

关于哲学与逻辑学的关系之争古已有之，事实上，逻辑学最初产生时是被划归为哲学的，它和文法、修辞一同被称为"古典

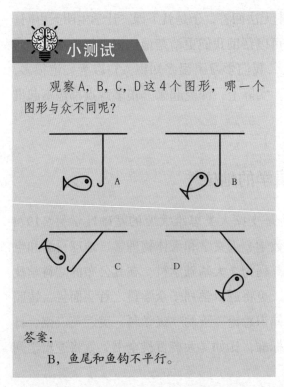

三学科"。不过，从19世纪中叶起，形式逻辑（也被称为符号逻辑）已开始作为数学基础而被研究。到20世纪初，逻辑学的研究开始严重数学化，逻辑学也开始逐渐与数学结合成为一种新的发展形式，即数理逻辑。此后，逻辑学才最终脱离哲学，成为一门独立的学科。西方的许多学者一般都是一身兼逻辑学家和哲学家两职，比如康德、黑格尔、罗素等，这既有利于他们从哲学的角度研究逻辑学，也有利于他们从逻辑学角度推动哲学的发展。

罗素认为数理逻辑"给哲学带来的进步，正像伽利略给物理学带来的进步一样"。因此，他和维特根斯坦以数理逻辑为工具创立了分析哲学。在他看来，在分析哲学的发展中，"新逻辑提供了一种方法"。他甚至认为"逻辑是哲学的本质"。1910年，罗素与怀特海发表了三大卷的《数理原理》，发展了关系逻辑和摹状词理论，提出了解决悖论的类型论，从而使数理逻辑发展和成熟起来。哲学理论的判定标准决定于逻辑标准，论证是否具有强有力的逻辑力量是判定哲学理论是否有说服力的唯一标准。因为只有强有力的逻辑论证力量才能震撼并启迪人的思想或心灵。也就是说，逻辑学使得哲学更加严格、精确，它不断地推动着哲学向着更加严密、精深的方向发展。

简单地说，一切在现代产生并发展起来的逻辑都可以叫现代逻辑。不过，

从其内容角度讲，现代逻辑则主要指数理逻辑以及在数理逻辑基础上发展起来的逻辑。现代逻辑发展的动力主要有两个：一是来源于数学中的公理化运动。这是指 20 世纪初的数学家们通过对日常思维的命题形式和推理规则进行精确化、严格化的研究，并尝试根据明确的演绎规则推导出其他数学定理，以从根本上证明数学体系的可靠性而进行的研究活动。二是来源于对数学基础与逻辑悖论的研究。从推动现代逻辑发展的两大动力上可以看出，逻辑学与数学之间的关系是何等密切。可以说，数理逻辑的创立，基本上奠定了现代逻辑学的基础，同时也为逻辑学的其他分支学科的研究、产生、发展奠定了理论基础。

人们通常把现代逻辑等同于数理逻辑，这在某种程度上也说明了逻辑学与数学的密不可分。其实，数理逻辑是研究数学推理的逻辑，属于数学基础的范畴。不过，"用数学方法研究逻辑问题，或者用逻辑方法研究数学问题"的研究方法已经极大地促进了现代逻辑学的发展。正是数理逻辑的发展，使亚里士多德创立的逻辑学达到了第三个发展高峰。比如 20 世纪就曾形成了逻辑主义、形式主义和直觉主义这三大数学基础研究的派别。因此，20 世纪也被认为是逻辑学发展的黄金时代。不但如此，也有逻辑学家预测，在 21 世纪逻辑学的发展中，逻辑学的数学化仍将是现代逻辑学发展的主要方向之一。

计算机科学的发展及其带来的现代文明也离不开现代逻辑的发展，因为正是现代逻辑应用到计算机科学和人工智能上才产生了人工智能逻辑。20 世纪中期，数理逻辑学家冯·诺依曼和图灵造出了第一台程序内存的计算机。其中，冯·诺依曼运用的逻辑基础就是经典的二值逻辑。事实上，计算机软件、硬件技术所凭借的表意符号的性质及其解释都是基于符号逻辑的，而关于表意符号的二值运算又是基于经典二值逻辑（或数理逻辑）的。因此，可以说，符号语言和数理逻辑直接导致了计算机的诞生并极大地推动了计算机的发展。

此外，逻辑学还对包括语言学、物理学等在内的自然科学、工程技术、人文社会科学等领域有着不容忽视的影响。同时，逻辑的应用研究还延伸到其他学科领域，出现了价值逻辑、量子逻辑、概率逻辑、法律逻辑、控制论逻辑、科学逻辑等。逻辑学发展到现在，已经走出了哲学研究的范畴，而且也不仅仅局限于数学领域，它已经开始广泛应用于许多学科的领域之中，在促进其他学科发展的同时也实现了自身的发展。相信，在未来的世界，作为一门基础性和工具性学科，逻辑学会发挥越来越重要的作用。

逻辑能提高现代竞争力

现在，不管在哪个领域，从事什么工作，人们都有了一个共同认识，那就是如今各种竞争的核心都是人才的竞争。作为个人来讲，要想在如此激烈的竞争中立于不败之地，那就要不断提升自己的综合实力，即个人竞争力。从学术角度讲，个人竞争力是指个人的社会适应和社会生存能力，以及个人的创造能力和发展能力，是个人能否在社会中安身立命的根本。它包括硬实力和软实力。硬实力是指看得见、摸得着的物质力量，软实力则是指精神力量，比如政治力、文化力、外交力等软要素。在当代社会发展中，硬实力已经逐渐式微，而软实力则越来越受到人们的重视。逻辑学作为一门基础性和工具性学科，对提升个人软实力、提高个人现代竞争力无疑有着重要作用。

第一，逻辑学能够极大地提高人们的逻辑思维能力。

我们前面讲过，逻辑思维是指人们在认识过程中借助于概念、判断、推理等思维形式能动地反映客观现实的理性认识过程。那么，逻辑思维能力就是人们运用已知信息和现有知识，对各种现象和问题进行推理、论证和分析的能力。而要对各种现象和问题进行推理和论证，就要综合运用包括识别、比较、分析、综合、判断、归纳、支持、反驳、评价等在内的各种推理和论证方法。因此，可以说逻辑学对考察、训练、提高一个人的逻辑思维能力有着重要的作用，而一个人的逻辑思维能力也在事实上反映着一个人的综合素质。对此，只要稍稍看几道逻辑思维训练题就可以很容易地得到证明了。

第二，逻辑学能提高人们正确认识客观世界、获取新知识的能力。

马克思主义哲学认为，物质决定意识，意识是物质的反映。也就

小测试

这个练习可测验你观察细节的能力。五角形、正方形、椭圆和长方形中各有多少个球？下图中一共有多少个球？

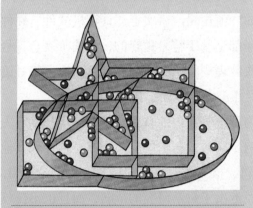

答案：

五角形：20；正方形：30；椭圆：49；长方形：30。一共有68个球。

是说，人的主观认识都是客观世界在人脑中的反映。既然如此，也就有正确反映和错误反映之分，而逻辑学有助于人们正确地认识客观世界。只有对客观世界有了正确的认识，才可能对各种现象和问题进行正确的判断和推理，并从中获取新的知识。事实上，逻辑学就是从已知信息和现有知识准确地推论出新信息和新知识的学问。

亚里士多德认为，重的物体下落速度比轻的物体下落速度快，落体速度与重量成正比。在其后2000多年的时间里，人们一直都奉行亚里士多德的这个结论。直到1590年伽利略的两个铁球的实验，才最终结束了这种错误的认识。伽利略曾如此推理：既然物体越重下落速度越快，那么如果把一个重量小的铁块和一个重量大的铁块绑在一起，小铁块下落速度慢，因而就会减缓大铁块的下落速度，最后两块铁块的整体下落速度就会慢于大铁块。但是，两个铁块绑在一起，它的重量比单独的大铁块要重，因此它的下落速度要比大铁块要快。这就在逻辑上出现了矛盾。为了证明自己的推理，伽利略登上了比萨斜塔。当着众人的面，将一重一轻两个铁球同时从塔顶抛下，结果人们震惊了，因为两个铁球是同时落地的。

这个实验从根本上推翻了亚里士多德的定论，并得出"两个不同重量的物体将以同样的速度降落且同时到达地面"的正确结论。这不能不说是正确的逻辑推理的功劳。

第三，逻辑学能提高人们识别错误、揭露诡辩的能力。

既然逻辑学可以让人们正确地认识客观世界，那么毫无疑问，运用正确的逻辑推理也可以让人们识别出错误的判断。比如著名的"自相矛盾"的故事中，那个楚人说："吾盾之坚，物莫能陷也。"其中隐含的判断就是"我的矛也刺不穿我的盾"。他又说："吾矛之利，于物无不陷也。"其中隐含的判断就是"我的矛可以刺穿我的盾"。这就得出了两个完全矛盾的判断，犯了最明显的逻辑错误。所以在别人问他"以子之矛，陷子之盾，何如"时，他就"弗能应"了。这就是通过逻辑学识别错误的典型案例。

逻辑学不但可以识别错误，也能够揭露诡辩。所谓诡辩就是有意地把真理说成是错误，把错误说成是真理的狡辩。诡辩实际上就是在混淆是非、颠倒黑白，但它却能自圆其说，即便你觉察到了不对也不知道如何反驳。诡辩是一种错误的逻辑，是诡辩者为了自己的主张故意制造出来的伪逻辑。它比错误更难识别，比强词夺理更难驳斥。只有掌握了正确的逻辑思维能力，才能揭破诡辩的真面目。

亚里士多德的《辩谬篇》中记载有这么一则诡辩：你有一条狗，它是有儿女的，因而它是一个父亲；它是你的，因而它是你的父亲，你打它，就是打你自己的父亲。

这便是经典的诡辩案例。这个推理乍看上去很符合逻辑，甚至无懈可击，实际上犯了"偷换概念"的错误，因而是荒谬的。

第四，逻辑学能提高人们准确地表达思想的能力。

逻辑学具有严密、精确的特点，不管是对概念做描述，还是对各种现象和问题做推理、论证，逻辑学都要求遵循明确的规则，运用精确的语言去表达。因此，它可以有效地培养并提高人们准确表达自己思想的能力。如果缺乏这种能力，你所表达的思想就会杂乱无章，让人不知所云。其实，一个正确的观点一定是符合逻辑的，而思想混乱本就是缺乏逻辑性的表现。

第五，逻辑学能提高人们的创新能力。

创新就是以新思维、新发明和新描述为特征的一种概念化过程。通常它包括三层含义：更新、改变和创造新的东西。创新从来不是一件容易的事，正因为如此，创新才显得格外重要，创新能力也成为企业招聘员工的一项重要参考标准。我们在讲逻辑学的性质时说过，逻辑学是一门工具性学科。也就是说，你只要掌握了一定的逻辑判断、推理、论证的原则和技巧，就可以对任意内容进行研究。这就像你掌握了一个数学公理，因此可以用它解答与之相应的很多问题。因此，它极大地训练并提高了人们的创新思维能力。事实上，人们通过逻辑学获取新知识本身就已经是一种创新了。所以，可以说，掌握了逻辑思维能力，就是拿到了进入创新世界的钥匙。

第六，逻辑学能提高人们的交际能力，是极好的说理工具。

《左传》中有这么一则故事：

晋国、秦国包围了郑国，存亡之际，郑国派烛之武去游说秦伯。烛之武说："秦、晋围郑，郑既知亡矣。若亡郑而有益于君，敢以烦执事。越国以鄙远，君知其难也。焉用亡郑以陪邻？邻之厚，君之薄也。若舍郑以为东道主，行李之往来，共其乏困，君

组织你的思考

接受身体言语信息或提供逻辑框架会使记忆变得容易，如果你想记住所有南美洲本土哺乳动物，举例来说，依颜色、栖息地、大小、名称字母开头或食物链为次序，提供及时参考点组织信息能使大脑更易管理信息。

亦无所害。且君尝为晋君赐矣，许君焦、瑕，朝济而夕设版焉，君之所知也。夫晋，何厌之有？既东封郑，又欲肆其西封，若不阙秦，将焉取之？阙秦以利晋，唯君图之。"秦伯说，与郑人盟，使杞子、逢孙、杨孙戍之，乃还。

在这里，烛之武从五个方面向秦伯分析了协助晋国进攻郑国的利害关系：（1）消灭郑国对秦国没有任何好处；（2）消灭郑国其实是在增强晋国的实力，客观上也就削弱了秦国的实力；（3）如果保留郑国，郑国可以成为秦国的盟友，向秦国进贡；（4）晋国言而无信，曾失信于秦国；（5）晋国消灭了郑国后，接着便会进攻秦国。烛之武运用严密的逻辑推理和极具说服力的言辞向秦伯说明了攻打郑国最终一定会损害秦国的利益，从而说服秦国退兵。五条理由层层深入、步步为营，显示了高超的外交能力和说理技巧。烛之武或许不懂得逻辑学，但却在事实上极为娴熟地运用了逻辑推理和论证。可见，逻辑学对提高人们的交际能力和说理技巧是何等重要。

第七，逻辑学能提高人们的批判性思维能力。

批判性思维是现代逻辑学的一个发展方向，从 20 世纪 70 年代起，西方世界出现了一场被称为"新浪潮"的批判性思维运动。这场运动的重要结果之一，就是出现了以批判性思维的理念为基础的风靡全球的能力型考试（GCT-ME 逻辑考试）模式。它关注的核心问题便是逻辑知识与逻辑思维能力之间的关系。因此，学习逻辑学无疑会提高人们批判性思维的能力，也就是提高人们"决定什么可做、什么可信所进行的合理、深入的思考"能力。

第八，逻辑学能提高人们应付逻辑考试的能力。

现在，在西方国家的 GRE（研究生入学资格考试）、GMAT（管理专业研究生入学资格考试）、雅思以及我国的 MBA（工商管理硕士）、MPA（公共管理硕士）、GCT（硕士学位研究生入学资格考试）等考试中屡屡出现考察逻辑思维能力的试题，各大企业、公司在面试中也开始重视应聘者的逻辑思维能力。学习逻辑学，对应付这些关于逻辑思维能力的考试无疑是有好处的。

综上所述可知，逻辑学在提高现代竞争力方面发挥着积极的作用，我们要想在当今激烈的社会竞争中立于不败之地，掌握一些逻辑学的知识是十分必要的。

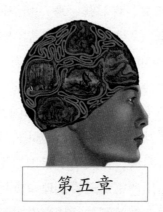

第五章

逻辑思维名题

01 战俘的帽子

第二次世界大战中，一个战俘营里有100名战俘。战俘营的看守准备将他们全部枪毙，司令官同意了，但是他又增加了一个条件：他将向这些战俘提一个问题，答不出来的将被枪毙，答出来的则可以幸免。

他把所有的战俘集合起来，说：

"我本来想把你们全部枪毙，不过为了公平起见，我准备给你们最后一次机会。一会儿你们会被带到食堂。我在一个箱子里为你们准备了相同数量的红色帽子和黑色帽子。你们一个接一个地走出去，出去的时候会有人随机给你们每人戴上一顶帽子，但是你们谁都看不到自己帽子的颜色，只能看到其他人的，你们要站成一列，然后每一个人都要说出自己戴的帽子是什么颜色。答对的人将会被释放，答错了，就要被枪毙。"

之后，每一个战俘都戴上了帽子，现在请问，战俘们怎样做才能逃脱这场灾难呢？

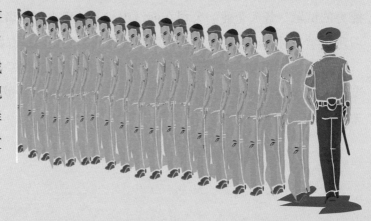

02 贪婪的书蛀虫

书架上有一套思维游戏书，共 3 册。每册书的封面和封底各厚 1/8 厘米，不算封面和封底，每册书厚 2 厘米。现在，假如书虫从第 1 册的第 1 页开始沿直线吃，那么，到第 3 册的最后一页需要走多远？

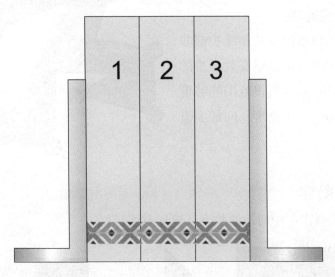

03 过河

3 只猫和 3 只老鼠想要过河，但是只有一条船，一次只能容纳 2 只动物。无论在河的哪一边，猫的数量都不能多于老鼠的数量。

它们可以全部安全过河吗？

船最少需要航行几次才能将它们全都带过河？

04 萨瓦达美术馆

这个形状奇怪的美术馆里一共有 24 堵墙，在美术馆里的任何一个角落都可以安放监视器。在右图中，一共安放了 11 台监视器。

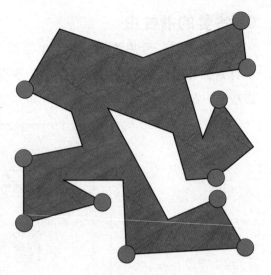

但是，监视器的安装和维护都非常昂贵，因此美术馆希望安放最少的监视器，同时它们的监视范围能够覆盖到美术馆的每一个角落。问最少需要安放几台？

05 七巧板数字

用七巧板拼出图中所示的数字，速度越快越好。

06 通道和墙

下面的黄色格子和蓝色格子分别表示通道和墙。灯泡可以横向或者纵向发射光线。通道里的格子如果和灯泡在同一水平或垂直方向，且它们之间没有墙的阻隔，那么这些通道里的格子就会被照亮。请你在其中放入灯泡，使通道里的每个格子都被照亮，且灯泡之间不能相互照亮。格子里的数字表示与该格子横向和纵向相邻的灯泡总数。

07 迷岛

可怜的漂流者被困在了迷岛，从这里找到出去的路相当不容易。从漂流者所在的岛开始，从岛上选择任意一样物体（除了棕榈树以外），找到别的岛上跟它相同的物体，并跳到那个岛上。然后选择新岛上的另一件物体，并找到别处跟它一样的物体。如此反复，一直到达右下角的木船处……要注意路上的死角！

逻辑思维：一切思考的基础

08 圆圈与阴影

将表中的一些圆圈涂成阴影，使得任一横行或者任一竖行中，同一个数字只能出现一次。所有涂成阴影的圆圈之间不能在垂直或水平方向上相邻，并且不能将没有涂成阴影的圆圈分成几组——也就是说，没有涂成阴影的圆圈必须横向或纵向相连成一个分支状。应该将哪些圆圈涂成阴影？

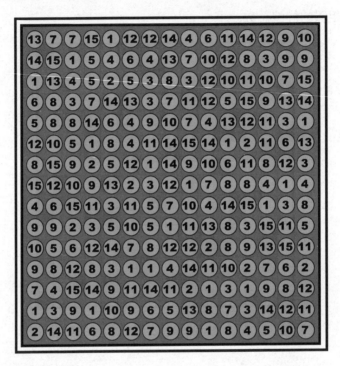

09 反射镜

方框里一些格子的对角线处放有一块正反两面都可以反射的小镜子。整个方框用粗黑线分隔成了几个区域，其中每个区域里面有一块小镜子。方框外面的彩色格子是彩色光线射出的起点以及反射回来的终点。这些光线直线射出，遇到小镜子进行90°反射。彩色格子里的数字是指光线从起点到终点一共经过了多少个格子（起点和终点的彩色格子不包括在内）。这些镜子应该放在什么位置呢？

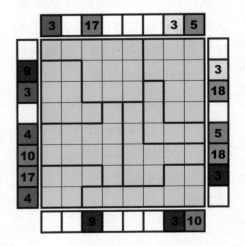

10 分割牧场

农场主给儿子出了一道题：在一片大的牧场上对称地竖立起 8 道笔直的栅栏，把它分割成 5 块小的牧场，使每块牧场都畜养 2 头牛、3 头猪和 4 只羊。农场主的儿子应该怎样做呢？

11 六边形游戏

如图所示，请你把游戏板外面的 16 个六边形放入游戏板中，使游戏板内的黑色粗线连成一个封闭的图形。各个六边形都不能旋转；更具有挑战性的是，16 个六边形中每两个相邻的六边形颜色都不能相同。

12 圆桌骑士

让 8 位骑士围坐在圆桌边，每个人每次都要与不同的人相邻，满足这一条件的座位顺序一共有 21 种。上面已经给出了一种。可以用 1 ~ 8 这 8 个数字分别代表 8 位骑士，请你在图中画出其他的 20 种座位顺序。

13 逻辑数值

问号处的逻辑数值是多少？

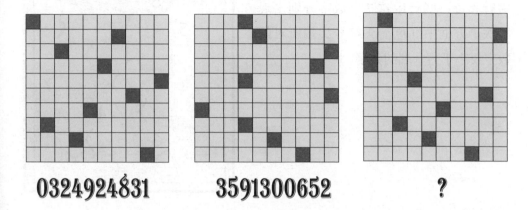

0324924831   3591300652   ?

14 链子

一个人有 6 条链子，他想把它们连成一条有 29 个节的链子。他去问铁匠这个需要花费多少钱。铁匠告诉他打开一个环要花 1 元，而要把它焊接在一起则要花 5 角。请问，做这条链子最少要花多少钱？

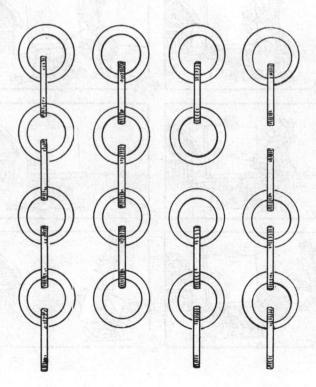

逻辑思维：一切思考的基础

15 箭头与数字

在方框中填上数字 1 ~ 7，使得每一横行和每一竖行中这 7 个数字分别出现一次。方框中红色箭头符号尖端所对的数字要小于另一端的数字。

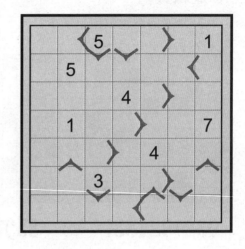

16 如此作画

这一组漫画讲了一个非常幽默的故事，不过图片的顺序被打乱了。你能把它们排好吗？

17 猫和老鼠

请你在下面的游戏界面上放 4 只猫和 4 只老鼠，每只猫都看不见老鼠，同样老鼠也都看不见猫（猫和老鼠都只能看见横向、纵向和斜向直线上的物体）。

每个绿色的格子里只能放 1 只猫或者 1 只老鼠。

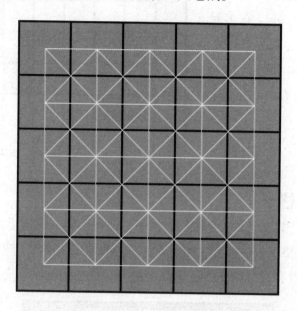

18 遮住眼睛

4 个小女孩在生日派对上玩"遮住眼睛"的游戏。从以下给出的线索中，你能推断出 4 个女孩的名字以及她们所戴帽子的颜色吗？

线 索

1. 杰西卡在派对上戴着粉红色的帽子。
2. 爱莉尔在戴着黄色帽子的女孩的右边。
3. 戴着绿色礼帽的曼尼斯在莎拉左边的某个地方。
4. 3 号女孩戴着白色帽子，她不姓修斯。
5. 路易丝紧靠在肯特的左边或右边。

> 名：爱莉尔，杰西卡，路易丝，莎拉
> 姓：巴塞特，休斯，肯特，曼尼斯
> 帽子：绿色，粉红色，白色，黄色

提示：首先要找出 4 号女孩的帽子颜色。

名：_____ _____ _____ _____
姓：_____ _____ _____ _____
帽子：_____ _____ _____ _____

19 七阶拉丁方

用7种不同的颜色将这个7×7的魔方填满，使得每行、每列包含各种颜色且每种颜色只能出现一次（可以有多种解法）。

颜色已经被标号，你可以用数字填入魔方中。

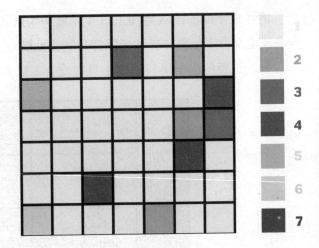

20 被截断的格子

在空白格子里填上1～9这9个数字，使得横向或纵向上没有被绿色格子截断的一条空白格子里的数字之和等于它左边的数字（横向）或上面的数字（纵向）。在同一条没有被截断的格子里每个数字只能使用一次。应该怎样填呢？

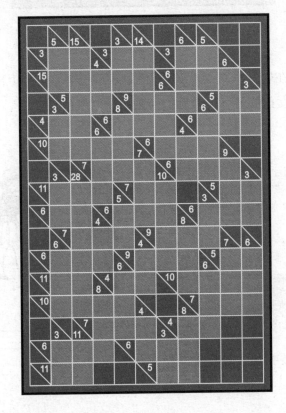

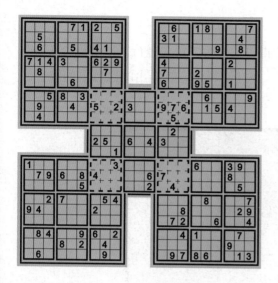

21 重叠九宫格

在每个格子里填上数字1~9，使得每一横行、每一竖行，以及每个3×3的小方框中这9个数字分别出现一次。虚线区域的小方框共属于两个有重叠部分的大方框。

22 岛与桥

如图所示，方框中的小圆圈表示岛，这些岛之间在垂直或水平方向有桥连接，其中桥用线段表示。小圆圈里的数字表示与该岛相连接的桥的总数。这些桥不能交叉，并且任意两个岛之间最多只能有两座桥相连。请你画出所有桥的位置。

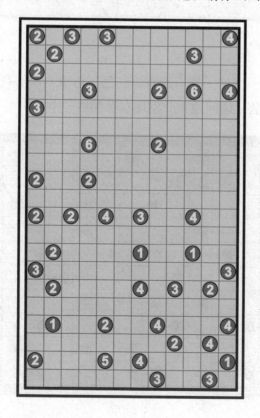

23 虚线区域

在每个格子里填上数字 1 ~ 9，使得每一横行、每一竖行，以及每个 3 × 3 的小方框中这 9 个数字分别出现一次，并且使每个虚线隔出的区域里的数字之和等于该区域右上角给出的数。

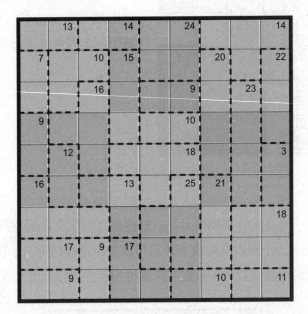

24 地雷

下面方框中的一些格子埋有地雷。红色三角旗上面的数字指的是周围的 8 个格子里的地雷总数。请问地雷分别埋在哪些格子中？

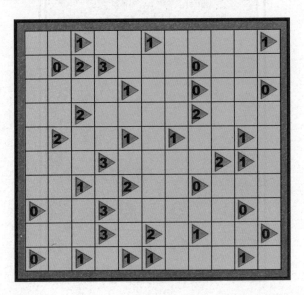

25 飞船

这艘飞船正从月球飞回地球。如图所示的就是前进舱指挥舰板的平面图。伯肯舰长每个小时都会巡视飞船，他将检查从 A 到 M 的每一个走廊，而且只检查一次。但是，通过外走廊 N 的次数不限；同时，进入 4 个指挥中心（1 号、2 号、3 号和 4 号）的次数也不受限制。最后，他总是在 1 号指挥中心结束他的检查。请你把舰长的检查路线展示出来（起点可以从任一指挥中心开始）。

26 表格中的星星

表格被分成了多个不同的图形，每个图形的中心都有一颗星星，而且所有这些图形都是中心对称的——旋转 180° 图形保持不变。这些图形分别是什么样的？

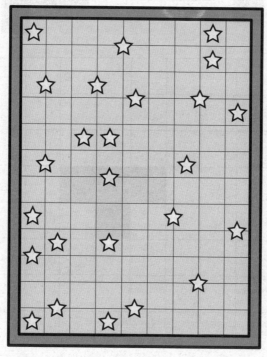

27 12个五格拼板

　　这里有12个五格拼板，你能否将它们正好放进下面的表格中，只留下中间4个黑色的格子？允许旋转拼板。

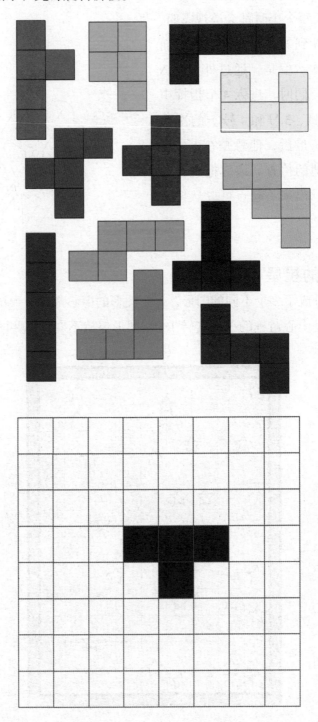

28 迷路的企鹅

不横过这些道路，你能让企鹅都回到它们自己的家吗？

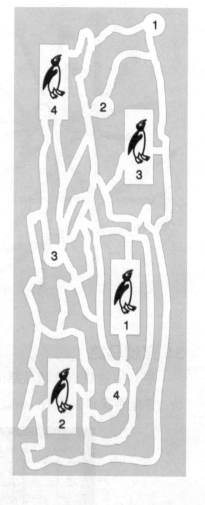

29 数字

让我们来看看你是否有资格在润滑油补给站获得这份免费赠品。你所要做的就是将数学表达式里的字母用数字代替，相同的数字必须代替相同的字母。竞赛的时限是 1 个小时。祝你好运！

解决了这个题，你就可以在汽车销售站免费获得润滑油！

			F	D	C
A	B	G	H	C	B
		A	B		
		F	F	C	
		F	E	E	
		F	C	B	
		F	C	B	

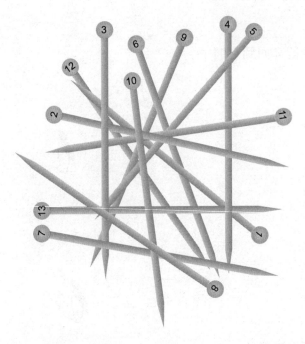

30 第12根木棍

木棍摆成如图所示的图案，按怎样的顺序将它们拿开才能最终"解放"第12根棍子？记住：每根木棍被拿掉时上面不能压着别的木棍。

31 穿越马路

想知道这只鸡穿越马路的真正原因吗？先完成这个迷宫！从鸡所在处开始，你能否找到去往 The Other Side 的路，并且不迷失方向呢？

32 聚餐

5 个年轻人在一家鱼和薯条店里聚餐。根据下面的信息，你能否说出哪个人（1），吃了什么鱼（2），还吃了其他的什么食品（3），他们各自付了多少钱（4）？

1. 莫顿比点了鲽鱼套餐的男孩付钱付得多。

2. 点了面包的男孩比没有点加拿大鲽鱼，但是点了玛氏巧克力棒的男孩付钱付得少。

		2					3					4				
		加拿大鲽鱼	鳐鱼套餐	鲽鱼套餐	北大西洋鳕鱼	鳕鱼套餐	薯片	比萨	玛氏巧克力棒	芝士	面包	60元	55元	50元	45元	40元
1	阿里斯德尔															
	多戈尔															
	莱恩															
	莫顿															
	尼尔															
4	40元															
	45元															
	50元															
	55元															
	60元															
3	面包															
	芝士															
	玛氏巧克力棒															
	比萨															
	薯片															

3. 要么莱恩点了加拿大鲽鱼，阿里斯德尔点了比萨；要么莫顿点了加拿大鲽鱼，莱恩点了比萨。

4. 尼尔点了一块芝士，他比点北大西洋鳕鱼的男孩多付了 5 元，这个人可能是多戈尔或者莫顿。北大西洋鳕鱼比鳕鱼套餐要贵。

33 炸弹拆除专家

时钟在嘀嗒作响，你必须在它爆炸之前拆除炸弹的引信，可以把它的线剪成两部分，即从底部的蓝线到顶部的绿线，穿过中间错综复杂的红色线网，剪尽可能少的次数。你可以剪断这些线，但是不要剪到中间的连接节点（黄色的圆点）。快点，在炸弹爆炸之前！

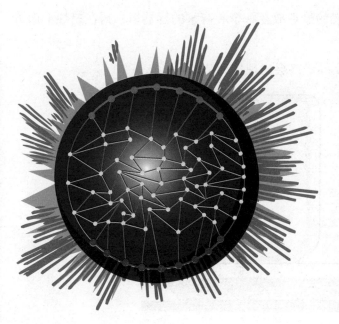

34 打乱的多米诺骨牌

一套包括（0，0）到（7，7）所有数字组合的多米诺骨牌竖放在右边的格子中，每张骨牌上的上部分的数要大于下部分的数。格子上面的数是这一列的所有骨牌上部分的数，格子下面的数是这一列的所有骨牌下部分的数。格子左边的数是与之相对应横行的骨牌上的数。所有给出的数都是打乱了顺序，按照数字从大到小的顺序重新排列的。原来多米诺骨牌的顺序是怎样的？

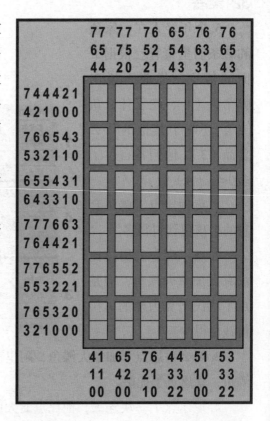

35 燃烧的蜡烛

如图所示，把一根点燃的蜡烛放在一个装有水的容器里，再在蜡烛上面罩上一个玻璃瓶。

你能预测一下，这个实验最终会出现什么结果吗？

36 真理与婚姻

国王有 2 个女儿，一个叫艾米莉亚，一个叫莱拉。她们中有一个已经结婚了，另一个还没有。艾米莉亚总是说真话，莱拉总是说假话。一个年轻人要向国王的 2 个女儿中的一个提一个问题，来分辨出谁是已经结婚了的那个。如果答对的话，国王就会将还没有结婚的女儿嫁给他。

他应该怎样问才能娶到公主呢？

37 贝克魔方

你能将数字 1 到 13 填入图中的灰色圆圈中，使得每组围绕彩色方块的 6 个圆圈之和相等吗？

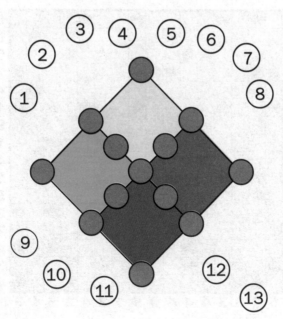

38 对角线和闭合图形

请按如下要求在每个格子里
画一条对角线：图中数字指的是
相交于此的对角线的数量；这些
对角线相互不可以构成任意大小
的闭合图形。

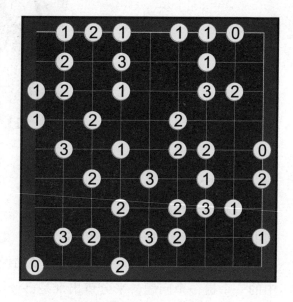

39 林地

大方格代表一片林地。其中一些格子里面是草，其他的里面是树（已标
出）。在长草的一些格子里放上帐篷，使得每一棵树在垂直或水平方向有一个
帐篷与它相邻，而一个帐篷可以与多棵树相邻。所有的帐篷之间不能在垂直、
水平，或者斜向上相邻。方格外面的数字分别表示该行或者该列帐篷的总数。
请问这些帐篷分布在哪些格子里？

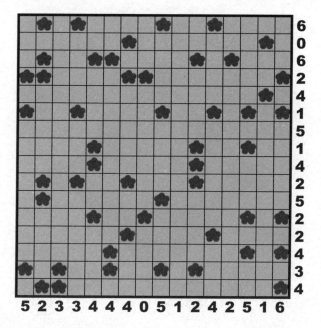

40 玻璃杯

如图所示，10 个玻璃杯放在桌子上，5 个正放，5 个倒放。每次拿任意 2 个杯子，并将它们翻转过来。不断重复这个过程。

你能否让所有的杯子全部正过来？

41 瓶子

把一个空瓶子垂直放在桌子上。然后，剪一个 2 厘米宽、30 厘米长的纸带，按照如图的样子将纸带放在瓶口。在纸带下瓶口处放 4 枚硬币：先放 1 枚 1 元硬币，然后是 1 枚 5 角硬币，接着是 2 枚 1 角硬币。现在，大家来试试在保持硬币平衡的情况下把纸带移走。大家在进行游戏时，既不能接触硬币也不能触摸瓶子，唯一可以接触的就是纸带。

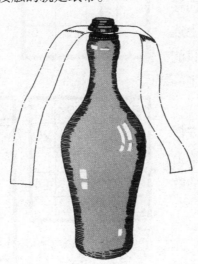

42 动物转盘

如图，这个转盘的外环有
11 种动物。请在转盘的内环
也分别填上这 11 种动物，
使这个转盘能满足下列条
件：无论转盘怎么转动，
只可能有一条半径上出现
一对相同的动物，而其他
的半径上全部是不同的动
物。问满足这种条件的排序
一共有多少种？

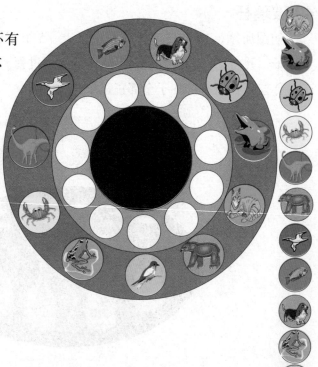

43 数字迷宫

数字迷宫是在一个每一
边包含 n 个格子的正方形里
面填上从 1 到 n^2 的自然数。
填的时候按照横向或纵向移
动，在相邻的格子里填上连
续的数，每一个格子里只能
填入一个数。这里给出了一
个例子。

在 5×5 和 6×6 的方框
中，有几个格子里已经填上
了数字，你能否将剩余的数
字补充完整？

	7		
	1		

6	7	8	9
5	4	3	10
16	1	2	11
15	14	13	12

5		24		
			20	
	9	16		14

15					
					1
		10			
	20				
				32	

44 化装服

这些万圣节讨要糖果的小孩身上都多了一件属于图中其他人的装束。看看你能否把每个孩子化装服缺失的那部分给找回来。

45 去吃午饭

在这里点餐很困难——这家餐厅里几乎一切都出错了。总共 24 个错误你能找出几个？

46 瓢虫的位置

一共有 19 个不同大小的瓢虫，其中 17 个已经被分别放入了上面的图形中，每个瓢虫均在不同的空间里。

现在要求你改变一下图形的摆放方式，使整个图中多出两个空间，从而能够把 19 个瓢虫全部都放进去，并且每个瓢虫都在不同的空间里。

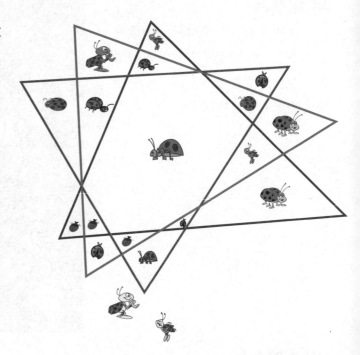

47 餐桌

画这幅图的画家犯了一系列视觉的、概念的和逻辑的错误。你能把这些错误全部找出来吗？

48 贪玩的蜗牛

一只蜗牛掉进了棋盒，它想走完所有的格子回到原点，但它每次只能"上下"或"左右"移动一格，不能跳动。它要怎样走呢？

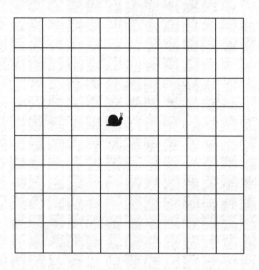

49 冲浪板

这些冲浪板上面所画图案的英文名称都能放在"board"前面组成一个新单词，比如画有超市收银员（supermarket checker）的冲浪板就能拼出"Keyboard"。你能拼出多少个这样的词？

50 连接色块

沿着图中的白色边线把所有的色块连接起来，注意各条线不能相交。

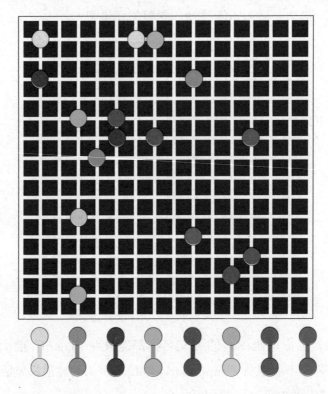

51 神秘的洞

谜题大师约翰·P.库比克为了对自己的能力加以证明，他向人们展示了一张正方形的纸板，在纸板上偏离中心的位置上有一个洞。"通过将这张纸板剪成两部分，并且将这两部分重新排列，我就能把这个洞移到正方形中心的位置上。"你能想出他是怎么做的吗？

52 水族馆

如图所示，水族馆里的 16 个鱼缸按 4×4 排列，这些鱼缸里一共有 4 种鱼，每种鱼有 4 种不同的颜色。现在在水族馆的老板想把这些鱼缸摆放得更为美观，使每一横行、每一纵列分别为 4 条不同颜色且不同种类的鱼。请问应该怎样摆放？

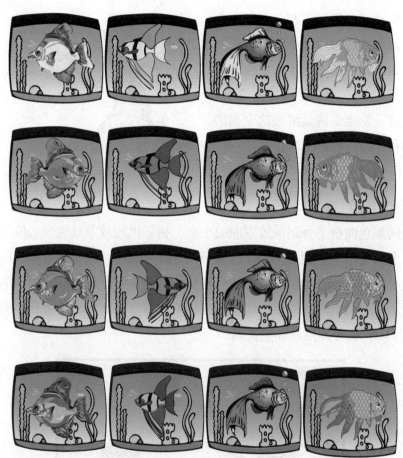

53 不向左转

吉姆和汤米在一条马路上走着，眼见前面的马路就要向左拐弯了，汤米便考吉姆说："你能不往左转，就把这条马路走完吗？"吉姆笑道："这还不容易？"说罢，便快步向转弯处走去。没多一会儿，他果然没有向左转弯，就走完了这条向左转弯的路。你知道他是怎么做到的吗？

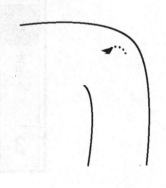

逻辑思维：一切思考的基础

54 书法

行走满天下，羽翼丰满时！这是20世纪的一位自由速记员——内尔·库克的座右铭。库克女士随时做好记录任何听写任务的准备，为了磨炼自己的书写技巧，她每天都会进行她自己十分熟练的练习。其中就包括用一笔连续画出图中所示的4个完整的圆圈，而且它们不会在任何地方交叉。手法稳健、思维敏锐是解决这个书法思维游戏所必需的条件。

55 颜色小组

不同颜色的格子分别组成不同的小组，格子里的数字分别表示该颜色的小组由几个格子组成。例如，一个深蓝色格子里面是6，就表示该深蓝色的小组是由6个格子组成。小组可以是任何形状的，但是两个相同颜色的小组不能在垂直或水平方向上的任一点相邻，且方格不能留空。注：不是所有小组的数字都给出了。这些小组应该如何排列？

4				7		5
6	4	4				
	6	5			7	
6				6	6	
5						2
			4			6
3		3	1			

56 面粉

当塞·科恩克利伯核对自己的补给品时，他在面布袋上发现了一些有趣的东西。面布袋每 3 个放在一层，共有 9 个布袋，上面分别标有从 1 到 9 这几个数字。在第一层和第三层，都是一个布袋与另外两个布袋分开放，而中间那层的 3 个布袋则被放在一起。如果他将单个布袋的数字（7）乘以与之相邻的两个布袋的数字（28）得到 196，也就是中间 3 个布袋上的数字。然而，如果他将第三层的两个数字相乘，则得到 170。

塞·科恩克利伯于是想出来一道题：你能否尽可能少地移动布袋，使得上、下两层上的每一对布袋上的数字与各自单个布袋上的数字相乘的结果都等于中间 3 个布袋上的数字呢？

57 填字母

你能根据这些线索在格子中填上相应的内容吗？

1. B 与 E 和 H 处在同一列之内。

2. F 位于 B 的左方，并且位于 D 的正上方。

3. G 位于 E 的右方，并且位于 I 的正上方。

4. D 位于 H 的左方，并且和 A 处于同一列之中。

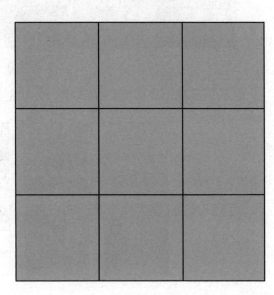

逻辑思维：一切思考的基础

58 打喷嚏

人们在打喷嚏的时候通常会把眼睛闭上半秒钟。想象一下，如果你正在以

每小时 65 千米的速度驾驶时
突然打了一个喷嚏，这时你
前面大约 10 米处的一辆汽车
为避免撞到一只横穿马路的
猫突然刹车。

当你睁开眼睛准备刹车
时，你的车已经行驶了多远?

这场事故可以避免吗?

59 藏着的老鼠

屋子里有老鼠吗? 事实上，这个场景里有 8 只老鼠。下面的小图分别是每
只老鼠从藏身地点所看到的景象，你能据此找出每只老鼠分别藏在哪里吗?

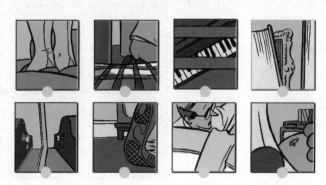

60 不相交的路线

方框中相同颜色的两个格子分别代表起点和终点。从起点出发，格子之间前后相连一直到终点形成一条路线，把这条线上的所有格子都涂成与起点相同的颜色。这些路线不能分叉，也不能与其他颜色的格子组成的路线相交。这些路线分别是怎样的？

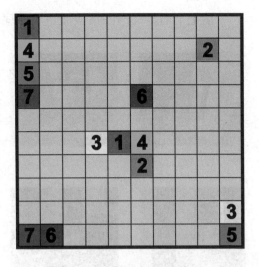

61 房产规划

西德尼是当地的一个建筑商，他把一块长方形的土地分成了 8 块建筑用地，并打算在每块地上建造一间房子。按他的计划，每一块土地的大小、形状都要一样。西德尼遇到的问题是有人把每块地上的边界碑偷走了，而且房产规划图也丢失了。他在猜测是谁做了如此卑鄙的事情。那么，你能帮助西德尼重新划定各块土地的边界线吗（图中的 H 表示每间房子所在的位置）？

62 父亲和儿子

父亲和儿子的年龄个位和十位上的数字正好颠倒，而且他们之间相差 27 岁。

请问父亲和儿子分别多大？

63 约会

请把下面打乱的图案按照逻辑顺序重新排列。

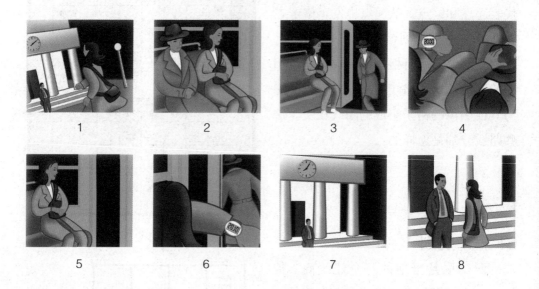

1 2 3 4

5 6 7 8

64 整理书籍

如何移动最少的书，就能从图 A 变到图 B，注意：

◎ 不能把一本书放在比它小的书上；　　◎ 一次只能移动一本书。

A

B

65 填补空白

仔细观察下面的图形，并试图找出其分布规律。

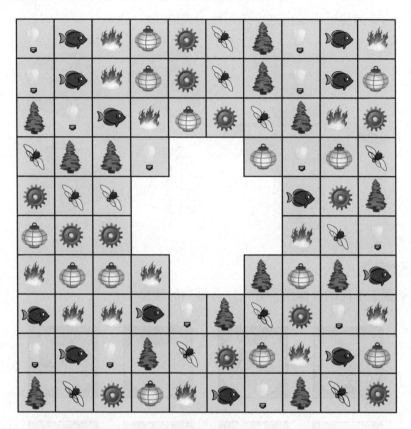

以下的 5 个选项哪一个可以放在上面的空白处？

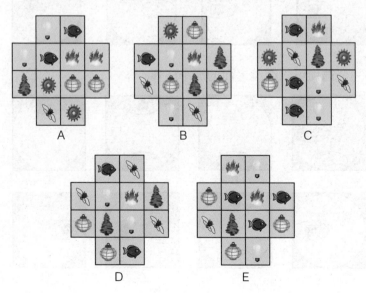

66 构造的房屋

假设将A向上或向后折叠使其形成一所房子的外形，那么B，C，D，E选项中哪个构造的房屋不是由这个图形所组成的呢？

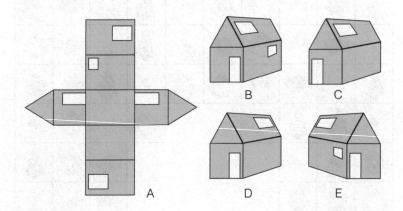

67 图形序列

仔细观察下面的8幅图，并记住其排列的顺序。

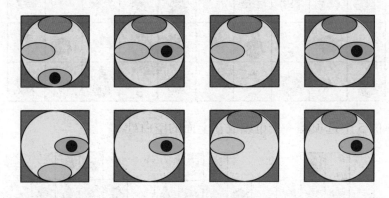

请问哪一个选项可以继续上面的那个序列？

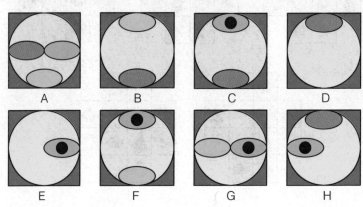

68 洗澡奇遇

仔细观察下面的漫画，并注意细节。

上面的那组漫画讲了一个非常幽默的故事。不过图片的顺序被打乱了，你能把它们排好吗？

□→□→□→□→□→□→□→□

01 战俘的帽子

如果这些战俘能够正确地站成一列，所有人都能被释放。

第1个战俘站在这一列的最前面，其他的人依次插入，站到他们所能看到的最后一个戴红色帽子的人后面，或者他们所能看到的第一个戴黑色帽子的人前面。

这样一来，这一列前一部分的人全部都戴着红色帽子，后一部分的人全部都戴着黑色帽子。每一个新插进来的人总是插到中间（红色和黑色中间），当下一个人插进来的时候他就会知道自己头上帽子的颜色了。

如果下一个人插在自己前面，那么就能判定自己头上戴的是黑色帽子。这样能使99个人获救。

当最后一个人插到队里时，他前面的一个人站出来，再次按照规则插到红色帽子与黑色帽子中间。这样这100个战俘就都获救了。

02 贪婪的书蛀虫

书蛀虫一共走了2.5厘米。书蛀虫如果要从第1册第1页开始向右侧的第3册推进的话，第1件事情就是先从第1册的封面开始破坏，之后是第2册的封底，接着是2厘米的书，然后是第2册的封面，最后是第3册的封底。其

间，一共经过2个封面、2个封底以及1册书的厚度，即享用了2.5厘米的美味。

03 过河

一共有4种不同的解法，最少都需要4次才能将它们全都带过河。如图所示是其中的一种解法，其中M代表老鼠，C代表猫。

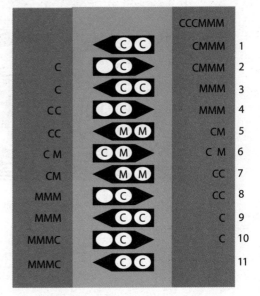

04 萨瓦达美术馆

我们可以用下面的定理来解决这个美术馆的问题。

如图所示，将这个美术馆的平面图分成若干个三角形，每个三角形的顶点分别用3种不同的颜色标注出来，每个三角形所用的3种颜色都相同。最后

在出现次数最少的颜色的顶点处安放监视器。

但是这个办法只能帮助我们从理论上知道需要放多少台监视器。

按照这一定理一共需要 6 台监视器，然而在实际操作中只需要 4 台就够了。

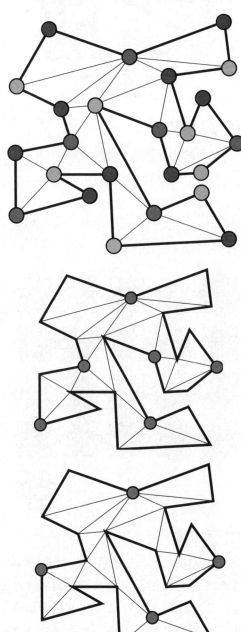

05 七巧板数字

06 通道和墙

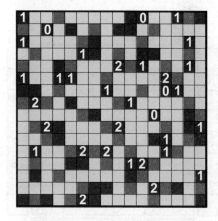

07 迷岛

如图所示：

08 圆圈与阴影

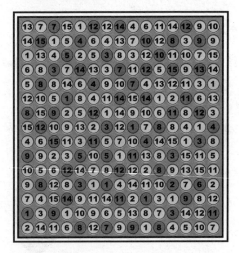

09 反射镜

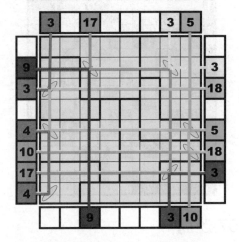

10 分割牧场

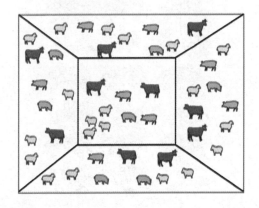

11 六边形游戏

12 圆桌骑士

n 个骑士在圆桌旁的排列应该有：

$$\frac{(n-1) \times (n-2)}{2} \text{种，即：}$$

$$\frac{(8-1) \times (8-2)}{2} = 21 \text{ 种。另外的 } 20$$

种排列方法如图所示。

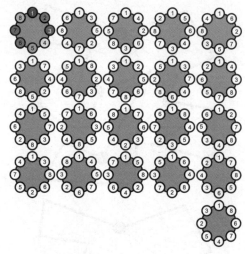

13 逻辑数值

1009315742。表格第 1 行红色方格前面的黄色方格个数对应数列的第 1 个数，第 2 行红色方格后面的黄色方格个数对应数列的第 2 个数；第 3 行要计算红色方格前面黄色方格的数量；第4行则要计算红色方格后面黄色方格的数量，往后依次类推。

14 链子

把那条带4个环的链子拿出来，将上面的4个环都打开，这样会花费4元。接着，利用这4个环把剩余的5条链子连在一起；然后，把这4个环焊接在一起，这会花费2元。所以，一条29个节的链子一共会花费6元。

15 箭头与数字

6	4	5	7	3	2	1
7	5	2	3	1	4	6
2	6	7	4	5	1	3
3	1	4	5	2	6	7
5	3	6	1	4	7	2
1	7	3	2	6	5	4
4	2	1	6	7	3	5

16 如此作画

正确的顺序是：6，3，1，4，5，2。

17 猫和老鼠

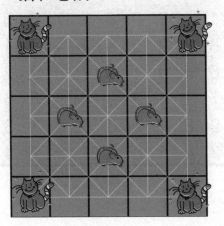

18 遮住眼睛

3号女孩戴着白色的帽子（线索4），4号女孩的帽子不是黄色的（线索2），4号女孩也不可能是叫曼尼斯（线索3），所以她是杰西卡，戴着粉红色的礼帽（线索1）。1号女孩不可能是爱莉尔（线索2）或莎拉（线索3），所以她是路易丝。因此2号女孩姓肯特（线索5）。已知她的帽子不可能是白色或粉红色，而肯特这个姓排除了绿色，所以是黄色。因而爱莉尔一定是3号女孩（线索2）。综上所述，曼尼斯是1号女孩的姓，所以1号女孩是路易丝。而2号女孩的全名是莎拉·肯特。爱莉尔不姓修斯（线索4），所以她姓巴塞特，剩下4号女孩是杰西卡·修斯。

答案：

1号，路易丝·曼尼斯，绿色。

2号，莎拉·肯特，黄色。

3号，爱莉尔·巴塞特，白色。

4号，杰西卡·修斯，粉红色。

19 七阶拉丁方

20 被截断的格子

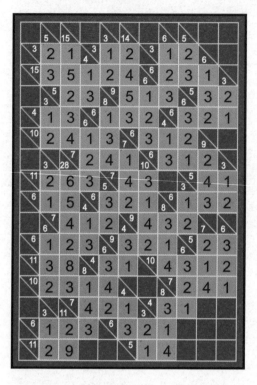

22 岛与桥

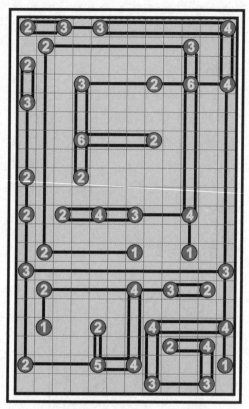

21 重叠九宫格

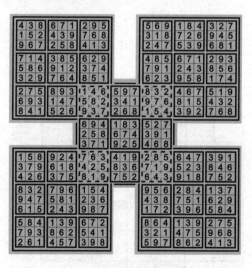

23 虚线区域

4	9	8	6	3	5	1	2	7
5	1	6	2	9	3	4	8
2	3	7	4	1	8	6	5	9
1	4	3	9	8	2	7	6	5
8	7	2	5	6	3	4	9	1
6	5	9	1	4	7	8	3	2
7	2	1	3	9	4	5	8	6
9	8	4	7	5	6	2	1	3
3	6	5	8	2	1	9	7	4

24 地雷

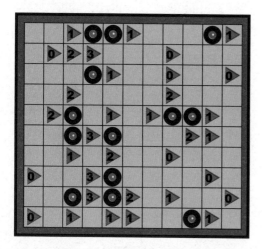

25 飞船

舰长的检查路线如下：从2号指挥中心进去，然后是E，N，H，3，J，M，4，L，3，G，2，C，1，B，N，K，3，I，N，F，2，D，N，A，1。

26 表格中的星星

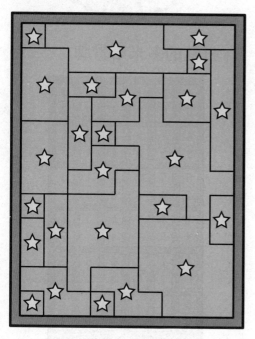

27 12个五格拼板

这12个五格拼板在棋盘上的摆放位置有很多种，最后总是会留下4个方格。无论这4个方格选在哪里，总是可以将这12个五格拼板放进去。如图所示为答案之一。

28 迷路的企鹅

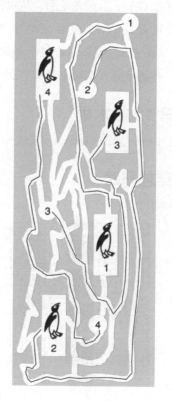

29 数字

答案如下：

```
        147
    ┌────────
25  │  3675
       25
    ────────
       117
       100
    ────────
       175
       175
```

解题步骤：（1）因为第一个值与除数相同，所以，商的第一个值就是 1；（2）根据第二次减运算，可用得知字母 E 肯定是 0，因为字母 FC 原封不动地放在了下面；（3）字母 FEE 所代表的数字就是 100，而这正是字母 AB 与第二个值的乘积，除数不可以是 0，所以当一个两位数和一个一位数相乘能够得出 100 的只有 25，因此，商的第二个值就是 4；（4）在第一次减运算中，字母 GH 与 25 的差是 11，所以，字母 GH 肯定是 36；（5）最后一个字母 C 就是 7、8 或者 9。如果你每一个都试一试，那么，你很快就可以发现只有 7 最合适。

30 第 12 根木棍

8-10-7-3-2-11-5-4-13-1-6-9-12

31 穿越马路

如图所示：

32 聚餐

阿里斯德尔点的是鳕鱼套餐，有一个比萨，付了 40 元；多戈尔点了一个北大西洋鳕鱼，有一个面包，付了 45 元；莱恩点了一个加拿大鲽鱼，并点了薯片，付了 60 元；莫顿点了一个鳐鱼套餐，含一个玛氏巧克力棒，总共付了 55 元；尼尔点了一个鲽鱼套餐，含一块芝士，付了 50 元。

33 炸弹拆除专家

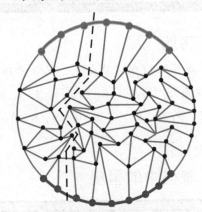

34 打乱的多米诺骨牌

4	2	1	4	7	4
0	0	1	4	0	2
4	7	5	3	6	6
5	1	0	2	1	3
5	7	4	7	6	3
5	0	2	1	3	0
7	6	4	7	2	5
4	6	7	4	1	2
7	1	2	6	5	5
1	6	3	5	5	5
6	0	0	2	0	7
0	1	2	3	0	3

35 燃烧的蜡烛

燃烧需要氧气，没有氧气就不能燃烧。

当蜡烛燃烧用完玻璃瓶中的氧气时，蜡烛就会熄灭，这时玻璃瓶里的水位会上升，以填充被用尽的氧气的空间。

36 真理与婚姻

他应该问其中一位公主："你结婚了吗？"

不管他问的是谁，如果答案是"是的"，那么就说明艾米莉亚已经结婚了；如果答案是"没有"，那么就说明莱拉已经结婚了。

假设他问的是艾米莉亚，她是说真话的，如果她回答"是的"，那么就说明她已经结婚了。如果她的回答是否定的，那么结婚了的那个就是莱拉。

假设他问的是莱拉，莱拉总是说假话。如果她回答"是的"，那么她就还没有结婚，结婚了的那个是艾米莉亚；如果她回答"没有"，那么她就已经结婚了。

因此尽管这个年轻人仍然不知道谁是谁，但是他却能告诉国王还没有结婚的公主的名字。

37 贝克魔方

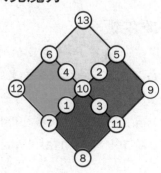

38 对角线和闭合图形

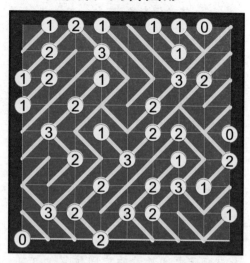

39 林地

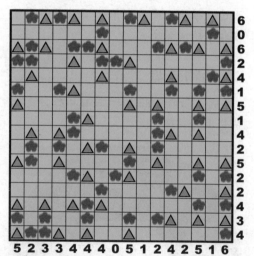

40 玻璃杯

正放和倒放的杯子的个数都是奇数，而每次翻转杯子的个数是偶数，因此最后不可能将 10 个（偶数个）杯子都变成相同的放置情况。

奇偶性这个词在数学中首先是被用来区别奇数和偶数的。如果两个数同是奇数或者同是偶数，就可以说它们的奇偶性相同。

每次移动偶数个杯子，这样就保留了图形的奇偶性。

41 瓶子

尽管在解决这个难题时有人会采取将纸带猛拉出来的办法，但是，由于这个纸带太长，因而无法使用。必须先在距离硬币2厘米的地方把纸带从一边剪断或者撕掉才行。然后，抓住纸带的另一端，并且拉直使纸带与瓶子成90度。然后，伸出另一只手的食指，快速击打手与瓶子之间纸带的中间位置。这样，纸带就会快速从硬币下面脱出，同时由于速度很快，硬币会依靠惯性而不至于从瓶子的顶部掉落。

42 动物转盘

满足条件的排序一共有4种，下图是其中的一种。

43 数字迷宫

如图所示。

5	6	23	24	25
4	7	22	21	20
3	8	17	18	19
2	9	16	15	14
1	10	11	12	13

15	14	13	12	3	2
16	23	24	11	4	1
17	22	25	10	5	6
18	21	26	9	8	7
19	20	27	28	29	30
36	35	34	33	32	31

44 化装服

步兵拿走了吸血鬼的尖牙。
天使拿走了橄榄球运动员的头盔。
嬉皮士拿走了艺妓的扇子。
斗牛士拿走了嬉皮士的眼镜。
足球运动员拿走了斗牛士的斗篷。
吸血鬼拿走了宇航员的手套。
艺妓拿走了步兵的帽子。
宇航员拿走了天使的翅膀。

45 去吃午饭

错误：两扇窗户一扇显示的是白天，一扇是夜晚；一位顾客手里的菜单（MENU）拿倒了；服务员用勺子写字；服务员只穿了一只鞋；收银员用收银机打游戏；牌子上写着"HAVE A A NICE

DAY"（多了一个 A）；蛋糕柜子上圆下方；蛋糕柜里装有一个宇宙飞船；一个女孩在喝番茄酱；一个男人的衣服穿反了；一个男人用帽子盛汤；前面拿菜单的男人长了三只手；服务员的盘子失去了平衡；一个凳子没有支柱；一个男人举着空杯子在喝；通往厨房的门是外开式，服务员却在往里推；一个服务员戴着护士的帽子；一个服务员把咖啡倒进谷物里；一个女人用狗狗的碗吃饭；蛋糕半边三层半边双层；盐和胡椒的标签弄反了；厨师旁边的订单里夹了一只袜子；厨师正烹饪的蛋没有剥壳；厨师手里的盘子端倒了。

46 瓢虫的位置

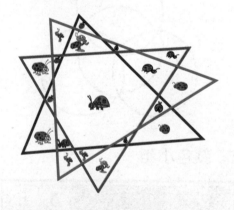

47 餐桌

48 贪玩的蜗牛

下图只是正确答案的一种，你可以发挥你的想象帮蜗牛设计路线。

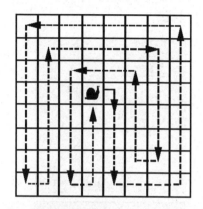

49 冲浪板

1. Keyboard 键盘
2. Clipboard 剪贴板
3. Backboard 篮板
4. Cardboard 硬纸板
5. Blackboard 黑板
6. Snowboard 滑雪板
7. Billboard 广告牌

50 连接色块

该题的解有很多种，下面是其中一种，如图所示。

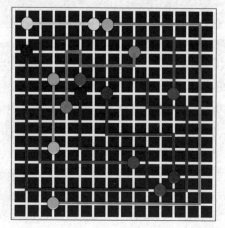

51 神秘的洞

沿 L 形的方向剪下正方形的一部分，然后将其向对角翻转，令有洞的部分居于纸张中心。

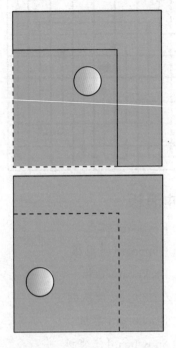

53 不向左转

他走的路线如下图中虚线所示：

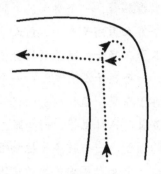

54 书法

下图展示了内尔的有趣练习。

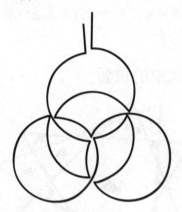

52 水族馆

如图所示，这里给出了其中一种摆放方法。

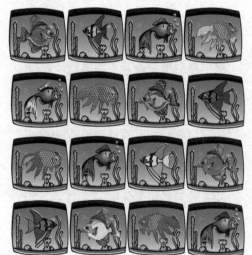

55 颜色小组

4	4	7	7	7	5	5
6	4	4	7	7	5	5
6	6	5	5	7	7	5
6	6	6	5	6	6	2
5	5	1	5	5	6	2
5	5	5	4	4	6	6
3	3	3	1	4	4	6

56 面粉

在第一层，将布袋（7）和（2）交换，这样就得到单个布袋数字（2）和两位数字（78），两个数相乘结果为156。接着，把第三行的单个布袋（5）与中间那行的布袋（9）交换，这样，中间那行数字就是156。然后，将布袋（9）与第三行两位数中的布袋（4）交换，这样，布袋（4）移到右边成为单个布袋。这时，第三行的数字为（39）和（4），相乘的结果为156。总共移动了5步就把这个题完成了。

57 填字母

A	E	G
F	B	I
D	H	C

58 打喷嚏

当你睁开眼睛时你的车已经行驶了约9.03米，因此你刚刚避免了一场交通事故。

1千米＝1000米，因此，按照65千米／小时的速度你在半秒钟内行驶了（65×1000）／（60×60×2）≈9.03米，从而可以避免这场交通事故。

59 藏着的老鼠

60 不相交的路线

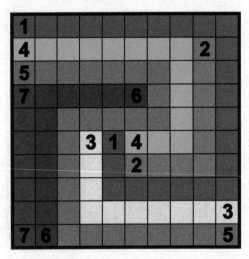

61 房产规划

答案如图：

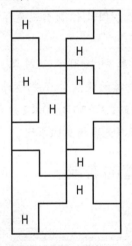

62 父亲和儿子

可能的情况有以下几种：

父亲 96 岁，儿子 69 岁；父亲 85 岁，儿子 58 岁；父亲 74 岁，儿子 47 岁；父亲 63 岁，儿子 36 岁；父亲 52 岁，儿子 25 岁；父亲 41 岁，儿子 14 岁。

从图中看，应该是最后一种情况。

63 约会

5，3，2，4，7，6，1，8。

64 整理书籍

至少需要移动 8 本书：

1. 绿色的书放在第二堆书上。

2. 红色的书放在第二堆书上。

3. 黄色的书放在第一堆书上。

4. 红色的书放在第一堆书上。

5. 橘色的书放在第二堆书上。

6. 红色的书放在第三堆书上。

7. 黄色的书放在第二堆书上。

8. 红色的书放在第二堆书上。

65 填补空白

C。从左上角开始并按照顺时针方向、以螺旋形向中心移动。7 个不同的符号每次按照相同的顺序重复。

66 构造的房屋

D。

67 图形序列

D。

68 洗澡奇遇

正确的顺序是：3，4，1，6，2，5。

第三篇

思维导图:
打开大脑潜能的金钥匙

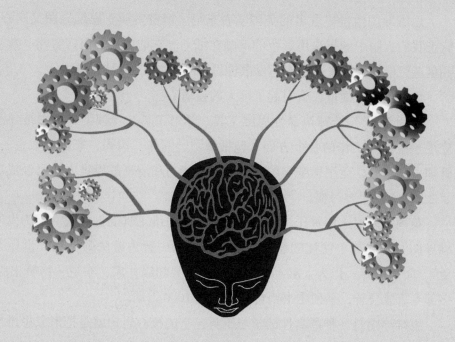

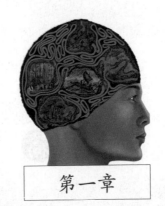

第一章

思维导图引发的大脑海啸

揭开思维导图的神秘面纱

思维导图由世界著名的英国学者东尼·博赞发明。思维导图又叫心智图，它把我们大脑中的想法用彩色的笔画在纸上。它把传统的语言智能、数字智能和创造智能结合起来，是表达发散性思维的有效图形思维工具。

思维导图一面世，就引起了巨大的轰动。

作为 21 世纪全球革命性思维工具、学习工具、管理工具，思维导图已经应用于生活和工作的各个方面，包括学习、写作、沟通、家庭、教育、演讲、管理、会议等，运用思维导图带来的学习能力和清晰的思维方式已经成功改变了 2.5 亿人的思维习惯。

英国人东尼·博赞作为"瑞士军刀"般思维工具的创始人，因为发明"思维导图"这一简单便捷的思维工具，被誉为"智力魔法师"和"世界大脑先生"，闻名世界。作为大脑和学习方面的世界超级作家，东尼·博赞出版了 80 多部专著或合著，系列图书销售量已达到 1000 万册。

思维导图是一种革命性的学习工具，它的核心思想就是把形象思维与抽象思维很好地结合起来，让你的左右脑同时运作，将你的思维痕迹在纸上用图画和线条形成发散性的结构，极大地提高你的智力技能和智慧水准。

在这里，我们不仅是介绍一个概念，更要阐述一种最有效最神奇的学习方法。不仅如此，我们还要推广它的使用范围，让它的神奇效果惠及每一个人。

思维导图应用得越广泛，对人类乃至整个宇宙产生的影响就越大。

而你在接触这个新东西的时候会收获一种激动和伟大发现的感觉。

思维导图用起来特别简单。比如，你今天一天的打算，你所要做的每一件事，我们可以用一张从图中心发散出来的每个分支代表今天需要做的不同事情。

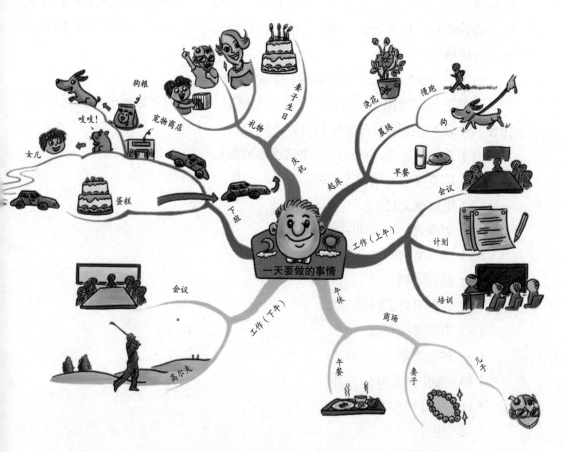

简单地说，思维导图所要做的工作就是更加有效地将信息"放入"你的大脑，或者将信息从你的大脑中"取出来"。

思维导图能够按照大脑本身的规律进行工作，启发我们抛弃传统的线性思维模式，改用发散性的联想思维思考问题；帮助我们做出选择、组织自己的思想、组织别人的思想，进行创造性的思维和脑力风暴，改善记忆和想象力等；思维导图通过画图的方式，充分地开发左脑和右脑，帮助我们释放出巨大的大脑潜能。

让2.5亿人受益一生的思维习惯

随着思维导图的不断普及，世界上使用思维导图的人数可能已经远远超过2.5亿。

据了解，目前许多跨国公司，如微软、IBM、波音正在使用或已经使用思维导图作为工作工具；新加坡、澳大利亚、墨西哥早已将思维导图引入教育领域，收效明显，哈佛大学、剑桥大学、伦敦经济学院等知名学府也在使用和教授"思维导图"。

可见，思维导图已经悄悄来到了你我的身边。

我们之所以使用思维导图，是因为它可以帮助我们更好地解决实际问题，比如，在以下方面可以帮助你获取更多的创意：

（1）对你的思想进行梳理并使它逐渐清晰；

（2）以良好的成绩通过考试；

（3）更好地记忆；

（4）更高效、快速地学习；

（5）看到事物的"全景"；

（6）制订计划；

（7）表现出更强的创造力；

（8）节省时间；

（9）解决难题；

（10）集中注意力；

（11）更好地沟通交往；

（12）生存；

（13）节约纸张。

正确处理日常事务

人们老是担心会忘记做某事，所以就一次让自己负担多项任务。这种急迫感是不善于组织、注意力不集中的一种表现。

正确的做法是根据你的实际能力来确定一天的计划，并且立即把计划写下来。最重要的是：慢慢做，不要让自己负担过重。在没有压力和疲劳的状态下，我们能够做得比预想的好得多！

怎样绘制思维导图

其实，绘制思维导图非常简单。思维导图就是一幅幅帮助你了解并掌握大脑工作原理的使用说明书。

思维导图就是借助文字将你的想法"画"出来，因为这样才更容易记忆。

在绘制过程中，我们要用到颜色。因为思维导图在确定中央图像之后，有从中心发散出来的自然结构；它们都使用线条、符号、词汇和图像，遵循一套简单、基本、自然、易被大脑接受的规则。

颜色可以将一长串枯燥无味的信息变成丰富多彩的、便于记忆的、有高度组织性的图画，它接近于大脑平时处理事物的方式。

"思维导图"绘制工具如下：

（1）一张白纸；

（2）彩色水笔和铅笔数支；

（3）你的大脑；

（4）你的想象！

这些就是最基本的工具，当然在绘制过程中，你还可以拥有更适合自己习惯的绘图工具，比如成套的软芯笔，色彩明亮的涂色笔或者钢笔。

东尼·博赞给我们提供了绘制思维导图的7个步骤，具体如下：

（1）从一张白纸的中心画图，周围留出足够的空白。从中心开始画图，可以使你的思维向各个方向自由发散，能更自由、更自然地表达你的思想。

如图：

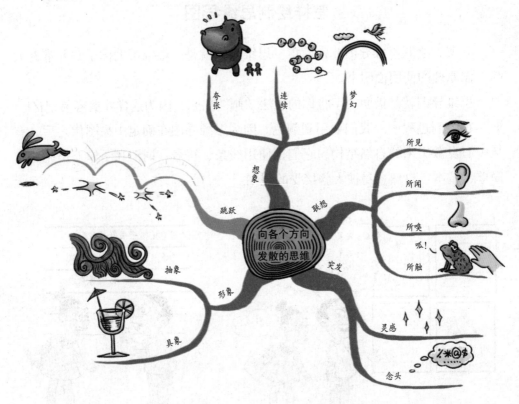

（2）在白纸的中心用一幅图像或图画表达你的中心思想。因为一幅图画可以抵得上1000个词汇或者更多，图像不仅能刺激你的创意性思维，帮助你运用想象力，还能强化记忆。

（3）尽可能多地使用各种颜色。因为颜色和图像一样能让你的大脑兴奋。颜色能够给你的思维导图增添跳跃感和生命力，为你的创造性思维增添巨大的能量。此外，自由地使用颜色绘画本身也非常有趣！

（4）将中心图像和主要分支连接起来，然后把主要分支和二级分支连接起来，再把三级分支和二级分支连接起来，依次类推。

我们的大脑是通过联想来思维的。如果把分支连接起来，你会更容易地理解和记住许多东西。把主要分支连接起来，同时也创建了你思维的基本结构。

其实，这和自然界中大树的形状极为相似。树枝从主干生出，向四面八方发散。假如大树的主干和主要分支，或主要分支和更小的分支以及分支末梢之间有断裂，那么它就会出现问题！

（5）让思维导图的分支自然弯曲，不要画成一条直线。曲线永远是美的，你的大脑会对直线感到厌烦。美丽的曲线和分支，就像大树的枝杈一样更能吸引你的眼球。

（6）在每条线上使用一个关键词。所谓关键字，是表达核心意思的字或词，可以是名词或动词。关键字应该是具体的、有意义的，这样才有助于回忆。

单个的词语使思维导图更具有力量和灵活性。每个关键词就像大树的主要枝杈，然后繁殖出更多与它自己相关的、互相联系的一系列次级枝杈。

当你使用单个关键词时，每一个词都更加自由，因此也更有助于新想法的产生。而短语和句子却容易扼杀这种火花。

（7）自始至终使用图形。思维导图上的每一个图形，就像中心图形一样，可以胜过千言万语。所以，如果你在思维导图上画出了10个图形，那么就相当于记了数万字的笔记！

画思维导图时纸张要横着放，而不是竖着放或斜着放，这又是为什么呢？

因为横长竖短符合人类视野规律，比如电影屏幕。所以横放会更好呀！现在你明白了吧？

以上就是绘制思维导图的7个步骤，不过，这里还有几个技巧可供参考：

把纸张横放，使宽度变大。在纸的中心，画出能够代表你心目中的主体形象的中心图像。再用水彩笔任意发挥你的思路。

先从图形中心开始画，标出一些向四周放射出来的粗线条。每一条线都代表你的主体思想，尽量使用不同的颜色区分。

在主要线条的每一个分支上，用大号字清楚地标上关键词，当你想到这个概念时，这些关键词立刻就会从大脑里跳出来。

运用你的想象力，不断改进你的思维导图。

在每一个关键词旁边，画一个能够代表它、解释它的图形。

用联想来扩展这幅思维导图。对于每一个关键词，每一个人都会想到更多的词。比如你写下"橙子"这个词时，你可以想到颜色、果汁、维生素 C，等等。

根据你联想到的事物，从每一个关键词上发散出更多的连线。连线的数量根据你的想象可以有无数个。

教你绘制一幅自己的思维导图

思维导图就是一幅帮助你了解并掌握大脑工作原理的使用说明书，并借助文字将你的想法"画"出来，便于记忆。

现在，让我们来绘制一幅"如何维护保养大脑"的思维导图。

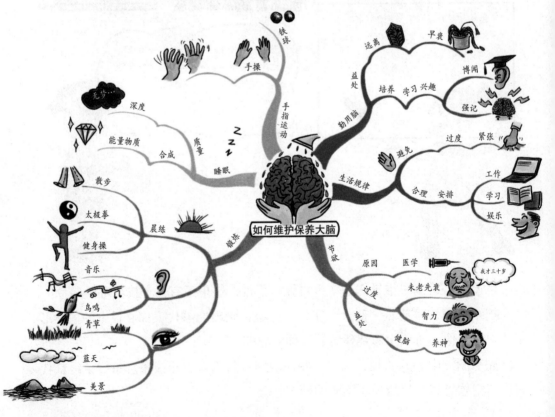

你可以试着按以下步骤进行：

准备一张白纸（最好横放），在白纸的中心画出你的这张思维导图的主题或关键字。主题可以用关键字和图像（比如在这张纸的中心可以画上你的大脑）来表示。

用一幅图像或图画表达你的中心思想（比如你可以把你的大脑想象成蜘蛛网）。

使用多种颜色（比如用绿色表示营养部分，红色表示激励部分）。

连接中心图像和主要分支，然后再连接主要分支和二级分支，接着再连二级分支和三级分支，依次类推（比如"营养"是主要分支，"维生素"、"蛋白质"等是二级分支，"维生素 A"、"B 族维生素"、"卵磷脂"等是三级分支等）。

用曲线连接。每条线上注明一个关键词（比如"滋润"、"创造力"等）。

多使用一些图形。

好了，按照这几个步骤，这张思维导图你画好了吗？

下面就是编者绘制的一张"如何维护保养大脑"的思维导图，仅供大家参考。

认识你的大脑从认识大脑潜力开始

你了解自己的大脑吗？

你认为自己大脑潜力都发挥出来了吗？

你常常认为自己很笨吗？

生活中，总有一些人认为自己很笨，没有别人聪明。但是他们不知道，自己之所以没能取得好成绩，甚至取得成功，是因为只使用了大脑潜力的一小部分，个人的能力并没有全部发挥出来。

现在社会发展速度极快，不论在学习或其他方面，如果我们想表现得更出色，那么就必须重视我们的大脑，让大脑发挥出更大的潜力。遗憾的是，很少有人重视这一点。

其实，你的大脑比你想象的要厉害得多。

近年来，对大脑的开发和研究引起了很多科学家的注意，他们做了很多有益的探索，也取得了很多新的科研成果。过去 10 年中，人类对大脑的认识比过去整个科学史上所认识的还要多得多。特别是近代科技上所取得的惊人成就，使我们能够借助它们得以一窥大脑的奥秘。

他们一致认为，世界上最复杂的东西莫过于人的大脑。人类在探索外太空极限的同时，却忽略了宇宙间最大的一片未被开采过的地方——大脑。我们对大脑的研究还远远不够，还有很多未知的领域，而且可以肯定我们对大脑的研究和开发将会极大地推动人类社会的进步。

那么，就让我们先来初步认识一下我们的头脑——这个自然界最精密、最复杂的器官：

人脑由三部分组成：脑干、小脑和大脑。

脑干位于头颅的底部，自脊椎延伸而出。大脑这一部分的功能是人类和较低等动物（蜥蜴、鳄鱼）所共有的，所以脑干又被称为爬虫类脑部。脑干被认为是原始的脑，它的主要功能是传递感觉信息，控制某些基本的活动，如呼吸和心跳。

脑干没有任何思维和感觉功能。它能控制其他原始直觉，如人类的地域感。在有人过度接近自己时，我们会感到愤怒、受威胁或不舒服，这些感觉都是脑干发出的。

小脑负责肌肉的整合，并有控制记忆的功能。随着年龄的增长和身体各部分结构的成熟，小脑会逐渐得到训练而提高其生理功能。对于运动，我们并没有达到完全控制的程度，这就是小脑没有得到锻炼的结果。你可以自己测试一下：在不活动其他手指的情况下，试着弯曲小拇指以接触手掌，这种结果是很难达到的，而灵活的大拇指却能十分轻松地完成这个动作。

大脑是人类记忆、情感与思维的中心，由两个半球组成，表面覆盖着2.5～3毫米厚的大脑皮质。如果没有这个大脑皮质，我们只能处于一种植物状态。

大脑可分成左、右两个半球，左半球就是"左脑"，右半球就是"右脑"，尽管左脑和右脑的形状相同，二者的功能却大相径庭。左脑主要负责语言，也就是用语言来处理信息，把我们通过五种感官（视觉、听觉、触觉、味觉和嗅觉）感受到的信息传入大脑中，再转换成语言表达出来。因此，左脑主要起处理语言、逻辑思维和判断的作用，即它具有学习的本领。右脑主要用来处理节奏、旋律、音乐、图像和幻想。它能将接收到的信息以图像方式进行处理，并且在瞬间即可处理完毕。一般大量的信息处理工作（例如心算、速读等）是由右脑完成的。右脑具有创造性活动的本领。例如，我们仅凭熟悉的声音或脚步声，即可判断来人是谁。

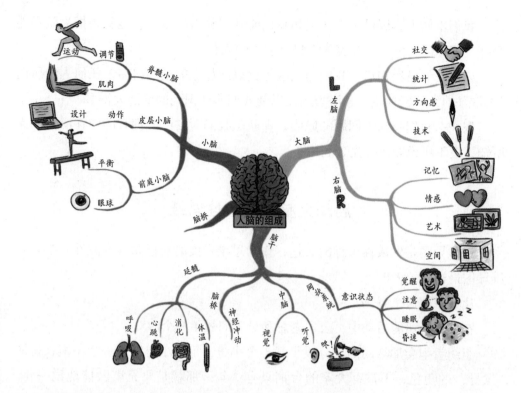

　　有研究证明，我们今天已经获取的有关大脑的全部知识，可能还不到必须掌握的知识的 1%。这表明，大脑中蕴藏着无数待开发的资源。

　　如果把大脑比喻成一座冰山的话，那么一般人所使用的资源还不到 1%，这只不过是冰山一角；剩下 99% 的资源被白白闲置了，而这正是大脑的巨大潜能之所在。

　　科学也证明，我们的大脑有 2000 亿个脑细胞，能够容纳 1000 亿个信息单位，为什么我们还常常听一些人抱怨自己学得不好、记得不牢呢？

　　我们的思考速度大约是每小时 480 英里，快过最快的子弹头列车，为什么我们不能思考得更迅速呢？

　　我们的大脑能够建立 100 万亿个联结，甚至比最尖端的计数机还厉害，为什么我们不能理解得更完整、更透彻呢？

　　而且，我们的大脑平均每 24 小时会产生 4000 种念头，为什么我们每天不能更有创造性地工作和学习呢？

　　其实，答案很简单。我们只使用了大脑的一部分资源，按照美国最大的研究机构斯坦福研究所的科学家们所说，我们大约只利用了大脑潜能的 10%，其余 90% 的大脑潜能尚未得到开发。

我们不妨大胆假设一下，假如我们能利用脑力的20%，也就是把大脑潜能提高一倍的话，你的外在表现力将是多么惊人！

或许我们已经知道，我们的大脑远比以前想象的精妙得多，任何人的所谓"正常"的大脑，其能力和潜力远比以前我们所认识到的要强大得多。

现在，我们找到了问题的原因，那就是我们对自己所拥有的内在潜力一无所知，更不用说如何去充分利用了。

启动大脑的发散性思维

思维导图是发散性思维的表达，作为思维发展的新概念，发散性思维是思维导图最核心的表现。

比如下面这个事例。

在某个公司的活动中，公司老总和员工们做了一个游戏：

组织者把参加活动的人分成了若干个小组，每个小组选出一个小组长扮演"领导"的角色，不过，大家的台词只有一句，那就是要充满激情地说一句："太棒了！还有呢？"其余的人扮演员工，台词是："如果……有多好！"游戏的主题词设定为"马桶"。

当主持人宣布游戏开始的时候，大家出现了一阵习惯性的沉默，不一会儿，突然有人开口："如果马桶不用冲水，又没有臭味有多好！"

"领导"一听，激动地一拍大腿："太棒了！还有呢？"

另外一个员工接着说："如果坐在马桶上也不影响工作和娱乐有多好！"

又一位"领导"也马上伸出大拇指："太棒了！还有呢？"

"如果小孩在床上也能上马桶有多好！"

…… ……

讨论进行得热火朝天，各人想法天马行空，出乎大家的意料。

这个公司的管理人员对此进行了讨论，并认为有三种马桶可以尝试生产并投入市场：一种是能够自行处理，并能把废物转化成小体积密封肥料的马桶；一种是带书架或耳机的马桶；还有一种是带多个"终端"的马桶，即小孩老人都可以在床上方便，废物可以通过"网络"传到"主"马桶里。

这个游戏获得了巨大的成功，其中便得益于发散性思维的运用。

针对这个游戏，我们同样可以利用思维导图表示出来。

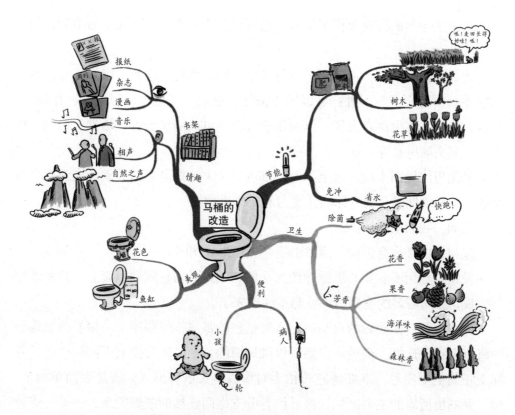

大脑作为发散性思维联想机器，思维导图就是发散性思维的外部表现，因为思维导图总是从一个中心点开始向四周发散，其中的每个词汇或者图像自身都成为一个子中心或者联想，整个合起来以一种无穷无尽的分支链的形式从中心向四周发散，或者归于一个共同的中心。

我们应该明白，发散性思维是一种自然和几乎自动的思维方式，人类所有的思维都是以这种方式发挥作用的。一个会发散性思维的大脑应该以一种发散性的形式来表达自我，它会反映自身思维过程的模式，给我们更多更大的帮助。

思维导图让大脑更好地处理信息

让大脑更好更快地处理各种信息，这正是思维导图的优势所在。使用思维导图，可以把枯燥的信息变成彩色的、容易记忆的、高度组织的图，它与我们大脑处理事物的自然方式相吻合。

思维导图可以让大脑处理起信息更简单有效。

从思维导图的特点及作用来看，它可以用于工作、学习和生活中的任何一个领域里。

比如，作为个人：可以用来进行计划、项目管理、沟通、组织、分析解决问题等；作为一个学习者：可以用于记忆、笔记、写报告、写论文、作演讲、考试、思考、集中注意力等；作为职业人士：可以用于会议、培训、谈判、面试、掀起头脑风暴等。

利用思维导图来应对以上方面，都可以极大地提高你的效率，增强思考的有效性和准确性以及提升你的注意力和工作乐趣。

比如，我们谈到演讲。

起初，也许你会怀疑，演讲也适合做思维导图吗？

没错！你用不着担心思维导图无法使相关演讲信息顺利过渡。一旦思维导图完成，你所需要的全部信息就都呈现出来了。

其实，我们需要做的只是决定各种信息的最终排列顺序。一幅好的思维导图将有多种可选性。最后确定后，思维导图的每个区域将涂上不同的颜色，并标上正确的顺序号。继而将它转化为写作或口头语言形式，将是很简单的事，你只要圈出所需的主要区域，然后按各分支之间连接的逻辑关系，一点一点地进行就可以了。

按这种方式，无论多么烦琐的信息、多么艰难的问题都将被一一解决。

又比如，我们在组织活动或讨论会时需用的思维导图。

也许我们这次需要处理各种信息，解决很多方面的问题。当我们没有想到思维导图的时候，往往会让人陷入这样的局面：每个人都在听别人讲话，每个人也都在等别人讲话，只是为了等说话人讲完话后，有机会发表自己的观点。

在这种活动或讨论会上，或许会发生我们不愿看到的结果，比如，大家叽叽喳喳，没有提出我们期望的好点子，讨论来讨论去没有解决需要解决的问题，最后现场不仅没有一点儿秩序，而且时间也白白地浪费了。

这时，如果活动组织者运用思维导图的话，所有问题将迎刃而解。活动组织者可以在会议室中心的黑板上，以思维导图的基本形式，写下讨论的中心议题及几个副主题。让与会者事先了解会议的内容，使他们有备而来。

组织者还可以在每个人陈述完他的看法之后，要求他用关键词的形式，总结一下，并指出在这个思维导图上，他的观点从何而来，与主题思维导图的关联，等等。

这种使用思维导图方式的好处显而易见：

（1）可以准确地记录每个人的发言；

（2）保证信息的全面；

（3）各种观点都可以得到充分的展现；

（4）大家容易围绕主题和发言展开，不会跑题；

（5）活动结束后，每个人都可记录下思维导图，不会马上忘记。

这正是思维导图在处理大量信息面前的好处，在讨论会上，可以吸引每个人积极地参与目前的讨论，而不是仅仅关心最后的结论。

利用思维导图这种形式可以全面加强事物之间的内在联系，强化人们的记忆，使信息井然有序，为我所用。

在处理复杂信息时，思维导图是你思维相互关系的外在"写照"，它能使你的大脑更清楚地"明确自我"，因而更能全面地提高思维技能，提高解决问题的效率。

建立良好的生活方式

良好的生活方式对于保护大脑、维持大脑的正常运转，以及进行创造性思维活动具有重要的意义。

简要来说，良好的生活方式包括：起居有时、饮食有节、生活规律、适当运动、保持积极乐观的心态、戒烟限酒等。

与之相反，如果我们的生活无规律——尤其睡眠不足，喜欢吃含有有害物质的垃圾食品和没有营养价值的快餐食品，很少参加户外活动，身体患病不及时医治，吸烟酗酒，甚至赌博吸毒，都会对大脑形成不利的因素，甚至造成损伤。只有保证大脑健康，才能让自己清醒思考，明白做事。生活中，哪些生活方式会影响大脑的健康呢？

日常生活中，人们不良的用脑习惯和生活因素，对大脑智力和思维有着不利的影响。

具体表现在以下几个方面：

懒用脑

科学证明，合理地使用大脑，能延缓大脑神经系统的衰老，并通过神经系统对机体功能产生调节与控制作用，达到健脑益寿之目的。否则，对大脑和身体的健康不利。

乱用脑

这主要表现在用脑过于焦虑和紧张，或者是不切实际的担忧，对身体和大脑均有损害。

病用脑

人在身体不舒服或生病时，继续用脑，不仅会降低学习和工作效率，还会造成大脑的损害，而且不利于身体的康复。

饿用脑

很多人习惯了早晨不吃早餐，使上午的学习或工作一直处于饥饿状态，自然血糖不能正常供给，继而大脑营养供应不足。长期下去，会对大脑的健康和思维功能造成影响。

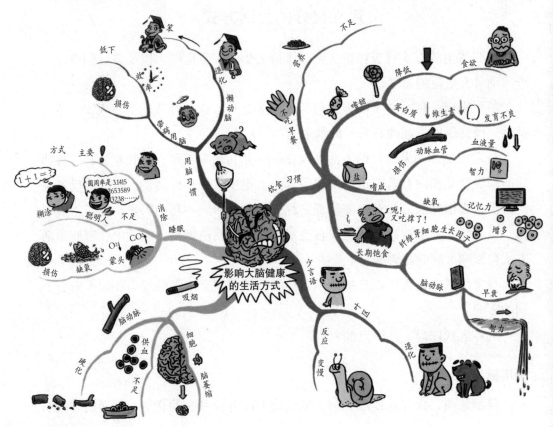

睡眠差

睡眠有利于消除大脑疲劳，如果经常睡眠不足，或者睡眠质量不高，对大脑都是一个不良刺激，容易使大脑衰老。

蒙头睡

很多人不知道蒙头睡觉的害处，所以习惯用被子蒙住头。实际上，被子中藏有大量的二氧化碳，被子中二氧化碳浓度在不断增加，氧的浓度在不断下降，空气变得相对污浊，势必对大脑造成损害。

建立良好的生活方式，不仅能保证大脑的健康，而且能有效地挖掘大脑潜能，顺利进行创造性思维活动。

建立良好的生活方式，在于提高对大脑智能的认识，养成良好的生活习惯，长期坚持下去，方能收到理想的效果。

及时供给正确的"大脑食物"

大脑每天都在为我们工作，它需要不断地补充正确的"大脑食物"，因为大脑中有上万亿个神经细胞在时刻不停地进行着繁重的活动，这些食物是大脑正常运转的保证。

一般来说，供给大脑低能量食物，它就会运行不力；供给高能量的食物，它就能流畅、高效地工作。所以，我们应该知道哪些是大脑所需的"大脑食物"。

葡萄糖

大脑有个特点，就是它不能自己储存糖原。大脑在思考的时候会消耗大脑中的葡萄糖。实验证明，缺乏葡萄糖会影响大脑的思考和记忆能力。

要想大脑正常运转，就需要不断地给它供应糖原。大脑每小时需要消耗 $4 \sim 5$ 克糖，每天需要 $100 \sim 150$ 克的糖。当血糖下降时，脑的耗氧量下降，轻者会感到疲倦，不能集中精力学习，重者会昏迷。

这种现象容易发生在不吃早餐者身上。

新鲜水果和蔬菜、谷类、豆类含有丰富的葡萄糖。

维生素

维生素是人体生理代谢过程正常进行所不可缺少的有机化合物。人体不能自己合成维生素，人所需要的维生素主要从食物中获取。

各种维生素对脑的发育和脑的机能有不同的作用。维生素 C、维生素 E 和 B 族维生素可以避免大脑功能受损。

多吃蔬菜，蔬菜里含有丰富的维生素，有利于健康。

维生素 E 非常重要，它可以保护神经细胞膜和脑组织免受破坏脑里的自由基的侵袭，是大脑的保护剂。

维生素 A 可以保护大脑神经细胞免受侵害。

维生素 C 被称为脑力泵，对脑神经调节有重要作用，是最高水平的脑力活动所必需的物质，可以提高约 5 个智商指数。

维生素 E 含量丰富的食物有坚果油、种子油、豆油、大麦芽、谷物、坚果、鸡蛋及深色叶类蔬菜。

对于学习者而言，维生素 B_1 对保护良好的记忆、减轻脑部疲劳非常有益，学生及脑力劳动者应注意及时补充。富含维生素 B_1 的食物较多，如面粉、玉米、豆类、西红柿、辣椒、梨、苹果、哈密瓜等。

富含维生素 A 的食物有动物的肝脏、鱼类、海产品、奶油和鸡蛋等动物性食物，富含维生素 C 的食物一般是新鲜的蔬菜水果，如苹果、鲜枣、橘子、西红柿、土豆、甘薯等。

乙酰胆碱和卵磷脂

有关专家研究指出，大脑记忆力的强弱与大脑中乙酰胆碱含量密切相关。比如一个人在考试前约一个半小时进食富含卵磷脂的食物，可使人发挥得更好。实验也表明，卵磷脂可使人的智力提高 25%。富含卵磷脂的食物有蛋黄、大豆、鱼头、芝麻、蘑菇、山药和黑木耳、谷类、动物肝脏、鳗鱼、赤蝮蛇、眼镜蛇、红花籽油、玉米油、向日葵等。

在这方面，胆碱含量丰富的食物有：大麦芽、花生、鸡蛋、小牛肝、全麦粉、大米、鳟鱼、薄壳山核桃等。

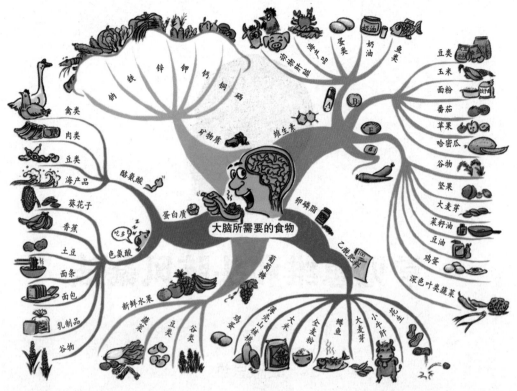

大脑所需要的食物

蛋白质

蛋白质是构成大脑的基本物质之一，充分的蛋白质是大脑功能的必需品。

鱼是补充蛋白质的最好、最重要的健脑食品。蛋白质中的酪氨酸和色氨酸也对大脑起着影响作用。在海产品、豆类、禽类、肉类中含有大量酪氨酸，这是主要的大脑刺激物质；而在谷类、面包、乳制品、土豆、面条、香蕉、葵花子等食品中含有丰富的色氨酸，虽然也是大脑所需要的食物，但往往在一定时间内有直接抑制脑力的作用，食后容易引起困倦感。

矿物质

矿物质是调节大脑生理机能的重要物质，一定矿物质也是活跃大脑的必要元素。钠、锌、镁、钾、铁、钙、硒、铜可以减轻记忆退化和神经系统的衰老，增强系统对自由基的抵抗力。许多水果、蔬菜都含有丰富的矿物质。

比如缺铁就会导致记忆力下降，延迟理解力和推理能力的发展，损害学习和记忆，使学习成绩下降；缺钠会减少大脑信息接收量；锌能增强记忆力和智力，缺锌可使人昏昏欲睡，萎靡不振；缺钾会厌食、恶心、呕吐、嗜睡；钙可以活跃神经介质，提高记忆效率，缺钙会引起神经错乱、失眠、痉挛；缺镁，人体卵磷脂的合成会受到抑制，引起疲惫、记忆力减退。

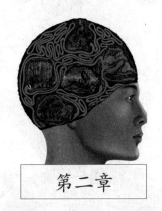

第二章

常见思维和头脑风暴法

联想思维

"学习是件特别枯燥的事情。"我们身边，很多人会抱怨学习无趣。

"写作文的时候我老觉得没有东西可写。"也有很多人抱怨写出的作文空洞无物。那么，在抱怨之前，请先问一问自己："我具有丰富的想象力吗？"

一个人，如果具有丰富的想象力，就拥有了联想的空间，这好比为学习找到了一种强大动力，想象力能把光明的未来展示在人们的面前，鼓舞人们以巨大的精力去从事创造性的学习。只有拥有丰富的想象力，我们的学习才会具有创造性，在学习的过程中，我们便会发现学习也是一种乐趣。

一幅关于《月亮旅行记》的插图

法国著名作家儒勒·凡尔纳以想象力超群而著称。他在无线电还未发明时，就已经想到了电视，在莱特兄弟制造出飞机之前的半个世纪，已想到了直升机和飞机。什么坦克、导弹、潜水艇、霓虹灯等，他都预先想象到了。

他在《月亮旅行记》中甚至讲到了几个炮兵坐在炮弹上让大炮把

他们发射到月亮上。他想象在地球上挖一个几百米深的发射井，在井中铸造一个大炮筒，把精心设计的"炮弹车厢"发射到月球上去。他甚至选择好了离开地球的最近时刻，计算了克服地心引力所需要的最低速度，以及怎样解决密封的"炮弹车厢"的氧气供给问题。

据说齐尔斯基——宇宙航行的开拓者之一，正是受了凡尔纳著作的启发，推动着他去从事星际航行理论研究的。

俄国科学家齐奥科夫斯基青年时代就被人们称为"大胆的幻想家"，他把未来的宇宙航行想象成15步。值得惊叹的是，在齐奥科夫斯基做出这一大胆的想象的时候，莱特兄弟的飞机还尚未问世。

当时除了冲天鞭炮以外，世界上没有什么火箭，更加令人吃惊的是，许多想象通过近几十年的航空、航天技术的发展，已经成为活生生的现实。即，随着火箭、喷气式飞机、人造卫星、阿波罗登月计划、航天轨道站以及航天飞机的相继成功，齐奥科夫斯基的前几步都已基本实现。

其实，很多古人认为不可能的事情，今天都已经成为我们司空见惯的事实了。"不是做不到，只是想不到。"事实证明，头脑中的形象越丰富，想象就越开阔、深刻，我们的想象力就越强。因此平时要不断接触各种事物，使这些事物在你头脑中留下深刻的印象，这些印象就是你进行丰富想象的素材。

倘若你能正确使用你的想象力，你的作文就不再是干巴巴的记叙文，你的解题方式可能有很多种，此路不通另寻他路，你对历史也就不会毫无感觉。的确，很多学习上的问题，说到底就是头脑中能否想象的问题。

几个人一同看天上的云，有人看到的只是一片云，有人看到了一只绵羊，有人则看到一个仙女……画家开始在画布上勾勒出这些图像来，作家在作品中描述着他们的感知，演员们则把对事物的感知表演了出来，商人们在梦想中看到了它们——所有这些都是创造性地想象出来的。

锡德·帕纳斯在他的《优化你的大脑魔力》一书中提到了一个很不错的练习。

他问他的读者们："如果我说4是8的一半，是吗？"人们回答说："是。"随后他说道："如果我说0是8的一半，是吗？"经过一段时间思考后，几乎所有的人都同意这一说法（数字8是由两个0上下相叠而成的）。

然后他又说："如果我说3是8的一半，是吗？"现在每个人都看到把8竖着分为两半，则是两个3。然后他又说到2、5、6，甚至1都是8的一半。能否看出这些关系来，就看你是否有想象力。

每个字母和每个数字都可能具有上百万种形状、大小、颜色和材料，事实上存在的东西，已经远远超出了我们的想象。而且你越是广泛涉猎的时候，你就越会是惊叹那些天才的想象力。

奥威尔的《动物农场》，甚至想象了一个与他不同时代的国家的面貌。想象力不是胡思乱想，而是建立在常识基础上的发散思考。如果你以为想象力就是不负责任地胡乱联系，那你是在侮辱自己的智商。

怎样提高我们的想象力呢？这里有一些线索可以给你参考。

首先，我们要相信每个事物都可能成为其他所有的事物。在艺术家看来，每个事物都是其他所有的事物，艺术家的大脑是高度创造性的大脑，那里没有逾越不了的障碍，自由想象是学习者最好的朋友。

可这一点对很多人来说就很困难。首先是因为有的人不敢放开自己的思路，政治的题目就一定要从政治的角度来思考，历史的问题就绝对不能从地理的因素来考虑。这样的头脑是很难有所创造的。

另外，在学习过程中，不要把自己限制在自己的小世界里，应该勇敢地走出去，到野外去亲近自然，感受大自然的奇妙。

如此一来，外面的世界更有可能激发你的灵感。假如你读过《瓦尔登湖》，就能知道原来描述自然的文字能达到如此唯美的境界。如果只注重书本知识，成天把自己关在屋子里，使书本知识和实践严重脱节，就会变成"无源之水、无本之木"，也不利于想象力的发展。

未来的世界一定是越来越重视想象力的世界，你可以对想象力做有针对性的训练：

积累丰富的感性形象

可以在社会实践中开阔视野，以扩大对自然界和人类社会各种形象的储备。社会调查、参观、游览、欣赏影视歌舞、读书，都可以扩大形象储备。

在脑海中列个清单

在纸上列个欲购货单。现在闭上眼睛想象当地商店的布局结构。回头看看货单，必要的话细看每一项，然后想象它在商店的位置。现在快速将一项与另一项相联系。在头脑中回想你买东西的经历——在商店里你从哪儿开始买，你怎样通过专区，在每处你需要什么。仅仅利用这种记忆方法你会更加自信。为保险起见，带上货单确保在核对前你记住每一样货品。最后你唯一需要的货单就是你头脑中的那个。

借用"朦胧"想象

不少科学家善于在睡眼蒙眬的状态下思考问题。运用朦胧法，能发现事物之间的一些原来意想不到的相似点，从而触发想象和灵感。

融合想象与判断

合理的想象只有同准确的判断力一道才能发挥作用。丰富的想象力，既需思想活跃，又需判断正确。

练习比喻、类比和联想

比喻、类比是想象力的花朵。经常打比方，可使想象力活跃。读小说时，可以有意识地在关键时刻停下来，自己设想一下故事的多种发展趋向，然后比较小说的写法，从中受到启迪。看电视连续剧可逐集练习。

多作随意性想象

要先放开思想想象，然后再把不合适的地方修改或删除，思想拘谨很难产

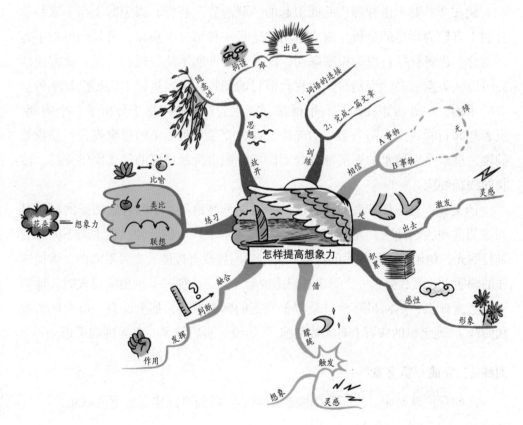

生出色的想象。要知道成功地运用你的想象力，引导自己去开发新鲜的领域与成就。这种想象力往往能发挥重要的作用。人们可以借助逻辑上的变换，从已知推出未知，从现在导出将来。

我们可以做几个针对联想思维的小训练：

训练1：词语的连接

用下面的词语组织一段文字，要求必须包含所有的词语。

科学　月刊　稀少　聪明　天空　消息　手语　树木　符号　卵石　太阳　模式　间谍　玻璃　池水　橱窗　细胞　暴风雨　神经错乱　波状曲线

例文1：她心神不定地坐在走廊的椅子上，随手翻着一本科学月刊，那是一种图片稀少但内容芜杂的刊物。她翻着，看到聪明、天空、消息、手语、树木、符号、卵石、太阳、模式、间谍、玻璃、池水、橱窗、暴风雨、波状曲线、细胞、神经错乱等一些乱七八糟的词语，就像一间杂货铺，尽情地展示着自己的存货。她把杂志扔到身旁，一时间，心里烦乱不堪，各种各样的感觉纷纷袭来。

例文2：对于由神经错乱而引起的"联想狂"病症，康宁博士在一家科学月刊上有较为详尽的分析。博士指出，这是一种稀少的病症，可是病患却不容易治愈。患者往往自以为极端聪明，能发现常人所不能发现的情况。比方说他们可以从天空云彩的变幻得知电视台节目的预告，风吹过树木的摇摆是某种意义的手语，一处污斑往往是一个透露着征兆的符号……博士分析了一个病例，患者把卵石看成是太阳分裂后的碎块，并建立了一种如下的思维模式：猫就是间谍，玻璃是由池水的表层部分凝固而成，橱窗为暴风雨的侵袭提供支持，波状曲线是细胞。

例文3：这突如其来的消息使她一时间神经错乱，平时喜欢阅读的科学月刊被胡乱地丢到地上。走近窗前，她看到树木上稀少的叶片，在太阳下闪烁着刺目的光，仿佛是一种预兆的符号，可惜以前她没有读懂。真弄不明白，像他这样的聪明人，怎么会是一个间谍？记得曾经一起讨论那些暴风雨的模式时，他似乎想透露什么，然而最终他只是望着当街的橱窗玻璃，那上面有一道奇怪的波状曲线。"池水里的卵石上有无数细胞。"他说。然后打了一个无聊的手语……

训练2：完成一篇文章

比如我们就写鹰。以鹰作为联想的中心。我们可以建立如下的联想：

（1）与鹰有关的事物：鹰巢、鹰画、鹰标本、鹰笛（猎人唤鹰的工具）、鹰架、鹰的训练步骤及注意事项……

（2）鹰本身的事物：鹰的食物（食谱）、鹰的卵及孵化、鹰眼、鹰爪、鹰的羽毛、鹰的鼻子以及耳朵、鹰的翅膀、鹰的飞翔能力……

（3）与鹰有关的一些概念："左牵黄，右擎苍……"（辛弃疾）、打猎、雄鹰展翅、大展宏图、猎猎大风、迅捷、搏兔捕蛇……

（4）与鹰有关的精神：拼搏到底、不怕挫折、信念坚定、勇于挑战、崇尚大自然、独来独往、无限自由……

苏联心理学家哥洛万斯和斯塔林茨，曾用实验证明，任何两个概念词语都可以经过四五个阶段，建立起联想的关系。例如木头和皮球，是两个风马牛不相及的概念，但可以通过联想作为媒介，使它们发生联系：木头—树林—田野—足球场—皮球。又如天空和茶，天空—土地—水—喝—茶。因为每个词语可以同将近 10 个词直接发生联想关系。

形象思维

形象思维是建立在形象联想的基础上的，先要使需要思考记忆的物品在脑子里形成清晰的形象，并将这一形象附着在一个容易回忆的联结点上。这样，只要想到所熟悉的联结点，便能立刻想起学习过的新东西。

依照形象思维而来的形象记忆是目前最合乎人类的右脑运作模式的记忆法，它可以让人瞬间记忆上千个电话号码，而且长时间不会忘记。

但是，当人们在利用语言作为思维的材料和物质外壳，不断促进了意义记忆和抽象思维的发展，促进了左脑功能的迅速发展，而这种发展又推动人的思维从低级到高级不断进步、完善，并越来越发挥无比神奇作用的过程中，却犯了一个本不应犯的错误——逐渐忽视了形象记忆和形象思维的重要作用。

于是，人类越来越偏重于使用左脑的功能进行意义记忆和抽象思维了，而右脑的形象记忆和形象思维功能渐渐遭到不应有的冷落。其实，我们对右脑形象记忆的潜力还缺乏深刻的认识。

现在，让我们来做个小游戏，请在一分钟内记住下列东西：

风筝　铅笔　汽车　电饭锅　蜡烛　果酱

怎么样，你感到费力吗？你记住了几项呢？其实，你完全可以轻而易举地记全这6项，只要你利用你的想象力。

你可以想象，你放着风筝，风筝在天上飞，这是一个什么样的风筝呢？是一个白色的风筝。忽然有一支铅笔，被抛了上去，把风筝刺了个大洞，于是风筝掉了下来。而铅笔也掉了下来，砸到了一辆汽车上，挡风玻璃也全破了。

后来，汽车只好被放到一个大电饭锅里去，当汽车被放入电饭锅时，汽车熔化了，变软了。后来，你拿着一个蜡烛，敲着电饭锅，当当当的声音，非常大声，而蜡烛，被涂上了果酱。

现在回想一下：

风筝怎么了？被铅笔刺了个大洞。

铅笔怎么了？砸到了汽车。

汽车怎么了？被放到电饭锅里煮。

电饭锅怎么了？被蜡烛敲出了声音。

蜡烛怎么了？被涂上了果酱。

如果你再回想几次，就把这6项记起来了。

这个游戏说明：联结是形象记忆的关键。好的、生动的联结要求将新信息放在旧信息上，创造另一个生动的影像，将新信息放在长期记忆中，以荒谬、无意义的方式用动作将影像联结。

好的联结在回想时速度快，也不易忘记。一般而言，有声音的联结比没有声音的好，有颜色的联结比没有颜色的好，有变形的联结比没有变形的好，动

优化心理成像能力

面对一个具体的词，我们会以自己对这个事物的概念建立起一个心理图像。比如说，"老鼠"这个词会让我们想起一个小啮齿动物的样子，或者是电脑鼠标。

当涉及抽象或概念性词语时，就有必要将抽象信息组合起来，使其具体化。因此，"奴隶制"这个概念就可能通过一个脚踝带了铁镣铐的人来表现。

练习一下，请在脑海中构造以下词汇的图像：花瓶、猫、落地灯、汽车、自由、贪吃、博爱、欲望。

做完练习之后，你会发现自己能回忆起大部分词语，因为你已将它们转化为心理图像了。

心理成像是一个很好的记忆工具，我们可以通过练习在脑中构建一些图像来学习如何运用这一工具。要注意构建的图像应该是有个性的，并且能够清晰地重现。

态的联结比静态的好。

想象是形象记忆法常用的方式，当一种事物和另一种事物相类似时，往往会从这一事物引起对另一事物的联想。把记忆的材料与自己体验过的事物联结起来，记忆效果就好。

成为记忆能人的条件，是要具备能够在头脑中描绘具体形象的能力，让我们再来看看一些名人的形象记忆记录。

日本著名的将棋名人中原诚能在不用纸笔记录的情况下，把10个人在3天时间里分两桌进行的麻将赛的每一局胜负都记得清清楚楚。

日本另外一个将棋好手大山康晴也有类似的逸闻，他曾和朋友一起在旅馆打了3天麻将，没想到他们的麻将战绩表被旅馆的女服务员当作废纸给扔了，在大家一筹莫展之时，大山康晴已将多达20多人的战绩准确地重新写下来了。

马克·吐温曾经为记不住讲演稿而苦恼，但后来他采用一种形象的记忆之后，竟然不再需要带讲演稿了。他在《汉堡》杂志中这样说：

"最难记忆的是数字，因为它既单调又没有显著的外形。如果你能在脑中把一幅图画和数字联系起来，记忆就容易多了。如果这幅图画是你自己想象出来的，那你就更不会忘掉了。我曾经有过这种体验：在30年前，每晚我都要演讲一次。所以我每晚要写一个简单的演说稿，把每段的意思用一个句子写出来，平均每篇约11句。

"有一天晚上，忽然把次序忘了，使我窘得满头大汗。因为这次经验，于是我想了一个方法：在每个指甲上依次写上一个号码，共计10个。第二天晚上我再去演说，便常常留心指甲，为了不致忘掉刚才看的是哪个指甲起见，看完一个便把号码揩去一个。但是这样一来，听众都奇怪我为什么一直望自己的指甲。结果，这次的演讲不消说又失败了。

"忽然，我想到为什么不用图画来代表次序呢？这使我立刻解决了一切困难。两分钟内我用笔画出了6幅图画，用来代表11个话题。然后我把图画抛开。但是那些图画已经给我一个很深的印象，只要我闭上眼睛，图画就很明显地出现在眼前。这还是远在30年前的事，可是至今我的演说稿，还是得借助图画的力量才能记忆起来。"

马克·吐温的例子更有力地证明了形象记忆的神奇作用，由此，我们每一个人应该有意识地锻炼自己的形象记忆能力。

形象记忆是右脑的功能之一，加强形象记忆可促进形象思维的发展，在听音乐时可以听记旋律、记忆主题、默读乐谱、反复欣赏、活跃思维。

爱因斯坦说："如果我在早年没有接受音乐教育的话，那么，在什么事业上我都将一事无成。在科学思维中，永远有着音乐的因素，真正的科学和音乐要求同样的思维过程。"因此，在听音乐时要有计划、有目的地培养自己的多种思维形式，各种音乐环节中必须始终贯穿形象思维训练，促进记忆的提升。

你还可以通过下面的方法训练自己的形象思维：

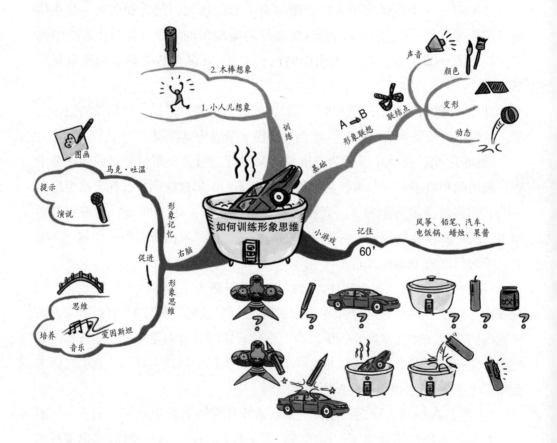

小人儿想象

做法如下：

（1）冥想、呼吸使身心放松；

（2）暗示自己的身体逐渐变小，比米粒和沙子还小，变成了肉眼看不见的电子一般大小的小人儿，能进入任何地方；

（3）想象自己走进合着的书的里面，看看书里面写的什么故事，画的什么样的画。

木棒想象

首先让身体处于一种紧张的状态，想象自己僵直得如同木棒一般，然后再逐渐松弛下来，放松身体。反复重复上述训练可以起到深化你的冥想能力的作用。

（1）在床上静卧，闭上双眼。按照自己的正常速度，重复进行三次深呼吸。

（2）然后重新恢复到正常呼吸状态，接下来想象自己的身体变成一根坚硬的木棒，感觉自己又仿佛变成了一座桥梁，在空中画出一道有韧性的弧线，如此重复。身体变得僵直、坚硬。

（3）感觉身体开始松弛、变软。

（4）再次僵直、变硬，变得越来越坚固。

（5）迅速恢复松弛、柔软的状态。

（6）再一次变得僵硬起来。

（7）身体重新松弛下来。下面重复进行三次深呼吸。在呼气的时候，努力进行更深层次的放松，感觉大脑处于一种冥想的出神状态，并逐渐上升至更高级别的层次。

（8）下面你从1数到10，在数数的过程中，想象你自己冥想的级别也在逐步提升，努力认真地想象自己冥想的级别在不断深化。

（9）下面开始数：

〈1、2〉，冥想的级别在逐渐深化；

〈3、4〉，进一步深化；

〈5、6〉，更进一步的深化；

〈7、8〉，更为深入的深化；

〈9、10〉，已进入较高层次的深化。

（10）接下来，开始进行颜色想象训练。一开始先想象自己面前30厘米处出现一个屏幕，然后想象屏幕上出现红、黄、绿等颜色。首先进行红色的想象，然后看到眼前出现红色。

（11）下面，红颜色消失，逐渐变成黄色。就这样想象下去。

（12）接下来，黄颜色消失，逐渐变成绿色。

（13）下面开始想象你自己家正门的样子，已经开始逐渐看清楚了吧，对，想得越细越好。直到完全可以清楚地看到为止。

（14）下面，打开房门，走进去，看看屋子里面是什么样的。

（15）现在可以清醒过来了。开始从10数到0，感觉自己心情舒畅地醒来。

发散思维

死气沉沉的大脑毫无创造力可言，在学习过程中，若要保持大脑的兴奋，就要保持思维的活跃，而发散思维可以帮助大脑维持一个灵敏的状态。

几乎从启蒙那天开始，社会、家庭和学校便开始向学生灌输这样的思想：这个问题只有一个答案、不要标新立异、这是规矩，等等。当然，就做人的行为准则而言，遵循一定的道德规范是对的，正所谓"没有规矩，不成方圆"。然而，凡事都制定唯一的准则，这一做法是在扼杀创造力。

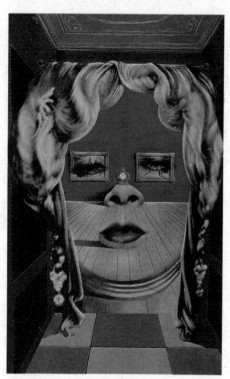

达利的这幅超现实主义公寓绘画十分强调色彩的表意功能，它既可以被看作是屋子，也可以被看作是人头像。

有人曾对一群学生做过一个测试，请他们在5分钟之内说出红砖的用途，结果他们的回答是："盖房子、建教室、修烟囱、铺路面、盖仓库……"尽管他们说出了砖头的多种用途，但始终没有离开"建筑材料"这一大类。

其实，我们只需从多个角度来考察红砖，便会发现还有如压纸、砸钉子、打狗、支书架、锻炼身体、垫桌脚、画线、作红标志，甚至磨红粉等诸多其他用途。这种从多个角度观察同一问题的做法所体现的就是发散思维的运用。

发散思维的概念，是美国心理学家吉尔福特在1950年以《创造力》为题的演讲中首先提出的，半个多世纪来，引起了普遍重视，促进了创造性思维的研究工作。发散思维法又称求异思维、扩散思维、辐射思维等，它是一种从不同的方向、不同的途径和不同的角度去设想的展开型思考方法，是从同一来源材料、从一个思维出发点探求多种不同答案的思维过程，它能使人产生大量的创造性设想，摆脱惯性思维的束缚，使人们的思维趋于灵活多样。

比如一支曲别针究竟有多少种用途？你能说出几种？10种？几十种？还是几百种？你可以来一场头脑风暴，看看自己能想到的极限是多少种——如果你想继续这个游戏的话，可能你到人生的最后一刻，都能找到特别的用途来。下面这个关于曲别针的故事告诉你的不只是曲别针的用途，更是一种思维方法。

在一次有许多中外学者参加的如何开发创造力的研讨会上，日本一位创造力研究专家应邀出席了这次研讨活动。面对这些创造性思维能力很强的学者同仁，风度翩翩的村上幸雄先生捧来一把曲别针（回形针），说道："请诸位朋友动一动脑筋，打破框框，看谁能说出这些曲别针的更多种用途，看谁创造性思维开发得好、多而奇特！"

片刻，一些代表踊跃回答：

"曲别针可以别相片，可以用来夹稿件、讲义。"

"纽扣掉了，可以用曲别针临时钩起……"

大家七嘴八舌，说了大约10多种，其中较奇特的回答是把曲别针磨成鱼钩，引来一阵笑声。村上对大家在不长时间内讲出10多种曲别针用途，很是称道。人们问："村上您能讲多少种？"

村上一笑，伸出3个指头。

"30种？"村上摇头。

"300种？"村上点头。

人们惊异，不由得佩服这人聪慧敏捷的思维。也有人怀疑。

村上紧了紧领带，扫视了一眼台下那些透着不信任的眼睛，用幻灯片映出了曲别针的用途……这时只见中国的一位以"思维魔王"著称的怪才许国泰先生向台上递了一张纸条。

"对于曲别针的用途，我能说出3000种，甚至30000种！"

邻座对他侧目："吹牛不罚款，真狂！"

第二天上午11点，他"揭榜应战"，走上了讲台，他拿着一支粉笔，在黑板上写了一行字：村上幸雄曲别针用途求解。原先不以为然的听众一下子被吸引过来了。

"昨天，大家和村上讲的用途可用 4 个字概括，这就是钩、挂、别、联。要启发思路，使思维突破这种格局，最好的办法是借助于简单的形式思维工具——信息标与信息反应场。"

他把曲别针的总体信息分解成重量、体积、长度、截面、弹性、直线、银白色等 10 多个要素。再把这些要素，用根标线连接起来，形成一根信息标。然后，再把与曲别针有关的人类实践活动要素相分析，连成信息标，最后形成信息反应场。

这时，现代思维之光，射入了这枚平常的曲别针，它马上变成了孙悟空手中神奇变幻的金箍棒。他从容地将信息反应场的坐标，不停地组切交合。通过两轴推出一系列曲别针在数学中的用途，如，曲别针分别做成 1、2、3、4、5、6、7、8、9、0，再做成 +－×÷ 的符号，用来进行四则运算，运算出数量，就有 1000 万、1 亿……在音乐上可创作曲谱；曲别针可做成英、俄、希腊等外文字母，用来进行拼读；曲别针可以与硫酸反应生成氢气；可以用曲别针做指南针；可以把曲别针串起来导电；曲别针是铁元素构成，铁与铜化合是青铜，铁与不同比例的几十种金属元素分别化合，生成的化合物则是成千上万种……

实际上，曲别针的用途，几乎近于无穷！他在台上讲着，台下一片寂静。与会的人们被"思维魔王"深深地吸引着。

许国泰先生运用的方法就是发散思维法。具有发散思维的人，在观察一个事物时，往往通过各种各样的牵线搭桥，将思路扩展开来，而不仅仅局限于事物本身，也就常常能够发现别人发现不了的事物与规律。许多优秀的学习者，在学习活动中也很重视发散思维的学习运用，因此获得了较佳的学习效果。

要想提高自己的发散思维，我们不妨按照以下几个步骤来进行练习：

充分想象

人的想象力和思维能力是紧密相连的，在进行思维的过程中，一定要学会运用想象力，使自己尽快跳出原有的知识圈子，只有让思路不局限于一点，才能让思维更加开阔。

不要过分紧张

要想进行发散思维，必须拥有一个较好的思维环境，同时也应该保持较好的心情，这就要求我们在碰到问题的时候不能过于紧张。紧张只能使人方寸大乱，于解决问题没有丝毫助益。

从不同角度发散思维

思考问题的时候不要从单一的角度进行，应该学会从不同角度、不同方向、不同层次进行，同时对自己所掌握的知识或经验进行重新组合、加工，只有这样才能找到更多解决问题的办法。

发散的角度越多，我们掌握的知识就越全面，思维就越灵活。在学习中，对于有新意、有深度的看法，我们应该大胆地提出来，和老师同学们一起探讨，从而激发全班学生的发散性思维。

比如，当你看到苏轼的时候，你可以想到《明月几时有》，也可以想到《密州出猎》这些作品；同时我们能想到的还有北宋的政治制度，苏东坡曾经的遭遇；我们还能想到东坡肉这种美食，以及东坡酒、东坡的政敌王安石、苏门三位文豪；等等。

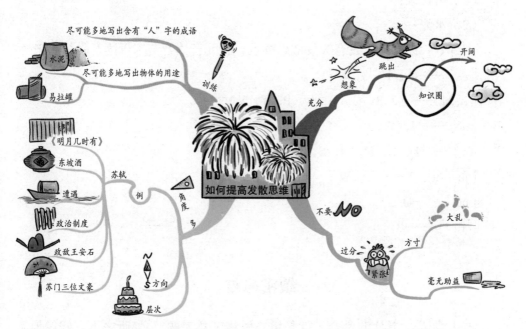

当我们的看法出现错误时，也不要觉得不好意思，这只能说明我们的想法还不完善。让我们在一个宽松、活泼、能充分发表自己观点的氛围中，展现个性，展现能力，展现学习成果。

对每个人来说，发散性思维是一种自然和几乎自动的思维方式，能给我们的学习和生活更多更大的帮助。

要强化自己的发散思维，就必须要不断进行思维训练，如：

训练 1：尽可能多地写出含有"人"字的成语

训练 2：尽可能多地写出有以下特征的事物

（1）能用于清洁的物品。

（2）能燃烧的液体。

训练 3：尽可能多地写出近义词

（1）美丽：

（2）飞翔：

训练 4：解释词语

（1）存亡绝续：

（2）功败垂成：

训练 5：尽可能多地列举下列物体的用途

（1）易拉罐：

（2）水泥：

训练 6：以同一个发音为发散思维点，将元音读音与字母读音联系起来

［ei］——A，H，J，K；

［i：］——E，B，C，D，G，P，T，V；

［ai］——I，Y；

［e］——F，L，M，N，S，X，Z；

［ju：/u：］——U，W；

［ou］——O；

［a：］——R。

缜密思维

有人常说："其实我都会，就是粗心做错了几道题。"乍听之下，好像他本来很聪明，不是不会做题，只是不太细心。但事实上，拿高分的人从来不粗心，他们从来不丢应得的分数。如果你真的聪明的话，就更应该重视每一个细节。

有人说："我是一个不拘小节的人。"殊不知，细节往往是解决问题的侧向突破口。老子说："天下难事，必作于易；天下大事，必作于细。"不起眼的事

物也许会带来新的发现。

亚历山大·弗莱明这个名字可能你不是很熟悉，不过他有一个杰出的贡献改变了世界——青霉素，我们来看看青霉素是怎么被发现的。

弗莱明本身是学医学的，1922年，他在研究工作中盯上了葡萄球菌。葡萄球菌是一种分布最广、对人类健康威胁最大的病原菌。人一旦受伤伤口感染化脓，其元凶就是葡萄球菌，可当时人们对它没有什么好的对付办法。

很长一段时间，弗莱明致力于葡萄球菌的研究。在他的实验室里，几十个细菌培养皿里都培养着葡萄球菌。弗莱明将各种药物分别加入培养皿中，以期筛选出对葡萄球菌有抑制作用的药物。可是，一种种的药物都不是葡萄球菌的对手。实验，一次次失败了。

1928年的一天，弗莱明与往常一样，一到实验室，便观察培养皿里的葡萄球菌的生长情况。他发现一只培养皿里长出了一团青绿色的霉。显然，这是某种天然霉菌落进去造成的。这使他感到懊丧，因为这意味着培养皿里的培养基没有用了。弗莱明正想把这只被感染的培养基倒掉时，发现青霉周围呈现出一片清澈。凭着多年从事细菌研究的经验，弗莱明立刻意识到，这是葡萄球菌被杀死的迹象。

为了证实自己的判断，弗莱明用吸管从培养皿中吸取一滴溶液，涂在干净的玻璃上，然后放在高倍显微镜下观察。结果，在显微镜下竟然没有看到一个葡萄球菌！这让弗莱明兴奋不已——这青霉到底是哪一路"英雄"呢？

弗莱明将青霉接种到其他培养皿培养。用线分别蘸溶有伤寒菌或大肠杆菌等的水溶液，分别放在青霉的培养基上，结果这几种病菌生长很好。说明青霉没有抑制这几种病菌生长的作用。而将带有葡萄球菌、白喉菌和炭疽菌的线，分别放在青霉培养基上，这些细菌全部被杀死。

弗莱明又将生长着青霉的培养

弗莱明的无意之举让他发现了青霉素，从而为人类造福。

液稀释 800 倍，可稀释液仍有良好的杀菌作用。由此弗莱明断定青霉会分泌一种杀死葡萄球菌的物质。这种物质要是能用在人身上那该多好啊！

弗莱明将青霉的培养液注射到老鼠体内，结果老鼠安然无恙。这说明青霉分泌物没有毒性。

弗莱明高兴得差点儿跳起来。青霉分泌物对葡萄球菌灭杀效果好，而且没有毒性，这不是自己梦寐以求的杀菌药吗？他想应该可以在人身上试一试了。试验结果正如他所预料的那样，青霉分泌物确有奇效，且对人体没有副作用。后来医学上把这种青霉分泌物命名为青霉素，并作为杀菌药物，广泛应用于临床医疗。

青霉素的发现主要是弗莱明细心的结果，要是碰上粗心大意的人，很可能青霉素就不能那么早被运用到医学上了。尽管我们所受的教育一直是强调我们应该树立大的志向，可是大志向并不和细节相冲突。如果你认为有大志向的人就是不拘小节，甚至就是只要心里明白就行，做对做错无所谓，那就大错特错了！

殊不知，在我们这样一个讲究竞争的社会中，一个不小心可能就会毁掉一个大企业，粗心是任何成功人士的大敌。现在有很多人经常去肯德基，其实很多人不知道，早在 1991 年，中国曾有一个企业叫作荣华鸡快餐公司。荣华鸡曾经号称"肯德基开到哪，我就开到哪"，但是在不到 6 年的时间里，"荣华鸡"节节败退，最后在与肯德基的大战中"落荒而逃"。

荣华鸡为什么比不过肯德基？专家分析认为，其落于下风的根本原因——细节。肯德基能在全球迅速推广开，就是他们注重细节，"冠军"的英文单词"CHAMPS"就是它们的发展计划——C：Cleanliness 保持美观整洁的餐厅；H：Hospitality 提供真诚友善的接待；A：Accuracy 确保准确无误的供应；M：Maintenance 维持优良的设备；P：Productquality 坚持高质稳定的产品；S：Speed 注意快速迅捷的服务。

"冠军计划"有非常详尽、可操作性极强的细节，保证了肯德基在世界各地每一处餐厅都能严格执行统一规范的操作，而荣华鸡还远没有达到这种要求。中式快餐的厨师都是手工化操作，食品没办法根据标准进行批量化生产。细节上做得不够，顾客就会选择细节做得好的企业。

细节可爱也可怕。有经验的人可以从细节窥见太多太多的内容，你所展示出来的细节，实际上已经在"出卖"你。下次，可别再说"这些我都会，只是不注意"了。

超前思维

在某次考场作文的审题现场，老师拿起一篇作文惊呼："好文啊！好文！——满分！"于是，老师们争相传看这篇文章。

这次作文的考题是根据一则材料来写自己的感想，材料讲的是对兔子学游泳的感想。

很多人都说兔子学游泳是强人所难，接着也许会大谈一番道理，但是这篇让老师激动不已的文章，则把自己想象成一头驴，如何练得比马还要快，最后得出一个"行行出状元"的结论。

其实从结论来看，这篇作文无甚稀奇，而且这篇作文的风格也很口语化，没有瑰丽的文采。但是它最令老师欣赏的，就是那一点儿创意，将自己投入到作文中。

看看往年的满分作文我们就能明白，几乎所有的作文都有不同之处，或者是立意，或者是布局，如果一样了，就没有什么竞争力了。很多优秀的学生往往会撇开众人常用的思路，善于尝试多种角度的考虑方式，从他人意想不到的"点"去开辟问题的新解法。所以，当我们提倡同学们要进行发散性的思维训练，其首要因素便是要找到事物的这个"点"进行扩散。

华若德克是美国实业界的大人物。在他未成名之前，有一次，他带领属下参加在休斯敦举行的美国商品展销会。令他十分懊丧的是，他被分配到一个极为偏僻的角落，而这个角落是绝少有人光顾的。为他设计摊位布置的装饰工程师劝他干脆放弃这个摊位，因为在这种恶劣的地理条件下，想要成功展览几乎是不可能的。华若德克沉思良久，觉得自己若放弃这一机会实在是太可惜了。可不可以将这个不好的地理位置通过某种方式得以化解，使之变成整个展销会的焦点呢？

他想到了自己创业的艰辛，想到了自己受到展销大会组委会的排斥和冷眼，想到了摊位的偏僻，他的心里突然涌现出偏远非洲的景象，觉得自己就像非洲人一样受着不应有的歧视。他走到了自己的摊位前，心中充满感慨，灵机一动："既然你们都把我看成非洲难民，那我就打扮一回非洲难民给你们看！"于是一个计划应运而生。

华若德克让设计师为他设计了一个古阿拉伯宫殿式的氛围，围绕着摊位布满了具有浓郁非洲风情的装饰物，把摊位前的那一条荒凉的大路变成了黄澄澄的沙漠。他安排雇来的人穿上非洲人的服装，并且特地雇用动物园的双峰骆驼来运输货物，此外他还派人定做大批气球，准备在展销会上用。

展销会开幕那天，华若德克挥了挥手，顿时展览厅里升起无数的彩色气球，气球升空不久自行爆炸，落下无数的胶片，上面写着："当你拾起这小小的胶片时，亲爱的女士和先生，你的运气就开始了，我们衷心祝贺你。请到华若德克的摊位，接受来自遥远非洲的礼物。"

这无数的碎片洒落在热闹的人群中，于是一传十，十传百，消息越传越广，人们纷纷集聚到这个本来无人问津的摊位前。强烈的人气给华若德克带来了非常可观的生意和潜在机会，而那些黄金地段的摊位反而遭到了人们的冷落。

也许相对一般人，那些商业人士所面临的生活压力更大，所以这些人总能想出来一些奇妙的方法解决问题。上面这个例子就是其中之一。而我们现在非常熟知的名人唐骏，当年在微软公司做程序员的时候，就是凭借比别人多想一点而赢得上层的关注。

当时，有上千人与唐骏同时进入企业，唐骏想的是，如果要引起别人的注意，就要差异化竞争。结果在提案的时候，他不仅提出了一个人人都能注意到的产品开发问题，还提出具体解决的方案。当时他的老板非常激动地对他说："你不是第一个提出这个问题的人，但是是第一个提出如何解决这个问题的人。"就这样，他脱颖而出了。

几乎所有的创意都重在突破常规，它不怕奇思妙想，也不怕荒诞不经。沿着可能存在的"点"尽量向外延伸，或许，一些从常规思路出发看来根本办不成的事，其前景往往柳暗花明、豁然开朗。所以，在平日的生活中，多发挥思维的能动性，让它带着你任意驰骋在广阔的思维天地，或许会让你看到平日见不到的美妙风景。

那么现在思考一下，我们怎样才能做到比别人多考虑一点儿呢？

1. 积极提问

在各种学习课上，我们不仅要做到专心听讲、对别人给出的答案敢于发表自己的独立见解，而且还能够积极思考，勇于提出问题。因为提问是积极思考的一个表现，问题越多的学习者，对知识掌握得有可能越全面，领会得越透彻，积极提问也说明他们思考得比别人多，想的"点"多。

而那些很少提问甚至从不提问的学习者，虽然在同一课堂上学习了同样的内容，印象也不如积极思考的同学深，不仅对知识的应用能力更差，而且容易遗忘。

提问是积极思考的表现，也是比别人多考虑一点儿的表现，积极思考，才能领会得透彻。在学习过程中，不仅要专心听讲，更要善于大胆质疑。通过积极地提问，活跃思维，最大限度地调动自己的学习主动性，这样才有可能取得更好的学习效果。

2. 保持好奇心

对我们大脑来说，好奇心本身就是一种奖励，优秀的学习者正是因为保持自己的好奇心才能学习到更多的智慧。

其实每个人都有浓厚的好奇心和求知欲，尤其是对于学生来说，表现得更为强烈。比如书本上的知识会引起我们的好奇心，自然界和社会生活中纷繁复杂的现象，也会吸引着我们，甚至连路旁的一棵小树、天空中一片漂浮的彩

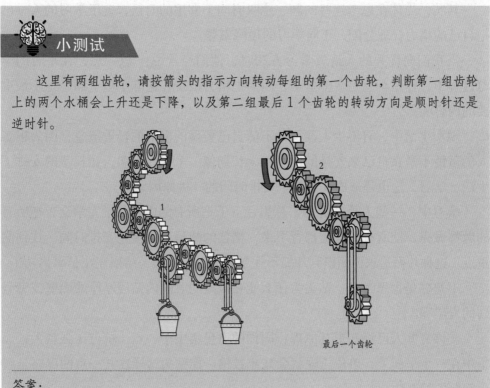

小测试

这里有两组齿轮，请按箭头的指示方向转动每组的第一个齿轮，判断第一组齿轮上的两个水桶会上升还是下降，以及第二组最后 1 个齿轮的转动方向是顺时针还是逆时针。

最后一个齿轮

答案：
第 1 组齿轮中的两个水桶都会下降，第 2 组齿轮的最后 1 个齿轮逆时针转动。

云，都会引起我们无穷无尽的遐想。

美籍华人、诺贝尔物理奖获得者李政道教授一次在同中国科技大学少年班学生座谈时指出："为什么理论物理领域做出贡献的大都是年轻人呢？就是因为他们敢于怀疑，敢问。"他还强调说，"一定要从小就培养学生的好奇心，要敢于提出问题"。

一个人善于动脑和思考，就会不断发现问题，养成"非思不问"的习惯，这样我们考虑的就能比别人多，学到的东西自然也就会更多！

重点思维

考试的时候你是否经常不知道应该先做选择题还是计算题？

语文、英语、生物和数学作业同时放在面前，你是否知道应该先做哪一个？

你是否考虑过，在任何一门课上，你应该先认真听讲呢，还是先把黑板上的笔记抄下来呢？

其实，当你在思考这些问题、感叹时间不够用的时候，善于学习的人早已把自己的精力合理分配，正向学习的顶峰攀登。

当我们向优秀的人请教学习方法时，他们经常说："想一想，在平时的学习过程中，你是否总是贪多贪全，因为把精力浪费在芝麻小事上而忘记了最重要的内容呢？"

现实生活中，有不少人往往分不清自己要做的事情的轻重缓急，因为很多人的事情不是靠自己来安排的，有些人长期像一个提线木偶，在长辈的安排下生活、学习，这也是造成其不善于安排时间的一大原因。

学习中，一些人总是贪多，总想一下子把所有的内容都学完学会，把所有的题都做完，把所有的课文都背下来，糟糕的却是不会预先安排时间，找到侧重点。这种片面追求面面俱到却抓不住学习重点的做法，结果往往是事倍功半。

不知你是否思考过，钻头为什么能在极短的时间内钻透厚厚的墙壁或者坚硬的岩层呢？

或许有些人已经知道其原理：同样的力量集中于一点，单位压强就大；而集中在一个平面上，单位压强就会减小数倍。像钻头这样攻其一点的谋略是解决问题的好办法。

只有我们知道什么是最重要的，抓住了关键，不把精力浪费在芝麻小事上，才能安排时间、集中时间、精力于一点，认准目标，将学习贯彻到底。

因为每个人的脑力有限，所以更需要合理地规划和安排。日常生活中，上网、玩游戏、交朋友都会牵扯大量精力，这时就需要提高自控能力，定好学习目标，争取贯彻到底。

或许我们不知道，著名幻想小说《海底两万里》是法国科幻作家凡尔纳在航海旅途中完成的；奥地利的大音乐家莫扎特连理发时也在考虑创作乐曲；贝多芬去了餐馆只管写曲谱，常常忘了自己是否已经用过餐……

对于我们每个人来说，只有正确把握要做的事情与时间之间的关系，才有可能把这些事情都处理好。

另外，应把每天要做的事情按照轻重缓急程度排列顺序：

第一类是重要而紧迫的事情，如考试、测验等；

第二类是紧迫但不重要的事情，如完成家庭作业等；

第三类是重要但不紧迫的事情，如提高阅读能力等；

第四类是既不重要也不紧迫的事情，如果时间不允许可以不做的事，比如逛街等。

眼睛如何扫视文章

原本以为在阅读时我们的眼睛是缓慢地从左到右划过句子，依次认出每一个字。然而，眼球运动研究的结果却与此完全不同：眼球飞快地扫视，从文章的一个位置迅速跳到好几个字之外的另一个位置。每一次扫视持续 15 毫秒（1 毫秒等于 1‰秒），扫视时眼睛看不到东西，扫视之后眼睛有一个被称为注视的相对稳定期，此期我们阅读文章。娴熟的阅读者注视持续 100 ~ 400 毫秒，不娴熟的阅读者注视时间超过 500 毫秒。

注视不是随意的。我们喜欢注视实词（名词、动词、形容词）而不愿注视虚词（冠词、连词、介词），喜欢注视长词而不愿注视短词。这样选择性地注视效率高，因为长的实词往往包含更多的信息。我们不注视句子的每一处并不意味着我们遗漏了句子内容，因为每一次注视有一个视觉跨度（即视界大小）：注视点左侧 3 ~ 4 个字，右侧 15 个字，因此，一个句子一眼就能全部看完。

大部分句子是有前后次序的，而正好眼睛是从左到右扫过整个句子。然而，扫视阅读在"花园幽径"句中却不可行。在阅读"花园幽径"句时，要回过头来看已经看过的内容，即从右向左看，我们把这种阅读方法称为回读，所有扫视中有 15% 是回读。回读意味着读者误解了文章某些部分的意思，需要重新分析。不娴熟的阅读者的回读要比娴熟的阅读者多。

如果能够按照这个顺序来安排学习任务，可以保证把重要的事情首先完成，把学习安排得井井有条。

　　相对而言，有很多人每天看起来总是一副很忙的样子。虽然这些人整天忙得不可开交，但仔细一看，却不知道自己到底做了什么。

　　事实上，这种忙碌的背后有三种情况：

　　（1）不会管理自己的时间的忙碌。这些人常常感觉时间不够用，甚至忙得发疯。

　　（2）已经学会应对与取舍的忙碌。这种忙碌往往能最为有效地利用时间。

　　（3）假装忙碌。因为我们现在几乎是将忙与成功、闲和失败联系到一起了，因此，有的人认为只要忙碌学习或工作就会成功，于是他们就成天忙个不停，可是效果并不是很理想。

　　生活中，常常困扰一些人的"芝麻小事"可能是中午吃什么，买什么颜色的笔记本，关注的电视剧到了哪一集，男主角和女主角最后怎么了……仔细想想，这些事情真的不值得我们花上大段的时间。只有把主要精力放在重要的事情上，才是善学者的思维方式。

总结思维

　　对于总结思维，我们可以举一个关于如何学习英语的例子，即如何运用规律记忆法记忆英语单词：

　　规律记忆法巧记英语单词：

第一种：派生法。

　　英语构词法之一派生法，也叫词缀法，就是在词根前面或后面加上前缀或后缀就构成了新的词。由派生法构成的词叫派生词。大体上讲，派生法有两种规律：加前缀和加后缀。

　　加前缀：

　　honest（诚实）前面加前缀 dis，就构成了新的单词 dishonest（不诚实）；

　　able（能）前面加前缀 un，就构成了新的单词 unable（不能）；

　　night（夜晚）前面加前缀 mid，就构成了新的单词 midnight（午夜）。

　　加后缀：

　　work（工作）后面加后缀 er，就构成了新的词 worker（工人）；

child（孩子）后面加后缀 hood，就构成了新的单词 childhood（童年）。

第二种：合成法。

英语构词法之二合成法，就是把两个以上独立的词合成一个新词。

比如，class（课）+room（房间）就构成了 classroom（教室）；

every（每一）+one（一）就构成 everyone（每人）；

some（一些）+body（人）就构成了 somebody（某人）；

my（我的）+self（自己）就构成了 myself（我自己）。

一般来讲事物之间是存在着联系的，他们之间总有自己的规律存在。在记忆学习的时候如果能找到他们之间的规律，就能轻松地学习和提高，有这样一个故事：

德国大数学家高斯在小学念书时，数学老师叫布特纳，在当地小有名气。

这位来自城市的数学老师总认为乡下的孩子都很笨，感到自己的才华无法施展，因此经常很郁闷。有一次，布特纳在上课时心情又非常不好，就在黑板上写了一道题目：

1+2+3……+100 ＝？

"这么多个数相加，要算多长时间呀？"学生们有点儿无从下手。

正当全班学生紧张地挨个数相加时，高斯已经得出结果是 5050。同学们都很惊奇。

布特纳看了一下高斯的答案，感到非常惊讶。他问高斯："你是怎么算的？怎么算得这样快？"

高斯说："1+100 ＝ 101，2+99 ＝ 101，3+98 ＝ 101……最后 50+51 ＝ 101，总共有 50 个 101，所以 101×50 ＝ 5050。"

原来，高斯并不是像其他孩子一样一个数一个数地相加，而是通过细心地观察，找到了算式的规律。

善学者总是有意识地去寻找事物的规律，在分析规律的过程中不断加强理解，记忆起来就会容易得多。一个人学习成绩优秀，除了他刻苦学习外，良好的学习习惯也起着决定性的作用。学习成效与记忆力最为相关，不同人的

德国数学家高斯像

记忆能力有差异，但除了极少数智力存在缺陷的人外，差异是不大的，只要我们能掌握并遵循合理的记忆规律，合理安排我们的学习和复习时间，就一定能取得好的学习效果。

记忆是掌握知识、运用知识、增强智力、创造发明的关键，所以提高我们的记忆力就显得尤为重要了。那么，我们该怎样去遵循记忆规律、提高自己的记忆力呢？

1. 一次记忆的材料不宜过多

应该控制好每一次记忆材料的总量，如果总量过多很容易产生大脑疲劳，使记忆效率下降。

正确的做法是，把量控制在一个范围内，能让你一次完成记忆过程，记忆完成后，还觉得意犹未尽，有余力再从事其他科目的学习。如果需要背记的材料实在过多，也可以把它切分成几部分，每次解决其中一部分。

如果需要记大量的问答题，可以把每个要点用1～2个字概括，都写到一张纸上，对着题目回忆答案，想不起来再看提示。只要能正确回忆起所有要点，就在题目下面打钩，下次就可以跳过去了。这样，记忆的次数越多，需要记忆的内容就越少，你的自信心就可以在这个过程中逐渐增强。

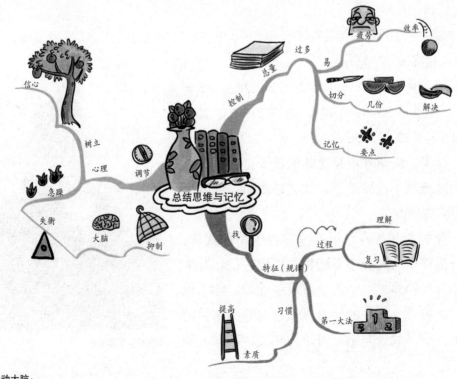

2. 要善于找"特征"

良好记忆习惯的养成非常有利于你记忆力的提高。所以平时在学习中你一定要努力寻找规律，细心挖掘其特征，通过理解来加深记忆，要知道，"找特征"的过程，正是最好的理解和复习的过程，更是加深印象的过程。可以这么说，"特征"是记忆的第一大法，这种记忆习惯的养成非常有利于记忆素质的提高。

3. 事先做好心理调节

记忆之前，必须先做好心理调节，树立起自信心，相信自己一定能掌握这些材料。千万不要在记忆之前怀疑自己，担心自己背不下来。记忆过程中也要控制好自己的心态，不能急躁，急躁会破坏心理平衡，使大脑出现抑制现象，让自己无法顺利完成记忆。

总之，我们只有学会科学用脑，认识并遵循记忆规律，我们的记忆效果才会事半功倍，我们对自己才会越来越有信心。

头脑风暴法

美国学者 A.F. 奥斯本提出了头脑风暴法。

头脑风暴法原指精神病患者头脑中短时间出现的思维紊乱现象，病人会产生大量的胡思乱想。奥斯本借用这个概念来比喻思维高度活跃，因打破常规的思维方式而产生大量创造性设想的状况。

头脑风暴的目的是激发人类大脑的创新思维以及能够产生出新的想法、新的观念。

讲到头脑风暴还要提到一个人，那就是英国的大文豪萧伯纳，他曾经就交换苹果的事情，提出这样的理论：

假如两个人来交换苹果，那每个人得到的也就是一个苹果，并没有损失也没有收获，但是假如交换的是思想，那情况是绝对的不一样了。

假设两个人交换思想，两个人的脑子里装的可就是两个人的思想了。对于萧伯纳的理论，A.F. 奥斯本大表赞同。他认为，应该让人们的头脑来一次彻底性的革命，卷起一次风暴。

有这样一个案例：

美国的北方每年的冬天都是十分寒冷，尤其是进入 12 月之后，大雪纷飞。

这对当地的通信设备影响严重，因为大雪经常会压断电线。

以往人们为了解决这一问题，都会想出各种各样的办法，但是没有一种能够成功，基本上都是刚开始有些效果，到最后还是没有办法战胜自然环境。

奥斯本是一家电信公司的经理，他为了能解决大雪经常性的阻断通信设备的数据传输，召开了一次全体职工的会议，目的就是想让大家开脑筋，畅所欲言，能够解决问题。

他要求大家首先要独立思考，参加会议的人员要解放自己的思想，不要考虑自己的想法是多么可笑抑或是完全行不通；

其次，大家发言之后，其他人不要去评论这个想法是好还是不好，发言的人只管自己发言，而评断想法值不值得借鉴的话，最后交给高层的组织者；

再次，发言者不要过多地考虑发言的质量，也就是自己提出来的想法到底有多大的可行性，这次会议的重点就是看谁说得多；

最后，就是要求发言的人能够将多个想法拼接成一个，优化资源，尽可能的想出一个效果最为突出的解决办法。

说完规定之后，参加会议的员工便积极地议论起来，大家纷纷出招。有的人说要是能够设计一种给电线用的清扫积雪的机器就好了。可是怎么才能爬到电线上去，难道是坐飞机拿着扫把扫吗？这种想法提出来之后，大家心里都觉得不切实际。

过了一会儿，又有人通过上面提出的坐飞机扫雪想到可不可以利用飞机飞行的原理，让飞机在电线的上空飞行，通过飞机的旋桨的震动，把电线上的积雪扫落下来。就这样，大家通过联想飞机除雪的点子，又接着发散思维想到用直升机等七八种新颖的想法。就这样仅仅 1 个小时的时间，参加会议的员工就想到 90 多种解决的办法。

不久公司高层根据大家的想法找到了专家，利用类似于飞机震动的原理设计出了一种类似于"坐飞机扫雪"原理的除雪机，巧妙地解决了冬天积雪过厚，影响通信设备正常工作的问题，还很聪明地避开了采用电热或电磁那种研制时间长、费用高的方案。

从研发除雪机的案例可以看到，这种互相碰撞的能够激起脑袋中的关于创造性的"风暴"，也就是所谓的头脑风暴，英文是 brainstorm。虽然其原意是精神病人的胡言乱语，但是通过奥斯本的引用和应用，得到了广泛的发展和实施。

中国有句古话："三个臭皮匠，顶个诸葛亮。"对于那些天资一般的人，如果进行这样的互相补充，一样是可以做出不同凡响的成绩的。也正是奥斯本的头脑风暴的方法，从另外一个角度证明通过头脑风暴这种互相帮助、互相交流的形式，可以集思广益得到不同凡响的效果。

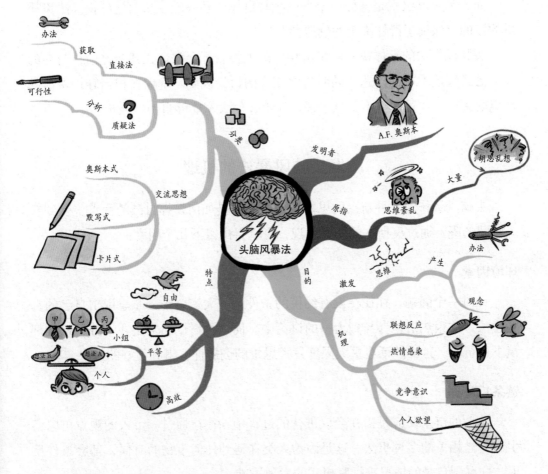

如果我们要用思维导图法来表示的话，头脑风暴法可作为核心词汇放在中间。接下来，作为思维导图的二级分支，头脑风暴法按照不同的性质又可分成不同的类别。按照交流思想的形式可以分成：智力激励法、默写式智力激励法、卡片式智力激励法，等等。

如果按照头脑风暴会议的处理形式分类的话，又可以分为直接和质疑的两种。前者是指在群体激发头脑思维的时候，仅仅考虑的是产生出更多更新颖的办法和想法，而不会去质疑或是否定某一个想法；而后者质疑的头脑风暴法，就是去之糟粕，取之精华，最终找到可行的方案和办法。

说到分类，又不得不提出另外一个问题——如何解决群体思维。

群体思维是指在多数人商讨决策的时候，由于个人心理因素的问题，往往会产生大多数人同意于某个决策而忽视了头脑风暴的本身。这样的话就会大大降低头脑风暴的创造力，同时也影响了决策的质量。

而头脑风暴法就是这样一个可以减轻群体心理弊端，从而达到提高决策质量的目的，保证了群体决策的创造性。

头脑风暴法的具体执行就是由相关的人员召开会议。在开会之前，与会的人员已经清楚本次的议题，同时告之相应的讨论规则。确保在相当轻松融洽的环境内进行。在过程中不要急于表达评论，使大家能够自由地谈论。

激发头脑风暴法的机理

头脑风暴作为一种新兴的思维方式，它又是如何发挥自己的优点，受到众人青睐的呢？通过奥斯本的研究发现，可以得出以下几个因素：

环境因素

针对一个问题，往往在没有约束的条件下，大家会十分愿意说出自己的真实想法，并很热情地参与到大家的讨论中。而这种讨论通常是在十分轻松的环境下进行的。这样的话会更大限度发挥思维的创造性，得到很好的效果。

链条反应

所谓的链条反应是指在会议进行的过程中，往往通过一个人的观点可以衍生出与之相关的多种想法。这是因为人类在遇到任何事物的时候，都会条件反射，联系到自身的情况进行联想式的发散思维。

竞争情节

有时候，也会出现大家争先恐后发言的情况。那是因为在这种特定的环境下，由于大家的思想都十分的活跃，再加上有一种好胜心理的影响，每个人的心理活动的频率会十分高，而且内容也会相当地丰富。

质疑心理

这是另外一个群众性的心理因素，简单地说就是赞同还是不赞同的问题，当某一个人的观念提出后，其他人在心理上有的是认同的，有的则是非常的不赞同。表现在情绪上无非是眼神和动作，而表现在行动上就是提出与之不同的想法。

头脑风暴法的操作程序

首先我们具体说一说如何利用头脑风暴法举行一次思想交流的会议。

1. 准备开始阶段

我们要确定此次会议的负责人，然后制定所要研究的议题是什么，抓住议题的关键。

与此同时要敲定参加会议的人员人数，5 ~ 10 人为最好。等确认好人数和议题之后，就可以选择会议的时间、场所。然后准备好会议的相关资料通知与会人员参加会议就可以了。

在会议开始阶段，不宜上来就让大家开始讨论。这样的话，在与会人员还未进入状态的情况下，讨论的效果不会很好，气氛也不会很融洽。所以我们要先暖场，和大家说一些轻松的话题，让彼此之间有些交流沟通，不会显得生分。

在大家逐渐进入状态后，就可以开始议题了。

此时，主持人要明确地告诉参加会议的人员，本次的议题是什么。

这段时间不要占用得太多，以简洁为主。因为过多的描述在一定程度上会干扰大脑的思考。

之后，大家就可以开始讨论了。

在进行一段时间的讨论后，大家往往会有更多的关于议题的想法，但弊端是，有可能只是围绕着一个方向发散思维。这时主持人可以重新明确讨论议题，使大家在回味讨论的情况下重新出发，得到不同的方向。

2. 自由发言阶段

也叫畅谈阶段。畅谈阶段的准则是不允许私下互相交流，不能评论别人的发言，简短发言等。在这种规定之下，主持人要发挥自己的能力，引导大家进入一种自由的讨论状态。

从明确问题到会后评价，头脑风暴法有几个阶段

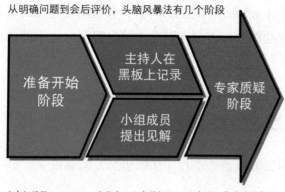

◆介绍问题
◆如组员对问题感到困惑，主持人对问题利用案例形式进行分析

◆指定一人在黑板记录所有见解
◆鼓励组员自由提出见解

◆会后以鉴别的眼光讨论所有列出的见解
◆也可以让另一组人来评价

头脑风暴法

此外要注意会议的记录。随着会议的结束，会议上提出的很多新颖的想法要怎么处理呢？

以下是一些处理方法：

在会议结束的一两天内，主持人还要回访参加会议的人员，看是否还有更加新颖的想法之后整理会议记录等。然后根据解决方案的标准，对每一个问题进行识别，主要是根据是否有创新性，是否有可施行性进行筛选。

经过多次的斟酌和评断，最后找到最佳方案。这里说的最佳方案往往是一个或多个想法的综合。

除了头脑风暴法，其实还有很多种类似于这样的优势组合，下面我们就来看另外几种头脑风暴法，即美国人卡尔·格雷高里创立的7*7法、日本人川田喜的KJ法、兰德公司创立的德尔菲法。

而这些方法主要有以下过程：

首先从组织上讲，参加的人员不要太多，5～10人最好，而且参加者不要是同一专业或是同一部门的人员。

而这些与会的人员如何选定呢？不妨建立一个专家小组来进行选定，而这个专家小组不但负责挑选参加会议的人员还要监督会议。

选择参加人员的主要标准：

（1）如果彼此之间互相认识，不能有领导参加，不能有级别的压力。应从同一职别中选择。

（2）如果参加的人互相不认识，那就可以不用考虑同一职位了。但是在会议上不能够透露出来职位大小，因为这样也会造成与会人员的压力。

（3）对应不同的议题，要选择不同程度的人员。而专家组的人员最好是阅历比较丰富、层次比较高的人，因为这样的话，会保证决策结果的可行性高。

下面就具体谈谈专家人员的组成成分：

首先主持人应该是懂得方法论的人，这样会更好地调动会议气氛；参加会议的人员应该是涉及讨论议题领域的专家，这样针对性就会很强；后期分析创

新思维的人，应该是专业领域更高级别的专家，他们会从非常专业的角度来客观正确地分析这些想法。最后可以决策最终可执行方案的人，应该是具备更高的逻辑思维能力的专家。

为什么对于专家组的要求这么高呢？那又为什么不同能力的专家负责不同的事情呢？

这是因为在头脑风暴的会议上，与会者大都是思维敏捷的人。他们往往在别人发言的时候，心里已经开始想到其他的设想了。所以在这种高频率的情况下，需要这种专家的参与，并且能够集大家之长，得到更好的决策。

说完专家组了，再谈谈头脑风暴会议的指挥——主持人。

主持人的要求应该是从他自身敏捷的思维说起。主持人不但要了解和熟悉头脑风暴的程序以及如何处理会议中出现的任何问题，还要能激发大家对议题的兴趣，懂得多用些询问的方法，让大家有种争分夺秒的感觉。

此外，主持人还要负责开场时的暖场，鼓励与会者的发言，引导参加会议的人员往更远更广的地方开始发散的思维，因为只有这样，方案出现的概率才会越大。

值得注意的是主持人的职责仅限于会议开始之初。

因为接下来更重要的工作就是如何记录，如果有条件的话应该准备录音笔，尽量不落下每个细节。

收集上来的想法和观点就可以通过分析组来进行系统化的处理。

系统化处理的流程如下：

（1）简化每一个想法，简言之就是总结出关键字进行列表；

（2）将每个设想用专业的术语标记出关键点；

（3）对于类似的想法，进行综合；

（4）规范出如何评价的标准；

（5）完成上面的步骤之后，重新做一次一览表。

3. 专家组质疑阶段

在统计归纳完成之后，就是要对提出的方案进行系统性的质疑加以完善。这是一个独立的程序。此程序分为三个阶段：

第一个阶段：将所有的提出的想法和设想拿出来，每一条都要有所质疑，并且要加上评论。怎么评论呢？就是根据事实的分析和质疑。值得提出的是，通常在这个过程中，会产生新的设想，主要就是因为设想无法实现，有限制因素。而新的议题就要有所针对地提出修改意见。

第二个阶段：和直接头脑风暴的原则一样，对每个设想编制一个评论意见的一览表。主持人再次强调此次议题的重点和内容，使参加者能够明白如何进行全面评论。对已有的思想不能提出肯定意见，即使觉得某设想十分可行也要有所质疑。

整个过程要一直进行到没有可质疑的问题为止，然后从中总结和归纳所有的评价和建议的可行设想。整个过程要注意记录。

第三个阶段：对上述所提出的意见再次进行删选，这个过程是十分重要的，因为在这个过程中，我们要重新考虑所有能够影响方案实施的限制因素，这些限制因素对于最终结果的产生是十分重要的。

分析组的组成人员应该是一些十分有能力而且判断力高的专家，因为，假如有时候某些决策要在短时间内出来的话，这些专家就会派上很大的用处。

关于评价标准，我们先看个案例：

美国在制定科技规划中，曾经请过50名专家用头脑风暴的形式举行了为期两周的会议，而这些专家的主要任务就是对于事先提出的关于美国长期的科技规划提出些批评。最终得到的规划文件，其内容只是原先文件的有25%～30%。由此可见，经过一系列的分析和质疑，最后找到一组可行的方案，这就是头脑风暴排除折中的方法。

此外，值得我们注意的是，影响头脑风暴实施的因素还有时间、费用以及参与者的素质。

此处可作为思维导图的二级分支。头脑风暴成功的关键是探讨方式以及放松心理压力等。要在一个公平公正的情况下，才能有无差别的交流，思想碰击也就更大了。

首先，与会者能够在一个公平公正的前提下进行交流，不要受任何因素的影响，从各个方面进行发散式的思维，可以大胆地发言。

其次，就是不要在现场就对提出的观点进行评论，也不要私自交流。要充分保证会议现场自由畅谈的状态，这样与会的人员才能够集中精力思考议题，能够得到更多的想法。

再次，不允许任何形式的评论，因为评论会抑制其他人的思维发散，从而影响整个会议的发展趋势。可能有些人会谦虚地表达自己的意思，但是一旦受到质疑，就会造成发言人的心理压力，得不到更多的提议了。

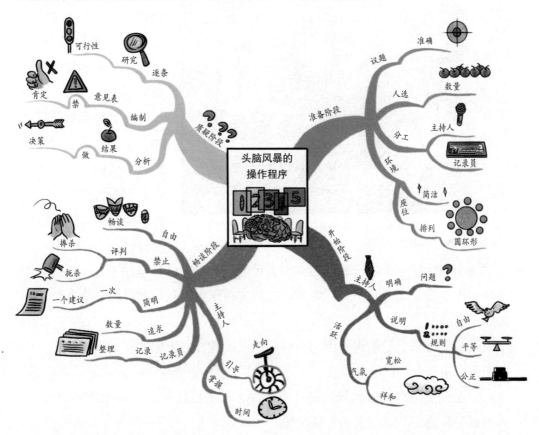

最后，就是在头脑风暴的会议上一定不要限制数量。本着多多益善的原则，在不评论的前提下都留到最后进行分析。这样数量越多，质量也就会提高，这是一个普遍的道理。

头脑风暴法活动注意事项

参与会议的人员需要注意以下事项：

（1）要对整个会议进行初步的设想，对于你要参加的议题要有所了解。不要觉得你的发言就能得到所有人的赞同。

（2）不要对参加会议的人员有个人情绪，对每个人的发言都要公平，不要以个人的原因而去质疑或是指责别人的想法。

（3）为了使与会者不受任何的影响，最好在一个十分安净的房间内举行会议，使大家不受外界因素的干扰。

一名学校的护士在用反应时间实验来检测一名学生的听力。这名学生尽可能快地对每一个刺激作出反应。

（4）要对自己有心理暗示。你的提议不是没有用的，恰恰相反，也许正是你的提议成为最后的决案。

（5）假如你的提议没有被选中或是得不到别人的认同，也不要失落，不要去坚持。把它看作是整个头脑风暴的原材料。

（6）在你思考了一段时间后，很有可能你的脑力已经坚持不住了。你可以选择出去散步，吃点东西等，缓解自己的这种压力，从而整理思绪重新参与到团队中来。

最后，要学会记笔记，因为有些细节很可能在你听的时候就遗漏掉了，所以用笔记录是十分重要的步骤。千万不要忽略了这一步。

以上即是进行头脑风暴法的注意事项，如果想使头脑风暴保持高的绩效，必须每个月进行不止一次的头脑风暴。

头脑风暴思维法为我们提供了一种有效的就特定主题集中注意力与思想进行创造性沟通的方式，无论是对于学术主题探讨或日常事务的解决，都不失为一种可以借鉴的途径。

学会如何进行头脑风暴，可以帮助我们激发自身的创造力，把我们的最好的创意变成现实，并享受创新思维的无限乐趣，让生活更有意义。

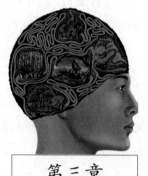

第三章

画出清晰思路

提高上课记笔记的效率

我们从上学第一天开始，爸爸妈妈就为我们准备好了笔记本，告诉我们上课要养成记笔记的好习惯。

但是从来没有人告诉我们，具体怎样记笔记，怎样记笔记才是最科学合理的？几乎可以说，世界上99%的人记笔记都是一个模式，那就是依靠文字、直线、数字和次序。如果在课堂上，甚至直接把老师写在黑板上的内容照搬下来。

我们也从来没有想过，这种记笔记的方式有什么不妥。

但实际上，它的缺陷就是，这种记笔记的方式不是一套完整的工具，它仅仅体现了你"左脑"的功能，却没有体现"右脑"的功能，因为右脑可以让我们感受到节奏、颜色、空间，等等。

我们习惯的那种笔记，很少用到彩色，一般我们习惯了只用黑墨水、蓝墨水或者铅笔去书写。有些人很多年也只用一种颜色记笔记、写作业。现在回头看看，一种颜色的笔记真是单调极了，而且还封锁了我们大脑中无穷的创造力。

另外，这种直线型笔记仅仅是学生对老师课堂内容的机械的不完全的复制，相互之间没有关联、没有重点；而且很多学生忙于记录，没有时间真正地去思考，久而久之，就养成了学生记忆知识而不是思考知识的习惯，容易形成思维惰性。

也可以说，这种传统的记笔记方式，只利用了我们一半的大脑，同时，照字面意义去理解笔记内容，我们的智能被减了一半。

这种颜色单一的笔记，容易对我们的大脑产生负面影响，比如：容易走神；逃避问题；转移注意力；大脑空白；做白日梦；昏昏欲睡。

相比较传统笔记埋没了关键词、不易记忆、笔记枯燥、浪费时间、不能有效刺激大脑、阻碍大脑做出联想等诸多缺陷，思维导图笔记就是一种最佳的思维方式，它运用丰富的色彩和图像，可以充分反映出空间感、维度和联想能力，能彻底解放我们的创造力。

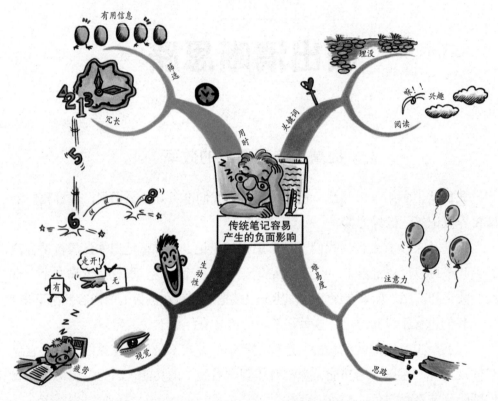

思维导图记笔记的方式可以对我们的记忆和学习产生巨大的影响，比如：

记忆相关的词可以节省50%到95%的时间；

读相关的词可节省90%左右的时间；

复习思维导图笔记可节省90%时间；

可集中精力于真正的问题；

让重要的关键词更为显眼；

关键词可灵活组合，改善创造力和记忆力；

易于在关键词之间产生清晰合适的联想；

画图过程中，会有更多新的发现和新的思想产生；

…… ……

大脑不断地利用其皮层技巧，越来越清醒，越来越愿意接受新事物。

其实，做思维导图日记的步骤和上一篇所讲到的如何"让一本书变成一张纸的思维导图"步骤差不多。

在记笔记的过程中，我们可以一边听讲，一边画一幅思维导图，并在讲解者进行的时候找出一些基本概念，做成一个大概的框架。也可以在听完讲解以后，编辑并修正你的思维导图笔记，从而在修订的过程中，让信息产生更广泛的意义，因而也加强了你对它的理解。

用思维导图听讲座

听讲座时使用思维导图，与前面的"让一本书变成一张纸的思维导图"步骤基本类似，只是，如果你面临的是讲演者使用线性讲座或宣读的情况，将会对你绘图过程中随意使用材料造成一定影响。

为了避免这种影响，建议你在绘制思维导图之前，先尽快从总体上大概浏览一下讲座的主题，在讲座开始之前，你就可以尝试画一个与主题相关的中央图像和尽量多的主要分支。

同时，你还可以与演讲者索要与主题相关的材料，而他们通常很乐意为你提供这方面的资料。

如果当时的条件允许，你还可以抽出几分钟时间针对讲座的内容作浏览，以便让大脑做好吸纳新知识的准备。

一般情况下，准备工作如下：

首先准备一张记笔记时用的大一点儿的空白纸，最好是 A3 大的纸张，尽量选择大纸张的好处是，可以使你的大脑顺利地看见思维及信息的"全貌"。

在做讲座类的笔记时，最重要的是要记下关键词及所需的重要图像。同时还要明白一点，做这样一幅思维导图或许要到最后出现完整的结构时，才会清楚全部要表达的意思。

可以说，我们在听讲座过程中，所迅速记下的任何笔记可能只是半成品，而不是最终的成品。因为在讲座主题没有完全变得明晰之前，你所记的内容是不完整的。

其次，我们应该明晰，听讲座时记笔记的重点是内容，不是为了视觉上的"美观"。

有一些表面上看起来"整洁"的笔记如果从信息角度看的话，其实是杂乱的。其实，在那些"整洁"的笔记中，关键信息是隐蔽的，被切割开并混杂于一些不相干的词语中。而那些看来"凌乱"的笔记从信息角度看却是整洁的。它们能即时地表明重要的概念及其之间的联系，在某些情况下甚至表示出交叉及相对立的信息。

最后，当你听完讲座，并最终完成思维导图，你面前的思维导图应该是整洁的。如果你再花一些时间，就可以在另一张新的空白纸上最终完成 1 个小时笔记的思维导图。

重新组织思维导图是一个很有成效的练习过程，尤其是当你在学习阶段就很合理地组织的话，那么这个重组过程可以看作是首次温习过程。

比如，下面是一位听众关于"如何树立自信"的思维导图笔记。

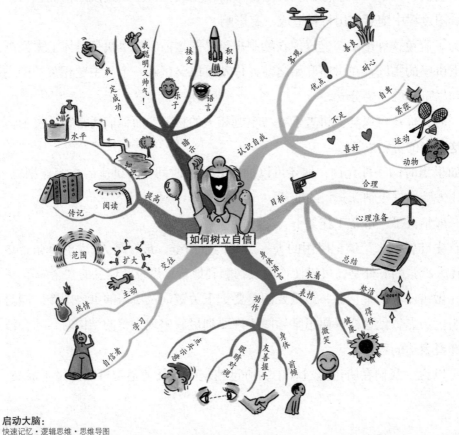

如何激活我们的创造力

不知你是否知道，在印度尼西亚有一种母科摩多大蜥蜴，当它第一次产卵时，它知道要先爬一段险坡，然后到一座火山里面产卵，这样刚出生的小蜥蜴存活率会比较高。即使作为母亲的大蜥蜴不是生在火山中，但它却十分清楚地知道必须如此。

大蜥蜴是怎么知道的？又是谁告诉它的？

很多时候，我们也像科摩多大蜥蜴那样，其实知道很多不可能知道的事。这些特殊的思考能力或想法有时在日常生活中就这么突然地冒出来，尽管有些时候我们所处的状态十分清晰，它还是会忽然闪现在脑海中。在这种时候，我们的心犹如与一种更广大的意识相联结在一起。

在我们的经验储存器——大脑中，有些资料是非常平凡而熟悉的，有些带有惊人的意象和联想。不管怎样，它们都与我们的生活息息相关，不过，有一点可以明确，那就是我们可以辨认出这些资料是从哪里来的。

除此，有一些是我们不可能知道的，我们可以称它为直觉，也可以称它为第六感。那可能是一种对于原始事物的原始理解，而不是人生经验所带给我们的。

因此，每一个人的内心深处似乎都具有一个属于自己的创造源泉。同时，存在一种超越个人的，属于全人类的共同源泉，里面储存着各种原始、深奥的集体智慧。这个庞大源泉或许在我们体内，或许我们通过一种渠道与它联结。

脑神经学家拉塞·布莱思说：创造能力强的人的神经元数量虽然比普通人少，但是可以组成丰富的功能模式。科学实践告诉我们，神经系统是创造力的生物学基础。神经元的构造和功能影响着创造力水平的高低。

根据克拉克的研究，创造力强的人的大脑有以下 5 个特点：

（1）表现出快速的突触活动，引起更迅速的资讯过程；

（2）具有丰富的化学成分的神经元，可形成

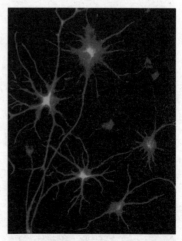

人类的大脑就像一个功能强大的网络系统，其中包含数十亿个神经元，它们对于记忆的存储和提取发挥着重要作用。

更复杂的思维模式；

（3）更多地运用前额皮层（额叶）的功能，使顿悟和直觉思维得以强化；

（4）脑波输入更快，更为持久，能够从轻松的学习、强化记忆及左右脑的综合功能中得到乐趣；

（5）脑节律的一致性、共时性和专心致志的强化。

有创造力的人神经系统强度高，兴趣和意志集中，灵活和均衡性高、分析力强，大脑功能潜力大。

创造力是知识经济时代最有活力、最有前景、最有挑战的能力，全脑创造力就是既要运用左脑，又要积极开发右脑潜能，多管齐下，平衡发展，发挥大脑潜能，最大限度地提高创造能力，使我们在高度竞争的社会生活中立于不败之地，并且能够体现出我们所具有的生命意义。

原中国教育部副部长吴启迪说，"指南针、造纸术、印刷术和火药，中国的四大发明让我们感到自豪，但在接下来的几个世纪里，我们没有保持发明的步伐。四大发明充分证明了中国人的能力，我们需要回到那样的状态"。

是的，无论是从国家进步、民族发展的大局，还是从个人需要创造社会价值的角度，我们都需要激活自己的创新能力！

但是，如何有效地激活我们的创新能力呢？

1. 破除思维定式

你听说过世界贸易史上著名的"左手手套"事件吗？该事件中的一位奸商为我们突破常规思维、破除思维定式上了精彩的一课：

在美国，海关已有数百年的历史，对于那些蓄谋逃避海关管理条例的人来说，简直难于上青天。但有个进口商却得逞了。在美国，一种来自法国生产的女式皮手套十分昂贵，因为按照美国海关的规定，这种手套需缴纳高额进口税。有一位进口商来到法国，订购了1万副最昂贵的皮手套。随后，他仔细地把每副手套都一分为二，将其中1万只左手手套发运到美国。

货物运到之后，这位进口商迟迟不去提取这批货物。他放心地让货物留在海关，直到过了提货期限。按照海关的管理规定，凡遇到这种无人前来提货的情况，海关要将货物作为无主货物拍卖处理。于是，这1万只舶来的左手手套全都被拿出来拍卖了。

人人都会认为，1万只左手手套买下来毫无价值，所以基本没有人参与投标，除了那位进口商的代理人，他只出了一笔微不足道的钱就把它们全部买了下来。通过这种过期不提货然后再由低价拍卖的方式，进口商成功地逃避了高额的进口税，这是他出奇制胜的高招。

然而，与此同时，美国海关当局也察觉到了这其中不无蹊跷。他们晓谕下属：务必严加注意，可能有一批右手手套舶到。在这里，美国海关的管理人员犯了一个极大的错误：他们觉得这一批左手手套肯定有右手配套的手套存在，这是没错的，但是，如果那位进口商使用同样的伎俩，把1万只右手手套运到美国，肯定会被识破，所以，美国海关人员的这种做法，完全是按照常规思维出发，按照约定俗成的"案例"思维去考虑问题，他们想"守株待兔"。这是他们最终输给那位进口商的思维根源。

事实上，那位进口商早已猜到了海关的这种想法。他还料到，海关人员会假设这些右手手套将一次整捆运来。所以，他把那些右手的手套分装成5000盒，每盒装两只右手手套。他猜测，海关官员可能会假设，一盒装两只手套，那就是一整副手套。

结果，海关人员再次被这位进口商蒙混过关。海关的人员在检查的时候，觉得放在一个盒子里面，肯定就是左右手配成一套的手套，于是没有做仔细的检查。进口商的第二批货物通过了海关，而那位狡猾的进口商只缴了5000副手套的关税，再加上在第一批货拍卖时付的那一小笔钱。这样，他把1万副手套都弄到了美国，不但省下了大批的关税开支，还为自己争得了赫赫大名。

海关人员之所以会在进口商人的伎俩之下一再失算，就因为他们抱着约定俗成的思维不放，用常规思维去看待进口商人突破常规的做法，这样自然是会落在下风了。而这位进口商人则最大限度地调动了自己的思维，破除思维定式，把一切可以利用的常规都当作掩护自己的障眼法，从而逃

在这幅图像中，你可能看到一个少女，或者是一个老妇人，却很少可能同时看到两个人，但是通过不断演练，你就可以做到。这种发生在两个图像之间的转换活动发生在视觉皮质。

过了高额的进口关税。

2. 要善于把新思维和旧形式有机地结合起来

对这种做法，中国人叫"旧瓶装新酒"。

其实，这个词在很多地方都是贬义的。从中国人的传统思维出发，如果你有一种全新的想法或者做法，就应该使用同样新的形式，这样才能"配套"，或者说相称。如果一个新的想法或做法，使用旧有的形式，在中国人看来，就是驴唇不对马嘴，不伦不类。

这是一种误解，一种出于常规思维的误解。所谓"新事物"，不一定非要彻头彻尾都是新的，只要其中包含着创新的成分，就是新事物，所以，旧瓶装新酒，是十分正常的，很多中国人不懂得这一点，所以往往屈从于常规的"旧瓶"——他们把精力都放在如何把"旧瓶"换成"新瓶"的问题上，而忽略了"旧瓶装新酒"的可行性。

克拉伦斯·伯德恩埃旅行到加拿大时，看到有些鱼在天然条件下封冻并解冻，他从大自然中得到启发，这就产生了冷冻食品工业。在某一个制笔行业里，一个聪明人认识到，只要是有笔的地方，就一定要有墨水，那么为什么不把两者结合起来呢？结果自来水笔诞生了。

由此观之，所有的新思想，归根结底，都是借鉴于旧思想的，都是在旧思想的基础上添砖加瓦，把它们结合起来或进行修改。如果是偶然做成，人们会说你运气好；如果是有计划地做成，人们便说你有创造性。然而，无论是运气好，还是有创造性，都无法做到制造出"全新"的事物，很大程度上，都要借助旧思想、旧事物，这就是所谓的"旧瓶装新酒"。

3. 学会乐于接受各种新创意

为了激活我们的创造力，我们一定要摆脱一些守旧观念的束缚，最好永远不要说"办不到"、"没有用"之类的话。另外我们还要有实验精神，你可以去尝试新的餐馆、新的书籍、新的戏院以及新的朋友，或者采取跟以前不同的上班路线。

如果你从事销售工作，就试着培养对生产、会计、财务等的兴趣，这样会扩展你的能力。要明白进步本身就是一种收获，一般有重大成就的人都会不断地为别人和自己设定较高的标准，不断寻求增进效率的各种方法。"以较低成本获得较高的回报，以较少的精力去做较多的事情。"

通常，破除思维定式，激发创造性思维，从原有的框框里跳出来大约要经过5个步骤：

（1）原始的观念。

当你遇到一个问题要解决或有一件事要做；你想学习另外一门课程；你想改变一下自己的穿着风格；或者你想把学校里的不合理的制度作一下改进；等等。这些都属于最原始的观念。

（2）预备阶段。

你可以尝试搜索做成一件事的所有可能的方法。然后尽可能多地收集与之相关的资料，到图书馆阅读有关书籍，与别人交谈、和别人交换想法，提出问题，等等。时刻准备去接受新东西，这些都是开动我们想象力的跳板。

（3）酝酿阶段。

这一阶段属于潜意识自由活动的阶段。你可以尽情地放松，比如出去散散步，晒晒太阳，睡个午觉，洗个热水澡，做做其他的事情或打一会儿球，把问题留到以后再解决。

（4）开窍阶段。

这是创造过程的最高阶段。眼前忽然闪现一盏明亮的灯，一切东西都突然变得井井有条。查尔斯·达尔文一直在为进化理论收集材料，突然有一天，当他坐在马车里旅行时，这些材料都突然一下子融为一体了。

达尔文写道："当解决问题的思想令人愉快地跳进我脑子里的时候，我的马车驶过的那块地方我还记得清清楚楚。"开窍是创造过程中最令人兴奋和愉快的阶段。

（5）核实阶段。

不管你有多么聪明，有时处于开窍阶段得到的启示可能根本不可靠。这时便要发挥理智和判断的作用。你忽然闪现的灵感要经过逻辑推理加以肯定或否定。你要跳出来尽可能客观地看待你的设想。多征求别人的意见，听听别人的看法，对这出色的设想加以修正，使之趋于完善。而且经过核实，你往往会得出更新更好的见解。

思维导图很适合创造力发散性的思维特点，因为它本身利用了所有一般认为与创造力相连的一些技巧，特别是想象力、联想和灵活性。

创造性思维导图可以让制作者在实现自己目标的过程中，产生源源不断的思考力，甚至可以让制作者一次看到很多因素的全景，因而就增加了创造性联想和思维整合的可能性，导致新创意的产生。

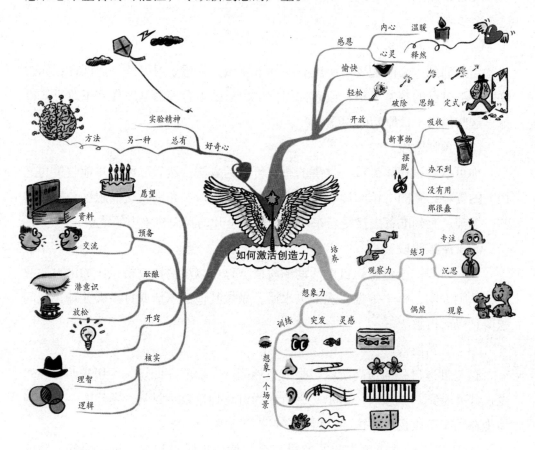

尝试思维导图日记

你习惯写日记吗？

如果有一天，让你用一种新奇的方式去写日记，你敢于尝试吗？

在这里，作为一种全新的、革命性的非线性思维工具——思维导图日记应运而生，它可以让我们根据自己的需要和欲望来管理自己的时间，而不是让时间管理我们。

思维导图日记可以用于安排计划自己的事情，也可以是对过去思想和感觉的回顾性记录。

在思维导图日记身上，既能利用传统日记的优势，又能弥补传统日记的不足，并使两者得到最完美的结合。

思维导图日记比标准的日记更有效率和效益。

思维导图日记，除了会使用到传统日记中的词汇、数字、表格、顺序和序列等以外，它还能把编码、色彩、图像、符号、幽默、白日梦、联想等全部包括进去。

思维导图日记可以让你全面真实地反映自己的大脑，它不仅成为一个时间管理方法，而且还是一个自我管理和人生管理方法。

思维导图可以从大的方面显示出年度计划、每月计划。那么，每日计划就可以在思维导图日记中体现出来，如果从理想的角度来说，你应该每天制作两幅思维导图日记。

第一幅思维导图日记可以提前安排当天的活动，第二幅可以用于监视活动的进展，同时这也可以用来对一天进行回顾性的总结。

你在一天中做了哪些事，都可以用思维导图清晰地表达出来。比如，散步、阅读、会见朋友、去舅舅家做客，等等，这几个方面同时变成思维导图的几个分支，都是为了帮助你进行思考，梳理一天。

东尼·博赞所总结的思维导图日记的好处主要有：

（1）让思维导图在不断发展的时候成为一个全面的终生管理工具，它让你随时可以安排和记录自己的生活；

（2）思维导图本身非常漂亮，当使用者技术提高时会更为吸引人——使用者最终会开始创造艺术作品；

（3）每年和每月及每日方案可以使一年的回顾轻松易得，因为它使用的是长期的交叉查询及观察方法；

（4）思维导图日记把每件事情都放在你一生的背景中加以考察；

（5）思维导图日记提供了一个几近完整的、外化的人生记忆核；

（6）它让你控制住生活当中对你最为重要的一些方面；

（7）这个方法，由于其设计特点，可以鼓励你自动地进行自我开发，并让你实现最终的成功；

（8）它使用到图形、彩色代码和其他的思维导图制作原则，让你能够迅速地获取信息；

（9）因为思维导图日记在视觉上更具刺激性，更为漂亮，它鼓励你不断地使用它；

（10）用思维导图日记回顾一生时，就像观看自己一生的"电影"一样。

完善个人学习计划，让学习更轻松

不管你是个学生，还是一个需要不断充电的上班族，思维导图都可以利用自身所具有的图像性、可联想性和易沟通性使你能够有效促进学习计划的展开，帮助你提高学习效率。

今天的学生，学习压力比以往任何时候都要大，很多学生每天早上一睁开眼睛，就看到张贴在床头的英文单词和突击目标；早上匆匆忙忙赶到学校后，各科老师像走马灯似的在学生们的眼前晃悠，这些老师好像生怕自己抢不到给学生上课的时间。

学校一天紧张的学习结束后，学生们还要上晚自习，晚自习结束后，回到家一般都比较晚了。于是，有不少同学抱怨，已经搞不清这大千世界的无数种色彩都藏哪里去了，怎么满本的笔记都是黑黑白白、蓝蓝白白或是蓝黑加白的世界呢！

无论是英语单词，还是诗词古文、公式公理……充斥了大脑的每一个角落。甚至有些学生感觉自己突然老化衰退了；有的学生说，自己刚刚想要做但还没有做的事情，现在已经想不起来了；有的一想到明天那些左一项、右一项的学习任务，头脑都要炸了，最后干脆来了个"死机"——大脑里的屏幕变成一片空白。

其实，不仅学生有这种状况，所有学习或工作压力大的人，都会出现这种脑力"透支"的现象。一位刚参加工作 3 年的小伙说："我现在对小时候的事记得很清楚，对刚刚发生的事反而记不住——上周六听完培训课，刚过了一天，周一就已经想不起来老师讲的很多内容了……"

面对这些学习和工作压力，无论学生还是上班族都有应付不尽的感觉。这时，如果运用思维导图来制订学习和培训计划，也许事情就会是另一个样子。

运用思维导图可以进行学习规划，比如订立学年计划、学期计划、月计划、周计划，具体到订立每天的学习计划。它可以让学习者随时了解学习情况，跟进学习进度，灵活运用学习方法，并且可以根据实际情况需要随时做出相应调整，从而做到合理安排时间，提高学习效率。

有一个中学生在接触思维导图之前，学习成绩不理想，学习目标不明确，每天虽然忙得焦头烂额，但成绩一直提升不上去。后来，经过一段时间思维导图的学习之后，发现受益很多，成绩在稳步上升。

上面就是这位中学生利用思维导图制订的学习计划，他围绕学习中心，画出了四个学习分支，并据此进一步发散。

大致步骤如下：

（1）确定关键词：在白纸中心写出，最好用图表示；

（2）分支一：首先进行自我分析，包括学习特点、学习现状等；

（3）分支二：学习目标方面，主要考虑目标要适当、明确、具体；

（4）分支三：时间安排方面，考虑科学性，突出重点，脑体结合，文理交替，有机动时间；

（5）分支四：其他方面的注意事项以及必要的补充、说明等。

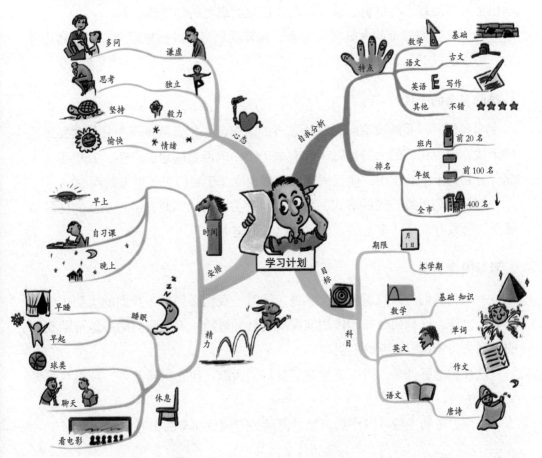

一个好的学习计划是实现学习目标的前期保障，一个完善的成熟的学习计划能提高学习效率，减少时间浪费，甚至直接提升自信心。

如果你在学习方面也有不满意的地方，不妨试着绘制一幅属于自己的学习计划思维导图。思维导图绘好以后，把它贴在显眼的位置，然后执行下去。

其实，用思维导图制订学习计划很灵活，你可以根据实际情况用自己的方式方法灵活调整，富有个性化，注重效果。

最后，还是那句话，制订并完善了自己的学习计划，一定要彻底执行下去，这样才能见到学习效果。

4 种方法帮助我们启动思考

生活中，很多人认为思考本身是很乏味的、抽象的、让人迷惑的，这与使人昏昏欲睡的认识不无关系。那么，思维导图在帮助并启动我们思考方面就显示出了特有的魅力与价值，成了帮助我们厘清思路的创造性工具。

为了让我们神奇的大脑转动起来，保障我们每天顺畅地思考，并提高思考力，可以从以下几个方面入手。

1. 排除多余的干扰

当我们针对要解决的问题进行思考的时候，一定要避免不受其他次要想法的干扰，因为我们的大脑里每天都有数千个一闪而过的想法产生，其中很大一部分会起到干扰的作用，使我们难以清醒地专注于我们想要思考的问题。

如果采用思维导图的形式，可以在罗列关键词的同时，进行相互的比较和筛选，可以有效排除多余的干扰，让思考更集中。

2. 紧紧围绕主题

一般，我们一次只思考一个主题，这时，我们必须命令我们的大脑集中注意力。也许，这种命令在起作用前需要几分钟时间，需要我们耐心地帮助我们的大脑关注于我们思考的主题。

这样做的好处是，可以迅速激活我们的大脑，使它运转起来，获得我们想要的想法。

这个思考的主题可以作为思维导图的关键词放在节的中心位置。

3. 关心一下自己的感受

如果当你绞尽脑汁，还是很难围绕所要解决的问题启动思考时，那么，你可以尝试着关注一下自己的内心感受，把这些感受写在思维导图上。问问自己在思考过程中，产生了什么感受，并顺着这些感受展开与内心的对话，说不定会瞬间打开思路，获得意外的惊喜。

4. 养成随时思考的习惯

当思考成了一种习惯，无疑会对你有很大的帮助。让大脑经常处于工作状态，很容易发动你的思考过程，获得解决问题的有效方法。

平时，借助思维导图，你可以对身体发生的任何事情随时随地进行评价、质疑、比较和思考。利用思维导图无限发散的特性，可以让思维更清晰有力，哪怕是胡思乱想，也会为你所关注的问题找到满意的答案。

以上几种方法可以帮助我们训练思考。只有当我们的思考借助思维导图，并与思维导图完美地结合在一块的时候，才会更容易帮助我们获得源源不断的想法，这些想法不仅新奇而且富于创造力。

现在，请你针对如何启动自己的思考画一幅思维导图。

3 招激活思维的灵活性

灵活思维的好处是，当我们遇到难题时，可以多角度思考，善于发散思维和集中思维，一旦发现按某一常规思路不能快速达到目的时，能立即调整思维角度，以期加快思维过程。

激活思维的灵活性，可以从下面 3 个方面入手：

1. 培养迁移能力

迁移，是指一种学习对另一种学习的影响。

我们更多地要用到的是知识迁移能力，即将所学知识应用到新的情境，解决新问题时所体现出的一种素质和能力，形成知识的广泛迁移能力可以避免对知识的死记硬背，实现知识点之间的贯通理解和转换，有利于认识事件的本质和规律，构建知识结构网络，提高解决问题的灵活性和有效性。

思维的灵活性主要体现在解决问题时的迁移能力上，必须有意识地去培养自己的迁移能力，从而能够灵活地解决学习中的一些问题。

语文学习中，常常能遇到写人物笑的片段，比如《葫芦僧判断葫芦案》中的"笑"，《红楼梦》第四十四回中每一个人的"笑"，《祝福》中祥林嫂的"三笑"，各自联系起来，分析比较，各自表现了人物的什么个性，同时揭示了什么主题，等等。

通过这种训练，可以使分析作品中人物的能力和写作中刻画人物的水平大大提高。

2. 利用"一题多解"

这种方法在数学学习中经常使用，对"一题多解"的训练，是培养思维灵活的一种良好手段，这种训练能打通知识之间的内在联系，提高我们应用所学的基础知识与基本技能解决实际问题的能力，逐步学会举一反三的本领。

学会"一题多解"的思维方式，可以训练思维的灵活性，使自己在思考问题的起点、方向上及数量关系的处理上，不拘泥于一种方式，而是根据需要和可能，随时调整和转换。

3. 大量阅读不同体裁的文章

文章是作者进行创造性思维的成果。一篇文章的创造性，主要体现在它的构思和语言的运用上，体现在文章的思想观点和表达方式上。

不同体裁的文章，也各有各的特点，就是同一体裁中的同一内容的文章，风格也是各异。在阅读一篇优秀文章时，善于发现它们的不同，善于吸取它们各自的特点，对于训练自己的思维是有益的。

总之，多读各种不同的文章，既可以获得知识，又可以获得思维和写作的借鉴，可以从比较中学习到从不同角度观察事物、思考问题的方法，从而培养思维的灵活性。

培养思维的灵活性，要学会从不同的角度、不同的方向用多种方法来解决问题。要培养思维的灵活性，就要多动脑筋，加强学习，在实践中探索新思路、验证新方法，并及时总结、改进，就一定能增强思维的灵活性，搞高思维的应变能力。

针对3种行之有效的激活思维灵活性的方法，用思维导图表示如下：

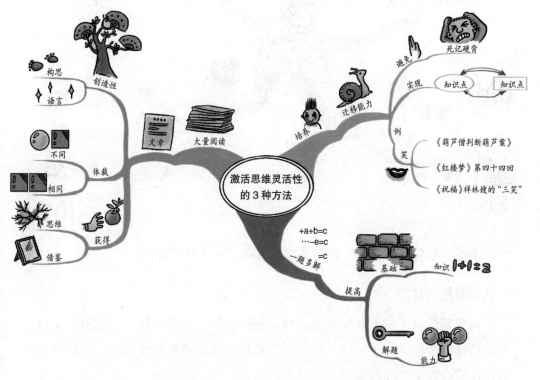

5 步让我们克服骄傲的毛病

学习中有一些人不能正确对待荣誉与成绩，有的拔尖逞能，有的盲目自满，有的沾沾自喜，有的把集体的成绩看成是个人的，有的瞧不起同学，等等。

这些骄傲自大的不良习惯，最终会影响自己的不断进步，甚至使自己脱离同学，脱离集体，失去目标，成为一个自私自利的小人。而当今社会对我们的要求是，要想取得学习上的高分，成就事业，就必须首先学会做人。因此我们应从小培养谦逊的品格，使自己形成戒骄戒躁的良好习惯。

那么，怎样培养谦虚的习惯呢？

首先学习这幅思维导图：

由图，我们可以看出，培养谦虚的好习惯有 5 种好方法：

1. 认识骄傲的危害

盲目骄傲自大的人就像井底之蛙，视野狭窄，自以为是，严重阻碍了自己继续前进的步伐。由于骄傲，你会拒绝有益的劝告和友好的帮助。而且由于骄傲，你们会失掉客观的标准。

骄傲是对自己的片面认识，是盲目乐观，常会让人不思进取。应该培养自己的自信心，但不能滋长骄傲自满的情绪。

2. 全面认识自己

骄傲的产生往往源于自己的某方面特长和优势，应该先分析这种骄傲的基础：是学习成绩比较好、有某方面的艺术潜质，还是有运动天赋，等等。然后应认识到，自己身上的这种优势只不过限定在一个很小的范围内，放在一个更大范围就会失去这种优势；正确的态度应该是积极进取，而不是骄傲懈怠；并且优势往往是和不足并存的，同时应该努力弥补自己的不足。

另外，应该开阔胸怀，走出自我的狭小圈子，到更广阔的地方走走，陶冶情操，了解更多的历史名人的成就和才能，以丰富的知识充实头脑，让自己变骄傲为动力。

3. 正确面对批评建议

批评往往直指一个人的缺点，如果一个人能够接受批评，他就能够比较清楚地看到自己的缺点。对于我们来说，在评论自己时常会出现偏差，原因是"不识庐山真面目，只缘身在此山中"，若能经常听取别人的意见或建议，就能不断充实和完善自己。

谦虚不仅是一种美德，还是使你无往不胜的美德。养成无论在任何时候都保持谦虚温和的良好习惯，是丰富和完善人生的一种要求。让我们永远做一个谦虚的人，一个学而不厌的人吧。

4. 从小事做起

戒骄戒躁、谦虚的习惯要从小事中培养，比如取得好成绩或得到别人的夸奖，都不应该骄傲，谨记"谦虚使人进步，骄傲使人落后"的座右铭。

5. 多向伟人学习

古今中外许多伟人都是十分谦虚的，像马克思等。可以向老师、家长请教这方面的事迹，也可以自己读一些这方面的故事，并时时提醒自己要向这些伟人学习。

解决生活和学习中遇到的困惑

目前，思维导图已经应用于生活的各个方面。在对于帮助自我分析，更深入地了解自己，包括自己的需求、欲望、中长期目标等方面具有很实际的意义。比如，你考虑报某个暑期补习班，确立自己下学期的学习目标，思维导图都可以在很大程度上帮助你理顺想法、明晰思路。

在自我分析方面，如何正确地了解和评估自己呢？

一般，对自我的认识包括对生理、心理、理性、社会自我等几个部分的认识。生理方面，主要是指对自己的相貌、身体、服饰打扮等方面的认识；心理方面，主要指对自我的性格、兴趣、气质、意志、能力等方面的优缺点的评估与判断；理性方面，主要是指通过社会教育和知识学习而形成的理性人格，如对自我的思维方式和方法、道德水平、情商等因素的评价；社会自我认识，主要指对自己在社会上所扮演的角色，在社会中的责任、权利、义务、名誉，他人对自己的态度以及自己对他人的态度等方面的评价。

　　这些自我认识都可以在思维导图上表现出来。

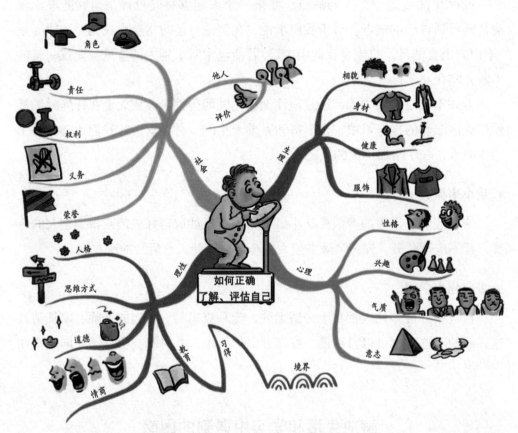

　　画图之前，需要你拿出一张白纸来，在白纸中心画一个中心图像代表自己，然后由这个中心图像向四周发散，并根据生理、心理、理性、社会自我四个方面，联想与自己相关的所有属性，并将你想到的属性与中心连线，比如你可以参考的属性有：性格、爱好、长处、短处、理想、兴趣、家庭背景、交际圈、朋友圈、长期或短期目标是什么、上大学最想做的事是什么、现在的苦恼是什么、自己最尊重的人、自己需要为父母做到什么等方面。

　　你在列出这些属性的同时，也可以给出该属性的具体表达，如性格后面标上"开朗"等。

由于思维导图可以对你的内在自我作一个全面的综合反映，因此，当你获得了比较清晰的反映内在自我的外部形象后，你就不太可能做出一些有违自己本性和真实需求的决定，从而使你避免一些不快的结果发生。

为了避免一些自己不愿意看到的结果出现，最好的办法就是从绘制一幅能够帮助自我分析的"全景图"开始，在这幅图里要尽可能多地包括你的性格特点和其他特征。

我们在做自我分析方面，尽量选择一个比较舒服的环境，最好能对你的精神起到刺激作用，这一点非常重要。目的是使你在做自我分析时达到无所顾忌，做到完整、深刻和实用。

在画图时，不必考虑图面的整洁度，可以快速地画出思维导图，能够让事实、思想和情绪毫无保留并自由地流动起来，如果过于整洁和仔细的话，容易抑制思维导图带给我们的无拘无束感。当然，选择好主要分支之后，你应该再绘制一张更大一些、更有艺术气息、更为成熟的思维导图。

最后做出最后的决定，并计划你的下一步行动。

总之，通过绘制自我分析的思维导图，可以帮助我们更清晰地知道生活和学习的重点在哪里，可以使我们获得更多对于自己的客观看法。通过思维导图可以更全面真实地反映个人情况，解决更多的实际问题，从而为下一步决定做好准备。

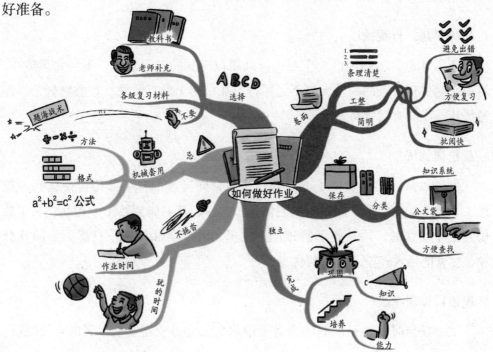

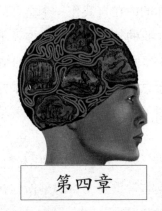

第四章

高分思维导图的细节

7 招把注意力集中到位

对一个学生来说，没有注意力，就没有学习。对于一个善于学习的人来说，注意力是影响学习效率的最重要因素之一，在学习过程中起着重要的作用。

在这里，有 7 招可以让你集中注意力：

1. 早睡早起，自我减压

正常休息，多利用白天学习，提高单位时间的学习效率，不要贪黑熬夜，累得头脑昏昏沉沉而一整天打不起精神。相信付出就有收获，让心情轻松、保持愉快，注意力就容易集中了。

2. 放松训练法

你可以舒适地坐在椅子上或躺在床上，向身体的各个部位传递休息的信息。让身体松弛起来，同时暗示它休息，然后，从右脚到躯干，再从左右手放松到躯干。这时，再从躯干到颈部、头部、脸部全部放松。只需短短的几分钟，你就能进入轻松、平和的状态。

3. 积极目标训练法

学会任何时候将自己的注意力集中起来，是一个高效学习者的重要品质。

当你给自己设定一个提高自己注意力和专心能力的目标时，你就会发现，在非常短的时间内，集中注意力就会有很大的改观。

比如这一年我的目标是什么？这一学期甚至这一周我的目标是什么？我应该完成哪些学习任务？一旦目标明确了，学习的动力就足了，注意力就不易分散了。

4. 培养自己专心的素质

如果想让自己专心致志地学习，首先要有自信心，相信自己可以具备迅速提高注意力集中的能力，只要下定决心，不受干扰，排除干扰，我们就可以做到注意力的高度集中。

5. 感官同用法

训练注意力，同样需要调动多种运动器官来协同活动，在大脑皮质形成一个较强的兴奋中心。如耳听录音带，嘴里读单词，眼睛看课本，手在纸上写单词。这样，注意力自然就不分散了。

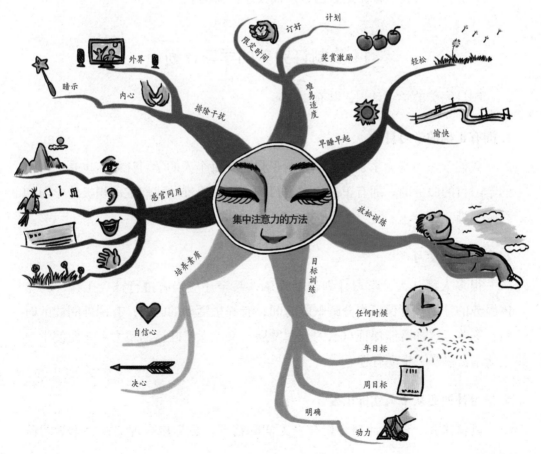

6. 排除干扰法

排除干扰法，包括外界的干扰和内心的干扰，有时，内心的干扰比外界环境的干扰更为严重，我们可以通过给内心提示和暗示来训练自己，比如告诉自己有很多大目标都没有实现，必须集中精力。

还可以试着在没有任何干扰的情况下背诵一段 300 字左右的文章看需要多少时间，然后在旁边有干扰时背这段文章，看需要多长时间，直到在两种环境中时间相同为止。

7. 难易适度法

这种训练方法要求我们，对于那些已能熟练解答的习题不要花太多时间去演算，可以找一些这方面经典性的题目练习。对于难度大的题目，先独立思考，再求助老师、同学或家长。对于不感兴趣难度又比较大的内容，自己首先订好计划，限定时间去学习，就不会松懈拖沓。如果攻克一个难题，就给自己一个奖赏，让成就感来激励自己，从而集中注意力。

11 步制订完美的学习计划

制订完美的学习计划，共有 11 步。

1. 拥有正确的学习目的

我们学习不是为了别人，而是为了自己，每个人的学习计划，也是为自己的学习目的服务的。拥有正确的学习目的，便可以推动我们主动积极地学习和克服困难。

2. 全面规划学习

很多人都认为，学习计划包括娱乐，甚至还应当有进行社会工作、为集体服务的计划；有保证充分睡眠的时间；有娱乐活动的时间；有课外阅读的时间；等等。这样既能保证自己的全面发展，又能保持旺盛的精力，还能使学习生活丰富多彩、生动有趣。

3. 学习计划要从个人实际出发

具体来说，学习计划要切合个人实际情况，目标应合理。在每个学习阶段，能有多少确实可用的学习时间？常规学习时间可以安排多少？自由学习时间可以安排多少？

4. 要科学安排

即科学地安排常规学习与自由学习的时间。常规学习时间用来完成老师当天布置的必须完成的学习任务；自由学习时间用来查漏补缺、课外自学、课外活动，以扩大知识面，掌握学习的主动权。力争做到"时时有事做，事事有时做"。

5. 要长短结合

就是要做到长计划短安排。长计划可以使具体任务有明确的目的，短安排是为了使长计划的任务逐步实现。为了实现总的目标要求，在一段较长的时间里应当有个大致安排，每星期、每天做些什么，也应有一个具体计划。要在晚上睡觉之前就安排好第二天什么时间做什么。

6. 要符合实际

制订计划不要脱离实际，要从自己的实际出发，在正确估计自己的知识与能力、可供自己支配的时间、查清自己知识缺漏的基础上，制订切实可行的学习计划。

7. 要留有余地

把计划变成现实，还要经过一个努力的过程，在这个过程中会遇到千变万化的情况。所以，计划不要安排得太满、太紧、太死，要留出机动时间，目标不要定得太高，以免实现不了。如果情况变了，计划也要做相应的调整，比如提前、挪后、增加、删减等。

8. 要突出重点

学习时间和内容都是有限的，所以计划要有重点，做到保证重点、兼顾一般。所谓重点是指自己的弱科、弱项和知识体系中的重点内容，要集中时间、精力保证重点的落实。

9. 要经常检查

对于我们计划中安排的内容，时常检查一下是否都做了？任务是否都完成了？效果如何？没完成的原因又是什么？要经常对照检查，发现问题及时采取

相应措施，或调整计划，或排除干扰计划的因素。

10.科学地制订学习计划

做好学习计划，可以使学习有明确的目的性，以便合理地安排学习内容和时间，使学习有条不紊，变被动为主动。这不仅可以提高学习的效率，而且还可以使自己养成良好的学习习惯，使勤奋精神落到实处。我们只有按照学习计划坚持不懈地执行下去，才会取得良好的学习效果。

11.根据各科成绩，合理调整时间安排

一些人在学习过程中，不可避免地会出现个别科目拖后腿的现象，这时就需要在计划安排上有所侧重，在成绩差的科目上多花一些时间。最好是在不影响正常计划的前提下把机动时间用来查漏补缺，每天至少要解决一个问题。

7招强化抗挫折能力，实现高分

学习是一个不断遭遇挫折、克服困难的过程。为了实现自己的学习目标，取得高分，就需要我们增强自身的抗挫折能力。

具体说来，有以下 7 种办法：

1. 培养自己的抗挫折能力

古今中外历史上，所有为人类做出大贡献的伟人，都经历过无数次挫折，都有很强的抗挫折能力。每当我们遭遇挫折的时候，要学会换一种眼光去看待，学会锻炼自己的意志，让自己一次比一次坚强。

2. 把学习失利当作机遇

我们可以把学习和考试中遇到的失误和失利当成磨炼自己意志的机会，当成增长自己能力的机遇。

3. 时刻充满必胜的信心

一般情况下，当我们遭遇挫折时，情绪难免会失落，这时，你不妨放声高呼几声，比如："挫折你尽管来吧，我定能战胜你！"同时，面对挫折，不要退缩，要想方设法去寻求解决问题的新途径。

4. 发挥自己的积极主动性

无论是在生活或学习中，我们都应尽可能地减少对老师和父母的依赖，只要是自己能做的事情，就不请别人帮忙和代做。善于调动自己的积极主动性，我们才能主动锻炼自己，增长抗挫能力。

5. 养成锻炼身体的好习惯

健康的身体是取得好成绩的保证。身体的强弱对学习效果的好坏影响很大。一个身体健壮的人，比起身体羸弱的人，往往可以凭借充足的精力去克服学习上的困难。

平时，我们应该有锻炼身体的意识，每天坚持做一项至两项自己喜欢的运动，长期坚持下去，自然能增强抵抗恶劣环境的能力。对学习中遭遇的挫折，也许就会不以为然了。

6. 平时主动给自己制造难题

日常学习中，可以根据学习进展，不时地给自己制造些难题，设计些困境，以发挥自己的能动性，挖掘自己的学习潜力，从而完善自己的知识结构。

7. 设法多读一些名人传记

名人传记是人类的精神养料。比如，我们熟知的罗曼·罗兰的《名人传》中，曾引用了贝多芬的名言："不幸的人啊！切勿过于怨叹，人类中最优秀的和你们同在。"假如你读过这本书，或许在你感到绝望的时候就会想到音乐巨人贝多芬，在迷茫的时候想到画家米开朗琪罗，在孤独的时候想到托尔斯泰。

阅读名人传记，就像是在和伟大的人对话，除了让我们了解到他们的人生经历之外，也能让我们对比自己，从而清楚地看到，原来自己面临的困难是多么的渺小，只要多一些毅力和耐心，任何困难都将不堪一击。

我们在不断阅读名人传记的过程中，就能感觉到人生就是不断战胜困难、战胜挫折的过程。

其实，像《史记》等历史著作就是很好的人物传记读本，如果是自传性的书，我们尽量选择那些年纪偏大的，对人生有所总结的人的作品，比如季羡林先生的作品就值得一读；如果是给别人写的传记，我们尽量读那些大家的作品，比如林语堂写的《苏东坡传》等。

以上7招可以增强自己抗挫折的能力，你是否掌握了呢？为了强化我们抗挫的意识，现以思维导图的形式绘制如下：

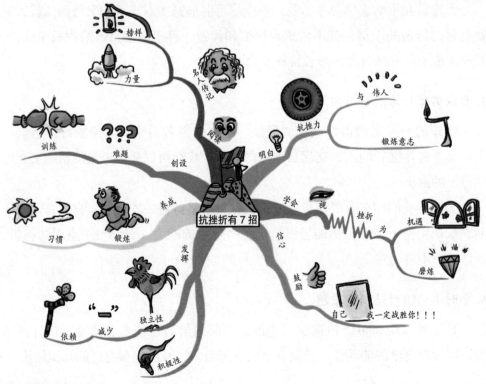

4 种方法轻松管好你的时间

善于利用时间是善学者高效学习的保证。

在学习阶段，大部分的时间是在课堂和自习中度过的，能自由支配的时间很少，在这种情况下，更应学会利用和管好我们宝贵的时间。

下面即是一个管理时间的思维导图：

从图中我们可以看出，管理时间主要有 4 种方法：

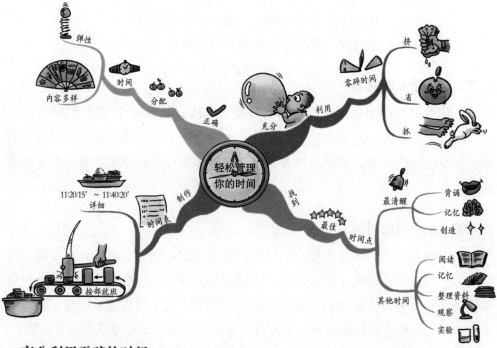

1. 充分利用零碎的时间

生命是以时间为单位的，时间就是生命。学习是要用时间来完成的，浪费自己的时间等于慢性自杀。只有利用好自己身边的零散时间，才能不断地超越自我，实现学习上的飞跃。

善于利用零散时间的人，可用的时间就比别人多。除了"挤"时间，还要善于节省时间，比如一天当中，一定要办最重要的事情；用大部分时间去处理最难、影响最大的事，等等。"挤"时间与省时间的另一个方法是科学利用业余时间。

2. 找准适合自己的最佳学习时间点

一个人一天究竟在什么时间点学习效率最高，这个学习效率最高的点，就是我们要掌握的最佳学习时间点。在学习过程中，我们可以尽量根据个人的生理特点找出可以让学习效率最高的最佳学习时间点，这样才能有助于达到最佳的学习效果。

找准个人学习的最佳时间点，可以充分发挥时间的价值。

你可以根据自己的情况，制订一天的学习计划，比如，什么时间段背诵语文？什么时候想学英语？什么时候阅读最轻松？接下来又干什么，有条不紊。时间长了便自成一种用时节律。

找到适合自己学习的最佳时间点，在头脑最清醒的时间无疑可以用来背诵、记忆、创造；其他时间可用来阅读、浏览、整理资料、观察、实验。

这样合理地安排时间，将会提高你的学习效率。

3. 学会制作学习时间表

制作学习时间表能把你的时间划分得很具体，让你每天的时间井然有序。一个善于学习的人，既不会玩了一天什么也没有干，也不能碰到学习困难就退缩，而应该制定一个详细的时间表，按部就班地执行，那样才会收到事半功倍的效果。

4. 正确分配学习的时间

学习如同练武，一张一弛，也是学习之道。无论做什么事情，都要保持时间运筹上的弹性，这样才能有效率，才能持久。列宁在写给他妹妹伊里奇·乌里扬诺娃的信中说："我劝你正确分配学习的时间，使学习内容多样化。我很清楚地记得，写作之后改做体操，看完有分量的书之后改看小说是非常有益的。"

所以，你在上完理科课之后，可以利用课间休息的时间，掏出英语单词本，读几个单词，不是为了去记忆，而是给头脑换换气，或者掏出一本精彩的小说看一段，也是一种休息。

管理时间是一件很简单的事情，只要你管好了时间，你的学习成绩一定会有很大提高。

做符号笔记的 7 大准则

做符号笔记是很多高效学习者的专长，做好符号笔记能够有效提高学习效率，获得高分。

首先看一幅思维导图：

从图中可以看出，做符号笔记需要注意7大准则：

1. 不要贪多

如果一下子在笔记上做很多符号，一定会增加记忆负担，甚至影响思维，所以，应该少做些记号，但也不能少到复习时不知道哪些是重点。

2. 简洁明了

在一些虽间断但有意义的短语下画线，而不要在完整的句子下面画线，页边空白处的笔记要简短扼要，这样，可以加深你的记忆，让你背诵和复习的时候更得心应手。

3. 反应迅速

你必须明白，如果你不用一种快捷和容易辨别的记号做笔记，那么就很难跟上老师的讲课节奏，如果你因此而错过老师讲解的重要内容就得不偿失了。

4. 积极思考

虽然在课本或笔记上做记号能够有效帮助你学习和复习，但你也应该积极开动脑筋，注重思考。否则，收获不大。

5. 分门别类

做符号笔记的过程中，针对有些事实和概念应该区别对待，把它们分门别类，这样，经过整理过的笔记要比随便编排的事实和概念清晰，也容易记忆。

6. 注意系统性

如果使用的符号过多，可以考虑把画在字句下的单线或双线，重点项目旁的框框、圈圈、星号等作个注释，避免混淆。

7. 前后联系法

在做符号笔记的过程中，也许你会发现第 18 页的说法与第 9 页的说法有直接的联系，你就可以画一个方向朝上的箭头，旁边写上"P9"。同样，在第9 页，同一观点旁边画一个方向朝下的箭头，写上"P18"。在复习时，你就很容易把两者联系起来了。

培养观察力的 5 种方法

观察力对每一个人都很重要，我们的观察力可以在实践中进行锻炼。为了有效地进行观察，更好地锻炼观察力，首先请看一幅有关培养观察力的思维导图：

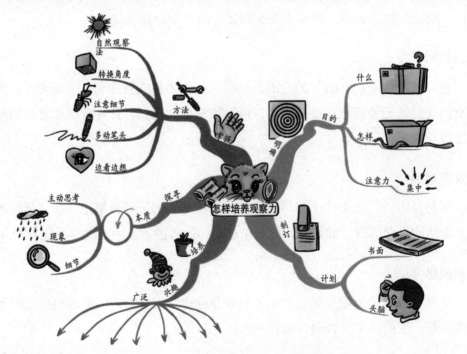

从思维导图中，我们可以看出培养观察力有 5 种主要方法：

1. 明确观察目的

每次观察活动，要定好明确的目的和指向，预先规定好观察任务，以保证观察得全面、细致、清晰、深刻。

对一个事物进行观察时，要明确观察什么，怎样观察，达到什么目的，做到有的放矢，这样才能把观察的注意力集中到事物的主要方面，以抓住其本质特征。目的性是观察力的最显著的特点，有目的才会对自己的观察提出方向。

2. 制订观察计划

观察前，抽出一定时间，对要观察的内容做出安排，制订周密的计划。这样才会有收获。这些观察计划，既可以写成书面的，也可以储存在头脑里。

3. 培养浓厚的观察兴趣

培养浓厚的观察兴趣是培养观察能力的重要前提条件。为了锻炼观察能力，必须培养个人广泛的兴趣，这样才能促使自己津津有味地进行多样观察。

4. 不让观察停于表面，要探寻本质

观察力是思维的触角，要培养我们的观察力，就要善于把观察的任务具体化，善于引导主动思考，学会从现象乃至隐蔽的细节中探索事物的本质。

5. 掌握良好的观察方法

很多人缺乏生活经验和独立、系统的观察能力，在观察事物时，往往抓不住事物的本质，或者看得粗心、笼统，甚至观察的顺序杂乱无章。

为此，有几种观察方法介绍如下：

（1）自然观察法。就是对大自然中所存在的东西进行观察。如在田野或植物园里观察植物的生长情况；在森林和动物园里观察动物的活动情况等。自然观察应注意选好观察点和观察对象，做好记录，并应进行多次原地或异地观察。

（2）只从一个角度、方面去看事物，无异于盲人摸象。应多尝试从另一个角度、另一个观念去看同一问题，打破了定式的思维，使我们能发现更多的问

认真观察下面这12幅图，将它们分成组来帮助记忆。几分钟之后，盖上它们，开始回忆所有的图。

题，也就产生了更强的观察兴趣和能力。

（3）注意细节，观察别人没发现的问题，久而久之，也就形成了勤观察、认真观察、会观察的良好习惯。

（4）多动笔头，随时记录观察情况，有利于整理和保存观察结果，以便利用。

（5）在观察时，要边看边想，学会分清主次、本质与现象，观察力也就从中得到了提高。

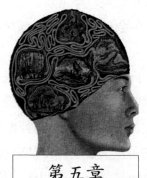

第五章

用思维导图化解工作难题

如何突破工作中的"瓶颈"

工作一段时间后，往往会遇到一个"瓶颈"期。为了突破工作中的"瓶颈"，我们需要为自己进行准确的定位，调整心态，进而选择适合自己的充电方式。

如果我们善于使用思维导图的话，那么面对工作或生活中的任何瓶颈，我们都能厘清、理顺，从而有效应对。

无论事业还是生活，每个人都会遇到"瓶颈期"。最糟糕的是，你并不知道这一次的"瓶颈期"有多长。于是有人戏称之为"悠长假期"。应该怎样度过这个"假期"呢？希望下面的这个小故事能够带给你启发。

在18世纪淘金热刚刚兴起的时候，南非的金矿还埋藏在一望无际的沙漠下。一个名叫乔治·哈里森的人来到南非，他对自己说，他要找到世界上最大的金矿。可是命运似乎并没有眷顾这名年轻人，十几年的时间过去了，乔治·哈里森连金矿的影子都没有看到，只是在一些小金矿作坊里没日没夜地干着最脏最累的活。

处于"瓶颈期"的他松懈下来，放弃了寻找金矿的任何准备。

在很偶然的机会，乔治·哈里森发现了一条长420公里、宽24公里的金脉，这也是目前世界上最大的金矿。

就在他感觉到喜从天降的时候，却发现自己不具备任何开采金矿的资本。万不得已，他只得出售了这条金矿的开采权，价格是 10 英镑！如此低廉的价格，等于白送了开采权。

　　命运和乔治·哈里森开了一个大玩笑。但是只要认真思考一下，就会发现乔治错过金矿的原因，就在于他忽略了"随时准备着"的准则，就算处于"瓶颈期"，在给自己放一个长假的时候，也不能对自己的技术、知识不闻不问。

　　在"瓶颈期"，每个人的苦闷大多是源于缺乏目标。

　　这时，我们首先需要做的是静下心来思考，给自己一个全新而准确的定位。这个定位就像一颗启明星，可以指引你前进的方向。

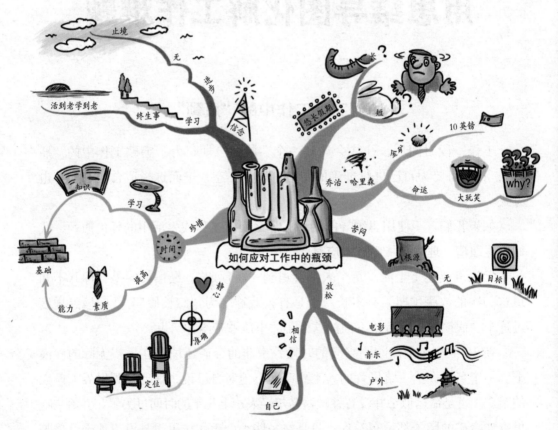

　　工作的瓶颈期会使我们有一些空余时间，不要让这些时间白白溜走，不妨动手学习一直很感兴趣却由于平日的忙碌而疏忽的东西。也许将来的某一阶段，你会发现在"瓶颈期"略显艰苦的"修炼"已经给你铺垫了厚实的基础。

　　下面这个故事中的主人公就是借助学习突破了他的工作瓶颈期，而且迎来了一个崭新的发展阶段。

王明是一家外贸公司的职员，他对自己的工作很不满。

在一次朋友聚会上，他十分生气地对好友张亮说："我的老板真是有眼无珠，他从来都不重视我，我哪天非在他面前发火不可，然后离开公司。"

张亮听后，问王明："你对你所在的公司完全了解了吗？对公司所做业务搞明白了吗？"

王明摇摇头，非常疑惑地看了看张亮。张亮接着说："俗话说'君子报仇十年不晚'嘛！你不用着急辞职，我建议你把你们公司的业务流程先全部搞清，并认真学习那些你不会的东西，等什么都学会后再辞职不干也来得及。"

张亮见王明表情迷惑，就解释说："你想想啊，公司是一个不用花钱就可以学习的地方，等你全部都学会了再辞职的话，就能给自己出气，还能有很多收获，岂不是一举两得吗？王明，难道你不这么认为吗？"张亮的建议王明谨记在心。此后，王明勤学默记，经常在别人下班之后，他还待在办公室中研究写商业文书的方法。

时间过得飞快，1年后，王明偶然遇到了张亮，张亮问他："现在你应该把公司的事情学得差不多了吧？什么时候准备拍桌子辞职啊？"

不料王明却说："但是，这半年来我感觉老板对我非常重视了，近期不断给我加薪，并委以重任，现在，我已经是公司最红的人了！"

从这个故事中，我们应该明白这样一个道理：现在已经步入终生学习的时代，学习是终生的事情，是没有时间的分隔、人员的界定和场所限制的，要想有所发展，就一定要时刻学习。

提高学习的能力要比学习知识重要得多，知识虽然也在时刻更新，但人们只有在提高了学习知识能力的同时才能更好地吸收新知识、运用新技能，以此提高自己的整体素质，才能适时地突破瓶颈。

如何跨越职业停滞期

工作中，突然出现的"职业停滞期"会让人陷入一种深深的"本领恐慌"中，要突破这种职业停滞期，我们要学会"自我革命"，只有不断地突破自我，才能够不断成长。

在职场中，很多人会遭遇一种"职业停滞期"。

例如，有些人因为对自身没有很好的职业规划，接受新知识的态度也不是很积极，结果导致自己的创新能力跟不上新员工，眼看着身边的新员工一个个加薪、晋职，他们陷入一种深深的"本领恐慌"中。

然而面对自己职业上的停滞，他们更多的是埋怨企业没能给他们职位提升的空间，这种想法是不对的。"解铃还须系铃人"，这时，需要我们进行"自我革命"，只有不断地突破自我，才能够不断成长。在这一点上，一则关于鹰的故事可以给我们带来一个很好的启示。

鹰是世界上寿命最长的鸟类之一，其寿命可达 70 年，但当鹰长到 40 岁的时候，它的爪子开始脱落，喙变得又长又弯，翅膀上的羽毛也长得又浓又厚，已不再是飞行的工具，相反成了一种负担。

这时的鹰就如同企业的中年员工一样，必须做出一个困难却又关乎生命的选择：要么安静地死去，要么经过一个痛苦的进化过程获得新生。让人敬佩的是，所有的鹰都选择了后者。它们努力地飞到悬崖边上筑巢，数月停留在那里不再飞翔，用喙击打岩石，直到老喙完全脱落。新喙长出后，鹰会用它把指甲一根根地拔出来，新指甲长出来后再用爪子把羽毛一根根拔掉。5 个月后，鹰获得了新生。

世界著名的信息产业巨子，英特尔公司的前总裁安迪·葛鲁夫，在功成身退之时，回顾自己创业的历史，曾深有感触地说："只有那些危机感强烈、恐惧感强烈的人，才能生存下去。"

恐惧，无疑是一种不安的心志，而居安思危是使"惧"成为不惧的新起点。"惧"是审时度势的理性思考，是在超前意识前提下的反思，是不敢懈怠、兢兢业业、勇于进取的积极心志。

正是在这种惧者生存的经营理念下，英特尔在安迪·葛鲁夫的领导下，常能够适时地进行变革，最终成为全世界最大的芯片制造商。

"英特尔"成立时，葛鲁夫在研发部门工作。1979 年，葛鲁夫出任公司总裁，刚一上任，他立即发动攻势，声称在 1 年内要从摩托罗拉公司手中抢夺 2000 个客户，结果"英特尔"最后共计赢得 2500 个客

《时代周刊》上的安迪·葛鲁夫

户，超额完成任务。

此项攻势源于其强烈的危机意识，他总担心英特尔的市场会被其他企业占领。

1982年，由于经济形势恶化，公司发展趋缓，他推出了"125%的解决方案"，要求雇员必须发挥更高的效率，以战胜咄咄逼人的日本。他时刻担心，日本已经超过了美国。

在销售会议上，可以看到身材矮小、其貌不扬的葛鲁夫。他的匈牙利口音使其吐词不清，他用拖长的声调说："'英特尔'是美国电子业迎战日本电子业的最后希望所在。"

危机意识渗透到安迪·葛鲁夫经营管理的每一个细节中。1985年的一天，葛鲁夫与公司董事长兼CEO的摩尔讨论公司目前的困境。他问："假如我们下台了，另选一位新总裁，你认为他会采取什么行动？"

摩尔犹豫了一下，答道："他会放弃存储器业务。"葛鲁夫说："那我们为什么不自己动手？"在1986年，葛鲁夫为公司提出了新的口号，"英特尔，微处理器公司"。

"英特尔"顺利地度过了困难时期。其实，这皆赖于葛鲁夫那浓厚的危机观念。他始终认为，居安思危者方可生存，企业家一定要居安思危，保持忧患意识，企业方可长久。为了不让公司再度陷入困境，葛鲁夫让"英特尔"几近疯狂地投入到微处理器的战场之中。1992年，葛鲁夫让"英特尔"成为世界上最大的半导体企业。因为"英特尔"已不仅仅是微处理器厂商，它逐渐成了整个计算机产业的领导者。1994年，一个小小的芯片缺陷，一下子将葛鲁夫再次置于生死关头。12月12日，IBM宣布停止发售所有奔腾芯片的计算机。预期的成功变成泡影，雇员心神不宁。12月19日，葛鲁夫决定改变方针，更换所有芯片，并改进芯片设计。最终，公司耗费相当于奔腾5年广告费用的巨资完成了这一工作。但"英特尔"又一次活了下来，而且更加生气勃勃，是葛鲁夫的性格和他的危机观念挽救了公司。

如今，"英特尔"已经掌握了微处理器的市场，可在危机观念的指导下，它没有任何放松的迹象，葛鲁夫仍然没有沾沾自喜而就此松懈。在他的带领下，"英特尔"把利润中非常大的部分花在研发上，继续疯狂行径的葛鲁夫依旧视竞争者如洪水猛兽。葛鲁夫那句"只有恐惧、危机感强烈的人，才能生存下去"的名言已成为"英特尔"企业文化的象征。

曾看过一个关于"蝉猴"的故事。蝉猴是蝉的幼虫，在它成长为可以爬上树"歌唱"的蝉之前，要经过一次至关重要的蜕皮，如果不完成这次蜕变，它只能长眠于地下，永远也不能变成可以欢歌的蝉。

其实，蝉猴的经历也是我们每一个人甚至每一个企业的写照。危机是随时都会出现的，危机当前，逃避不是上策，只有勇敢地面对它，根据发展形势进行必不可少的变革，才是个人与企业长久发展之计。

如何缓解心理压力

今天，在工作强度日趋加大，市场竞争日趋激烈的情况下，不少人感到难以承受沉重的工作压力，并出现了明显的心理反应。在这种情况下，减压已经成为一个刻不容缓的问题。

2003 年 6 月，温州市东方集团副总经理朱永龙因长期精神抑郁自杀身亡；

2003 年 8 月，韩国现代集团董事长郑梦宪跳楼身死；

2005 年 4 月，爱立信（中国）有限公司总裁杨迈由于心脏骤停在北京突然辞世；

产生压力的社会环境（比如贫困和恶劣的住房条件）已经被证明是导致精神障碍的主要因素。社区心理学（或者一级预防）的目标是在社区范围内通过改善社会生活条件减少居民患精神障碍的风险。

…… ……

中国约有 70% 的白领处于亚健康状态。

为什么会这样呢？一句话，都市节奏太快，职场压力太大。

所谓的压力是当我们去适应由周围环境引起的刺激时，我们的身体或精神上的生理反应。一般而言，98% 的压力来自芝麻小事，只有 2% 的压力可能造成生活上的大问题。

然而，这 2% 的压力却产生了 98% 的"负面性压力"。有人面对压力，会暴饮暴食、酗酒、吸毒，变成工作狂，但有人却会把压力视为机会，借着压力将自己转化得更成熟稳健。

不良压力危害人的生理和心理健康，威胁人生幸福，如何应对压力是一堂人生必修课。当面对压力时，你可以采用以下方法来化解压力、缓解压力：

1. 让心灵暂时出逃

工作无休止，事业无尽头，但是健康却是我们永恒的本钱。在这个日新月异的社会里，每个人都越来越看重自己的身份和事业，既想做白领、做主管、做老板，又要做好丈夫、好妻子、好父亲、好母亲。

这些来自职场和家庭的不同身份，就像一张无形的网，罩得人们喘不过气来。其实，你完全可以让自己停下来歇一歇。在办公室和家的两点一线之外，找一个让心灵暂时出逃的地方，将人生重负稍放片刻，在那里虚度一下光阴。出来之后，你也许就会觉得，迎接你的，是又一个生机勃勃的明天。

2. 提高你的抗压力

提高抗压能力的第一步是要有意识地塑造自己良好的性格，对待事情，要能拿得起，放得下，保持情绪的稳定性。这样，当压力到来时，就不会有大起大落的不适应感。

再者，要意志坚定、胸怀坦荡、心境豁达，凡事不钻牛角尖。

最后要善于处理人际关系。今天，每个人都面临事业、学术、婚姻、住房、医疗、利益分配等诸多问题，在这些关系个人利益的问题中，人际关系显得尤为重要。

3. 饮食得当，缓解心理压力

营养学家和心理学家经过几十年的潜心研究，发现食物因素对人的心理状态包括情绪状态有较大的影响。在一定情况下，选择最佳食物，可以缓解心理压力和负担。

例如，含糖量高的食物对忧郁、紧张和易怒行为或心理状态有缓解作用。因此，如果你遇到难题，思虑过度或紧张不安，甚至发生严重失眠的话，建议在睡觉前喝点儿脱脂牛奶或加蜂蜜的麦粥，并吃些香蕉。这些食物会帮助你安定心情、顺利入眠，并且会睡得更香。

4. 勤做缓解压力操

步骤一：两手慢慢平伸，手握拳头，慢慢用力，包括上臂、前臂、拳头。慢慢用力，再用力，感觉肌肉的紧绷，达到自己可以承受的极致。然后慢慢放松，两手慢慢放下。

步骤二：身体坐正，下巴往胸前压，两肩往后拉，然后往前压，再用力往后拉，用力，慢慢放松，动作要慢。

步骤三：眉毛上扬，用力往上扬，用力，再用力，然后慢慢松开。

步骤四：鼻子、嘴巴、眼睛用力往脸中间挤，慢慢用力，然后慢慢放松。

步骤五：嘴唇紧闭，用力咬紧牙齿，慢慢用力，然后慢慢放松。

步骤六：嘴巴张开，舌头抵住下齿龈，嘴巴用力张开，舌头用力抵住，再用力，慢慢放松。

步骤七：身体坐直，身体往后仰，用力往后仰，再用力，慢慢回复原来位置，慢慢做两个深呼吸。

5. 香气疗法

香气治疗法目前在日本颇为流行，它不是简单地买回一些植物汁或者植物油来享受其芬芳就完事，而是有越来越多的商家开始利用这种香气为人们提供治疗服务，据说该治疗可以起到缓和人们紧张情绪和改进人际关系的神奇功效。

很多美容院都已开展了这项服务。当然，如果没有条件的话，那么养几盆有香味的花，每天早晚跑去阳台各闻一次，然后做做伸展运动，也许压力也会随之一扫而光。

6. 听自己最喜欢的歌

音乐同样具有安定情绪和抚慰的功效。想尽情地发泄一番，那就听一听摇滚乐；想厘清一下情绪，那就听听古典音乐。你可以买上一两张新碟，把自己关在房间里戴上耳机，你就可以尽情地沉浸在音乐王国里面了。

7.有空常做深呼吸

呼吸并不只有维持生命的作用，吐纳之法还可以清新头脑、平静思绪。所以当你因压力太大而心跳加快时，不妨试着放松身心，做几个深呼吸。

8.在想象中减压

听起来很新鲜，其实研究证明想象能有效减轻压力。例如设想自己在草地漫步，闻到近处有兰花，踩着鹅卵石在没膝深的溪水中探行，躺在海滩上让潮水一遍一遍地冲刷。要注意想象一些声音、景象、气味等的细节。

如何摆脱不良的工作情绪

"雄鹰翱翔天空，难免折伤飞翼；骏马奔驰大地，难免失蹄折骨。"人的一生不可能一帆风顺，事事如意，我们在工作中也难免会遇到挫折。摆脱不良的工作情绪将有助于工作的顺利进行，并可以给你带来好的心境。

有的人在工作中遇到挫折后，就消沉、灰心、萎靡不振，丧失信心，放弃了努力，甚至自怨自艾，自暴自弃。

长久的压抑甚至导致精神疾病，其实，在遇到挫折后，不妨冷静而理智地分析导致挫折的原因和过程，从中找到较好的解决办法。

下面介绍几种摆脱不良工作情绪的方法：

（1）沉着冷静，不慌不怒。

（2）增强自信，提高勇气。

（3）审时度势，迂回取胜。所谓迂回取胜，即目标不变，方法变了。

（4）再接再厉，锲而不舍。当你遇到挫折时，要勇往直前。你的既定目标不变，努力的程度加倍。

（5）移花接木，灵活机动。倘若原来太高的目标一时无法实现，可用比较容易达到的目标来代替，这也是一种适应的方式。

（6）寻找原因，厘清思路。当你受挫时，先静下心来把可能产生的原因寻找出来，再寻求解决问题的方法。

（7）情绪转移，寻求升华。可以通过自己喜爱的集邮、写作、书法、美术、音乐、舞蹈、体育锻炼等方式，使情绪得以调适，情感得以升华。

（8）学会宣泄，摆脱压力。面对挫折，不同的人有不同的态度。有人惆怅，有人犹豫，此时不妨找一两个亲近的人、理解你的人，把心里的话全部倾吐出来。

从心理健康角度而言，宣泄可以消除因挫折而带来的精神压力，可以减轻精神疲劳；同时，宣泄也是一种自我心理救护措施，它能使不良情绪得到淡化和减轻。

（9）必要时求助于心理咨询。当人们遭遇挫折不知所措时，不妨求助于心理咨询机构。

心理医生会对你动之以情，晓之以理，导之以行，循循善诱，使你从"山重水复疑无路"的困境中，步入"柳暗花明又一村"的境界。

（10）学会幽默，自我解嘲。"幽默"和"自嘲"是宣泄积郁、平衡心态、制造快乐的良方。当你遭受挫折时，不妨采用阿Q的精神胜利法，比如"吃亏是福"、"破财免灾"、"有失有得"等来调节一下你失衡的心理。或者"难得糊涂"，冷静看待挫折，用幽默的方法调整心态。

对此，我们用思维导图画出摆脱不良工作情绪的方法，以时刻提醒自己。

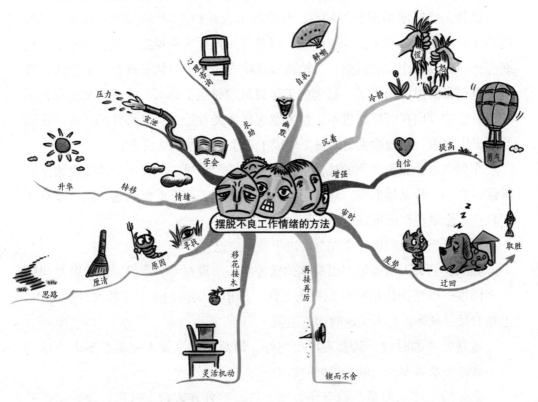

如何保持最佳的工作状态

以最佳的工作状态工作不但可以提升我们的工作业绩，还可以带来许多意想不到的成果。良好的精神状态不是财富，但是它会带给我们财富，也会让我们得到更多的成功机会。

精神状态能如何影响工作，不是任何人都清楚，但是我们都知道没有人愿意跟一个整天提不起精神的人打交道，也没有哪一个领导愿意提拔一个精神萎靡不振、牢骚满腹的员工。

微软的招聘官曾指出："从人力资源的角度来讲，我们愿意招的员工，他首先是一个非常有激情的人，对公司有激情、对技术有激情、对工作有激情。可能他在这个行业涉世不深，年纪也不大，但是他有激情，和他谈完之后，你会受到感染，愿意给他一个机会。"

刚刚进入公司的员工，自觉工作经验缺乏，为了弥补不足，常常早来晚走，斗志昂扬，就算是忙得没时间吃饭，依然很开心，因为工作有挑战性，感受也是全新的。

这种工作时激情四射的状态，几乎每个人在初入职场时都经历过。可是，这份工作激情来自对工作的新鲜感，以及对工作中可预见问题的征服感，一旦新鲜感消失，工作驾轻就熟，激情也往往随之溜走。一切又开始平平淡淡，昔日充满创意的想法消失了，每天的工作只是应付完了即可。既厌倦又无奈，不知道自己的方向在哪里，也不清楚究竟怎样才能找回令自己心跳的激情。在领导的眼中也由一个前途无量的员工变成了一个比较称职的员工。

在现今这个充满竞争的社会里，在以成败论英雄的工作中，谁能自始至终陪伴、鼓励、帮助我们呢？同事、亲人和朋友们，都不能做到这一点。唯有我们自己才能激励自己更好地迎接每一次的挑战。

所以要想变得积极起来完全取决于我们自己。

如果我们每天清晨始终以最佳的精神状态出现在办公室里，面带微笑问候一声同事，以昂扬的精神状态投入工作，感染周围的同事，工作时神情专注，走路时昂首挺胸，与人交谈时面带微笑……

越是疲倦的时候，就要表现得越好、越显精神，让人完全看不出一丝倦容，这样会给周围的人带来积极的影响。

良好的工作状态是我们责任心和上进心的外在表现，这正是领导期望看到的。在这个社会中，人们都承受着巨大的有形或者无形的压力。所以就算生活、工作不尽如人意，也不要愁眉不展、无所事事，要学会掌控自己的情绪，让一切变得积极起来。让我们始终对未来充满希望！明天会更好！如果我们乐观，一切事情都是亮色的，包括糟糕的事情，如果我们悲观，一切事情都是灰色的，包括美好的事情。

所以保持对工作的新鲜感是保证我们工作激情的有效方法。

可是这做起来很难，不管什么工作都有从开始接触到全面熟悉的过程。要想保持对工作的恒久的新鲜感，可以从以下几方面着手：

首先必须改变工作只是

只有保持良好的工作状态，才能从容应对工作中出现的各种问题与挑战。

一种谋生手段的认识，把自己的事业、成功和目前的工作连接起来。其次，保持长久激情的秘诀，就是给自己不断树立新的目标，挖掘新鲜感，把曾经的梦想捡起来，寻找机会去实现它。审视自己的工作，看看有哪些事情可以更好地处理，然后把想法实施到工作中，认同企业文化，培养归属感，对自己的企业和工作感到骄傲，在我们解决了一个又一个的问题后，自然就产生了一些小小的成就感，也会因此受到鼓舞，感觉生活是美好的，这种新鲜感觉就是让激情每天陪伴自己的最佳良药。最后要热爱工作并充满激情。不要扼杀对美好事物的追求和热情，对我们的工作倾入全部的热情，每天精神饱满地去迎接工作，以最佳的精神状态去发挥自己的才能，就能充分发掘自己的潜能。我们的内心同时也会变化，越发有信心，别人也就会认同我们存在的价值。

如何保持完美的职业形象

成功形象是一个人的无形资产，"看起来像个成功者和领导者"，那么你的事业会为你敞开幸运的大门。

西方有句名言："你可以先装扮成'那个样子'，直到你成为'那个样子'。"如果你已经成为"那个样子"，但没有扮成"那个样子"，那么对你的成功事业就会带来一定的阻碍。先看一个事例。

我国东北盛产大豆，以其粒大、油多、脂肪丰富而闻名全国。改革开放后，一大批农民企业家迅速崛起，陈志贵就是其中的一个。他就地取材，以当地特产的优质大豆为原料，创办了一家豆粉饼加工厂。

由于经营得方，业务很快就做大了，不仅将客户发展到了全国，甚至还发展到了东南亚地区。

一天，陈志贵收到了一张来自香港的大订单，他亲自带领工人连夜加班，终于在规定的时间内完工，将货物发往了香港。但几天之后，香港公司却打来电话，说货物"有质量问题"，要求退货。

陈志贵十分纳闷，自己的产品一向以质量过硬而赢得卓越信誉，况且，这批产品由自己亲自监工生产，怎么会出现质量问题呢？绝对不是质量问题，一定是其他环节上出现了问题！陈志贵十分自信，他简单收拾了一下行李，立即乘飞机飞往香港。

当西装革履、风度翩翩的陈志贵出现在香港公司的总经理面前时，对方竟

形象是一个人的无形资产，良好的形象不仅能带给你自信，还能增强别人的信任感。

然惊讶地张大了嘴巴。虽然还不明白退货的问题出在哪里，但感觉敏锐的陈志贵已从对方的细微变化中捕捉到了什么。

在以后两天的相处中，陈志贵不亢不卑，侃侃而谈，充分表现出一个现代企业家应有的气质和风度，最终不仅"质量问题"烟消云散，还和那位总经理成了好朋友，成为长期的商业伙伴。

但是"质量问题"始终是陈志贵心中的一个疑团，因为他和对方谈得多是企业管理和人生修养方面的问题，他们根本没有再提什么质量问题。直到多年之后，陈志贵向那位经理询问才得知真正原因。

原来，这批货是香港公司的一个部门经理向陈志贵订的货，但在向总经理汇报后，总经理得知这批货是由农民家庭加工生产时，脑海里凭空臆想出了一个土得掉渣的农民形象。他顾虑重重，对那批货看也不看，就做了退货的决定。但当形象鲜明、个性十足的陈志贵突然出现在他面前时，他才知道自己犯了个多么可笑的错误。

可见，成功的形象确实是一个人的无形资产，"看起来像个成功者或者领导者"，那么你的事业会为你敞开幸运的大门，让你脱颖而出。

民主选举时，由于你"像个领导"，人们会投你一票；提拔领导时，由于你"像个领袖"，你会被领导和群众接受；对外进行商务交往时，由于你"像个成功的人"，人们愿意相信你的公司也是成功的，因而愿意与你的公司进行交易。

沈先生有很高的经商才能，从一家大公司辞职后他想开家公司。但是当他的公司开张时，生意却出奇惨淡，他的客户在他简陋的办公室中往往坐不到5分钟就起身告辞。

后来他在实力的虚实上做起文章来，以吸引人流的商人和客户。

他租用了一套还算像样的房子，将里面的家具放入仓库，从别处借来一套上档次的办公家具，精心布置一番，顿使办公室气派不凡。

他又从家中拿来一些商务方面的书，搁在书架上，而且专放些半新半旧的，这使人不致怀疑他在生意上的真才实学。他通过熟人买了一套计算机机壳，盖上好看的装饰布，只要人们不亲自操作，谁也不知道那是样子货。他花小钱认认真真地"包装"了他的公司。

不过，他的公司也有真正属于他的东西，就是传真机和电话机。以后，他的公司里生意人渐渐多了，他出色的谈判技巧配上有实力的表象，使人增加了对他的信任，终于他有了几个固定的客户。

就这样，他虚虚实实、真真假假、若有若无地与形形色色的商人打交道，并且战绩辉煌，有了相当可观的收入。他将公司搬进了一家饭店，办公室里的那台电脑也变成真的了。当沈先生经过一系列改变后，他就让人产生了"看起来像个成功人士"的感觉，这促使他迈出走向成功的关键的一步。

因为在人们的意识中，具备这种成功形象的人大都是已经成功的人，因此，"看起来像个成功者"能够让你感受成功者的自信，激励自己走向成功，模仿成功者的举止、行为，被人们首先认可是具有潜力的成功者。因而，当成功的机会到来时，你就是成功者！

为了取得成功，你必须在脑中"看"到你正在取得成功的形象，在脑中显现你充满自信地投身一项困难的挑战的形象。这种积极的自我形象反复在心中呈现，就会成为潜意识的一个组成部分，从而引导我们走向成功。

努力在外表塑造"像个成功人士"的例子数不胜数，因为他们深刻理解"看起来像个成功者"的形象对事业有多大的促进作用。

当然，看起来像个成功人士，不仅仅是指外表、谈吐和举止都要像个成功者，而且要有许多特质，这些特质是看不见摸不着的，但它却是成功的根本。这些特质包括：

（1）热情奔放。

成功者一直有一个理由，一个值得付出、激起兴趣且长踞心头的目标，驱使他们去实行、去追求成长和更上一层楼。这目标给予他们开动成功列车所需的动力，使他们释放出真正的潜能——热情。

（2）乐观向上的精神。

一个能够在一切事情不顺利时仍然微笑的人，比一个遇到艰难就垂头丧气的人，更具有胜利的条件。

（3）要有策略。

策略就是组合各种才能的计划，有策略才能使事情按部就班地完成。

（4）清楚的价值观。

看看那些真正的成功人士，他们虽然职业不同，但却有共同的道德根基，知道为人本分和当仁不让。所以要想成功，就得明白自己的价值观，这是极为重要的关键。

（5）精力充沛。

缺乏活力、步履蹒跚的人想进入卓越之林，那几乎是不可能的。精力充沛之人的四周，几乎整日充满各种各样的机会，忙得他们分身乏术。

（6）超凡的凝聚力。

差不多所有的成功者都有一种凝聚众人的超凡能力，这种能力能把不同背景、不同信仰的一群人集合在一起，建立共识，统一行动，这样才能保证事业成功。

（7）善于沟通。

能带动我们生活和工作的人，都是能与他人沟通的大师，他们具有传送见解、请求、消息的能力，所以能成为伟大的政治家、企业家等。成功者的特质，仿佛是由心中燃烧的火焰，驱使他们去追求成功。拥有成功特质的人，在不断实现自己理想的过程中，也广泛地赢得了世人的欢迎和瞩目。

有效晋升的完美方略

在日新月异的当今社会，随着科技的飞速发展，竞争日趋激烈。一个人要想在职场上稳坐钓鱼台，并且步步高升并非易事。但是，掌握了正确的方法，职场晋升不再是童话。

对于公司员工来说，晋升几乎是每个人永远追求的梦想。但是，晋升好运并非落在每一个人身上，而只青睐那些成绩出色、工作努力的员工，谁能成为同行的佼佼者，谁就能成为公司老板所青睐的对象。

其实，晋升如同其他事情一样，也需掌握一定的方法，如果使用的方法得当，那么，你将很快地达到你的晋升目标。下面的几种晋升策略也许会带给你一些体悟。

攻略一：毛遂自荐，学会推销自己

当今职场，每个人都要具有自我推销意识，尽力把自己的能力展现给上司和同事，让他们认同你。如果你有惊世之才，却不懂得去推销自己，犹如埋在地底下的一块宝石，无法让人欣赏你的光芒，等于是自我埋没。

当上司提出一项计划，需要员工配合执行时，你可以毛遂自荐，充分表现你的工作能力。

李坚在某研究所就职。一天，办公室主任请他看一份报告，并准备在此之后呈送所长。李坚看后认为："这个报告不行，如果依照它办理，将会导致失败。"他向所长大胆地提出了这一看法。所长说："既然他的不行，那么就请你拿出一份可行的方案来吧！"

第二天，李坚拿出一份报告呈递所长，得到所长的大力赞赏。

一个月后，李坚就被提升为办公室主任，原主任也因此而被解雇。

在这个例子中，如果李坚不善于抓住向所长表现自己才能的机会，就很难得到所长的重用。

攻略二：主动去做上级没有交代的事

在现代职场里，有两种人永远无法取得成功：一种人是只做上级交代的事情，另一种人是做不好上级交代的事情。这两种人都是首先被上级"炒鱿鱼"的人，或者是在卑微的工作岗位上耗费终生却毫无成就的人。

在现代职场，过去那种听命行事的工作作风已不再

在工作中，只要认定一件事是要做的事，就应立刻采取行动，而不必等到上级的交代。主动进取、自动自发工作的员工会备受青睐。

受到重视，主动进取、自动自发工作的员工将备受青睐。在工作中，只要认定那是要做的事，就立刻采取行动，马上去做，而不必等到上级的交代。

攻略三：敬业让你出类拔萃

无论从事什么职业，只有全心全意、尽职尽责地工作，才能在自己的领域里出类拔萃，这也是敬业精神的直接表现。

王凯大学毕业后被分配到一个研究所，这个研究所的大部分人都具备硕士和博士学位，王凯感到压力很大。经过一段时间的工作，王凯发现所里大部分人不敬业，对本职工作不认真，他们不是玩乐，就是搞自己的"第三产业"，把在所里上班当成混日子。

王凯反其道而行之，他一头扎进工作中，从早到晚埋头苦干，经常加班加点。王凯的业务水平提高很快，不久成了所里的"顶梁柱"，并逐渐受到所长的重用，时间一长，更让所长感到离开他就好像失去左膀右臂。不久，王凯便被提升为副所长，老所长年事已高，所长的位置也在等着王凯。

敬业不但能使企业不断发展，而且还能使员工个人事业取得成功。

攻略四：关键时刻，为上级挺身而出

琼斯是某学院的部门助理，他的上级博格负责管理学生和教职员工。糟糕的签到系统使许多班级拥挤不堪，而另一些班级却是人太少，面临被注销的

危险。博格的工作遭到众多师生的非议，承受着改进学生签到系统的压力。琼斯自告奋勇要开发一个新的签到体系。博格高兴地同意了他的意见。经过艰苦工作，琼斯开发出一个准确高效的签到管理系统，不久后的一次组织机构改组中，博格升任主任，随即，琼斯被提升为副主任。

对于琼斯开发并成功地完成了这套系统，博格给予了高度赞扬。

一般来说，时刻和老板保持一致，并帮助老板取得成功的人往往会成为企业的中坚力量，并且会成为令人羡慕的成功人士。

当某项工作陷入困境之时，如果你能挺身而出，大显身手，定会让老板格外赏识；当老板生活上出现矛盾时，你若能妙语劝慰，也会令老板十分感激。此时，你不要变成一块木头，呆头呆脑、冷漠无能、畏首畏尾、胆怯懦弱。若那样的话，老板便会认为你是一个无知无识、无情无能的平庸之辈。

攻略五：不要抱怨分外的工作

在职场上，很多人认为只要把自己的本职工作做好，把分内的事做好，就可以万事大吉了。当接到上司安排的额外工作时，不是满脸的不情愿，就是愁眉不展、唠唠叨叨地抱怨不停。

抱怨分外的工作，不是有气度和有职业精神的表现。一个勇于负重、任劳任怨、被老板器重的员工，不仅体现在认真做好本职工作上，也体现为愿意接受额外的工作，能够主动为上司分忧解难。因为额外工作对公司来说往往是紧急而重要的，尽心尽力地完成它是敬业精神的良好体现。

如果你想成功，除了努力做好本职工作以外，你还要经常去做一些分外的事。因为只有这样，你才能时刻保持斗志，才能在工作中不断地锻炼、充实自己，才能引起别人的注意。

攻略六：积极进取，赢得晋升

进取心代表着开拓精神，开拓精神则说明对现实有忧患意识，对未来有探险精神。这样的人才，老板将委以重任。

安于现状的人在老板的心中就是没有上进心的人，这种人也许循规蹈矩，不出差错，但公司不会需要太多这样的人。公司如果是以增长为目标，那么就需要不安于现状、放眼未来的员工。

绝大多数老板希望员工具有积极进取的冒险精神，明知山有虎，偏向虎山行。其实，也只有这样的人才可以令企业有更大的飞跃，那些安于现状的员工只能做"垫底"的功用，这种人令老板放心，但绝不会令老板欣赏。

攻略七：让老板知道你做了什么

你是不是每天全力以赴地工作，数年来如一日？不过，有一天你突然发现，纵使自己累得半死，别人好像都没发现，尤其是老板，似乎从来没有当面夸奖或表扬过你。

这个问题可能不在老板，而是出在你自己身上。大多数的员工都有一种想法：只要我工作卖力，就一定能够得到应有的奖赏。但问题是：光会做没有用，做得再多也没有人知道。要想办法让别人，特别是你的老板知道你做了什么。

攻略八：做一名忠诚的员工

王双长相平平，学历不高，在一家进出口贸易公司做电脑打字员。那年，公司现金周转困难，员工工资开始告急，人们纷纷跳槽。在这危急的时刻，王双没有走，而是劝说消沉的老板振作起来。在王双的努力下，公司谈成了一笔很大的服装业务，王双为公司拿到 1000 万美元的订单，公司终于有了起色。

后来，公司改成股份制，老板当了董事长，王双则成了新公司第一任总经理。有人问王双如何取得了这样的成就，王双说："要说我个人如何取得了这样的成就只有两点：那就是一要用心，二没私心。"

不知王双的话对你是否有启发。现在很多人一边在为公司工作，一边在打着个人的小算盘，这样的人怎么能为公司的发展做出贡献呢？公司没有发展，个人又怎能成功呢？

任何一个老板都喜欢忠诚的员工，只有忠诚的员工才能获得老板的信任。如果员工不忠诚，老板就会有如坐针毡的感觉，一些重大的事情就不敢交给这样的员工去做，员工又怎能获得加薪与晋升的机会呢？

如何在竞争中夺取胜利

在竞争越来越激烈的现代职场，面对同样的竞争状态，有的人遭到了失败，有的人却能在竞争中脱颖而出。既然竞争是不可避免的，我们就要积极地面对竞争，以良好的心态去竞争。

在竞争愈演愈烈的现代社会中，同事之间不可避免地会出现或明或暗的竞争，表面上可能相处得很好，实际情况却并非如此。

你有时也许会有这样的困惑：上司对你印象不错，你自己的能力也不差，工作也很卖力气，但却总是迟迟到达不了成功的顶峰，甚至常常感到工作不顺心，仿佛时时处处有一只看不见的手在暗中扯你的后腿。百思而不得其解之后，你也许会灰心丧气颓然叹道："唉，那是上帝之手吧！"其实，那只手就是同事的手。

美国斯坦福大学心理系教授罗亚博士认为，人人生而平等，每个人都有足够的条件成为主管，平步青云，但必须要懂得一些应对竞争的技巧。掌握了这些技巧，你的成功也许就能事半功倍。

1. 要有竞争意识

在工作中勤于上进和学有所长的人，有时会遇到这种情况：有些比自己条件差的人却先于自己取得了某种成功，或者比自己升迁得快，或者比自己更被老板赏识和器重。这究竟是怎么一回事呢？答案之一便是缺乏"竞争意识"。

人类自古至今，总是生活在各种各样的竞争之中，一个人要在职场生存和发展，就要有竞争意识，就要有一种比对手做得更好的意识。

勇于竞争和善于竞争，是使自己在人群中脱颖而出和在事业上卓尔不群的基本原因之一。一味埋头赶路而丝毫不顾及其他对手的情况，缺乏在社会上立足的竞争意识，你就很可能会成为在同一起跑线上起跑的落伍者。

2. 加强沟通，展现实力

工作是一股绳，员工就好比拧成绳子的每根线，只有各根线凝聚成一股力量，这股绳才能经受外力的撕扯。这也是同事之间应该遵循的一种工作精神或职业操守。生活中，有的企业因为内部人事斗争，不仅企业本身"伤了元气"，整个社会舆论也产生不良影响。作为一名员工，尤其要加强个体和整体的协调统一。

因为员工作为企业个体，一方面有自己的个性，另一方面，就是如何很好地融入集体，而这种协调和统一很大程度上建立于人的协调和统一之中。所以，无论自己处于什么职位，首先需要与同事多沟通，因为你个人的视野和经验毕竟有限，要避免给人留下"独断专行"的印象。

当然，同事之间有摩擦是难免的，我们应具有"对事不对人"的原则，及时有效地调解这种关系。不过从另一角度来看，此时也是你展现自我的好机会。用实力说话，真正令同事刮目相看。即使有人对你有些非议，此时也会"偃旗息鼓"。

3. 互惠互利，共筑双赢

一只狮子和一只野狼同时发现了一只山羊，于是商量共同去追捕那只山羊。它们配合得很默契，当野狼把山羊扑倒后，狮子便上前一口把山羊咬死。

但这时狮子起了贪念，不想和野狼共同分享这只山羊，于是想把野狼也咬死。野狼拼命抵抗，后来狼虽然被狮子咬死，但狮子自己也受了很重的伤，无法享受美味。

如果狮子不起贪念，和野狼共享那只山羊，那不就皆大欢喜了吗？何必争得个你死我活的"单赢"呢？

单赢不是赢，只有双赢互利才是真正的赢。战争的至高境界是和平，竞争的至高境界是合作。一名职业人士在进入职场伊始，就应当力求这样的结果。

互惠互利，共筑双赢，这是与竞争对手寻求共同利益的最好办法。

4. 心胸开阔，以静制动

通常情况下，我们会将自己的竞争对手看作死敌，为了成为那个令人艳羡的胜利者，也许会不择手段地排挤竞争对手。或是拉帮结派，或是在上司面前历数别人的不是，或是设下一个又一个巧计使得对方"马失前蹄"……可悲的是，处心积虑的人往往并不能成为最终的赢家，除了收获沮丧和悔恨，再也得不到别的什么。

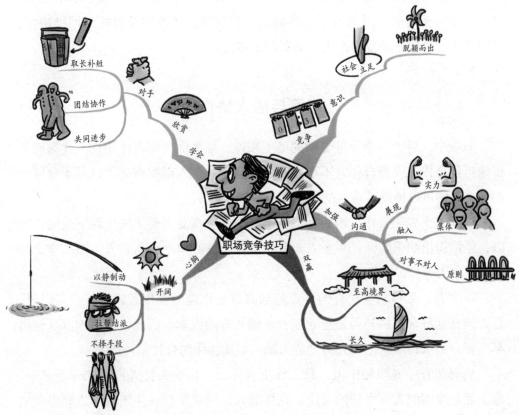

5. 学会欣赏你的竞争对手

张前应聘一家著名的广告公司，经过层层选拔，最终进入了复试，成了 6 位入围者之一。复试内容很简单：让每位入围者按要求设计一件作品并当众展示，让另外 5 人打分，写出相关的评语。

张前在评分时，对其中两人的作品非常佩服，怀着复杂的心情给他们打了高分，并写下了赞语。令他意外的是，他入选了！而更令他意外的是，他欣赏的那两人中只有一位入选！他不明白这是为什么。

该广告公司老总的一番话使他幡然醒悟。老总说："入围的 6 个人可以说都是佼佼者，专业水平都较高，这固然是重要的方面。但公司更为关注的是，入围者在相互评价中，是否能彼此欣赏。因为，庸才自以为是，看不见别人的长处，若对对方视而不见，那就显得心胸太狭隘了，从严格意义来说，那不叫人才。落聘的几位虽然专业水平不错，但遗憾的是他们缺乏欣赏对手的眼光，而这点较专业水平其实更重要。"

在当前日趋激烈的就业竞争中，是否具有欣赏别人的眼光和接纳别人的胸襟，是非常重要的。因为有了这样的眼光和胸襟，才能取长补短，团结协作，共同进步。这也正是复合型人才必备的素养之一。

如何与他人协作

职场中，对于一个业务专精的员工来说，如果他仗着自己比别人优秀而傲慢地拒绝合作，或者合作时不积极，总倾向于一个人孤军奋战，这是十分可惜的。他其实可以借助其他人的力量使自己更优秀。

成功人士善于合作，因为他们知道一个人在孤岛上是无法生存下去的。所以，他们得出如下结论：一个人要取得成功，就必须学会与别人一道工作，并能够与别人合作。

事实上，那些基业长青的企业都拥有共创卓越的合作意识，甚至可以说，是否拥有这种合作精神乃是企业能否永续光辉的根本。因此，世界 500 强公司都在着力追求和培养把个人的创造力融入集体协作的合作精神。

然而却有一些职场中人，只工作不合作，宁肯一头扎进自己的专业之中，也不愿与周围的人有密切的交流。这样的人，想靠单打独斗把自己带到事业的顶峰是不可能的。因为，当你费了九牛二虎之力在专业上有所突破的时候，人家早已遥遥领先，你的心血也就随即变成"明日黄花"了。

当今时代是市场经济时代，市场经济是广泛的交往经济，离不开与各种类型人的合作；当今时代又是竞争时代，只有选择合作，才能成为最具竞争力的一族。

那么，我们该如何与别人进行合作呢？

1. 力所能及时，要主动向别人提供援助

可以说，在现代社会里，只靠自己独立就可完成的工作几乎是没有的。随着科技的迅猛发展，越来越多的工作是单个人所不能胜任的，因此，知识共享和合作精神成为对企业员工的基本要求。

任何事物都不可能十全十美，企业的规章制度也是如此，总有些事情是规章制度无法规定的，也一定会有一些意外的情况出现。此时，能否主动请缨，毫无怨言地接受任务，是优秀与平庸相区别的标志。一般说来，老板都会铭记员工对企业的超额付出，一有机会就会给予回报。

2. 积极参与到团队之中

在团体活动中，如果你总喜欢让别人出头露面，自己却静静地坐在那里，做一个感兴趣的旁观者。那么，你就无法培养自己的社交能力，赢得团体中其他成员对你的尊重，无法对团体的决定施加影响。既然你同样对团体的最终决策负有责任，无论你态度积极或保持沉默，你都可以贡献你的聪明才智。你应该创造积极的心理暗示。

一个人若想成功，就必须学会与他人协作，唯有如此，才能借他人的力量使自己更优秀。

第一步要意识到你的想法或许是不合理的，那些最担心"每个人将认为我是一个傻瓜，都会耻笑我"的人，一般来说是最有思想和见识的。实际上，往往是那些喋喋不休的人缺乏自律意识，善于空谈，徒有热情而无建树。

如果你感到忧虑和焦急，那么，你需要迫使自己迈出第一步。万事开头难，随着你不合理的怪念头的减退，以及你自信心的增强，你就能积极地参与到团体的活动中来，为团体的发展做出自己应有的贡献。

3. 由别人去做结论

平庸的合作者会急于切中他的主题，抢先做出结论，而优秀的合作者则首先创造一个互相信任和心心相印的气氛，然后再提供自己的看法，而且仅仅是

我们的心身控制着周期。一天中会经历 90~100 个每个长达 20 分钟的休息——活跃周期循环。我们的智力表现，还有其他功能如做梦、压力控制、脑半球支配及免疫系统活动直接与此基础相联系。为了提高记忆力，我们要注意周期的交替。当周期处在上升期时，我们可以去完成任务；当处于下降期时，精神上和身体上的表现就差强人意了。

提供看法，而由别人做结论。

天锐公司需要添购一套自动化电镀设备，许多厂商闻讯纷纷前来介绍产品，负责电镀车间的老王因而不胜其扰。但是，有一家制造厂商就别出心裁，写来这样的一封信："我们工厂最近完成了一套自动化电镀设备，前不久才运到公司来。由于这套设备并非尽善尽美，为了能进一步改良，我们诚恳地请您前来指教。为了不耽误您的宝贵时间，请随时与我们联系，我们会马上开车接您。"

"接到这封信真使我惊讶。"老王说，"以前从没有厂商询问过我的意见，所以这封信让我觉得自己重要。"看了这套设备之后，没有人向他推销，而是老王自己向公司建议买下那套设备。

所以，要赢得合作，就不要把自己的意见强加于别人身上，而是由别人自己做出结论。

4. 要让对方具有责任感

心理学家分析说，每个人都愿意得到别人的注意，给人以好印象。广为人知的"赫尔逊工厂的试验"就是这种论断的典型例证。

一次，某人事关系专家在赫尔逊工厂做了一个试验，他首先选择一批姑娘参加试验小组。最初改善了试验小组的照明，生产搞上去了，但是，后来把照明恢复到原样，生产仍然上去了，从而得知照明并没有什么特别的效果。以后又进行了缩短工时的试验，生产还是上升了；增加休息时间后，生产又上升了。

以后，管理部门对试验小组又延长了劳动时间，这时的生产还是上升。尽管时间长了，但是姑娘们仍然辛勤劳动。看起来似乎没有什么特别的原因让姑娘们那么辛勤劳动。不论提供给她们的伙食好坏，生产效率都提高了。最后，这个谜终于被解开了：那就是姑娘们被选入试验小组，产生了责任感。

从前，没有什么人去理睬她们，但是，现在她们得到人们的重视。这正是让姑娘们更加努力的原因所在。

其实，保证你事业有成的方法之一是让与你共事的人喜欢你、欣赏你。只有善于合作，你周围上上下下的人才会希望你成功，并尽他们最大的努力来帮助你实现你的目标，同时也实现他们的目标。在团队成员的帮助下，你能最大限度地发挥自己的才能，并成为举足轻重的一员。

如何协调工作与生活

我们常常忙于工作而忽视生活，实际上，只有一个真正懂得生活之道的人才能够把握好生活的节奏，达到工作和生活的和谐。

世界上并不存在十全十美的工作，但富有意义的生活却掌握在我们每个人的手中。工作是工作，生活是生活，两者应该尽可能地区分开来。

邢立武和太太宋娇原来就职于一家国有企业，夫妻双方都有一份稳定的收入。每逢节假日，夫妻俩都会带着 3 岁的儿子到处游玩，一家三口其乐融融。

后来，经人介绍，邢立武和宋娇都各自跳槽去了外资企业。凭着出色的业绩，他俩都成了各自公司的骨干力量。夫妻俩白天拼命工作，有时忙不过来还要把工作带回家。

3 岁的儿子只能被送到寄宿制幼儿园里。宋娇觉得自从自己和丈夫跳到体面又风光的外企之后，这个家就有点儿旅店的味道了。不知不觉中，孩子幼儿园毕业了，在毕业典礼上，她看到自己的儿子在台上蹦蹦跳跳的样子，竟然有点儿不认得这个懂事却可怜的孩子。

孩子跟着老师学习了那么多，可是在亲情的花园里，他却像孤独的小花。频繁的加班侵占了周末陪儿子的时间，以至于平时最疼爱的儿子在自己的眼中也显得有点儿陌生了。这一切都让宋娇陷入了一种迷惘和不安当中。

你是否和宋娇一样经常面临如何达到工作与生活和谐的困惑，而找不出合理的理由？面对生活，我们的内心会发出微弱的呼唤，只有躲开外在的嘈杂喧闹，静静聆听并听从它，你才会做出正确的选择，否则，你将在匆忙喧闹的生活中迷失，找不到真正的自我。

寻求一种简单的生活方式

过一种简单生活，这是一种全新的生活方式。首先是外部生活环境的简单化，因为当你不需要为外在的生活花费更多的时间和精力的时候，才能为你的内在生活提供更大的空间。其次是内在生活的调整和简单化，这时候你就可以更加深层地认识自我的本质。

现代医学证明，人的身体和精神是紧密联系在一起的，当人的身体被调整到最佳状态时，人的精神才有可能进入轻松时刻；而当人的身体和精神都进入佳境时，人的生命力才能更加旺盛，然后才能达到更上一层楼的境界。

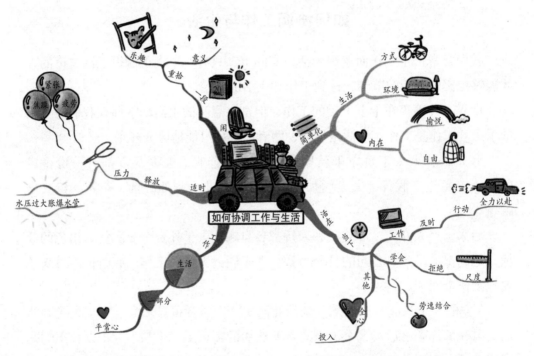

你的生活节奏为什么总是那么快？你可不可以寻找一些更简单的生活方式？也许你早已经习惯了都市快节奏的生活，你不必离开它，更不必让生活后退，你只需换一个视角，换一种态度，改变那些需要改变的、繁杂的、无真实意义的生活，然后全身心地投入到自己的生活中。

跳出效率的"陷阱"

在快节奏的工作中，我们往往过于重视效率，而忽略了生活。太多机器按钮等我们去按，生活忙乱不堪，工作效率低下且毫无乐趣。

在效率的鞭策下，每个人都像机器一样忙得一刻也停不下来，这样的生活注定毫无幸福可言。事实上，以人的价值来看，我们应该依照人性来处理工作和生活的关系。

效率和花费的时间并不一定成正比。强迫自己工作再工作，只会耗损体力和创造力。我们需要暂停工作，让自己歇息一下。每当你放慢脚步，让自己静下来，就可以和内在的力量接触，获得更多能量重新出发。一旦我们能明白工作的过程比结果更令人满足这个道理，我们就更能够乐于工作了。

别把工作看得太重

一位积劳成疾的企业老板去医院看病，医生劝他要多多休息。这位老板愤怒地抗议说："我每天都有那么多工作等着去处理，晚上还要批阅大量的文件，哪有休息的时间啊？"

"为什么晚上还要批阅那么多文件呢？"医生诧异地问道。

"那些都是必须处理的急件。"老板不耐烦地回答。

"难道没人可以帮你的忙吗？"医生问。

"不行呀！只有我才能正确地批示呀！而且我还必须尽快处理完，要不然公司怎么办呢？"

"这样吧！现在我开一个处方给你，你是否能照着做呢？"医生有所决定地说道。

老板读了读处方的规定——每天散步两小时，每星期抽出半天的时间到墓地去一趟。

老板感到非常奇怪："为什么要在墓地待上半天呢？"

"因为……"医生不慌不忙地回答，"我是希望你放慢生活的节奏，瞧一瞧那些与世长辞的人的墓碑。你仔细考虑一下，他们生前也与你一样，觉得全世界的事都必须扛在双肩，如今他们全都永眠于黄土之下了，也许将来有一天你也会加入他们的行列，然而整个地球的活动还是永恒不断地进行着，而其他世人则仍然像你一样继续工作。我建议你站在墓碑前好好地想一想这些摆在眼前的事实。"医生这番苦口婆心的劝谏终于敲醒了老板，他依照医生的指示，调慢了生活的步伐，将自己的大部分工作授权给了其他人。

他意识到了生命的真谛不在于急躁和焦虑，而在于平和地度过每一天，在这种想法的作用下，他的生活慢慢步入了正轨，事业也蒸蒸日上。

工作并不是生活的全部。一位真正懂得生活之道的人不应当把工作看得太重，以免为此背上太过沉重的包袱，这样你才能享受更轻松的生活和更高效的工作。

学会给自己适时减压

就像我们不能逃避工作一样，我们也无法逃避工作中的压力。其实，在工作中有压力并非坏事，因为人有一定的压力可以促使自己更加努力地寻求进步。

但是，压力过大则绝非好事，它会让我们陷入紧张、焦躁、疲劳的状态中，这时，工作不顺心，生活也就无法开心。所以我们要学会适当地缓解压力，释放压力，使压力

紧张工作之余，看看书，听听轻音乐，可有效地舒缓压力。

保持在我们能承受的限度内，不要发生"水压过大胀爆水管"的可怕事故。

抛开一切，让自己闲一段

一位上班族曾在博客中描述过自己的一天：

6点半铃声响起，开始忙着起床，洗澡，穿职业装，吃早餐（如果有时间的话），抓起水杯和工作包（或者餐盒），跑向公交车站，挤进车内，接受每天被称为高峰时间的惩罚。

从上午9点到下午5点工作……装得忙忙碌碌，掩饰错误，微笑着接受不现实的最后期限。当"重组"或"裁员"的斧子（或者直接炒鱿鱼）落在别人头上时，自己长长地松了一口气。扛起额外增加的工作，不断看表，思想上和你内心的良知斗争，行动上却和你的老板保持一致。再次微笑。

下午5点整，再次跑向公交车站，挤了进去，接受一天之中的第二次高峰时间的惩罚。与配偶、孩子或室友友好相处。吃饭，看电视。

文章中描写的那种机械无趣的生活离我们并不遥远。每天，我们都在忙碌着，置身于一件件做不完的琐事和没有尽头的杂念中，整天忙忙碌碌，<u>丝毫体验不到生活的乐趣</u>。此时，我们就需要抛开一切，让自己放松下来，这样，你就会重新找到生活的意义和乐趣。